U0802594

国家科学技术学术著作出版基金资助出版

LCL 型并网逆变器的控制技术

Control Techniques for LCL-Type Grid-Connected Inverters

阮新波　王学华　潘冬华　杨东升　李巍巍　鲍陈磊　著

科学出版社

北京

内 容 简 介

作为可再生能源发电单元与电网之间的能量变换接口，LCL 型并网逆变器用来将直流电能转化为高质量的交流电能并馈入电网。本书系统阐述 LCL 型并网逆变器的控制技术。介绍 LCL 滤波器的设计、磁集成及谐振尖峰阻尼方法。针对采用电容电流反馈有源阻尼的 LCL 型并网逆变器，提出电容电流反馈系数和并网电流调节器参数的设计方法，并提出抑制电网电压对并网电流影响的电网电压全前馈策略。针对数字控制 LCL 型并网逆变器，揭示控制延时对电容电流反馈有源阻尼和系统稳定性的影响，并提出闭环参数设计方法。提出即时采样方法和双采样模式实时运算方法，可减小甚至消除计算延时，进一步提高控制系统的稳定性和鲁棒性。提出虚拟串并联阻抗方法和电网电压加权前馈方法，有效提高弱电网下 LCL 型并网逆变器对电网阻抗变化的适应能力。介绍基于前置滤波器的锁相环的工作原理，采用复矢量滤波器方法揭示各种前置滤波器的相互关系，并提出动态性能更快的通用二阶复矢量前置滤波器和谐波抑制能力更好的三阶复矢量前置滤波器。

本书是一本理论分析与工程设计相结合的专著，可作为高校电力电子技术专业及相关专业的硕士生、博士生和教师的参考书，也可供从事可再生能源发电和并网逆变器研究开发的工程技术人员参考使用。

图书在版编目(CIP)数据

LCL 型并网逆变器的控制技术＝Control Techniques for LCL-Type Grid-Connected Inverters/阮新波等著. —北京：科学出版社，2015. 3
ISBN 978-7-03-043810-2

Ⅰ. ①L… Ⅱ. ①阮… Ⅲ. ①逆变器-研究 Ⅳ. ①TM464

中国版本图书馆 CIP 数据核字(2015)第 053179 号

责任编辑：范运年 / 责任校对：郭瑞芝
责任印制：赵 博 / 封面设计：无极书装

科 学 出 版 社 出版
北京东黄城根北街 16 号
邮政编码：100717
http://www.sciencep.com

北京华宇信诺印刷有限公司印刷
科学出版社发行 各地新华书店经销
*
2015 年 3 月第 一 版 开本：720×1000 1/16
2025 年 5 月第十一次印刷 印张：17
字数：342 000

定价：88.00 元

(如有印装质量问题，我社负责调换)

前　言

2008 年，我们研究团队申请的国家自然科学基金重点项目“基于可再生能源的分布式发电系统能量变换、控制与并网运行研究”很幸运地获得批准。2009 年，受国家重点基础研究发展计划（973 计划）项目“分布式发电供能系统若干问题研究”首席科学家、天津大学王成山教授及子课题 6“微网及含微网配电系统的电能质量分析与控制”负责人、湖南大学罗安教授的邀请，我们很荣幸地参与了该课题的研究工作。喜悦尚未充分享受，压力已如影随行。近年来，我们研究团队一直持续聚焦于该课题的研究，其中的困难和艰辛自不待言，好在天道酬勤，我们也在不断取得进展和成果。这，正是激励我们坚强前行的动力源泉！2013 年 4 月，该国家自然科学基金重点项目顺利通过结题评审，被评为优秀。2013 年 7 月，该 973 计划项目也顺利结题。课题尽管完成，研究依然在继续。2012 年底，我们又很幸运地获得江苏省第四期“333 工程”资助科研项目“LCL 型并网逆变器控制技术研究”的资助。

LCL 型并网逆变器是连接可再生能源发电单元与电网的能量变换接口，用来将直流电能转化为高质量的交流电能并馈入电网，对基于可再生能源的分布式发电系统的安全、稳定和高质量运行具有十分重要的作用。六年多来，我们在 LCL 型并网逆变器的控制技术方面已取得了一些进展，相关论文也已发表在如 *IEEE Transactions on Industrial Electronics*、*IEEE Transactions on Power Electronics*、《中国电机工程学报》、《电工技术学报》等国际和国内重要期刊上。由于论文散落于各个期刊中，而且限于篇幅，有些内容不能在论文中详细展开讨论，相互之间的关联性无法详尽阐明，因此我们决定基于已发表的论文，对我们的研究工作进行系统整理。一方面，是对我们近年来的研究工作做一个阶段性总结；另一方面，也想将我们的研究进展和成果奉献出来，给从事可再生能源发电，特别是从事并网逆变器的同行提供一点参考和借鉴，为推动我国可再生能源分布式发电和智能电网的发展略尽绵薄之力。

本书内容共 12 章。第 1 章详细介绍 LCL 型并网逆变器五个关键技术的研究现状，包括 LCL 滤波器设计及其磁集成方法、LCL 型并网逆变器闭环参数设计、数字控制延时影响及其减小方法、电网电压背景谐波和不平衡对并网电流的影响及其抑制方法、弱电网的电网阻抗对并网逆变器稳定性的影响及其改善方法。后续章节则围绕上述五个关键技术展开研究。第 2 章在介绍单相和三相逆变器的调制策略的基础上，给出了一种 LCL 滤波器的设计方法。第 3 章提出一种 LCL 滤波器的磁集成方法，以减小其体积和重量。第 4 章针对 LCL 滤波器存在谐振尖峰容易导致并网逆变器系统不稳定的问题，介绍了六种基本的谐振尖峰无源阻尼方法，并分析了其对 LCL 滤波器性能的影响，指出电容并联电阻的阻尼效果最好，但是阻尼电阻上的损耗较大。为此，推导了与电容并联电阻等效的有源阻尼方法，其中电容电流反馈有源阻尼方法具有实现简单和不易受到干扰的优点。第 5 章针对采用电容电流反馈有源阻尼的 LCL 型并网逆变器，提出了一种简单的电容电流反馈系数和并网电流调节器参数设计的方法，避免了以前设计方法需要反复试凑的不足。第 6 章和第 7 章则分别针对采用电容电流反馈有源阻尼的单相和三相 LCL 型并网逆变器，提出了电网电压全前馈方法，该方法的前馈函数由比例项、一次微分项和二次微分项组成，可以消除电网电压对并网电流的影响，包括有效减小并网电流的稳态误差和抑制电网电压背景谐波引起的并网电流谐波。第 8 章介绍了数字控制的控制延时产生的机理，揭示了该控制延时对 LCL 型并网逆变器的电容电流反馈有源阻尼的影响，由此提出了 LCL 滤波器谐振频率禁止区域，以指导 LCL 滤波器参数设计，并提出了通过校验系统相位裕度、1/6 采样频率和 LCL 滤波器谐振频率处幅值裕度来判断系统稳定性，给出了闭环控制参数的设计方法。第 9 章针对数字控制的控制延时，提出了即时采样方法和双采样模式实时运算方法。前者可以减小计算延时，且不受调制方式的限制，能应用于单相和三相并网逆变器；后者则可以完全消除计算延时，且避免了混叠和开关噪声，由于该方法是基于单极倍频调制，因此适用于单相并网逆变器。所提出的两种减小计算延时的方法，不仅改善了系统的稳态和暂态性能，而且提高了 LCL 型并网逆变器的稳定性。当 LCL 型并网逆变器接入弱电网时，电网阻抗会改变 LCL 型并网逆变器控制环路的增益，影响其控制性能，甚至可能导致系统不稳定，而且电网电压背景谐波会引起并网电流的畸变，使其无法满足并网电流谐波标准。为此，第 10 章和第 11 章对电网电压全前馈策略进行修正，分别提出了虚拟串并联阻抗方法和电网电压加权前馈方法。这两种方法在兼顾系统鲁棒性和并网电流谐波抑制能力的情况下，大大提高了 LCL 型并网逆变器对弱电网阻抗宽范围变化的适应能力。并网逆变器的锁相技术与并网电流质量密切相关，第 12 章介绍了传统的同步旋转坐标系锁相环(synchronous reference frame PLL，SRF-PLL)的基本原理，针对电网电压含有谐波和不平衡的情况，采用复矢量滤波器的方法对基于前置滤波器的 SRF-PLL 进行了推导分析，并提出了具有更好动态性能的通用二阶复矢量前置滤波器和具有更好谐波抑制能力的三阶复矢量滤波器。

本书是基于我们研究团队的研究成果整理而成的，其中华中科技大学的王学华博士、潘冬华博士生、李巍巍博士和鲍陈磊硕士以及南京航空航天大学的杨东升博士生对本书内容作出了重要贡献，因此他们都是本书的合作作者。

本书的研究工作得到了国家自然科学基金重点项目“基于可再生能源的分布

式发电系统能量变换、控制与并网运行研究”(批准号为50837003)、国家重点基础研究发展计划项目“微网及含微网配电系统的电能质量分析与控制”(批准号为2009CB219706)、江苏省第四期“333工程”资助科研项目“LCL型并网逆变器控制技术研究”(苏教办师[2012]74号文件)的资助,在此表示衷心的感谢!

感谢华中科技大学电气与电子工程学院毛承雄教授、张步涵教授、罗毅副教授、张凯教授、邹旭东副教授、张宇副教授和燕山大学电气学院邬伟扬教授、张纯江教授、孙孝峰教授、郭小强博士,他们为国家自然科学基金重点项目“基于可再生能源的分布式发电系统能量变换、控制与并网运行研究”的完成作出了重要贡献。在该重点项目的申请和研究过程中,一直得到华中科技大学电气与电子工程学院和应用电子工程系的领导和同事的大力支持和关心,他们是潘垣院士、程时杰院士、段献忠教授、陈坚教授、康勇教授、于克训教授、段善旭教授、林桦教授、邹涛敏老师、李毅老师等,在此表示由衷的感谢和敬意!

感谢国家自然科学基金委员会工程与材料学部工程五处处长丁立健教授对本项目的大力支持和长期的督促检查!感谢海军工程大学马伟明院士的大力支持!

阮新波

2014年9月于南京航空航天大学

目　录

第1章　绪　　论

1.1　能源现状和环境问题

化石能源是人类现代文明的基石。历经两百多年的开发利用，化石能源已趋于枯竭。与此同时，化石能源的消耗产生了大量的废弃物，对环境造成了严重的污染，成为人类可持续发展的阻碍。表 1.1 给出了 2012 年一次能源消费量中各类能源所占比例及其储产比[1]。储产比是指任意一年的能源探明储量与该年度产量之比，反映了能源供应的可持续性。从表 1.1 中可以看出：①全球范围内石油、煤炭和天然气等化石能源的消费量之和占一次能源总消费量的 86.9%，仍为主导能源，而这三种化石能源中仅有煤炭的储产比超过了 100 年，石油和天然气储产比均低于 60 年，中国的各类化石能源的储产比远低于世界平均水平；②中国煤炭消费量所占比例较大，而相对较清洁的天然气仅占 4.7%。我国石油对外依存度已经从 21 世纪初的 26%上升至 2011 年的 57%[2]，能源紧缺问题十分严峻，能源安全保障压力巨大。近年来，中国已经超越美国成为二氧化碳排放总量的最大国，与此同时，雾霾天气和水污染等社会问题日益凸现。因此，能源的可持续供应以及环境保护问题是人类所面临的重大挑战，中国作为全球最大能源消耗国，任重道远。

表 1.1　2012 年一次能源消费量中各类能源所占比例及储产比

统计范围	能源类型	石油	煤炭	天然气	水电	核能	可再生能源
全球	消费比例/%	33.1	29.9	23.9	6.7	4.5	1.9
	储产比/年	52.9	109	55.7	—	—	—
中国	消费比例/%	17.7	68.5	4.7	7.1	0.8	1.2
	储产比/年	11.4	31	28.9	—	—	—

为了应对能源紧缺和环境问题，人类在推行节能减排的同时，也在积极寻找新型清洁能源。表 1.1 所示的全球水电和可再生能源消费分别占能源消费总量的 6.7%和 1.9%，均达到历史最高水平。目前，光伏发电和风力发电等可再生能源发电正在飞速发展，并将在应对能源紧缺和环境问题中扮演日益重要的角色。

1.2　基于可再生能源的分布式发电系统

以风能和太阳能为代表的可再生能源在自然界中分布广泛，开发利用过程中对环境产生的污染小，近年来受到越来越多国家和地区的重视。美国、日本和德国等发达国家已把开发利用可再生能源作为解决能源危机和环境污染问题的重要发展方向[1]。

1.2.1 基于可再生能源的分布式发电系统的优点

目前，大规模开发可再生能源的主要途径是基于可再生能源的分布式发电。分布式发电系统是一种建在负荷中心的分散式电能供应系统，具有独立运行和并网运行两种工作模式。基于可再生能源的分布式发电系统（renewable energy based distributed power generation system，RE-DPGS）具有如下优点：

(1) 环境友好。风能和太阳能等可再生能源发电产生的污染小，不排放二氧化碳。

(2) 能源安全。多元化的可再生能源发电有利于缓解能源紧缺，同时也可降低我国对于进口化石能源的依赖，保障能源安全，有助于我国经济的可持续发展。

(3) 损耗降低。发电系统接近负荷中心，电力就地生产、就地消化，避免了长距离输电带来的损耗。

(4) 可靠性高。当电网故障时，分布式发电系统仍可以给系统内用户供电，同时对电网提供一定支撑，有利于电网的安全运行。

(5) 投资节省。由于单个分布式发电系统容量相对较小，小型模块化，土建与安装成本低，能量输送投资少。

根据 BP 2013 年世界能源统计年鉴[1]的报道，截至 2012 年年底，RE-DPGS 产生的电能已经达到全球总发电量的 4.7%，比 2011 年增长了 15.2%，其增长量占 2012 年全球发电量增长的 31%，已成为一些国家能源供应的重要组成部分。2012 年，全球共有 15 个国家的 RE-DPGS 发电量占全国总发电量的 10%以上。其中，丹麦的风电发电量约占 34%，葡萄牙的风电发电量约占 21%，西班牙的风电发电量约占 17%，爱尔兰的风电发电量约占 16%。

1.2.2 基于可再生能源的分布式发电系统结构

图 1.1 给出了基于风能和太阳能组成的两种 RE-DPGS 典型网络拓扑结构。由飞轮、蓄电池和超级电容组成的储能单元用来改善可再生能源发电的间歇性和随机性问题[3-6]。图 1.1(a)为基于直流母线方式的 RE-DPGS 示意图，各种可再生能源发电单元和储能单元通过电力电子变换器接入直流母线，经过集中的 DC/AC 逆变器（RE-DPGS 中通常称为并网逆变器）和工频变压器后馈入电网[7,8]。这类系统的直流母线电压控制相对简单，易于扩展。图 1.1(b)为基于交流母线方式的 RE-DPGS 示意图，可再生能源发电单元和储能单元通过电力电子变换器接入交流母线，并经过电力变压器馈入电网[9,10]。这类系统中并网逆变器分布于各种发

电和储能单元中，容量相对较小，可靠性高。

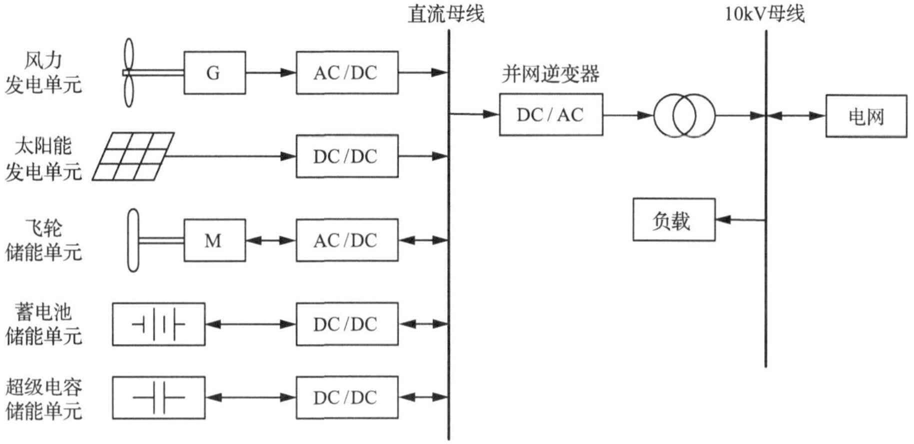

(a) 直流母线方式

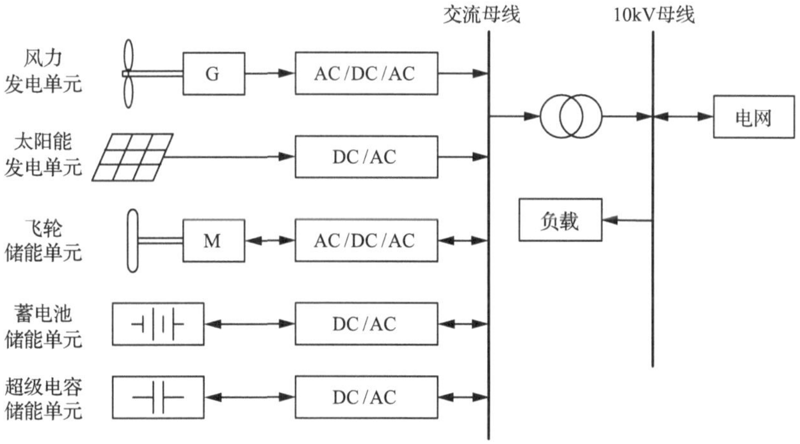

(b) 交流母线方式

图 1.1　RE-DPGS 网络拓扑结构示意图

1.2.3　并网逆变器

从图 1.1 可以看出，电力电子变换器是 RE-DPGS 的重要组成部分，其中并网逆变器用来将直流电能转化为高质量的交流电能并馈入电网。作为可再生能源发电单元与电网之间的能量变换接口，并网逆变器对 RE-DPGS 的安全、稳定和高质量运行具有十分重要的作用。

1.3 LCL 型并网逆变器的关键技术

并网逆变器有单相和三相两种，前者主要用于容量较小的户用型发电系统，后者则广泛应用于大规模的基于可再生能源分布式发电站中。并网逆变器通常采用脉冲宽度调制(pulse-width modulation, PWM)策略，其输出 PWM 电压中存在丰富的开关谐波，为了抑制并网电流中的开关谐波，需要选取合适的输出滤波器。输出滤波器主要有 L 型和 LCL 型两种，分别如图 1.2(a)和(b)所示。其中，L 滤波器由单个电感 L 组成，而 LCL 滤波器由两个电感 L_1、L_2 和一个电容 C 组成。与 L 滤波器相比，LCL 滤波器中含有滤波电容 C，为高频谐波电流提供了旁路通路，在实现相同滤波效果的前提下，LCL 滤波器中两个电感的电感量之和小于 L 滤波器中单个电感的电感量，因此其体积更小，成本更低[11-13]。然而，LCL 滤波器的频率响应存在谐振尖峰，同时相位在谐振频率处会发生 $-180°$ 跳变，如图 1.2(c)所示，

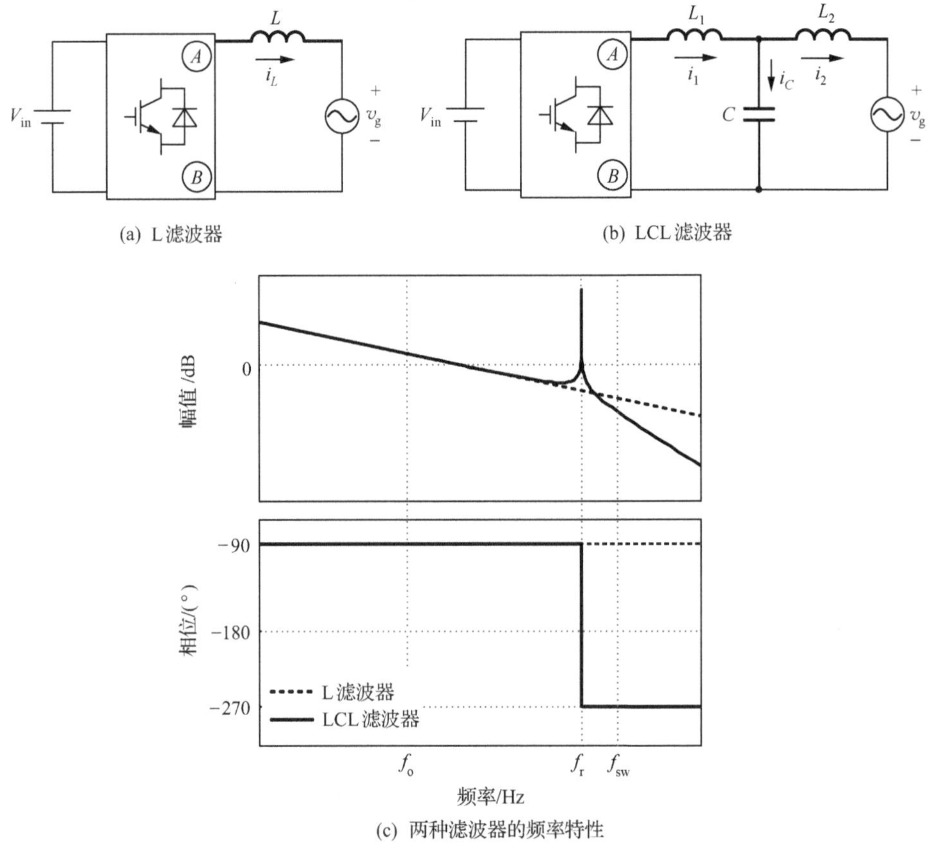

(a) L滤波器

(b) LCL 滤波器

(c) 两种滤波器的频率特性

图 1.2 L 滤波器和 LCL 滤波器及其频率特性

如果不对这个谐振尖峰进行有效阻尼，就可能造成并网逆变器输出电流振荡甚至导致系统不稳定[14, 15]。因此，近年来针对 LCL 型并网逆变器，国内外学者展开了广泛的研究。

LCL 型并网逆变器需解决的关键问题主要包括并网电流质量和稳定性两大方面，具体如下：

(1) LCL 滤波器的设计。为了衰减 PWM 调制产生的开关谐波，需要选取合理的 LCL 滤波器参数，以保证并网电流满足谐波标准。为减小滤波器体积，有时可以将两个电感进行磁集成。

(2) LCL 滤波器谐振尖峰引起的稳定性问题。LCL 滤波器存在谐振尖峰，会影响并网逆变器的稳定性。为保证并网逆变器稳定，需要对该谐振尖峰进行阻尼，并合理设计闭环控制参数。

(3) 数字控制延时引起的稳定性问题。当并网逆变器采用数字控制时，会存在计算延时和调制延时。该延时会改变有源阻尼的特性，并且降低并网电流闭环的控制性能，因此需要采取有效控制策略减小延时的影响。

(4) 电网电压背景谐波对并网逆变器的影响。实际的电网电压连接在公共耦合点(point of common coupling，PCC)处，而 PCC 附近通常连接有本地负载，其中的非线性设备(如弧焊机、电气化轨道交通、饱和变压器等)产生的谐波电流流经线路阻抗，会使 PCC 处的电网电压含有背景谐波[16]。电网电压背景谐波不仅会影响并网电流的波形质量，还会影响锁相环的锁相性能，需要采取有效措施抑制电网电压背景谐波对并网电流质量和锁相环的影响。

(5) 电网阻抗对并网逆变器稳定性的影响。从 PCC 处向电网看进去，可将电网等效为一个电压源和线路阻抗，该线路阻抗会影响并网逆变器的稳定性。

针对上述问题，下文将简述国内外研究现状。

1.3.1　LCL 滤波器设计及其磁集成方法

为衰减 PWM 调制产生的开关谐波，保证并网电流满足如 IEEE Std. 929-2000[17] 和 IEEE Std. 1547-2003[18] 等标准，需要选取合理的 LCL 滤波器参数。设计 LCL 滤波器时需考虑三个因素：①并网电流单次谐波和总谐波含量。表 1.2 给出了 IEEE Std. 929-2000 和 IEEE Std. 1547-2003 对并网电流的谐波含量限制，LCL 滤波器的参数设计需要满足这些限制条件。②逆变器侧电感电流纹波。为减小逆变器侧电感的磁芯损耗和开关管的导通损耗，通常需要对电感电流纹波的大小进行限制。③滤波电容引入的无功分量。合理控制滤波电容导致的无功分量，有助于减小开关管的电流应力。本书第 2 章将详细阐述 LCL 滤波器的设计方法，使其满足上述约束条件。

表 1.2　并网电流谐波分量最大限值

谐波次数 h(奇次谐波)*	$h<11$	$11\leqslant h<17$	$17\leqslant h<23$	$23\leqslant h<35$	$35\leqslant h$	总谐波畸变率
占额定并网电流比例/%	4.0	2.0	1.5	0.6	0.3	5.0

* 当谐波为偶数次时，其允许的最大谐波限值为表中所示奇次谐波的 25%。

为进一步减小 LCL 滤波器的体积，可以将逆变器侧电感和网侧电感集成起来。磁集成技术在开关电源，特别是 DC/DC 变换器中已得到广泛应用。根据集成后各磁件之间是否存在耦合，磁集成技术可分为解耦磁集成和耦合磁集成两类[19, 20]。

采用解耦磁集成时，各磁件的绕组所交链的磁通相互独立，集成后各磁件仍然保持着与原分立磁件相同的特性。文献[19]阐述了解耦磁集成的应用机理，即利用无气隙的磁柱作为低磁阻的公共磁路，通过合理的绕组分布，使各绕组交链的磁通在公共磁路上相互抵消，以降低公共磁芯的磁通量，由此可减小公共磁芯截面积，从而减小磁芯体积。基于这一原理，文献[21]将交错并联的准方波 DC/DC 变换器中两个滤波电感集成在一个磁芯上，文献[22]实现了零电压开关混合 DC/DC 变换器中两个变压器的集成，文献[23]则实现了 LLC 谐振变换器中谐振电感和变压器的集成。

采用耦合磁集成时，各磁件的绕组所交链的磁通之间存在一定的耦合，因而集成后的磁件的特性与原分立磁件有所改变。在某些特定的场合，耦合磁集成可以提高变换器的稳态或动态性能[24-28]。例如，通过选取适当的耦合方式，在交错并联的 DC/DC 变换器中，可以减小电感电流的纹波[24-26]；而在 Cuk 变换器[27]和多路输出的 Buck 类 DC/DC 变换器[28]中，甚至可以实现电感电流的零纹波。

本书第 3 章将讨论 LCL 滤波器的解耦磁集成方法，在保证 LCL 滤波器特性的前提下，进一步减小 LCL 滤波器磁芯体积和重量。

1.3.2　LCL 滤波器谐振尖峰的阻尼方法

根据实现方式的不同，LCL 滤波器谐振尖峰的阻尼方法可以分为无源阻尼法和有源阻尼法两类。前者实现简单，只需在滤波器网络中加入阻尼电阻。文献[29]指出，在滤波电容两端并联电阻的阻尼效果最好，这种阻尼方法只会改变 LCL 滤波器谐振频率附近的频率特性，对低频和高频段的影响很小，但是该阻尼电阻的损耗很大，会导致效率降低，因此该方法不实用。较为常用的无源阻尼法是在滤波电容支路串联电阻，选取合适的阻尼电阻可有效阻尼谐振尖峰，且阻尼电阻损耗较小，但是阻尼电阻会削弱 LCL 滤波器衰减高频谐波的能力。为减小阻尼电阻对 LCL 滤波器衰减高频谐波能力的削弱，可以将滤波电容一分为二，并将阻尼电阻串联在其中的一个滤波电容支路上。为进一步减小阻尼电阻损耗，可以在电阻两端并联电感，分流流过阻尼电阻的电容电流基波分量[30]。

为避免阻尼电阻引入的功率损耗，可以采用虚拟电阻替代实际电阻实现对LCL滤波器谐振尖峰的阻尼，这类阻尼通常被称为有源阻尼法[31-33]。根据控制框图等效变换，文献[33]指出，在滤波电容上并联电阻的无源阻尼法和电容电流反馈有源阻尼法是等效的。除虚拟电阻有源阻尼法外，零极点配置[34,35]、预测控制[36,37]和 H^∞ 控制[38-41]等方法也可以对系统谐振尖峰实现有源阻尼。本书第4章将对有源阻尼方法进行详细论述。

前面已指出，在滤波电容两端并联电阻可对LCL滤波器的谐振尖峰进行有效阻尼，且该方法只会改变LCL滤波器谐振频率附近的频率特性，对低频和高频段的影响很小。为了避免该电阻上的损耗，可采用电容电流反馈来虚拟该阻尼电阻，其电路实现也较为简单，这就是电容电流反馈有源阻尼法。电容电流反馈有源阻尼法在LCL型并网滤波器中得到了广泛应用，本书将主要讨论这种有源阻尼法。

1.3.3 并网逆变器闭环参数设计

1. 控制方式的分类

除阻尼LCL滤波器的谐振尖峰外，合理设计闭环参数对保证并网逆变器稳定性也十分重要。并网逆变器的控制方式可分为电压型和电流型两种。

电压型控制又称为幅相控制，它是根据电网电压的幅值和相位、输出滤波器模型以及并网功率指令值，计算得到逆变桥输出电压的幅值和相位，通过改变加在输出滤波器上的交流电压间接控制并网电流，进而调节逆变器的并网功率[42,43]。电压型控制是依据逆变器正弦稳态模型进行控制，其控制结构较为简单，且无需检测并网电流。但是，由于并网电流为开环控制，系统的动态性能较差，且对电网电压引起的并网电流谐波及不平衡分量抑制能力较差[44]。因此，电压型控制在实际中应用较少。

电流型控制又可分为直接电流控制和间接电流控制。其中，直接电流控制是对逆变器的并网电流进行闭环控制[34,45]，因此并网电流具有很好的动态响应和抗扰动能力。而间接电流控制是通过对逆变器侧电感电流进行闭环控制，从而间接地控制并网电流[31,46]。由于逆变器侧电感电流等于网侧电流与滤波电容电流之和，可以等效为网侧电流控制加上部分电容电流反馈有源阻尼[47]。鉴于此，本书主要研究如图1.3所示的基于电容电流反馈有源阻尼和并网电流反馈的闭环参数设计方法。其中，并网电流指令通过锁相环(phase-locked loop, PLL)获得和电网电压同步的相位，幅值 I^* 则由外部电压环产生。由于电压环带宽远低于并网电流环带宽，可认为电压环和电流环是解耦的[48]。

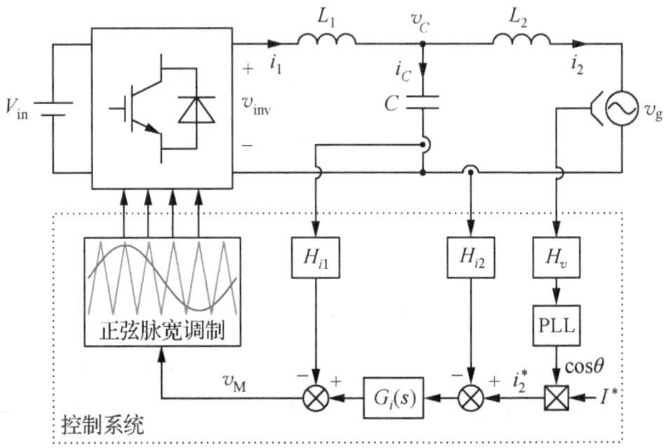

图 1.3 单相 LCL 型并网逆变器及其控制结构图

大容量并网逆变器通常采用三相三线制接线，设计闭环时可将系统由三相 abc 静止坐标系变换至两相 $\alpha\beta$ 静止坐标系下控制[49]，如图 1.4(a)所示；或变换至两相 dq 旋转坐标系下控制，如图 1.4(b)所示。前者的优点是三相并网逆变器可转变为两个单相并网逆变器控制，控制简单，后者的优点是采用 PI 调节器即可消除稳态误差。

2. 闭环的设计目标

对于图 1.3 和图 1.4 的 LCL 型并网逆变器控制系统，需要设计的闭环参数有电容电流反馈系数和并网电流调节器。设计的主要目标是：①并网电流稳态误差小；②动态响应快，超调量小；③并网电流低次谐波含量低[50, 51]。这些设计目标与系统的截止频率、相位裕度、幅值裕度以及低频段增益密切相关[52]。

近年来，很多文献讨论了 LCL 型并网逆变器的闭环参数设计。文献[45]和[53]分别采用根轨迹法和零极点配置法设计闭环参数，文献[46]先将 LCL 滤波器近似为 L 滤波器，然后利用对称最优法(symmetrical optimum，SO)得到具有最大相角裕度的电流调节器参数，最后通过根轨迹法得到电容电流反馈系数。这些方法均可以得到合适的闭环参数，但由于没有综合考虑上述三个设计目标，通常需要对参数进行反复调整，或辅助一定的仿真分析才能得到较为理想的闭环参数。技术最优法(technical optimum，TO)广泛用于二阶系统的闭环参数设计，其设计目标是系统闭环传递函数的阻尼比 $\zeta=0.707$，对于 LCL 型并网逆变器这种高阶系统，该方法可能会造成系统动态响应很慢和稳态误差大的问题[32]。

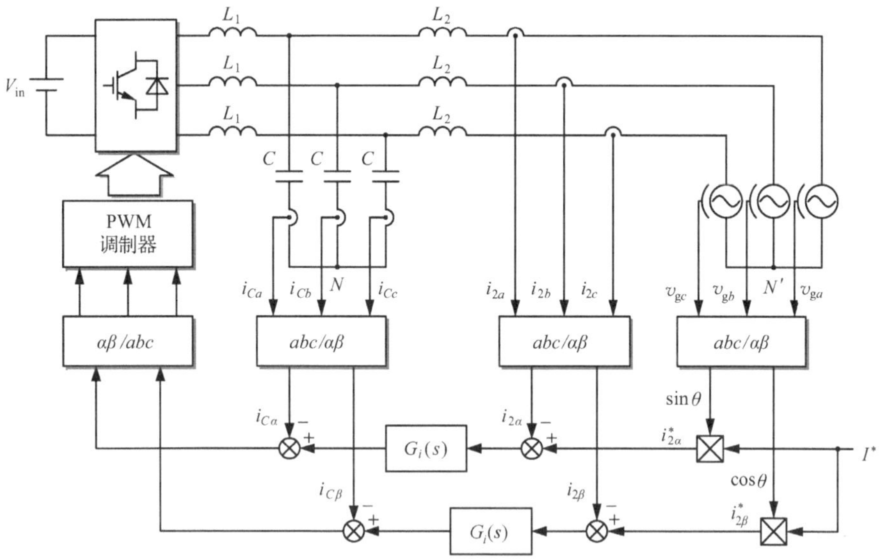

(a) αβ 坐标系下

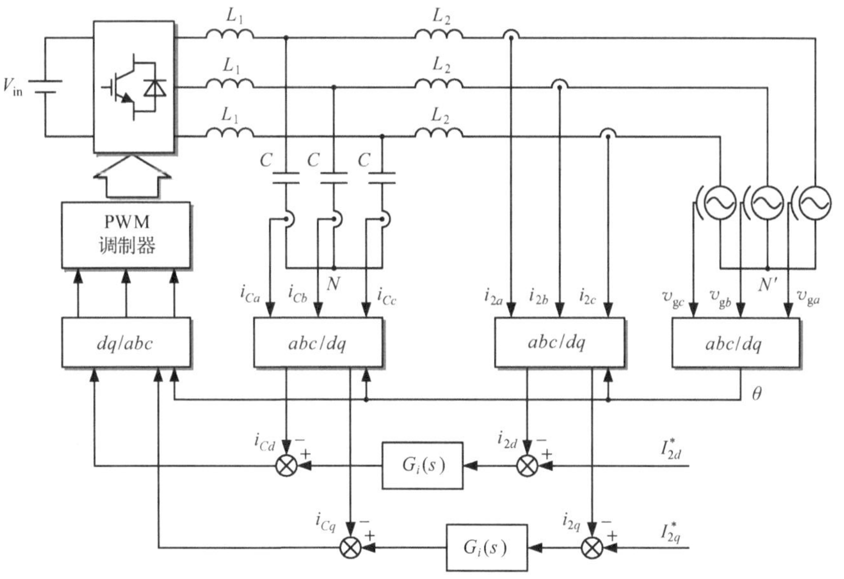

(b) dq 坐标系下

图 1.4　三相 LCL 型并网逆变器控制结构图

3. 并网电流调节器

并网电流调节器 $G_i(s)$ 常采用比例积分(proportional-integral,PI) 调节器或

比例谐振(proportional-resonant,PR)调节器,前者实现简单,后者在基波或某个特定次谐波处可以获得高增益,能够消除并网电流稳态误差或抑制电网电压某个特定次谐波对并网电流的影响[11,54]。下面分别予以介绍。

PI 调节器的传递函数为

$$G_i(s)=K_p+\frac{K_i}{s} \tag{1.1}$$

式中,K_p为比例系数,K_i为积分系数。增大 K_p可以提高系统截止频率;而增大 K_i可以提高低频段系统环路增益,有助于减小稳态误差,并提高并网电流对电网电压引起的谐波和不平衡电流的抑制能力。受系统稳定性限制,K_p和 K_i取值存在上限,无法完全消除电网电压引起的并网电流谐波及不平衡分量。

对于单相并网逆变器而言,PI 调节器无法实现无静差调节[51],而采用 PR 调节器可以克服这一问题[55]。PR 调节器的传递函数为

$$G_i(s)=K_p+\frac{K_r s}{s^2+\omega_o^2} \tag{1.2}$$

式中,K_p为比例系数;K_r为谐振系数;$\omega_o=2\pi f_o$为基波角频率。PR 调节器的最大特点是可以在基波角频率 ω_o处获得无穷大增益,从而实现并网电流基波分量的无静差调节。

由于负荷变化和电网故障等因素,实际的电网频率会发生波动。当电网频率偏离 PR 调节器所设置的基波角频率 ω_o时,PR 调节器提供的增益将迅速下降,使得并网电流稳态误差迅速增大。为保证 PR 调节器在电网的基波频率处始终具有很高的增益,可以采用两种方法:一是让 PR 调节器具有频率自适应调节功能。具体做法是,通过锁相环或其他方法实时获得电网频率,然后在线调整 PR 控制器的谐振频率[56,57]。二是采用可在较宽频带内获得高增益的 PR 调节器[54],其表达式如下:

$$G_i(s)=K_p+\frac{K_r\omega_i s}{s^2+2\omega_i s+\omega_o^2} \tag{1.3}$$

式中,ω_i为 PR 调节器的−3dB 截止频率。通过增大 ω_i可以使式(1.3)中的 PR 调节器在较宽的频带内获得高增益,提高它对电网电压频率的适应性。

类似地,对于在静止坐标系下控制的三相并网逆变器,采用 PI 调节器也无法实现无静差调节[50],因此也可以采用 PR 调节器来消除并网电流基波分量的静差[58,59]。考虑到静止坐标系下电压和电流的基波正序和负序分量频率相同,并网电流的基波无静差调节同样也实现了对其负序分量的抑制。

除了静止坐标系外,三相并网逆变器还可以在同步旋转坐标系下控制,如图 1.4(b)所示。此时,三相并网逆变器电压和电流的基波分量变换到基波同步旋转坐标系后变为直流分量,故并网电流调节器 $G_i(s)$采用 PI 调节器即可实现对并网电流基波正序分量的无静差调节。实际上,在同步旋转坐标系下采用 PI 调节器与在静止坐标系下采用 PR 调节器在控制上是等价的[60]。

事实上,无论是单相还是三相逆变器,无论是在静止坐标系下还是旋转坐标系

下，并网电流闭环设计思路都是一致的。除静态误差外，闭环系统的相角裕度和幅值裕度都是由并网电流调节器和电容电流反馈有源阻尼共同决定的，设计时需要综合考虑。目前鲜有文献系统阐述它们的优化设计方法，本书第 5 章将以图 1.3 的单相并网逆变器为例，给出一种简单直观的闭环参数优化设计方法。

1.3.4 控制延时影响及其减小方法

1. 控制延时影响

图 1.5 为采用数字控制的并网逆变器控制结构图。与图 1.3 不同的是，电网电压 v_g、电容电流 i_C 和并网电流 i_2 都是经过采样开关采样后送入数字信号处理器(digital signal processor, DSP)中，由软件算法实现闭环控制。

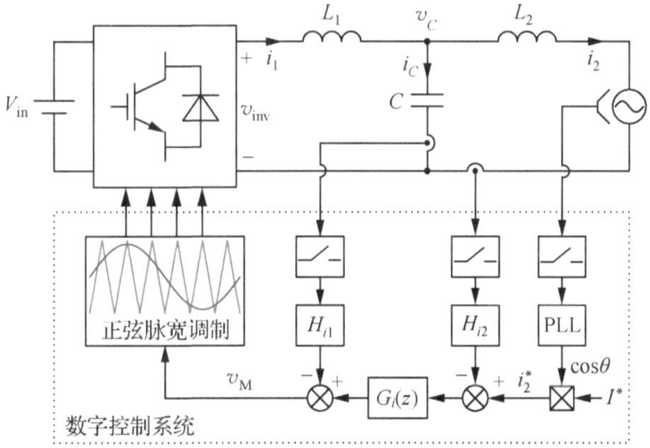

图 1.5 基于数字控制的单相 LCL 型并网逆变器及其控制结构

LCL 型并网逆变器采用数字控制时，PWM 调制过程会引入计算延时和调制延时。计算延时为 1 拍，在 z 域中用 z^{-1} 表示，在 s 域中用 e^{-sT_s} 表示，其中，T_s 为采样周期。调制延时通常用零阶保持器描述，它近似等于 $e^{-0.5sT_s}$，为 0.5 拍[61]。计算延时和调制延时合起来的延时为 1.5 拍。对于电容电流反馈有源阻尼方法，由于 1.5 拍控制延时存在于电容电流反馈环路中，它将影响有源阻尼的效果，进而影响系统环路增益的特性，这一点将在第 8 章中详细论述。

由图 1.2(c)可以看出，基于模拟控制的 LCL 型并网逆变器，系统环路增益的相位会在谐振频率点穿越 $-180°$，为保证系统稳定，必须将谐振尖峰阻尼到 0dB 以下[51]。采用数字控制时，当 LCL 滤波器的谐振频率低于 1/6 的采样频率时，系统环路增益的相频曲线仍在谐振频率处穿越 $-180°$，系统必须加入阻尼才能稳定[62]；如果 LCL 滤波器的谐振频率高于 1/6 的采样频率，控制延时产生的相位滞后会使得系统环路增益的相频曲线在 1/6 的采样频率处穿越 $-180°$，只要该处的环路增益小于 0dB，即使不加任何阻尼，系统也可以稳定[31]；如果 LCL 滤波器的谐振频率恰好等于 1/6 的采样频率，即使加入阻尼，系统也很难稳定。

考虑到实际电网存在线路阻抗[14]，当线路阻抗呈感性时，它会降低 LCL 滤波器的谐振频率。如果 LCL 滤波器自身的谐振频率高于 1/6 的采样频率，那么线路阻抗将使得谐振频率降低并可能穿越 1/6 的采样频率，导致系统不稳定。因此，有必要克服控制延时的影响，使系统稳定性不受谐振频率限制，保证系统能适应电网阻抗的变化。

2. 控制延时减小方法

为了补偿 1.5 拍的控制延时，理想的方法是引入 1.5 拍的超前环节 $e^{1.5sT_s}$，使其与 $e^{-1.5sT_s}$ 进行抵消。为了便于实现，对 $e^{1.5sT_s}$ 进行泰勒展开，并只保留一次项，则有 $e^{1.5sT_s}\approx 1+1.5sT_s$。由于 $1+1.5sT_s$ 中存在微分环节，会对高频噪声无限放大。因此，实际应用中通常采用超前补偿器来代替，其传递函数为[63]

$$G_{\text{lead}}(s)=\frac{1+1.5sT_s}{1+1.5\alpha sT_s} \tag{1.4}$$

式中，$\alpha<1$。通过调整系数 α 可以改变该超前补偿器引入的超前相位的大小。

图 1.6 给出了 $T_s=50\mu s$ 时不同 α 对应的 $G_{\text{lead}}(s)$ 的波特图。可见，在引入超前相位的同时，$G_{\text{lead}}(s)$ 还是会导致高频增益的放大。并且，α 越小，所引入的超前相位越大，但高频增益的放大也越显著。这就限制了实际应用中超前补偿器所能达到的补偿效果。

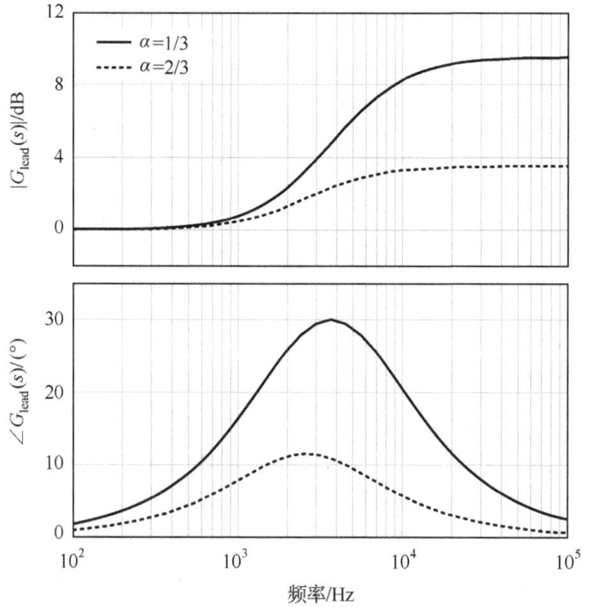

图 1.6　不同 α 对应的 $G_{\text{lead}}(s)$ 的波特图

为了获得更好的补偿效果,可以采用状态观测器进行一拍预测[64]。图 1.7 给出了离散域中状态观测器的结构。其中,系统的状态空间方程为

$$\begin{aligned} \boldsymbol{x}(k+1) &= \boldsymbol{G}\boldsymbol{x}(k)+\boldsymbol{H}\boldsymbol{u}(k) \\ \boldsymbol{y}(k) &= \boldsymbol{C}\boldsymbol{x}(k) \end{aligned} \tag{1.5}$$

式中,$\boldsymbol{x}(k)$为状态变量向量;$\boldsymbol{u}(k)$为输入变量向量;$\boldsymbol{y}(k)$为输出变量向量;$\boldsymbol{G}$、$\boldsymbol{H}$ 和 $\boldsymbol{C}$ 为状态矩阵。相应地,观测器方程为

$$\begin{aligned} \hat{\boldsymbol{x}}(k+1) &= \boldsymbol{G}\hat{\boldsymbol{x}}(k)+\boldsymbol{H}\boldsymbol{u}(k)+\boldsymbol{L}(\boldsymbol{y}(k)-\hat{\boldsymbol{y}}(k)) \\ \hat{\boldsymbol{y}}(k) &= \boldsymbol{C}\hat{\boldsymbol{x}}(k) \end{aligned} \tag{1.6}$$

式中,$\boldsymbol{L}$ 为观测器增益矩阵,带有上标"^"的变量为预测的变量。

由式(1.6)可知,根据第 k 拍的输入 $\boldsymbol{u}(k)$和输出 $\boldsymbol{y}(k)$,可预测出第 $k+1$ 拍的状态变量 $\hat{\boldsymbol{x}}(k+1)$,即预测值是一拍超前的。因此,如果用预测变量 $\hat{\boldsymbol{x}}(k+1)$ 取代实际变量 $\boldsymbol{x}(k)$进行反馈控制,就可以完全补偿一拍的计算延时。

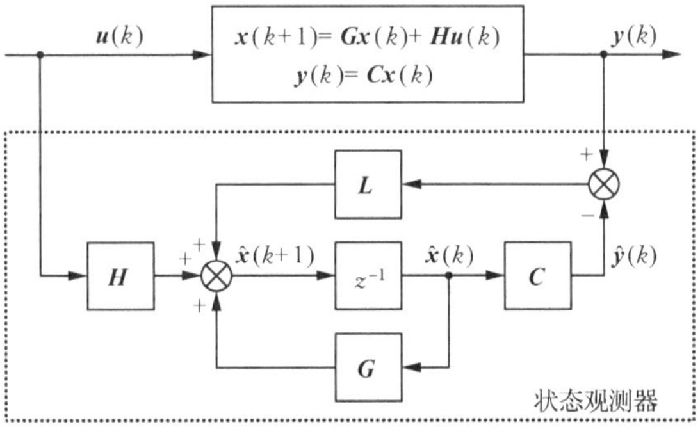

图 1.7 离散域中状态观测器的结构

由于状态观测器是建立在系统状态空间模型之上的,其预测结果的准确性取决于模型的精确性。实际中,由于电路参数变化等因素引起的模型误差会导致预测偏差,从而影响系统的控制性能甚至稳定性[65]。

本书第 9 章将深入分析数字控制延时产生的机理,并在此基础上提出新的控制算法直接减小甚至消除控制环路的计算延时,从而提高并网逆变器的电流控制性能。

1.3.5 电网电压引起的并网电流谐波抑制方法

如前所述,实际电网电压中含有丰富的背景谐波,这将会导致并网电流出现谐波分量。除此之外,对于三相并网逆变器而言,当电网出现故障时,PCC 处的电网电压可能会三相不平衡,这也会导致三相并网电流不平衡。并网电流谐波和不平衡会引起电网中的旋转电机和变压器等设备损耗增加、利用率和使用寿命下降等

问题，也会影响继电保护和计量装置的工作可靠性及准确性。

为保证接入 RE-DPGS 后电网仍安全、稳定且高质量运行，国内外相关部门电网制定了一系列并网逆变器接入标准和技术规范[17, 18, 66-68]，对并网电流的谐波和不平衡分量进行了严格限制。我国制定的国家标准 GB/T 19939-2005《光伏系统并网技术要求》和国家电网公司企业标准 Q/GDW 617-2011《光伏电站接入电网技术规定》中也对并网电流的谐波含量做出了明确限制。关于 RE-DPGS 接入电网引起的三相电网电压不平衡问题，国家电网公司制定的企业标准 Q/GDW 480-2010《分布式电源接入电网技术规定》中明确指出，“分布式电源并网后，其公共连接点的三相电压不平衡度不应超过 GB/T 15543-2008《电能质量 三相电压不平衡》规定的限值，即公共连接点的三相电压不平衡度不应超过 2%，短时不超过 4%。其中，由各分布式电源引起的公共连接点三相电压不平衡度不应超过 1.3%，短时不超过 2.6%。”

由图 1.3 和图 1.4 可以看出，电网电压主要从两方面影响并网电流：一是通过功率连接线路直接在并网电流中产生相应的基波正序分量、不平衡分量和谐波分量，这里定义为并网电流扰动分量；二是通过锁相环 PLL 影响并网电流指令值，使之出现给定误差，在并网电流中产生谐波及不平衡分量。下面以三相并网逆变器为例介绍上述两方面影响的研究现状。

1. 电网电压引起的并网电流扰动分量和不平衡抑制

1) 静止坐标系下控制

为了有效抑制电网电压背景谐波引起的并网电流谐波，在 PR 补偿器的基础上又发展出了多谐振(multi-resonant，MR)调节器[14, 59]，其传递函数为

$$G_i(s)=K_{\mathrm{p}}+\frac{K_{\mathrm{r0}}s}{s^2+\omega_{\mathrm{o}}^2}+\frac{K_{\mathrm{r1}}s}{s^2+\omega_1^2}+\cdots+\frac{K_{\mathrm{r}n}s}{s^2+\omega_n^2} \tag{1.7}$$

式中，$\omega_1,\cdots,\omega_n$ 为需要抑制的谐波频率，$K_{\mathrm{r1}},\cdots,K_{\mathrm{r}n}$ 为对应谐振频率的谐振系数。

式(1.7)是在式(1.2)的基础上加入了多个谐振单元，并将其谐振频率分别设置在需要抑制的谐波频率处，可使系统环路增益在这些频率处的增益无穷大，以有效抑制这些电网电压背景谐波对并网电流的影响。然而，当需要抑制的谐波频率高于系统截止频率时，由于谐振单元引入的负相移，环路增益的相频曲线可能穿越 $-180°$，系统无法稳定。针对这一问题，文献[58]引入超前相位补偿，可以有效改善系统稳定性，使得多谐振调节器对于谐波的抑制不再受环路截止频率的限制。

2) 旋转坐标系下控制

由于电压和电流的基波负序分量变换到正序同步旋转坐标系下为两倍基波频率分量，PI 调节器在两倍基波频率分量处增益有限，意味着它对并网电流基波负序分量的抑制能力不足。因此，需要在图 1.4 的基础上加入基波负序同步旋转坐

标系下的积分调节器，具体形式如图 1.8 所示。为区分正序和负序，这里分别定义这两个坐标为 dq^{+1} 和 dq^{-1}。该控制方式可以同时实现并网电流基波正序和负序分量的无静差调节。实际上，图 1.8 所示的调节器与静止坐标系下的 PR 调节器完全等效[58]。

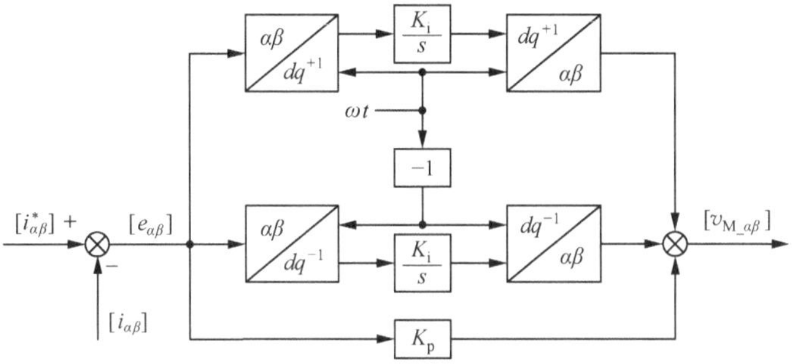

图 1.8 正负序同步旋转坐标系下 PI 调节器控制结构图

为了进一步提高并网逆变器的并网电流对谐波分量的抑制能力，文献[58]提出在图 1.8 中加入谐波频率旋转坐标系下的积分补偿器，以提高并网电流控制环路在谐波频率处的增益，从而实现并网电流谐波抑制，这类方法称为多旋转坐标系控制。

此外，当电网电压中主要谐波为正序 $6k+1$ 次谐波和负序 $6k-1$ 次谐波时（如谐波源主要为二极管不控整流和晶闸管相控整流等设备），文献[59]提出采用正序同步旋转坐标系下的比例积分谐振（PI-R）调节器，其传递函数为

$$G_i(s)=K_p+\frac{K_i}{s}+\sum_{k=1}^{n}\frac{K_{rk}s}{s^2+(6k\omega_0)^2} \tag{1.8}$$

在正序同步旋转坐标系下，正序 $6k+1$ 次谐波和负序 $6k-1$ 次谐波均被变换为 $6k$ 次谐波，因此在 $6k$ 次频率处放置谐振单元可同时抑制两个谐波，从而简化控制器的结构。

3）重复控制

静止坐标系下多谐振调节器控制和多旋转坐标系控制等方法能够有效抑制并网逆变器的并网电流谐波和不平衡分量。但是，随着所需抑制谐波数的增加，控制器的结构将越来越复杂。文献[69]提出了基于重复控制器同时实现多次谐波的抑制方法，该方法源于控制理论中的内模原理。图 1.9 给出了重复控制器系统结构示意图，其中，r、e、d 和 y 分别表示指令信号、误差信号、扰动信号和实际输出，虚线框内所示为重复控制器，它由重复信号发生器、周期延迟环节 z^{-N} 和补偿器 $C(z)$ 构成，$P(z)$ 表示被控对象。重复控制器是一种逐周期的累加控制，能够使并网电流控制环路在基波正序、基波负序和谐波频率处获得高增益，从而实现对并网电流谐波及不平衡分量的抑制[70-73]。重复控制的不足是并网逆变器动态性能较差[73]，

这可与瞬时值反馈控制相结合[74]来加以改善。

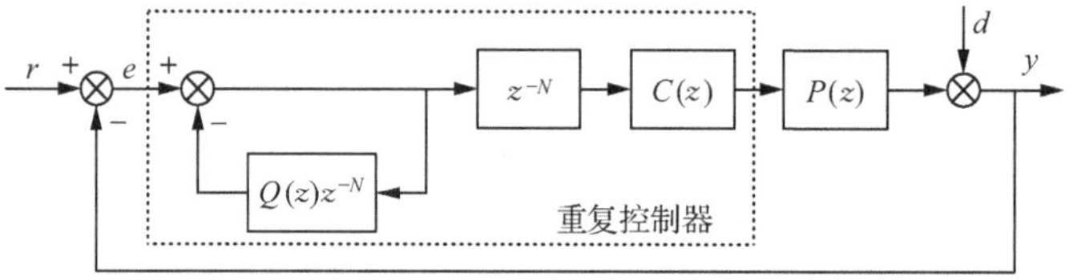

图 1.9　重复控制器系统结构示意图

4) 电网电压前馈控制

前述几种方法均是通过增加并网电流控制闭环在电网电压基波和谐波频率处的增益，来抑制电网电压引起的谐波及不平衡电流分量。如果将电网电压采样，并通过合适的传递函数叠加到并网逆变器的调制波 v_M 中，与电网电压对并网电流产生的影响进行对消，同样可以实现抑制并网电流谐波及不平衡分量。该方法就是电网电压前馈控制策略，如图 1.10 所示。其中，G_{iM} 为调制波 v_M 到并网电流 i_2 的传递函数；Y_o 为并网逆变器等效的输出导纳；G_{ff} 为电网电压前馈函数，它可以通过并网逆变器的数学模型 G_{iM} 和 Y_o 推导得到。与前述方法相比，电网电压前馈控制的优点是：控制器结构相对简单；不影响逆变器并网电流环路增益，能够保持系统良好的动态性能。

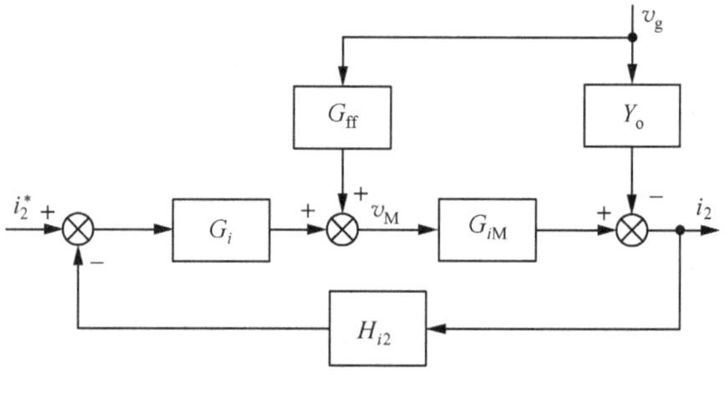

图 1.10　电网电压前馈控制框图

对于 L 型并网逆变器，电网电压前馈控制已得到充分研究。无论是单相还是三相并网逆变器(静止或旋转坐标系下控制)，L 型并网逆变器的前馈传递函数均为比例项 $1/K_{PWM}$，其中 K_{PWM} 为调制波 v_M 到逆变桥输出电压的传递函数[75-77]。电网电压前馈削弱了电网电压的基波正序和负序以及谐波分量对于并网电流的影响，此时采用静止坐标系下 PI 补偿器作为并网电流调节器，并网电流的稳态误差也可大大减小，对电流谐波及不平衡分量抑制能力也较强[50, 78]，因此该方法在工程实践中得到了广泛应用。

针对逆变器侧电感电流控制的单相 LCL 型并网逆变器，文献[79]引入滤波电容电压比例正反馈，消除了电网电压对逆变器侧电感电流的影响，但是并网电流仍受到电网电压谐波及不平衡分量的影响。文献[16]则引入滤波电容电流正反馈策略,以抑制电网电压对并网电流的影响,该文献推导了输出滤波电容电流正反馈传递函数,并对其低频段作了近似处理,该方法较好地抑制了电网电压引起的并网电流低次谐波及不平衡分量,但对高次谐波的抑制能力有限。本书第 6 章和第 7 章将分别针对单相和三相 LCL 并网逆变器提出电网电压全前馈控制方法,进一步提高并网电流的波形质量。

2. 逆变器并网电流指令值给定误差抑制

电网电压不仅会直接在并网电流中产生扰动分量,还会通过 PLL 使并网电流指令值产生给定误差,导致并网电流中出现谐波及不平衡分量。因此,国内外学者针对电网电压含有背景谐波和不平衡分量条件下的 PLL 设计开展了广泛研究。

1) 同步旋转坐标系 PLL

在三相并网逆变器中,最常用的锁相环类型为同步旋转坐标系的 PLL (synchronous reference frame PLL, SRF-PLL)[80-83],如图 1.11(a)所示。图中,SRF-PLL 提取得到的输出量为电网电压相位 θ'、频率 ω'和幅值 v_{d}。

定义三相电网电压为

$$\begin{cases} v_{ga} = V_{\mathrm{m}}\sin\theta \\ v_{gb} = V_{\mathrm{m}}\sin(\theta - 2\pi/3) \\ v_{gc} = V_{\mathrm{m}}\sin(\theta + 2\pi/3) \end{cases} \tag{1.9}$$

式中,V_{m}和 θ 分别为电网电压幅值和相位。

在图 1.11(a)中,三相电网电压被变换至 dq 同步旋转坐标系。根据 Park 变换公式可得,电网电压 d 轴和 q 轴分量表达式为

$$\begin{cases} v_d = V_{\mathrm{m}}\cos(\theta - \theta') \\ v_q = V_{\mathrm{m}}\sin(\theta - \theta') \end{cases} \tag{1.10}$$

式中,θ'为 SRF-PLL 提取得到的电网电压相位。

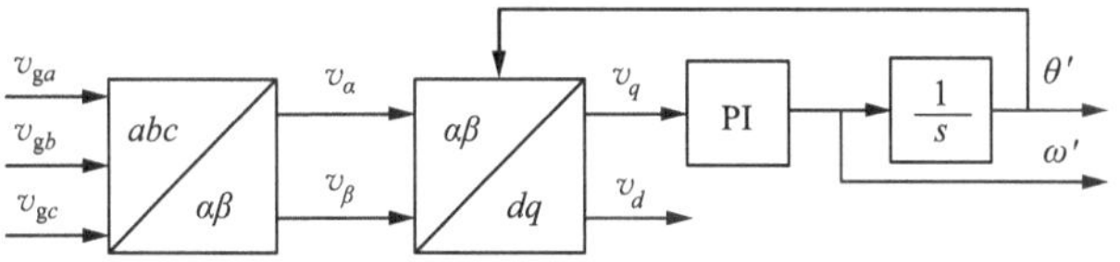

(a) SRF-PLL

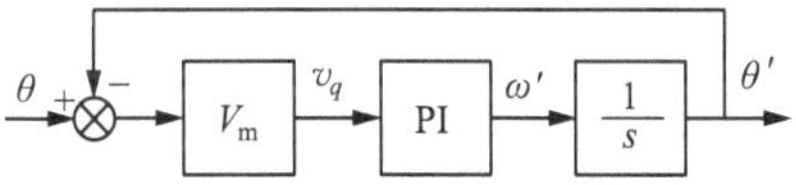

(b) SRF-PLL线性化模型

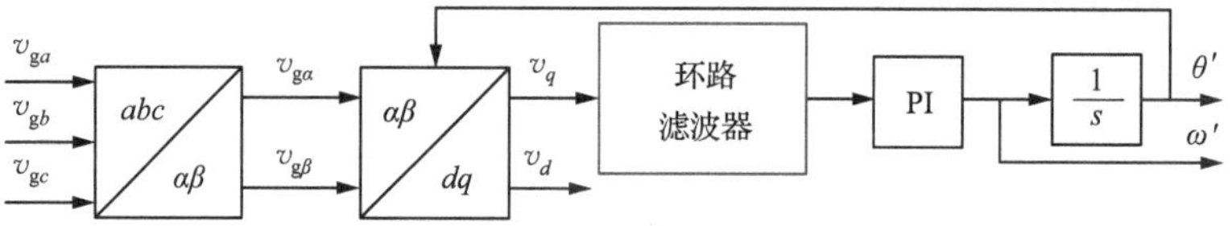

(c) 基于环路滤波器的SRF-PLL

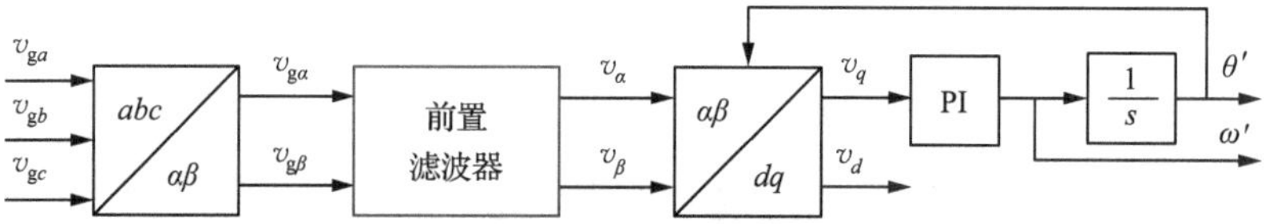

(d) 基于前置滤波器的SRF-PLL

图 1.11　SRF-PLL 及其改进系统示意图

当 θ 与 θ' 较接近时，式(1.10)可近似为

$$\begin{cases} v_d \approx V_{\mathrm{m}} \\ v_q \approx V_{\mathrm{m}}(\theta-\theta') \end{cases} \tag{1.11}$$

因此，v_d 为 SRF-PLL 提取的电网电压幅值信息，v_q 反映了电网电压实际相位与 SRF-PLL 提取相位的误差。将 v_q 送入 PI 调节器进行闭环控制，其输出为电网电压频率 ω'，将其进行积分得到 θ'，θ' 用于坐标变换计算。根据式(1.11)和图 1.11(a)，可得 SRF-PLL 的线性化模型，如图 1.11(b)所示。可以看出，电网电压相位 θ 为指令值，SRF-PLL 通过闭环控制使提取得到的相位 θ' 跟踪 θ，以实现并网电流与电网电压的同步。但是，当电网电压存在谐波及不平衡时，SRF-PLL 提取的 θ' 也会产生相应谐波和不平衡分量。

通过降低环路截止频率，SRF-PLL 可在一定程度上抑制电网电压谐波对 θ' 的影响，从而减小并网电流指令值误差[81]。但是，当电网电压背景谐波的频率较低且电网电压含有较大负序分量时，降低环路截止频率对谐波及负序分量的抑制效果将变差，而且会严重影响锁相环的动态性能。因此，国内外学者提出了许多改进方法，大体可分为两类[84]，即基于环路滤波器的 SRF-PLL 和基于前置滤波器的 SRF-PLL，分别如图 1.11(c)和(d)所示。

2) 基于环路滤波器的 SRF-PLL

如图 1.11(c)所示，在 SRF-PLL 的 PI 调节器之前引入一个环路滤波器，用来滤除 v_q 中的相应谐波或负序分量(两倍基波频率)，从而消除电网电压对于 SRF-PLL 提取 θ' 的影响，该方法称为基于环路滤波器的 SRF-PLL。常用的环路滤波器有低通滤波器(low pass filter，LPF)[85]、自适应陷波器(adaptive notch filter，ANF)[86]、二阶超前补偿器[87]、滑动 Goertzel 变换(sliding Goertzel transform，

SGT)[88]和滑动平均滤波器(moving average filter,MAF)[89]等。即使在电网电压含有大量背景谐波和不平衡分量情况下,基于环路滤波器的SRF-PLL仍可快速准确提取电网电压基波正序分量的相位和频率信息。

3) 基于前置滤波器的SRF-PLL

随着RE-DPGS越来越多的接入电网,电力部门关于分布式发电系统输送电能质量、安全运行和故障穿越等方面的要求也越来越严格[18,66]。因此,除了检测电网电压的频率和相位外,其基波正序和负序分量幅值也需要快速准确检测,以确保电网故障情况下RE-DPGS对电网动态电压支撑和功率振荡消除等策略的实现[90-92]。但是,基于环路滤波器的SRF-PLL对电网电压基波正序分量幅值的准确提取能力有限。在电网电压含有背景谐波和不平衡分量情况下,由于提取得到的幅值信息 v_d 未经环路滤波器处理,即使 θ' 与电网电压基波正序分量相位完全相同,v_d 仍会受到谐波及不平衡分量的影响,因此需要对 v_d 进行再滤波。

为了快速准确提取电网电压频率、相位和幅值信息,可以在电网电压送入SRF-PLL之前加入滤波器,如图1.11(d)所示,该方法称为基于前置滤波器的SRF-PLL。近年来,基于前置滤波器的SRF-PLL得到了广泛的研究。其中具有代表性的前置滤波器主要有基于通用积分器的基波正序滤波器(positive-sequence filter,PSF)[93]、增强型锁相环(enhanced phase-locked loop,E-PLL)[94]和正交锁相环(quadrature phase-locked loop,Q-PLL)[95]中的非线性自适应滤波器、基于二阶通用积分器(second-order generalized integrator,SOGI)的自适应滤波器[83,96,97]、解耦的双SRF-PLL前置滤波器[98]、复系数前置滤波器[99]和基于信号延迟对消(delayed signal cancellation,DSC)的前置滤波器[100-105]等。前置滤波器分析对比将在第12章中详细介绍,这里不再赘述。

1.3.6 电网阻抗对并网逆变器稳定性的影响及其改善方法

对于强电网,线路阻抗相对较小,采用多谐振调节器、电网电压前馈、重复控制等方法以及采用具有抗扰性能的锁相环可以有效抑制电网电压引起的并网电流谐波及不平衡分量。对于弱电网,其线路阻抗相对较大,电网易受接入负荷或发电单元影响。在此情况下,若仍然采用同样的方法抑制并网电流谐波及不平衡分量,可能导致LCL并网逆变器无法稳定工作[14,106-109]。

文献[14]指出,在静止坐标系下,采用多谐振控制器的LCL型并网逆变器在强电网下能够稳定工作;对于弱电网,电网阻抗将导致系统截止频率下降和引起相频响应的额外负相移,并网逆变器会不稳定。文献[106]指出,在弱电网下,单相LCL型并网逆变器采用多谐振调节器控制、重复控制和电网电压全前馈控制可能会导致逆变器无法稳定工作。因此,在设计控制器时需要考虑弱电网的影响。

文献[14]和[106]在分析弱电网下并网逆变器的稳定性问题时,将并网逆变器和弱电网视为一个整体，通过分析电网阻抗对整个系统并网电流控制环路增益的截止频率和相频响应或零极点位置的影响，来判断系统谐波抑制、动态性能及稳定性问题。文献[107]将直流分布式电源系统中基于阻抗的稳定性判据推广至并网逆变系统，指出运行在弱电网的并网逆变器稳定工作需满足两个条件：一是在电网阻抗为零时，并网逆变器稳定工作；二是电网阻抗 $Z_g(s)$ 与逆变器输出阻抗 $Z_o(s)$ 之比，即 $Z_g(s)/Z_o(s)$，满足 Nyquist 稳定判据。因此，当并网逆变器自身稳定时，通过并网逆变器的输出阻抗和电网阻抗特性即可判断系统稳定性。由于在电网阻抗发生变化时，采用基于阻抗的稳定性判据无需对并网逆变器进行重新建模，且可方便地拓展至多台并网逆变器接入电网情况，所以该方法更适合结构相对复杂的 RE-DPGS 弱电网下的稳定性问题分析。

本书第 10 章和第 11 章将采用基于阻抗的稳定性判据分析弱电网条件下 LCL 型并网逆变器稳定性的影响，并提出相应的控制策略，改善 LCL 型并网逆变器在弱电网下的稳定性。

1.4　本章小结

本章简要回顾了能源现状。为了解决能源短缺和环境污染问题，必须积极开发利用可再生能源，进行分布式发电。作为可再生能源发电单元与电网之间的能量变换接口，并网逆变器对分布式发电系统的安全、稳定和高质量运行具有十分重要的作用。本章介绍了基于可再生能源的分布式发电系统的优点和主要结构类型，并对 LCL 型并网逆变器的关键技术进行了详细的分析，主要包括：①LCL 滤波器设计及其磁集成方法；②并网逆变器闭环参数设计；③ 数字控制延时影响及其减小方法；④电网电压背景谐波和不平衡对并网电流的影响及其抑制方法；⑤电网阻抗对并网逆变器稳定性的影响及其改善的方法。

第 2 章　LCL 滤波器设计

并网逆变器是可再生能源发电单元和电网的接口装置，用来将直流电转换为正弦化的交流电，并馈入电网。为了获得正弦度高的并网电流，需要合理设计并网逆变器的输出滤波器。本章首先介绍逆变器常用的脉宽调制方法，包括双极性正弦脉宽调制(sinusoidal pulse-width modulation, SPWM)、单极倍频 SPWM 和谐波注入 SPWM，然后分析这些调制方法得到的逆变桥输出电压的谐波分布特性，并指出它们的共同点和区别，接着根据并网电流标准设计 LCL 滤波器，给出其设计步骤，最后通过仿真验证设计的合理性。

2.1　单相全桥并网逆变器的 PWM 控制

图 2.1 给出了单相全桥并网逆变器的电路拓扑。其中，开关管 Q_1 和 Q_2、Q_3 和 Q_4 分别构成单相逆变桥的两个桥臂，电感 L_1、L_2 和电容 C 构成 LCL 滤波器。需要说明的是，同一桥臂上下两只开关管互补工作。

单相全桥并网逆变器可以采用双极性 SPWM 控制，也可以采用单极倍频 SPWM控制。为分析方便，把输入直流电压 V_{in} 一分为二，设其中点 o 为参考电位。

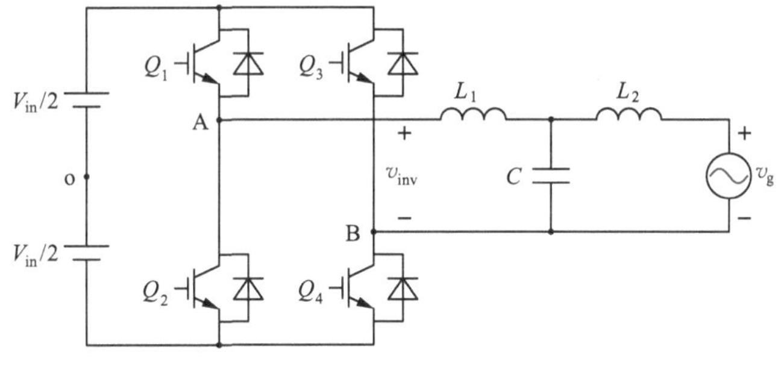

图 2.1　单相 LCL 型全桥并网逆变器

2.1.1　双极性 SPWM 控制

图 2.2 给出了双极性 SPWM 控制原理图，其中，v_M 为正弦调制波，其幅值为 V_M；v_{tri} 为三角载波，其幅值为 V_{tri}。v_M 和 v_{tri} 进行比较，得到 Q_1～Q_4 的控制信号。当 $v_M > v_{tri}$ 时，Q_1 和 Q_4 导通，Q_2 和 Q_3 截止，此时 $v_{Ao}=V_{in}/2$，$v_{Bo}=-V_{in}/2$；当 $v_M < v_{tri}$ 时，Q_1 和 Q_4 截止，Q_2 和 Q_3 导通，此时 $v_{Ao}=-V_{in}/2$，$v_{Bo}=V_{in}/2$。v_{Ao} 和 v_{Bo} 之

差即为逆变器桥臂间电压 v_{inv}。从图 2.2 可以看出，在一个载波周期内，v_{inv} 只有 $-V_{in}$ 和 $+V_{in}$ 两个电平，这两个电平极性相反，因此通常称这种调制方式为双极性 SPWM 控制。

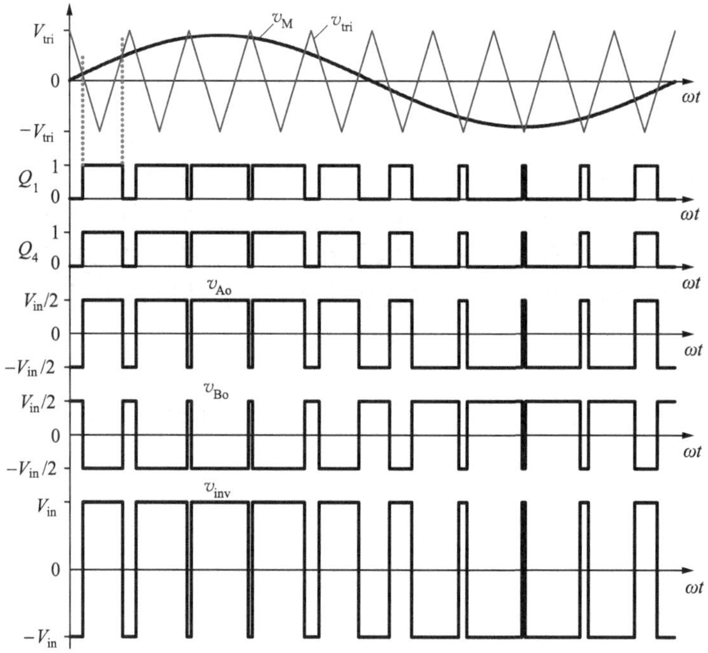

图 2.2　双极性 SPWM 控制原理图

假设调制波的角频率和初始相位角分别为 ω_o 和 0，三角载波的角频率为 ω_{sw}。请注意，调制波的频率与电网频率相同。定义调制波幅值 V_M 和三角载波幅值 V_{tri} 之比为调制比 M_r，其表达式为

$$M_r = V_M / V_{tri} \tag{2.1}$$

根据双边傅里叶变换，可以推导出图 2.2 中 v_{Ao} 和 v_{Bo} 的傅里叶级数展开式为[110]

$$\begin{aligned} v_{Ao}(t) &= -v_{Bo}(t) \\ &= \frac{M_r V_{in}}{2}\sin\omega_o t + \frac{2V_{in}}{\pi}\sum_{m=1,3,5,\cdots}^{\infty}\ \sum_{n=0,\pm2,\pm4,\cdots}^{\pm\infty}\frac{J_n(mM_r\pi/2)}{m}\sin\frac{m\pi}{2}\cos(m\omega_{sw}t+n\omega_o t) \\ &\quad + \frac{2V_{in}}{\pi}\sum_{m=2,4,6,\cdots}^{\infty}\ \sum_{n=\pm1,\pm3,\cdots}^{\pm\infty}\frac{J_n(mM_r\pi/2)}{m}\cos\frac{m\pi}{2}\sin(m\omega_{sw}t+n\omega_o t) \end{aligned} \tag{2.2}$$

式中，$J_n(x)$ 为第一类贝塞尔函数[111]，其表达式为

$$J_n(x) = \sum_{k=0}^{\infty}\frac{(-1)^k}{k!(k+n)!}\left(\frac{x}{2}\right)^{2k+n} \tag{2.3}$$

根据式(2.2),可得双极性 SPWM 控制的单相全桥逆变桥电压 v_{inv}的傅里叶级数展开式为

$$\begin{aligned}v_{\mathrm{inv}}(t)&=v_{\mathrm{Ao}}(t)-v_{\mathrm{Bo}}(t)\\&=M_{\mathrm{r}}V_{\mathrm{in}}\sin\omega_{\mathrm{o}}t+\frac{4V_{\mathrm{in}}}{\pi}\sum_{m=1,3,5,\cdots}^{\infty}\sum_{n=0,\pm2,\pm4,\cdots}^{\pm\infty}\frac{J_n(mM_{\mathrm{r}}\pi/2)}{m}\sin\frac{m\pi}{2}\cos(m\omega_{\mathrm{sw}}t+n\omega_{\mathrm{o}}t)\\&\quad+\frac{4V_{\mathrm{in}}}{\pi}\sum_{m=2,4,6,\cdots}^{\infty}\sum_{n=\pm1,\pm3,\cdots}^{\pm\infty}\frac{J_n(mM_{\mathrm{r}}\pi/2)}{m}\cos\frac{m\pi}{2}\sin(m\omega_{\mathrm{sw}}t+n\omega_{\mathrm{o}}t)\end{aligned}\tag{2.4}$$

式(2.4)等号右边的第一项是 v_{inv}的基波分量,第二项和第三项是 v_{inv}的谐波分量。其中,第二项是奇数倍载波频率处及其附近的谐波,第三项是偶数倍载波频率附近的谐波。当 m 为奇数时,$|\sin(m\pi/2)|=1$;当 m 为偶数时,$|\cos(m\pi/2)|=1$。因此,从式(2.4)等号右边的第二项和第三项可以看出,当输入电压 V_{in}一定时,v_{inv}的各次谐波幅值取决于$|J_n(mM_{\mathrm{r}}\pi/2)/m|$,而且 v_{inv}的谐波只出现在 $m+n$ 为奇数的频率处。

根据式(2.3),图 2.3 给出了调制比 $M_{\mathrm{r}}=0.9$,载波频率倍数 m 分别取 1、2 和 3 时$|J_n(mM_{\mathrm{r}}\pi/2)/m|$的曲线。需要说明的是,图中的三条虚线曲线是根据伽马函数(Gamma function)$\Gamma(k+n+1)$得到的,自变量 n 可以为实数。而对于式(2.3)来说,n 为整数,此时$\Gamma(k+n+1)=(k+n)!$。因此,实际的$|J_n(mM_{\mathrm{r}}\pi/2)/m|$的计算结果是这三组曲线上 n 为整数的点。从图 2.3 可以看出:在所有谐波中,幅值最大的谐波出现在中心频率 ω_{sw}(即 $m=1$, $n=0$)处,其边带谐波离中心频率越远,幅值越小;相对于中心频率 ω_{sw}处及其附近的谐波来说,2 倍及以上倍载波频率附近的边带谐波幅值较低。因此,中心频率 ω_{sw}处及其附近的谐波为 v_{inv}的主要谐波。可以证明,该结论在线性调制区($0\leqslant M_{\mathrm{r}}\leqslant1$)内都成立,这里不再赘述。

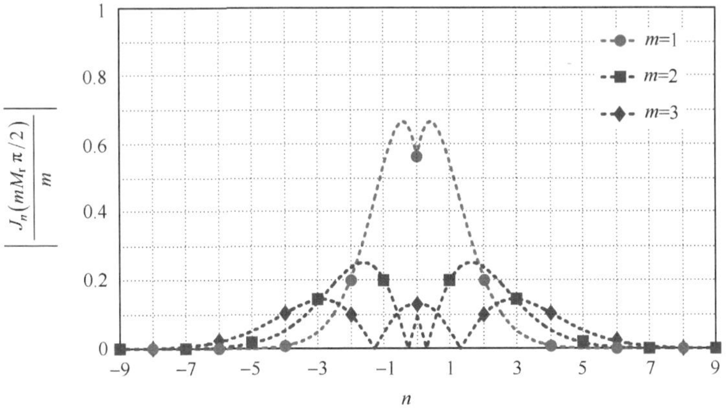

图 2.3　贝塞尔函数特性曲线

由上面的分析可总结得到,双极性 SPWM 控制的逆变器桥臂间电压谐波分布

特性为：

(1) 桥臂间电压 v_{inv} 的谐波分量只出现在 $m+n$ 为奇数的频率处。当 m 为奇数时，谐波除分布在 m 倍载波频率处外，还分布在 n 为偶数的边带频率处；当 m 为偶数时，谐波只分布在 n 为奇数的边带频率处。

(2) 桥臂间电压 v_{inv} 的载波频率处及其附近的谐波(如 $n=0,\pm2$ 等)是主要谐波，设计输出滤波器时主要考虑这些谐波。

2.1.2 单极倍频 SPWM 控制

采用双极性 SPWM 控制时，单相全桥逆变器的 v_{inv} 只有 $+V_{in}$ 和 $-V_{in}$ 两个电平。实际上，当 Q_1 和 Q_3 同时导通，或当 Q_2 和 Q_4 同时导通时，单相全桥逆变器的 v_{inv} 还可以为 0 电平。单极倍频 SPWM 控制即是一种既可使单相全桥逆变器桥臂间电压 v_{inv} 为 $+V_{in}$ 和 $-V_{in}$ 电平，也可获得 0 电平的调制策略。

图 2.4 为单极倍频 SPWM 控制原理图，其中，v_M 为正弦调制波，v_{tri} 和 $-v_{tri}$ 为两组三角载波。v_M 与 v_{tri} 比较得到 Q_1 和 Q_2 的控制信号，v_M 与 $-v_{tri}$ 比较得到 Q_3 和 Q_4 的控制信号。具体而言，当 $v_M>v_{tri}$ 时，Q_1 导通，Q_2 截止，此时 $v_{Ao}=V_{in}/2$；当 $v_M<v_{tri}$ 时，Q_1 截止，Q_2 导通，此时 $v_{Ao}=-V_{in}/2$；当 $v_M>-v_{tri}$ 时，Q_4 导通，Q_3 截止，此时 $v_{Bo}=-V_{in}/2$；当 $v_M<-v_{tri}$ 时，Q_4 截止，Q_3 导通，此时 $v_{Bo}=V_{in}/2$。根据 $v_{inv}=v_{Ao}-v_{Bo}$ 可得，v_{inv} 有 $+V_{in}$、$-V_{in}$ 和 0 三个电平。在 v_M 的正半周期里，v_{inv} 只有 $+V_{in}$ 和 0 两个电平，没有 $-V_{in}$ 电平；在 v_M 的负半周期里，v_{inv} 只有 $-V_{in}$ 和 0 两个电平，没有 $+V_{in}$ 电平。而且，v_{inv} 的脉动频率是载波频率的两倍。因此称这种 SPWM 调制方式为单极倍频 SPWM 控制。

由于 Q_1 的控制信号是由 v_M 与 v_{tri} 比较得到的，与双极性 SPWM 控制一样，v_{Ao} 的表达式和式(2.2)相同。Q_4 的控制信号是由 v_M 与 $-v_{tri}$ 比较得到的，而 $-v_{tri}$ 滞后于 v_{tri} 的角度为 π，因此将式(2.2)中 v_{Bo} 表达式中的 $\omega_{sw}t$ 项减去 π 即可得到单极倍频 SPWM 控制的 v_{Bo} 的表达式，即

$$
\begin{aligned}
v_{Bo}(t)=&-\frac{M_rV_{in}}{2}\sin\omega_o t-\frac{2V_{in}}{\pi}\sum_{m=1,3,5,\cdots,}^{\infty}\sum_{n=0,\pm2,\pm4,\cdots}^{\pm\infty}\frac{J_n(mM_r\pi/2)}{m}\sin\frac{m\pi}{2}\cos[m(\omega_{sw}t-\pi)+n\omega_o t]\\
&-\frac{2V_{in}}{\pi}\sum_{m=2,4,6,\cdots,}^{\infty}\sum_{n=\pm1,\pm3,\cdots}^{\pm\infty}\frac{J_n(mM_r\pi/2)}{m}\cos\frac{m\pi}{2}\sin[m(\omega_{sw}t-\pi)+n\omega_o t]
\end{aligned}
\tag{2.5}
$$

式(2.5)可进一步化简为

$$
\begin{aligned}
v_{Bo}(t)=&-\frac{M_rV_{in}}{2}\sin\omega_o t+\frac{2V_{in}}{\pi}\sum_{m=1,3,5,\cdots,}^{\infty}\sum_{n=0,\pm2,\pm4,\cdots}^{\pm\infty}\frac{J_n(mM_r\pi/2)}{m}\sin\frac{m\pi}{2}\cos(m\omega_{sw}t+n\omega_o t)\\
&-\frac{2V_{in}}{\pi}\sum_{m=2,4,6,\cdots,}^{\infty}\sum_{n=\pm1,\pm3,\cdots}^{\pm\infty}\frac{J_n(mM_r\pi/2)}{m}\cos\frac{m\pi}{2}\sin(m\omega_{sw}t+n\omega_o t)
\end{aligned}
\tag{2.6}
$$

根据式(2.2)和式(2.6)，可得单极倍频 SPWM 控制 v_{inv} 的傅里叶级数表达式为

$$v_{\text{inv}}(t)=v_{\text{Ao}}(t)-v_{\text{Bo}}(t)$$
$$=M_{\text{r}}V_{\text{in}}\sin\omega_{\text{o}}t+\frac{4V_{\text{in}}}{\pi}\sum_{m=2,4,6,\cdots,}^{\infty}\sum_{n=\pm1,\pm3,\cdots}^{\pm\infty}\frac{J_n(mM_{\text{r}}\pi/2)}{m}\cos\frac{m\pi}{2}\sin(m\omega_{\text{sw}}t+n\omega_{\text{o}}t) \tag{2.7}$$

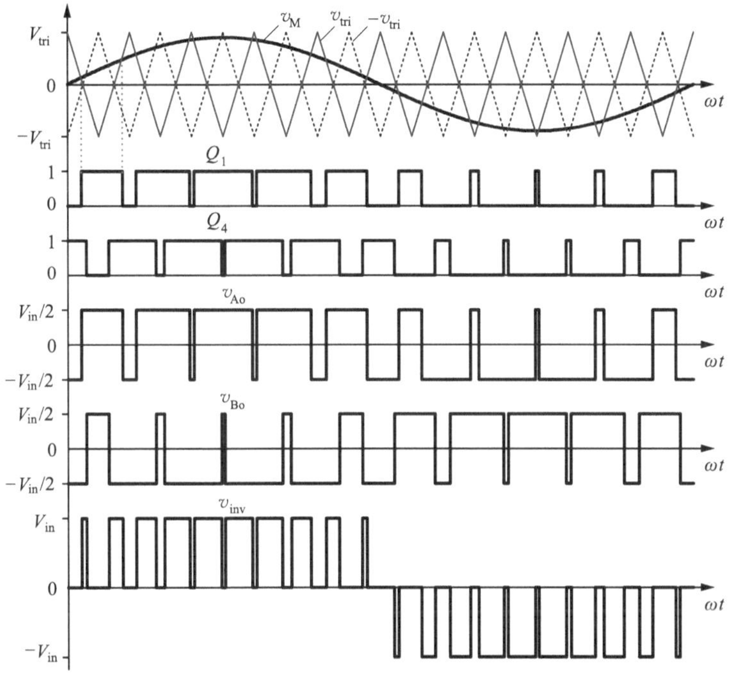

图 2.4　单性倍频 SPWM 控制原理图

从式(2.7)可知，单极倍频 SPWM 控制逆变器输出电压的谐波分布特性为：

(1) v_{inv}的谐波分量只出现在 m 为偶数 n 为奇数的边带频率处。

(2) v_{inv}的 2 倍载波频率附近的谐波($n=\pm1$, ±3, …)是 v_{inv}的主要谐波，设计输出滤波器主要考虑这些谐波。

比较式(2.4)和式(2.7)可知，单极倍频 SPWM 控制的桥臂间电压的谐波频率比双极性 SPWM 控制提高了一倍。这从图 2.2 和图 2.4 中的 v_{inv}波形也可以看出来，因为单极倍频 SPWM 控制的桥臂间电压 v_{inv}的脉动频率是载波频率的 2 倍，而双极性 SPWM 控制的 v_{inv}的脉动频率等于载波频率。

2.2　三相全桥并网逆变器的 PWM 控制

三相全桥并网逆变器如图 2.5(a)所示，其中，开关管 $Q_1\sim Q_6$构成三相逆变桥，三组滤波电感 L_1、L_2和滤波电容 C 构成三相 LCL 滤波器。需要说明的是，三相 LCL 滤波器中的滤波电容可连接为星形或三角形，三角形连接所需的电容容量是星形连接的 1/3，而电容电流和电压分别为星形连接的 $1/\sqrt{3}$ 和 $\sqrt{3}$ 倍。本书以滤波电容星形连接的 LCL 滤波器为例进行分析。同样，为分析方便，把输入直流电压 V_{in} 一分为二，设其中点 o 为参考电位。

图 2.5(b)为三相全桥并网逆变器的等效电路图。其中，v_{ao}、v_{bo} 和 v_{co} 为三相桥臂中点相对于 o 点的电压，i_{1a}、i_{1b} 和 i_{1c} 为逆变器侧三相电感电流，v_{Ca}、v_{Cb} 和 v_{Cc} 为三相滤波电容电压，i_{Ca}、i_{Cb} 和 i_{Cc} 为三相滤波电容电流，i_{2a}、i_{2b} 和 i_{2c} 为网侧三相电感电流。定义 N 点和 o 点之间的电压为 v_{No}，N 点和 N' 点之间的电压为 $v_{NN'}$。

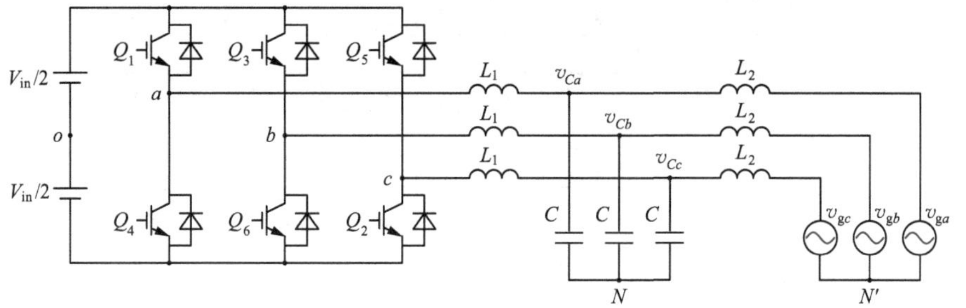

(a) 主电路

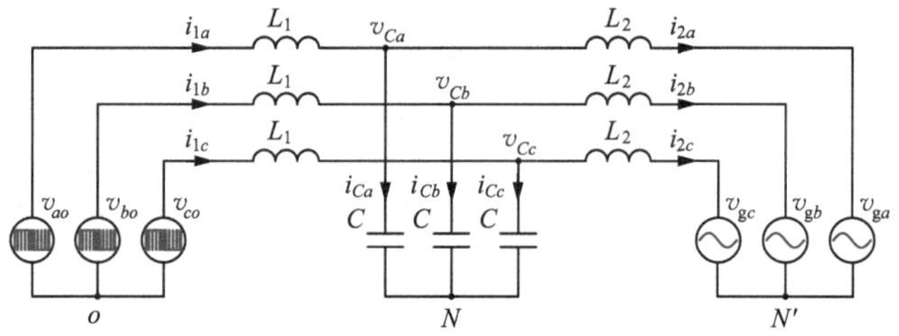

(b) 等效电路

图 2.5　三相 LCL 型全桥并网逆变器

由图 2.5(b)可得

$$\begin{cases} v_{ao} = j\omega L_1 i_{1a} + v_{Ca} + v_{No} \\ v_{bo} = j\omega L_1 i_{1b} + v_{Cb} + v_{No} \\ v_{co} = j\omega L_1 i_{1c} + v_{Cc} + v_{No} \end{cases} \tag{2.8}$$

三相滤波电容电压可表示为

$$\begin{cases} v_{Ca} = i_{Ca}/(j\omega C) \\ v_{Cb} = i_{Cb}/(j\omega C) \\ v_{Cc} = i_{Cc}/(j\omega C) \end{cases} \tag{2.9}$$

对于三相三线制接法，有 $i_{1a}+i_{1b}+i_{1c}=0$，$i_{Ca}+i_{Cb}+i_{Cc}=0$。将其与式(2.8)和式(2.9)结合，可得 v_{ao}、v_{bo} 和 v_{co} 中的零序分量为

$$v_{No} = (v_{ao} + v_{bo} + v_{co})/3 \tag{2.10}$$

类似地，可以求得

$$v_{NN'} = (v_{ga} + v_{gb} + v_{gc})/3 \tag{2.11}$$

采用 PWM 控制时，由于 $v_{ao}+v_{bo}+v_{co}\neq 0$，根据式(2.10)可知，$N$ 点和 o 点电位不相等。当三相电网电压平衡，即 $v_{ga}+v_{gb}+v_{gc}=0$ 时，根据式(2.11)可知，N 点和 N' 点电位是相等的。

2.2.1　SPWM 控制

图 2.6 为三相全桥逆变器的 SPWM 控制原理图，图中 $v_{\mathrm{M}a}$、$v_{\mathrm{M}b}$、$v_{\mathrm{M}c}$ 为三相调制正弦波，v_{tri} 为三角载波。$v_{\mathrm{M}a}$、$v_{\mathrm{M}b}$、$v_{\mathrm{M}c}$ 的表达式为

$$\begin{cases} v_{\mathrm{M}a} = V_{\mathrm{M}}\sin\omega_{\mathrm{o}}t \\ v_{\mathrm{M}b} = V_{\mathrm{M}}\sin(\omega_{\mathrm{o}}t - 2\pi/3) \\ v_{\mathrm{M}c} = V_{\mathrm{M}}\sin(\omega_{\mathrm{o}}t + 2\pi/3) \end{cases} \tag{2.12}$$

式中，V_{M} 为调制正弦波幅值；ω_{o} 为正弦调制波角频率，它与电网电压角频率相等。

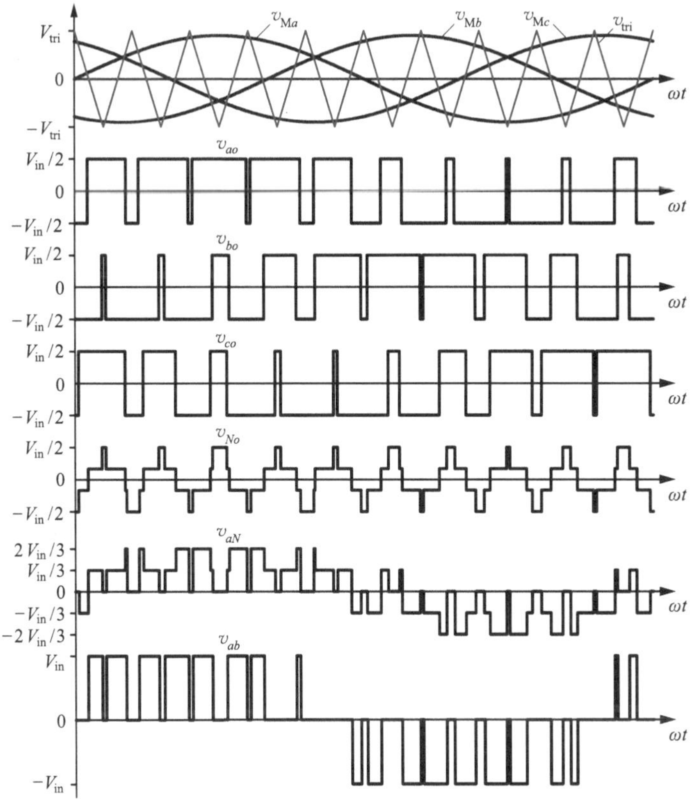

图 2.6　三相逆变器 SPWM 控制原理图

v_{Ma}和v_{tri}比较得到Q_1和Q_4的控制信号；v_{Mb}和v_{tri}比较得到Q_3和Q_6的控制信号；v_{Mc}和v_{tri}比较得到Q_5和Q_2的控制信号。v_{ao}、v_{bo}、v_{co}为三个桥臂中点相对于输入电压中点o的波形。根据式(2.10)可得v_{No}的波形；根据$v_{aN}=v_{ao}-v_{No}$可得a相桥臂中点相对于N点的电压v_{aN}的波形，以下称v_{aN}为a相桥臂输出电压；根据$v_{ab}=v_{ao}-v_{bo}$可得a相和b相桥臂间的电压v_{ab}的波形，以下称v_{ab}为ab相桥臂输出线电压。

根据调制原理，v_{ao}的表达式和式(2.2)相同。由于v_{Mb}滞后于v_{Ma}的角度为$2\pi/3$，v_{Mc}超前于v_{Ma}的角度为$2\pi/3$，因此将式(2.2)中v_{ao}的$\omega_o t$项分别改写为$\omega_o t-2\pi/3$和$\omega_o t+2\pi/3$可得到v_{bo}和v_{co}的表达式，即

$$\begin{aligned}v_{bo}(t)=&\frac{M_r V_{in}}{2}\sin\left(\omega_o t-\frac{2\pi}{3}\right)\\&+\frac{2V_{in}}{\pi}\sum_{m=1,3,\cdots}^{\infty}\sum_{n=0,\pm2,\cdots}^{\pm\infty}\frac{J_n(mM_r\pi/2)}{m}\sin\frac{m\pi}{2}\cos\left(m\omega_{sw}t+n\left(\omega_o t-\frac{2\pi}{3}\right)\right)\\&+\frac{2V_{in}}{\pi}\sum_{m=2,4,\cdots}^{\infty}\sum_{n=\pm1,\pm3,\cdots}^{\pm\infty}\frac{J_n(mM_r\pi/2)}{m}\cos\frac{m\pi}{2}\sin\left(m\omega_{sw}t+n\left(\omega_o t-\frac{2\pi}{3}\right)\right)\end{aligned}\tag{2.13}$$

$$\begin{aligned}v_{co}(t)=&\frac{M_r V_{in}}{2}\sin\left(\omega_o t+\frac{2\pi}{3}\right)\\&+\frac{2V_{in}}{\pi}\sum_{m=1,3,\cdots}^{\infty}\sum_{n=0,\pm2,\cdots}^{\pm\infty}\frac{J_n(mM_r\pi/2)}{m}\sin\frac{m\pi}{2}\cos\left(m\omega_{sw}t+n\left(\omega_o t+\frac{2\pi}{3}\right)\right)\\&+\frac{2V_{in}}{\pi}\sum_{m=2,4,\cdots}^{\infty}\sum_{n=\pm1,\pm3,\cdots}^{\pm\infty}\frac{J_n(mM_r\pi/2)}{m}\cos\frac{m\pi}{2}\sin\left(m\omega_{sw}t+n\left(\omega_o t+\frac{2\pi}{3}\right)\right)\end{aligned}\tag{2.14}$$

将式(2.2)、式(2.13)和式(2.14)代入式(2.10)，可求得

$$\begin{aligned}v_{No}(t)=&\frac{2V_{in}}{3\pi}\sum_{m=1,3,\cdots}^{\infty}\sum_{n=0,\pm2,\cdots}^{\pm\infty}\frac{J_n(mM_r\pi/2)}{m}\left(1+2\cos\frac{2n\pi}{3}\right)\sin\frac{m\pi}{2}\cos(m\omega_{sw}t+n\omega_o t)\\&+\frac{2V_{in}}{3\pi}\sum_{m=2,4,\cdots}^{\infty}\sum_{n=\pm1,\pm3,\cdots}^{\pm\infty}\frac{J_n(mM_r\pi/2)}{m}\left(1+2\cos\frac{2n\pi}{3}\right)\cos\frac{m\pi}{2}\sin(m\omega_{sw}t+n\omega_o t)\end{aligned}\tag{2.15}$$

由式(2.2)和式(2.15)可得a相桥臂输出电压v_{aN}为

$$\begin{aligned}v_{aN}(t)=&v_{ao}(t)-v_{No}(t)\\=&\frac{M_r V_{in}}{2}\sin\omega_o t+\frac{2V_{in}}{\pi}\sum_{m=1,3,5,\cdots}^{\infty}\sum_{n=0,\pm2,\pm4,\cdots}^{\pm\infty}\frac{4}{3}\frac{J_n(mM_r\pi/2)}{m}\sin\frac{m\pi}{2}\sin^2\frac{n\pi}{3}\cos(m\omega_{sw}t+n\omega_o t)\\&+\frac{2V_{in}}{\pi}\sum_{m=2,4,6,\cdots}^{\infty}\sum_{n=\pm1,\pm3,\cdots}^{\pm\infty}\frac{4}{3}\frac{J_n(mM_r\pi/2)}{m}\cos\frac{m\pi}{2}\sin^2\frac{n\pi}{3}\sin(m\omega_{sw}t+n\omega_o t)\end{aligned}\tag{2.16}$$

从式(2.16)可以看出:对于奇数倍($m=1, 3, 5, \cdots$)载波频率附近的谐波而言,当 $n=6k$ (k 为整数)时,$\sin^2(n\pi/3)=0$;当 $n=6k\pm 2$ 时,$\sin^2(n\pi/3)=3/4$。同理,对于偶数倍($m=2, 4, 6, \cdots$)载波频率附近的谐波而言,当 $n=3(2k-1)$ (k 为整数)时,$\sin^2(n\pi/3)=0$;当 $n=6k\pm 1$ 时,$\sin^2(n\pi/3)=3/4$。

由上面的分析可总结得到 SPWM 控制的三相全桥逆变器桥臂输出电压的谐波分布特性为:

(1) 桥臂间电压 v_{xN}($x=a, b, c$)的谐波分量只出现在 $m+n$ 为奇数的频率处。当 m 为奇数时,谐波分布在 $n=6k\pm 2$(k 为整数)的偶数边带频率处;当 m 为偶数时,谐波只分布在 $n=6k\pm 1$ 的奇数边带频率处。

(2) 桥臂间电压 v_{xN} 在载波频率附近的谐波(如 $n=\pm 2, \pm 4$ 等)是主要谐波,设计输出滤波器时主要考虑这些谐波。

根据式(2.2)和式(2.13),可以求得桥臂输出线电压 v_{ab} 为

$$\begin{aligned} v_{ab}(t) &= v_{ao}(t) - v_{bo}(t) \\ &= \frac{\sqrt{3}M_r V_{in}}{2}\sin\left(\omega_o t+\frac{\pi}{6}\right) \\ &\quad + \frac{4V_{in}}{\pi}\sum_{m=1,3,5,\cdots}^{\infty}\ \sum_{n=0,\pm 2,\pm 4,\cdots}^{\pm\infty}\frac{J_n(mM_r\pi/2)}{m}\sin\frac{m\pi}{2}\sin\frac{n\pi}{3}\cos\left(m\omega_{sw}t+n\omega_o t+\frac{\pi}{2}-\frac{n\pi}{3}\right) \\ &\quad + \frac{4V_{in}}{\pi}\sum_{m=2,4,6,\cdots}^{\infty}\ \sum_{n=\pm 1,\pm 3,\cdots}^{\pm\infty}\frac{J_n(mM_r\pi/2)}{m}\cos\frac{m\pi}{2}\sin\frac{n\pi}{3}\sin\left(m\omega_{sw}t+n\omega_o t+\frac{\pi}{2}-\frac{n\pi}{3}\right) \end{aligned} \tag{2.17}$$

对比式(2.16)和式(2.17)可以发现:①在基波处,线电压的幅值是相电压的 $\sqrt{3}$ 倍,而相位超前 $\pi/6$;②桥臂输出电压 v_{aN} 的谐波和桥臂输出线电压 v_{ab} 的谐波出现在相同的边带频率处,线电压谐波幅值也是其相电压的 $\sqrt{3}$ 倍,而相位超前$\pi/2-n\pi/3$。

2.2.2　谐波注入 SPWM 控制

根据式(2.17)可知,当 SPWM 控制在线性调制区(即 $0\leqslant M_r\leqslant 1$)时,桥臂输出线电压 v_{ab} 的最大幅值只有 $\sqrt{3}V_{in}/2$,即 $0.866V_{in}$,这就是说,SPWM 控制的三相全桥逆变器的直流电压利用率只有 0.866。而根据式(2.3)和式(2.7)可知,单相全桥逆变器的直流电压利用率为 1。

为了使三相全桥逆变器的直流电压利用率也达到 1,可以在图 2.6 的三相调制正弦波中注入如图 2.7 所示的三次谐波分量 v_z。可以看出,v_{Ma} 的波峰正好对应 v_z 的波谷,因此 v_{Ma} 与 v_z 合成后的调制波 v_{Maz} 在 v_{Ma} 的峰值处被拉低,v_{Maz} 的峰值出现在 v_{Ma} 峰值两侧,且小于 v_{Ma} 的峰值。这意味着,当 v_{Maz} 的幅值等于三角载波的幅值时,v_{Ma} 的幅值将高于三角载波的幅值。若三相全桥逆变器的调制比依然定义为调制正弦波和三角载波的幅值之比,则根据式(2.1)可知,实际三相全桥逆变器

的调制比将大于 1。

研究表明，当注入的三次谐波 v_z 的幅值为调制正弦波 v_{Ma} 幅值的 1/6 时[110]，即满足

$$v_z = \frac{V_M}{6}\sin3\omega_o t \tag{2.18}$$

则三相全桥逆变器的直流电压利用率可以达到 1，证明如下。

调制正弦波 v_{Ma} 和三次谐波 v_z 合成的调制波 v_{Maz} 的表达式为

$$v_{Maz} = V_M\sin\omega_o t + \frac{V_M}{6}\sin3\omega_o t = \frac{3V_M}{2}\sin\omega_o t - \frac{2V_M}{3}\sin^3\omega_o t \tag{2.19}$$

不难证明，v_{Maz} 的峰值出现在 $\omega_o t=\pi/3$ 或 $2\pi/3$ 两处。当 v_{Maz} 幅值等于三角载波幅值 V_{tri} 时，根据式(2.19)可求得 v_M/V_{tri} 可以达到 1.15，说明三次谐波注入 SPWM 的调制比 $M_r\in[0,\ 1.15]$。当 $M_r=1.15$ 时，根据式(2.17)可知，线电压的幅值可以达到 V_{in}，和单相全桥逆变器相同，直流电压利用率为 1。

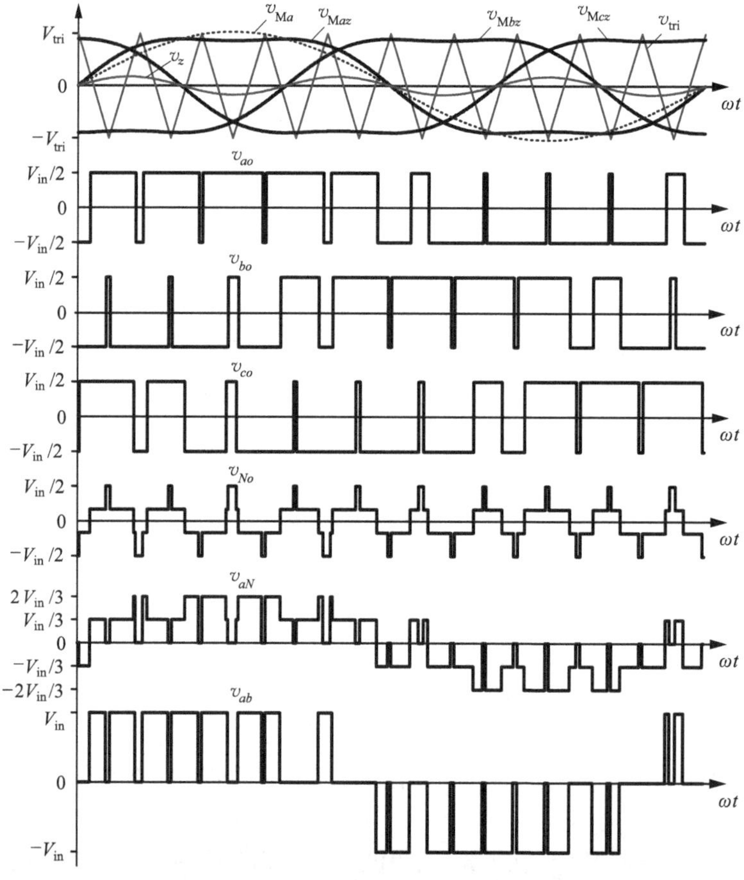

图 2.7　三相全桥逆变器三次谐波注入 SPWM 控制原理图

利用双边傅里叶变换，可以推导出图2.7中v_{ao}和v_{bo}的傅里叶级数展开式，为

$$v_{ao}(t)=\frac{M_r V_{in}}{2}\sin\omega_o t+\frac{M_r V_{in}}{12}\sin 3\omega_o t+\sum_{m=1,2,3,\cdots}^{\infty}\sum_{n=0,\pm1,\pm2,\cdots}^{\pm\infty}A_{mn}\cos(m\omega_{sw}t+n\omega_o t) \tag{2.20}$$

$$\begin{aligned}v_{bo}(t)=&\frac{M_r V_{in}}{2}\sin\left(\omega_o t-\frac{2\pi}{3}\right)+\frac{M_r V_{in}}{12}\sin 3\omega_o t\\&+\sum_{m=1,2,3,\cdots}^{\infty}\sum_{n=0,\pm1,\pm2,\cdots}^{\pm\infty}A_{mn}\cos\left(m\omega_{sw}t+n\left(\omega_o t-\frac{2\pi}{3}\right)\right)\end{aligned} \tag{2.21}$$

其中，A_{mn}为谐波幅值，其表达式为[110]

$$\begin{aligned}A_{mn}=&\frac{2V_{in}}{m\pi}\Big[J_0(mM_r\pi/12)J_k(mM_r\pi/2)\sin[(m+k)\pi/2]\big|_{k=|n|}\\&+J_0(mM_r\pi/2)J_h(mM_r\pi/12)\sin[(m+h)\pi/2]\big|_{3h=|n|}\\&+\sum J_k(mM_r\pi/2)J_h(mM_r\pi/12)\sin[(m+k+h)\pi/2]\Big|_{k+3h=|n|}\\&+\sum J_k(mM_r\pi/2)J_h(mM_r\pi/12)\sin[(m+k+h)\pi/2]\Big|_{k-3h=|n|}\\&+\sum J_k(mM_r\pi/2)J_h(mM_r\pi/12)\sin[(m+k+h)\pi/2]\Big|_{3h-k=|n|}\Big]\end{aligned} \tag{2.22}$$

按照2.2.1节中推导a相桥臂输出电压v_{aN}的思路，可以推导出三次谐波注入SPWM时v_{aN}的表达式，为

$$v_{aN}(t)=\frac{M_r V_{in}}{2}\sin\omega_o t+\sum_{m=1,2,3,\cdots}^{\infty}\sum_{n=0,\pm1,\pm2,\cdots}^{\pm\infty}\frac{4}{3}\sin^2\frac{n\pi}{3}A_{mn}\cos(m\omega_{sw}t+n\omega_o t) \tag{2.23}$$

比较式(2.16)和式(2.23)可知，谐波注入SPWM控制的三相全桥逆变器桥臂输出电压谐波分布特性和SPWM控制分布的特性相似。

(1) 桥臂间电压v_{xN}($x=a$, b, c)的谐波分量只出现在$m+n$为奇数的频率处。当m为奇数时，谐波分布在$n=6k\pm2$(k为整数)的偶数边带频率处；当m为偶数时，谐波只分布在$n=6k\pm1$的奇数边带频率处。

(2) 桥臂间电压v_{xN}在载波频率附近的谐波(如$n=\pm2,\pm4$等)是主要谐波，设计输出滤波器时主要考虑这些谐波。

根据式(2.20)和式(2.21)，可得桥臂间输出线电压v_{ab}的表达式为

$$\begin{aligned}v_{ab}(t)=&v_{ao}(t)-v_{bo}(t)\\=&\frac{\sqrt{3}M_r V_{in}}{2}\sin\left(\omega_o t+\frac{\pi}{6}\right)+\sum_{m=1,2,3,\cdots}^{\infty}\sum_{n=0,\pm1,\pm2,\cdots}^{\pm\infty}2\sin\frac{n\pi}{3}\\&\cdot A_{mn}\cos\left(m\omega_{sw}t+n\omega_o t+\frac{\pi}{2}-\frac{n\pi}{3}\right)\end{aligned} \tag{2.24}$$

除式(2.18)的形式外,注入到调制正弦波中的谐波 v_z 还可以取 v_{Ma}、v_{Mb} 和 v_{Mc} 三项中的中间量,如图 2.8 所示。在 $\omega_o t \in [0, \pi/6) \cup [5\pi/6, 7\pi/6) \cup [11\pi/6, 2\pi)$ 内,v_z 取自 v_{Ma};$\omega_o t \in [\pi/6, \pi/2) \cup [7\pi/6, 3\pi/2)$ 内,v_z 取自 v_{Mc};$\omega_o t \in [\pi/2, 5\pi/6) \cup [3\pi/2, 11\pi/6)$ 内,v_z 取自 v_{Mb}。由于 $v_{Ma}+v_{Mb}+v_{Mc}=0$,v_z 可采用如下形式实现[110]:

$$v_z = -k(\max\{v_{Ma}, v_{Mb}, v_{Mc}\} + \min\{v_{Ma}, v_{Mb}, v_{Mc}\}) \tag{2.25}$$

同样可以证明,调制正弦波 v_{Ma} 和注入的谐波 v_z 合成的调制波 v_{Maz} 的峰值出现在 $\omega_o t=\pi/3$ 或 $2\pi/3$ 两处,且当式(2.25)中的 $k=1/2$ 时,三相全桥逆变器的直流电压利用率也可以达到 1。按图 2.8 调制所得的结果和三相空间矢量调制(space vector modulation, SVM)是等价的[110]。由于可以直接从调制正弦波生成零序分量,式(2.25)所示的三相调制波的实现较为简单,得到了广泛应用。

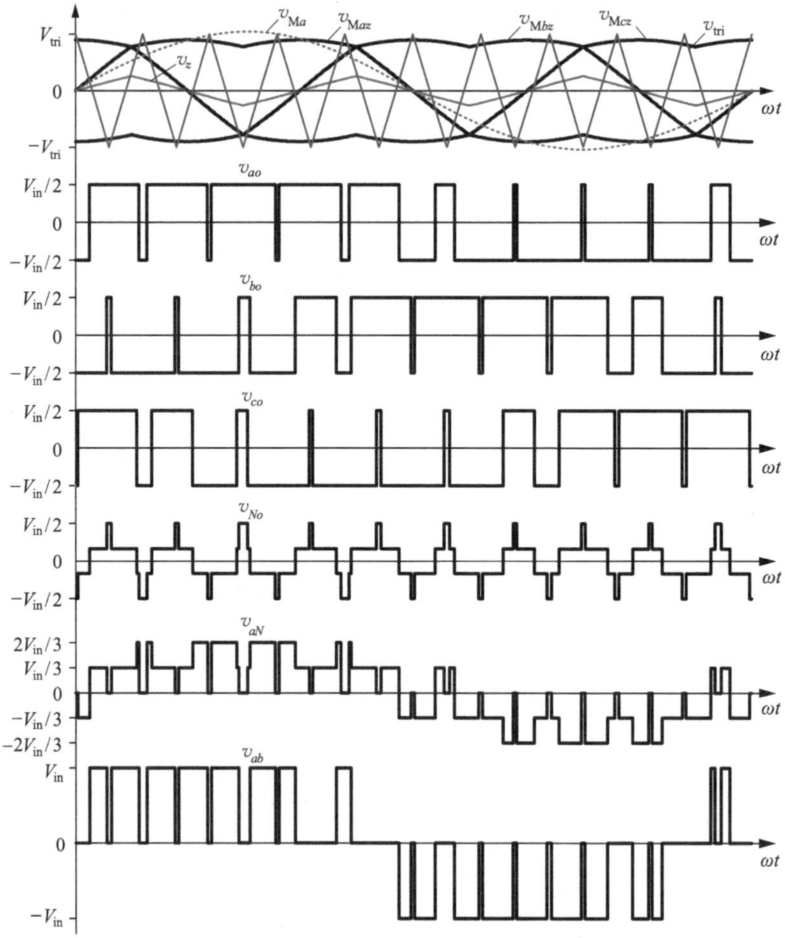

图 2.8 三相全桥逆变器等价于 SVM 的谐波注入 SPWM 控制原理图

采用式(2.25)的谐波注入 SPWM 控制的桥臂输出电压谐波幅值 A_{mn} 的表达式为[111]

$$\begin{aligned}A_{mn}=&\frac{4V_{\text{in}}}{m\pi^2}\Bigg\{\frac{\pi}{6}\sin\frac{(m+n)\pi}{2}\left[J_n\left(\frac{3mM_{\text{r}}\pi}{4}\right)+2\cos\frac{n\pi}{6}J_n\left(\frac{\sqrt{3}mM_{\text{r}}\pi}{4}\right)\right]\\&+\frac{1}{n}\sin\frac{m\pi}{2}\cos\frac{n\pi}{2}\sin\frac{n\pi}{6}\left[J_0\left(\frac{3mM_{\text{r}}\pi}{4}\right)-J_0\left(\frac{\sqrt{3}mM_{\text{r}}\pi}{4}\right)\right]\Bigg|_{n\neq 0}\\&+\sum_{\substack{k=1\\k\neq -n}}^{\infty}\Bigg\{\frac{1}{n+k}\sin\frac{(m+k)\pi}{2}\cos\frac{(n+k)\pi}{2}\sin\frac{(n+k)\pi}{6}\\&\cdot\left[J_k\left(\frac{3mM_{\text{r}}\pi}{4}\right)+2\cos\frac{(2n+3k)\pi}{6}J_k\left(\frac{\sqrt{3}mM_{\text{r}}\pi}{4}\right)\right]\Bigg\}\\&+\sum_{\substack{k=1\\k\neq n}}^{\infty}\Bigg\{\frac{1}{n-k}\sin\frac{(m+k)\pi}{2}\cos\frac{(n-k)\pi}{2}\sin\frac{(n-k)\pi}{6}\\&\cdot\left[J_k\left(\frac{3mM_{\text{r}}\pi}{4}\right)+2\cos\frac{(2n-3k)\pi}{6}J_k\left(\frac{\sqrt{3}mM_{\text{r}}\pi}{4}\right)\right]\Bigg\}\Bigg\}\end{aligned}\tag{2.26}$$

2.3　LCL 滤波器设计

由于并网逆变器的逆变器桥输出电压中含有丰富的开关谐波，为了抑制该开关谐波导致的并网电流谐波，需要在逆变桥与电网之间加入一个滤波器。第 1 章已指出，LCL 滤波器比 L 滤波器具有更好的高频谐波抑制能力，因此并网逆变器一般采用 LCL 滤波器。

图 2.1 所示的单相全桥逆变器电路可简化为图 2.9(a)的形式。参考图 2.5(a)所示的三相全桥逆变器，当三相电网电压平衡时，N 点和 N' 点电位相同，这样图 2.5(b)所示的三相电路是相互解耦的，其每一相都可以等效为图 2.9(b)所示的形式，其中 $x=a, b, c$。可以看出，单相 LCL 滤波器和三相 LCL 滤波器的结构是一样的，因此其设计思路是相同的，所不同的是加在 LCL 滤波器的电压谐波频谱

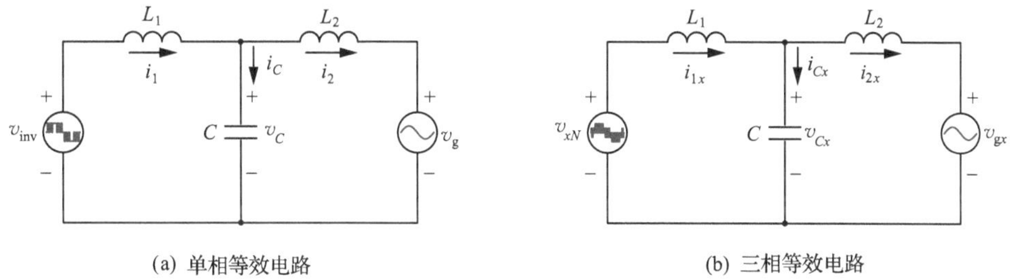

图 2.9　单相和三相 LCL 型并网逆变器等效电路图

不一样。下面分别分析单相全桥逆变器和三相全桥逆变器的 LCL 滤波器设计方法。分析时，假设电网电压 v_g 是理想的。

2.3.1　逆变器侧电感的设计

从图 2.1 和图 2.5(a)可知，无论是单相全桥逆变器还是三相全桥逆变器，流过滤波电感 L_1 的电流也就是流过开关管的电流。电感电流纹波过大会导致电感损耗大，同时也会增加开关管的电流应力，导致其导通损耗和开关损耗增加，因此需要加以限制。

1. 单相全桥并网逆变器

1) 双极性 SPWM 控制

图 2.10(a)给出了双极性 SPWM 控制的单相全桥逆变器的主要波形。其中，i_{1_f} 为逆变器侧电感 L_1 的电流 i_1 的基波分量，T_{sw} 为载波周期。

当 $v_M > v_{tri}$ 时，开关管 Q_1 和 Q_4 同时导通，桥臂输出电压 $v_{inv} = V_{in}$，此时有

$$L_1 \frac{di_1}{dt} = V_{in} - v_C \tag{2.27}$$

式中，v_C 为滤波电容电压。

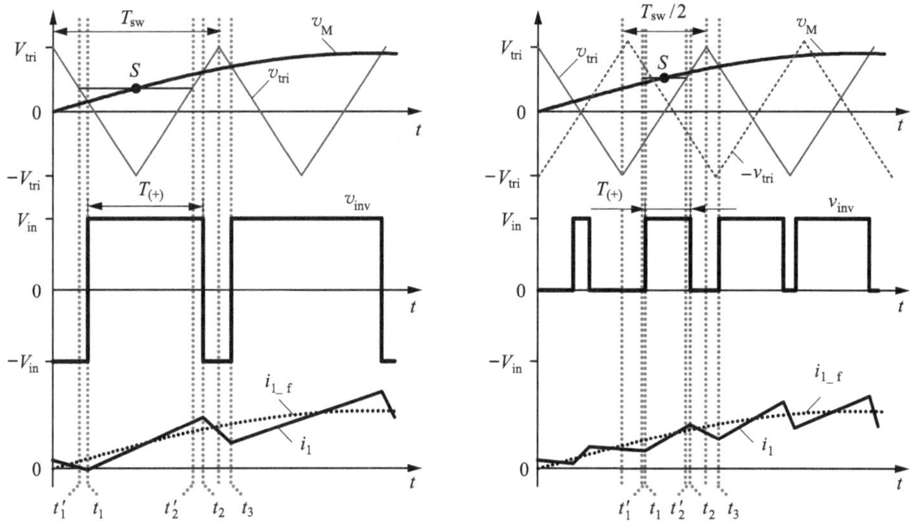

(a) 双极性 SPWM 控制　　　(b) 单极倍频 SPWM 控制

图 2.10　单相逆变器侧电感电流

由于 $V_{in} > v_C$，且一个载波周期内，v_C 变化很小，可以认为 Q_1 和 Q_4 同时导通时电感电流 i_1 线性增加，其增加量为

$$\Delta i_{1(+)} = \frac{V_{in} - v_C}{L_1} T_{(+)} \tag{2.28}$$

式中，$T_{(+)} = t_{12}$，为 Q_1 和 Q_4 同时导通的时间。

当 $v_M < v_{tri}$ 时，Q_2 和 Q_3 同时导通，$v_{inv} = -V_{in}$，此时有

$$L_1 \frac{di_1}{dt} = -V_{in} - v_C \tag{2.29}$$

同样，在一个载波周期内 v_C 变化很小，可以认为在 Q_2 和 Q_3 同时导通时 i_1 线性下降，其下降量为

$$\Delta i_{1(-)} = \frac{V_{in} + v_C}{L_1} T_{(-)} \tag{2.30}$$

式中，$T_{(-)} = t_{23}$，为 Q_2 和 Q_3 同时导通的时间。

由于直接求解 v_M 和 v_{tri} 交截点的方程是一个超越方程，通常采用规则采样近似求解 $T_{(+)}$，即在载波波谷时刻所对应的 v_M 值处（即 S 点处）作一条和时间轴平行的直线，和三角载波交截后得到两个时间点 t_1' 和 t_2'。由于基波频率远低于载波频率，因此可近似认为 $T_{(+)} = t_{12} \approx t_{12}'$。根据图 2.9(a)可得

$$T_{(+)} = \frac{v_M + V_{tri}}{2V_{tri}} T_{sw} = \frac{1}{2} T_{sw} (M_r \sin\omega_o t + 1) \tag{2.31}$$

而 $T_{(-)}$ 可表示为

$$T_{(-)} = T_{sw} - T_{(+)} = \frac{1}{2} T_{sw} (1 - M_r \sin\omega_o t) \tag{2.32}$$

若电网为理想电网，则 v_g 为纯正弦。滤波电感 L_1 和 L_2 上的压降一般很小，因此滤波电容电压 v_C 近似等于电网电压 v_g 和桥臂输出电压 v_{inv} 的基波分量，即

$$v_C \approx v_g = M_r V_{in} \sin\omega_o t \tag{2.33}$$

将式(2.31)和式(2.33)、式(2.32)和式(2.33)分别代入式(2.28)和式(2.30)，可得 i_1 的增加量 $\Delta i_{1(+)}$ 和下降量 $\Delta i_{1(-)}$ 的表达式相同，均为

$$\Delta i_{1(+)} = \Delta i_{1(-)} = \frac{V_{in} T_{sw}}{2L_1} (1 - M_r^2 \sin^2 \omega_o t) \tag{2.34}$$

从式(2.34)可以看出，在一个载波周期内，无论是电流的增加量，还是其下降量，其最大值 Δi_{1_max} 都出现在 $\sin\omega_o t = 0$ 时，即 $\Delta i_{1\_max} = V_{in} T_{sw} / (2L_1)$。定义纹波系数 $\lambda_{c\_L1} = \Delta i_{1\_max} / I_1$，其中 I_1 为额定输出电流时逆变器侧电感电流 i_1 的基波有效值。由此可求得电感 L_1 的最小值为

$$L_{1\_min} = \frac{V_{in} T_{sw}}{2\lambda_{c\_L1} I_1} \tag{2.35}$$

在实际工程中，λ_{c_L1} 一般取 20%～30%[112]。

L_1 的最大值可根据其两端基波压降 v_{L1_f} 来选择[13]。v_{L1_f} 越小，则并网逆变器所需的直流母线电压越小。设 v_{L1_f} 的有效值与电容电压 v_C 的有效值之比为 λ_{v_L1}，

可求得 L_1 的最大值为

$$L_{1\_\max} = \frac{\lambda_{v\_L1} V_C}{\omega_o I_1} \approx \frac{\lambda_{v\_L1} V_g}{\omega_o I_1} \tag{2.36}$$

式中，V_g 为电网电压有效值；λ_{v_L1} 一般取 5%左右。

2) 单极倍频 SPWM 控制

图 2.10(b)给出了单极倍频 SPWM 控制的单相全桥逆变器的主要波形。当 $v_M > v_{tri}$ 且 $v_M > -v_{tri}$ 时，开关管 Q_1 和 Q_4 同时导通，桥臂输出电压 $v_{inv} = V_{in}$，使 i_1 线性增加。根据图 2.10(b)可得

$$\frac{T_{(+)}}{T_{sw}/2} = \frac{v_M}{V_{tri}} = M_r \sin\omega_o t \tag{2.37}$$

将式(2.37)和式(2.33)代入式(2.28)，可得 Q_1 和 Q_4 同时导通时 i_1 的增加量 $\Delta i_{1(+)}$ 为

$$\Delta i_{1(+)} = \frac{V_{in} T_{sw}}{2L_1}(1 - M_r \sin\omega_o t) M_r \sin\omega_o t \tag{2.38}$$

类似地，也可以推导出 Q_2 和 Q_3 同时导通时 i_1 的下降量，其表达式和式(2.38)一样。

从式(2.38)可以看出，当 $\sin\omega_o t = 1/(2M_r)$ 时，电感电流 i_1 的增加量和下降量最大，为 $\Delta i_{1\_\max} = V_{in} T_{sw}/(8L_1)$。因此，单极倍频 SPWM 控制时电感 L_1 的最小值为

$$L_1 = \frac{V_{in} T_{sw}}{8\lambda_{c\_L1} I_1} \tag{2.39}$$

对比式(2.35)和式(2.39)可以看出，当逆变器侧电感电流最大脉动量(增加量或下降量)相同时，单极倍频 SPWM 控制时所需的电感量只有双极性 SPWM 控制的 1/4。这是因为：①相比于双极性 SPWM 控制，单极倍频 SPWM 控制的等效载波频率增加了一倍；②双极性 SPWM 控制的桥臂输出电压 v_{inv} 在 V_{in} 和 $-V_{in}$ 之间切换，而单极倍频 SPWM 控制的 v_{inv} 在 V_{in} 和 0，或 0 和 $-V_{in}$ 之间切换。

2. 三相全桥并网逆变器

与单相全桥并网逆变器类似，三相全桥并网逆变器的逆变器侧电感 L_1 也是根据电流纹波的最大值进行设计。设计时，忽略滤波电感 L_1 的基波压降，将三相滤波电容电压 v_{Cx} 近似为桥臂输出电压 v_{xN} 的基波分量，即有 $v_{Ca} \approx (M_r V_{in}/2)\sin\omega_o t$。与单相不同的是，三相的桥臂输出电压 v_{xN} 有 0、$\pm V_{in}/3$ 和 $\pm 2V_{in}/3$ 五种电平，逆变器侧电感电流 $i_{1x}(x = a, b, c)$ 的纹波变化规律较为复杂，如图 2.11 所示，下面对其进行详细分析。由于电压和电流均为工频周期函数，图 2.11 只给出了四分之一个工频周期，即 $\omega_o t \in [0, \pi/2]$ 内的波形。

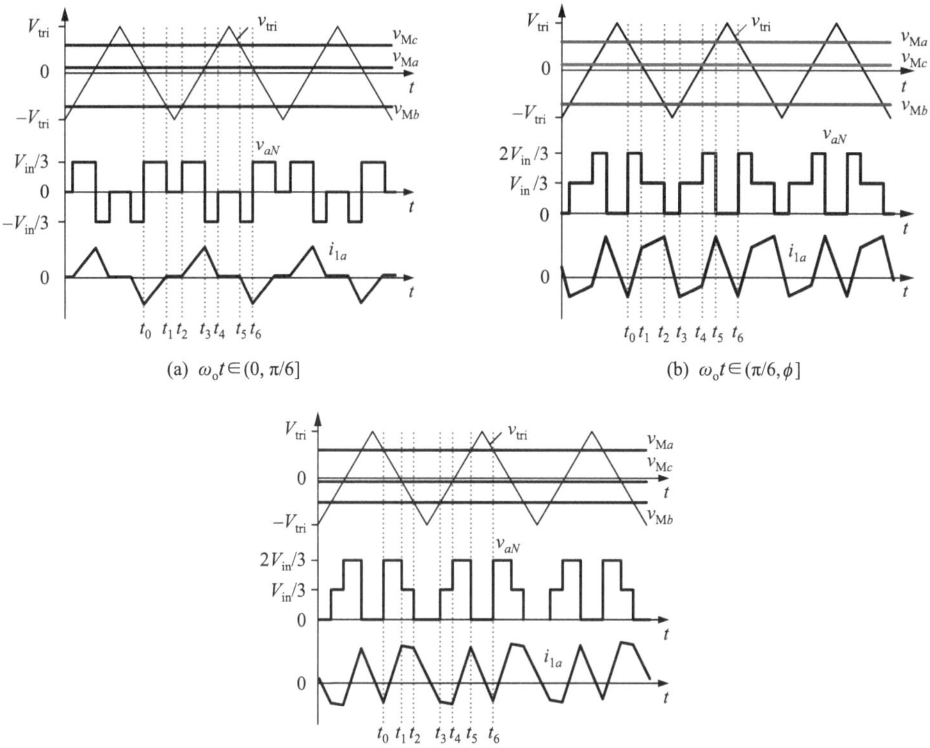

(a) $\omega_o t\in(0,\pi/6]$　(b) $\omega_o t\in(\pi/6,\phi]$　(c) $\omega_o t\in(\phi,\pi/2]$

图 2.11　三相逆变器侧电感电流

从图 2.6～图 2.8 可知，无论 SPWM 控制，还是谐波注入 SPWM 控制，在 $\omega_o t\in[0,\pi/6]$内，存在 $v_{Mc}>v_{Ma}>v_{Mb}$，且 v_{Ma} 单调递增。由于线性调制区内 v_{Mx} 与 v_{Cx} 成比例，因此满足 $v_{Cc}>v_{Ca}>v_{Cb}$，且 v_{Ca} 单调递增。v_{Ca} 最大值出现在$\omega_o t=\pi/6$ 处，为$(M_r V_{in}/2)\sin(\pi/6)=M_r V_{in}/4$。对于 SPWM 控制和谐波注入 SPWM 控制而言，v_{Ca} 的最大值分别为 $V_{in}/4$ 和 $1.15V_{in}/4$。显然，在 $\omega_o t\in[0,\pi/6]$内，$v_{Ca}<V_{in}/3$ 恒成立。

在 $\omega_o t\in[0,\pi/6]$内，根据 v_{aN} 的电平状态，一个载波周期内 i_{1a} 可以分为六段，如图 2.11(a)中的$[t_0,t_6]$区间，这六个阶段可以分为如下三种工作情况。

情况 1：当 $t\in[t_0,t_1)\cup[t_2,t_3)$时，$v_{aN}=V_{in}/3$。由于 $v_{Ca}<V_{in}/3$，因此 i_{1a}线性增加；

情况 2：当 $t\in[t_1,t_2)\cup[t_4,t_5)$时，$v_{aN}=0$。由于 $v_{Ca}>0$，因此 i_{1a}线性减小；

情况 3：当 $t\in[t_3,t_4)\cup[t_5,t_6)$时，$v_{aN}=-V_{in}/3$。由于 $v_{Ca}>0$，因此 i_{1a}线性减小。

在 $\omega_o t\in[\pi/6,\pi/2]$内，$v_{Ca}>v_{Cc}>v_{Cb}$，且 v_{Ca} 单调递增，在 $\omega_o t=\pi/2$ 时为

$M_rV_{in}/2$。对于 SPWM 控制和谐波注入 SPWM 控制而言，v_{Ca} 的最大值分别为 $V_{in}/2$ 和 $1.15V_{in}/2$。显然，在 $\omega_o t\in(\pi/6,\pi/2]$ 内，$v_{Ca}<2V_{in}/3$ 恒成立。

同样，$\omega_o t\in(\pi/6,\pi/2]$ 内，i_{1a} 也可以分为六个阶段，这六个阶段也可以分为如下三种工作情况。

情况 1：当 $t\in[t_0,t_1)\cup[t_4,t_5)$ 时，$v_{aN}=2V_{in}/3$。由于 $v_{Ca}<2V_{in}/3$，因此 i_{1a} 线性增加；

情况 2：当 $t\in[t_1,t_2)\cup[t_3,t_4)$ 时，$v_{aN}=V_{in}/3$。如果 $v_{Ca}<V_{in}/3$ 时，则 i_{1a} 线性增加，如图 2.11(b)所示；如果 $v_{Ca}>V_{in}/3$ 时，则 i_{1a} 线性减小，如图 2.11(c)所示；

情况 3：当 $t\in[t_2,t_3)\cup[t_5,t_6)$ 时，$v_{aN}=0$。由于 $v_{Ca}>0$，因此 i_{1a} 线性减小。

定义 $v_{Ca}=V_{in}/3$ 时的 $\omega_o t=\phi$，则有

$$\frac{M_rV_{in}}{2}\sin\phi=\frac{V_{in}}{3} \tag{2.40}$$

由式(2.40)可求得 ϕ 为

$$\phi=\arcsin\left(\frac{2}{3M_r}\right) \tag{2.41}$$

不难看出，只有当 $M_r\geqslant 2/3$ 时，式(2.41)才成立，此时图 2.11(c)的工作情况才会出现；如果 $M_r<2/3$，则 2.11(c)的工作情况不会出现。

图 2.11(a)中，i_{1a} 虽然在 $[t_1,t_2]$ 内减小，但在 $[t_0,t_3]$ 内总体上是增加的。在 $[t_3,t_6]$ 内，i_{1a} 一直是减小的；图 2.11(b)中，i_{1a} 在 $[t_0,t_2]$ 或 $[t_3,t_5]$ 内一直是增加的，但在 $[t_2,t_3]$ 或 $[t_5,t_6]$ 内是减小的；在图 2.11(c)中，i_{1a} 在 $[t_0,t_1]$ 或 $[t_4,t_5]$ 内是增加的，在 $[t_1,t_4]$ 或 $[t_5,t_6]$ 内是减小的。前面分析单相时已知，逆变器侧电感电流纹波的最大增加量和最大下降量是一样的，下面分别推导图 2.11(a)在 $[t_3,t_6]$ 内 i_{1a} 的下降量，图 2.11(b)在 $[t_2,t_3]$ 和 $[t_5,t_6]$ 内 i_{1a} 的下降量，图 2.11(c)在 $[t_1,t_4]$ 和 $[t_5,t_6]$ 内 i_{1a} 的下降量的表达式，根据这些下降量的最大值来设计逆变器侧电感 L_1。

根据图 2.11(a)可得 i_{1a} 在 $[t_3,t_6]$ 内的下降量 $\Delta i_{1a(1)}$ 为

$$\begin{aligned}\Delta i_{1a(1)}&=\left|\frac{-V_{in}/3-v_{Ca}}{L_1}t_{34}+\frac{0-v_{Ca}}{L_1}t_{45}+\frac{-V_{in}/3-v_{Ca}}{L_1}t_{56}\right|\\&=\left|\frac{V_{in}}{3L_1}(t_{36}-t_{45})+\frac{v_{Ca}}{L_1}t_{36}\right|\end{aligned} \tag{2.42}$$

根据图 2.11(b)可得 i_{1a} 在 $[t_2,t_3]$ 和 $[t_5,t_6]$ 内的下降量 $\Delta i_{1a(2)}$ 和 $\Delta i_{1a(3)}$ 分别为：

$$\Delta i_{1a(2)}=\left|\frac{v_{Ca}}{L_1}t_{23}\right| \tag{2.43}$$

$$\Delta i_{1a(3)}=\left|\frac{v_{Ca}}{L_1}t_{56}\right| \tag{2.44}$$

根据图 2.11(c)可得 i_{1a} 在 $[t_1,t_4]$ 内的下降量 $\Delta i_{1a(4)}$ 为

$$\Delta i_{1a(4)}=\left|\frac{V_{\mathrm{in}}/3-v_{Ca}}{L_1}t_{12}+\frac{0-v_{Ca}}{L_1}t_{23}+\frac{V_{\mathrm{in}}/3-v_{Ca}}{L_1}t_{34}\right|=\left|\frac{V_{\mathrm{in}}}{3L_1}(t_{14}-t_{23})-\frac{v_{Ca}}{L_1}t_{14}\right| \tag{2.45}$$

比较图 2.11(b)和(c)不难看出,两者的 t_{56} 都是 $v_{\mathrm{tri}}>v_{\mathrm{M}a}$ 这段时间,v_{aN} 都等于 0,因此 i_{1a} 在$[t_5,t_6]$内的下降量表达式相同,为式(2.44)。

当采用 SPWM 控制时,根据图 2.11(a)可求得

$$\begin{cases}t_{36}=T_{\mathrm{sw}}(V_{\mathrm{tri}}-v_{\mathrm{M}a})/2V_{\mathrm{tri}}\\t_{45}=T_{\mathrm{sw}}(V_{\mathrm{tri}}-v_{\mathrm{M}c})/2V_{\mathrm{tri}}\end{cases} \tag{2.46}$$

根据图 2.11(b)可得

$$\begin{cases}t_{23}=T_{\mathrm{sw}}(V_{\mathrm{tri}}+v_{\mathrm{M}b})/2V_{\mathrm{tri}}\\t_{56}=T_{\mathrm{sw}}(V_{\mathrm{tri}}-v_{\mathrm{M}a})/2V_{\mathrm{tri}}\end{cases} \tag{2.47}$$

根据图 2.11(c)可得

$$\begin{cases}t_{14}=T_{\mathrm{sw}}(V_{\mathrm{tri}}+v_{\mathrm{M}c})/2V_{\mathrm{tri}}\\t_{23}=T_{\mathrm{sw}}(V_{\mathrm{tri}}+v_{\mathrm{M}b})/2V_{\mathrm{tri}}\end{cases} \tag{2.48}$$

如果采用谐波注入 SPWM 控制,则式(2.46)、式(2.47)和式(2.48)中的 $v_{\mathrm{M}a}$、$v_{\mathrm{M}b}$ 和 $v_{\mathrm{M}c}$ 应换成 $v_{\mathrm{M}az}$、$v_{\mathrm{M}bz}$ 和 $v_{\mathrm{M}cz}$。

下面以 SPWM 控制和按式(2.25)的谐波注入 SPWM 控制为例求解 Δi_{1a}。先将式(2.12)中 $v_{\mathrm{M}a}$、$v_{\mathrm{M}b}$ 和 $v_{\mathrm{M}c}$ 的表达式代入式(2.46),并考虑 $M_{\mathrm{r}}=V_{\mathrm{M}}/V_{\mathrm{tri}}$,然后将求得的 t_{36} 和 t_{45} 代入式(2.42),并考虑 $v_{Ca}\approx(M_{\mathrm{r}}V_{\mathrm{in}}/2)\sin\omega_{\mathrm{o}}t$,最后将所求得 $\Delta i_{1a(1)}$ 与 $M_{\mathrm{r}}V_{\mathrm{in}}T_{\mathrm{sw}}/(2L_1)$ 相除,可得

$$f_{1\_\mathrm{SPWM}}(\omega_{\mathrm{o}}t)\triangleq\frac{\Delta i_{1a(1)}}{M_{\mathrm{r}}V_{\mathrm{in}}T_{\mathrm{sw}}/(2L_1)}=\left|\frac{1}{6}\sin\omega_{\mathrm{o}}t+\frac{1}{3}\sin\left(\omega_{\mathrm{o}}t+\frac{2\pi}{3}\right)-\frac{M_{\mathrm{r}}}{2}\sin^2\omega_{\mathrm{o}}t\right| \tag{2.49}$$

同理,根据式(2.43)、式(2.44)和式(2.45)可求得 $\Delta i_{1a(2)}$、$\Delta i_{1a(3)}$、$\Delta i_{1a(4)}$ 与 $M_{\mathrm{r}}V_{\mathrm{in}}T_{\mathrm{sw}}/(2L_1)$ 的比值,分别为

$$f_{2\_\mathrm{SPWM}}(\omega_{\mathrm{o}}t)\triangleq\frac{\Delta i_{1a(2)}}{M_{\mathrm{r}}V_{\mathrm{in}}T_{\mathrm{sw}}/(2L_1)}=\left|\sin\omega_{\mathrm{o}}t\left[\frac{1}{2}+\frac{M_{\mathrm{r}}}{2}\sin\left(\omega_{\mathrm{o}}t-\frac{2\pi}{3}\right)\right]\right| \tag{2.50}$$

$$f_{3\_\mathrm{SPWM}}(\omega_{\mathrm{o}}t)\triangleq\frac{\Delta i_{1a(3)}}{M_{\mathrm{r}}V_{\mathrm{in}}T_{\mathrm{sw}}/(2L_1)}=\left|\sin\omega_{\mathrm{o}}t\left(\frac{1}{2}-\frac{M_{\mathrm{r}}}{2}\sin\omega_{\mathrm{o}}t\right)\right| \tag{2.51}$$

$$\begin{aligned}f_{4\_\mathrm{SPWM}}(\omega_{\mathrm{o}}t)&\triangleq\frac{\Delta i_{1a(4)}}{M_{\mathrm{r}}V_{\mathrm{in}}T_{\mathrm{sw}}/(2L_1)}\\&=\left|\frac{2}{3}\sin\left(\omega_{\mathrm{o}}t+\frac{2\pi}{3}\right)-\frac{1}{6}\sin\omega_{\mathrm{o}}t-\frac{M_{\mathrm{r}}}{2}\sin\omega_{\mathrm{o}}t\sin\left(\omega_{\mathrm{o}}t+\frac{2\pi}{3}\right)\right|\end{aligned} \tag{2.52}$$

当采用式(2.25)的谐波注入 SPWM 控制时，根据上面的思路可求得电流变化量 $\Delta i_{1a(1)}$、$\Delta i_{1a(2)}$、$\Delta i_{1a(3)}$ 和 $\Delta i_{1a(4)}$ 与 $M_r V_{in} T_{sw}/(2L_1)$ 的比值，分别为

$$f_{1\_SVM}(\omega_o t) \triangleq \frac{\Delta i_{1a(1)}}{M_r V_{in} T_{sw}/(2L_1)} = \left| \frac{1}{6}\sin\omega_o t + \frac{1}{3}\sin\left(\omega_o t + \frac{2\pi}{3}\right) - \frac{3M_r}{4}\sin^2\omega_o t \right| \tag{2.53}$$

$$\begin{aligned} f_{2\_SVM}(\omega_o t) &\triangleq \frac{\Delta i_{1a(2)}}{M_r V_{in} T_{sw}/(2L_1)} \\ &= \left| \sin\omega_o t\left[\frac{1}{2} + \frac{M_r}{2}\sin\left(\omega_o t - \frac{2\pi}{3}\right) + \frac{M_r}{4}\sin\left(\omega_o t + \frac{2\pi}{3}\right)\right] \right| \end{aligned} \tag{2.54}$$

$$\begin{aligned} f_{3\_SVM}(\omega_o t) &\triangleq \frac{\Delta i_{1a(3)}}{M_r V_{in} T_{sw}/(2L_1)} \\ &= \left| \sin\omega_o t\left[\frac{1}{2} - \frac{M_r}{2}\sin\omega_o t - \frac{M_r}{4}\sin\left(\omega_o t + \frac{2\pi}{3}\right)\right] \right| \end{aligned} \tag{2.55}$$

$$\begin{aligned} f_{4\_SVM}(\omega_o t) &\triangleq \frac{\Delta i_{1a(4)}}{M_r V_{in} T_{sw}/(2L_1)} \\ &= \left| \frac{2}{3}\sin\left(\omega_o t + \frac{2\pi}{3}\right) - \frac{1}{6}\sin\omega_o t - \frac{3M_r}{4}\sin\omega_o t\sin\left(\omega_o t + \frac{2\pi}{3}\right) \right| \end{aligned} \tag{2.56}$$

式(2.25)对应的谐波注入 SPWM 控制与 SVM 控制等价，因此式(2.53)～式(2.56)下标采用 SVM 标识。将 $\sin\omega_o t = -\sin(\omega_o t - 2\pi/3) - \sin(\omega_o t + 2\pi/3)$ 代入式(2.55)，不难发现 $f_{2\_SVM} = f_{3\_SVM}$ 恒成立。

式(2.49)～式(2.52)和式(2.53)～式(2.56)分别为采用 SPWM 控制和式(2.25)对应的谐波注入 SPWM 控制时，i_{1a} 在 $\omega_o t \in [0, \pi/2]$ 的下降量与 $M_r V_{in} T_{sw}/(2L_1)$ 的比值。当调制比 M_r 确定后，由这些公式以及根据所选取的电感电流纹波系数 λ_{c_L1}，可以得到 i_{1a} 的最大下降量，进而得到 L_1 的下限值，依据该下限值即可选取合适的 L_1。图 2.12(a)分别给出了两组调制比 $M_r = 0.6$ 和 $M_r = 1$ 时的 $f_{1\_SPWM}(\omega_o t)$、$f_{2\_SPWM}(\omega_o t)$、$f_{3\_SPWM}(\omega_o t)$ 和 $f_{4\_SPWM}(\omega_o t)$ 的曲线，以及 $f_{1\_SVM}(\omega_o t)$、$f_{2\_SVM}(\omega_o t)$ 和 $f_{4\_SVM}(\omega_o t)$ 的曲线。在 $(\pi/6, \pi/2]$ 内，图 2.12(a)只给出了 $f_{2\_SPWM}(\omega_o t)$、$f_{3\_SPWM}(\omega_o t)$ 和 $f_{4\_SPWM}(\omega_o t)$ 的相对较大值，图 2.12(b)只给出了 $f_{2\_SVM}(\omega_o t)$ 和 $f_{4\_SVM}(\omega_o t)$ 的相对较大值。不难看出，当 $M_r > 2/3$ 时，图 2.12(a)和(b)的 $(\phi, \pi/2]$ 内的曲线分别为 $f_{4\_SPWM}(\omega_o t)$ 和 $f_{4\_SVM}(\omega_o t)$，意味着图 2.11(c)的工作情况出现了，这与前面的理论分析吻合。

2.3.2 滤波电容的设计

选取滤波电容时，需要考虑滤波电容 C 引入的无功功率。滤波电容容量越

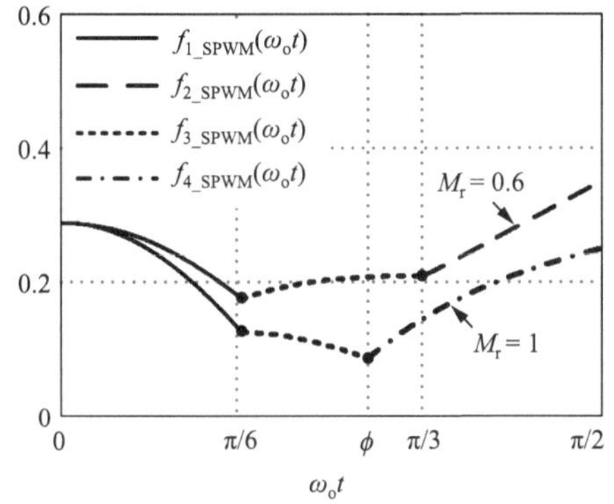

(a) SPWM

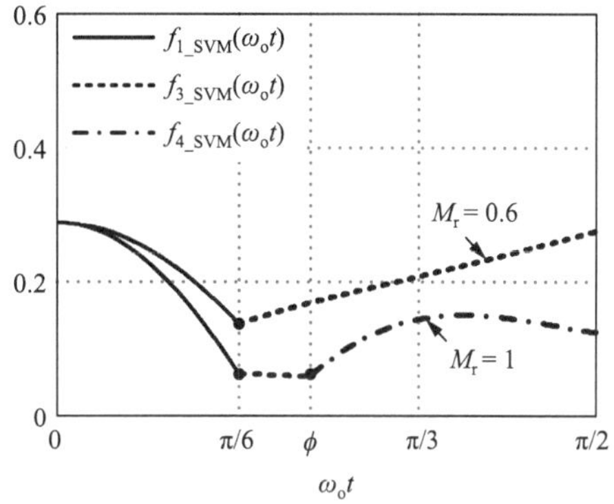

(b) 谐波注入SPWM

图 2.12　逆变器侧电感电流变化量变化规律

大，电容引入的无功功率越大，流过电感 L_1 和开关管的电流也越大，开关管导通损耗会增加。定义滤波电容 C 引入的无功功率与并网逆变器输出额定有功功率之比为 λ_C，那么滤波电容 C 的最大值为

$$C = \lambda_C \frac{P_o}{\omega_o V_g^2} \tag{2.57}$$

式中，P_o 为单相全桥逆变器输出额定有功功率。如果是三相桥式逆变器，则 P_o 是其中一相的输出功率；在实际设计中，一般选择 $\lambda_C = 5\%$ 左右[113]。

2.3.3　网侧电感的设计

根据图 2.9(a)，可以得到单相逆变器的并网电流 i_2 关于桥臂输出电压 v_{inv} 的传递函数 $G_{LCL}(s)$ 的表达式为

$$G_{LCL}(s) \triangleq \frac{i_2(s)}{v_{inv}(s)} = \frac{1}{L_1 L_2 C s^3 + (L_1 + L_2)s} = \frac{1}{(L_1 + L_2)s}\frac{\omega_r^2}{s^2 + \omega_r^2} \tag{2.58}$$

式中，ω_r 为 LCL 滤波器的谐振角频率，其表达式为

$$\omega_r = \sqrt{\frac{L_1 + L_2}{L_1 L_2 C}} \tag{2.59}$$

三相并网逆变器 $G_{LCL}(s)$ 的表达式和式(2.58)相同，这里不再赘述。

当逆变器侧电感和滤波电容选取后，根据表 2.1 所示的 IEEE Std. 929-2000 和 IEEE Std. 1547-2003 等并网标准[17, 18]中的谐波限制设计 L_2。从表 2.1 可以看出，这些标准对并网电流中单次谐波和总谐波含量有明确的限制。当样机指标确定后，根据式(2.4)或式(2.7)可以得到 v_{inv} 的频谱，从中可以确定主要谐波出现的频率 ω_h 及其幅值 $|v_{inv}(j\omega_h)|$，代入式(2.58)可得

表 2.1　并网电流谐波分量最大限值

谐波次数 h(奇次谐波)*	$h<11$	$11\leqslant h<17$	$17\leqslant h<23$	$23\leqslant h<35$	$35\leqslant h$	总谐波畸变率
占额定并网电流比例/%	4.0	2.0	1.5	0.6	0.3	5.0

* 当谐波为偶数次时，其允许的最大谐波限值为表中所示奇次谐波的 25%。

$$\frac{|i_2(j\omega_h)|}{|v_{\text{inv}}(j\omega_h)|}=\frac{1}{|L_1L_2C(j\omega_h)^3+j\omega_h(L_1+L_2)|} \tag{2.60}$$

根据单相全桥并网逆变器的桥臂输出电压 v_{inv}确定主要谐波的频率 ω_h及其谐波次数 h，然后根据表 2.1 确定滤波后的并网电流在 ω_h处的谐波占额定并网电流的比例 λ_h，并考虑 $\omega_h>\omega_r$，最后根据式(2.60)求得 L_2的最小值为

$$L_2=\frac{1}{L_1C\omega_h^2-1}\left(L_1+\frac{|V_{\text{inv}}(j\omega_h)|}{\omega_h\lambda_hI_2}\right) \tag{2.61}$$

式中，$V_{\text{inv}}(j\omega_h)$和 I_2分别为桥臂 h 次谐波输出电压和额定并网电流的有效值。

如果是三相全桥并网逆变器，则式(2.60)和式(2.61)中的 $V_{\text{inv}}(j\omega_h)$应换为谐波有效值 $V_{aN}(j\omega_h)$。

当 L_1、C 和 L_2确定后，需要通过仿真或实验验证并网电流的各次谐波及其总谐波畸变率(total harmonics distortion, THD)是否满足表 2.1。

2.4　LCL 滤波器的设计实例

为验证上述设计方法的正确性，分别设计了一台单极倍频 SPWM 控制单相全桥并网逆变器和一台谐波注入 SPWM 控制三相桥式逆变器原理样机。其中，单相全桥并网逆变器的输入直流电压为 360V，额定功率为 6kW，载波频率为 10kHz，所接电网为单相 220V/50Hz；三相桥式并网逆变器的输入电压为 700V，额定功率为 20kW，载波频率为 10kHz，所接电网为三相 380V/50Hz。

2.4.1　单相 LCL 滤波器

取电感电流纹波系数 $\lambda_{c\_L1}=30\%$，根据式(2.39)可求得 L_1的最小值为 550μH，取 L_1的基波压降 v_{L1_f}的有效值与电容电压 v_C的有效值之比 $\lambda_{v\_L1}=5\%$，根据式(2.36)可求得 L_1的最大值为 1.28mH。根据 L_1 的最大值和最小值，这里取 $L_1=600\mu\text{H}$。

取 $\lambda_C=3\%$，并将 $P_o=6\text{kW}$，$V_g=220\text{V}$，$f_o=50\text{Hz}$ 代入式(2.58)，可求得电容量 $C<12\mu\text{F}$，这里取 $C=10\mu\text{F}$。

假设并网功率因数(power factor, PF)为 1，则电感 L_1电流基波有效值为

$I_1=\sqrt{I_C^2+I_2^2}=\sqrt{(\omega_o CV_g)^2+I_2^2}=27.28$ (A)。根据输入直流电压和电网电压幅值可得调制比 $M=311/360=0.86$,将其代入式(2.7)中可得桥臂输出电压 v_{inv}的频谱,如图 2.13 所示。可以看出,v_{inv}的主要谐波出现在 $f_h=19.95$kHz 和 20.05kHz ($f_h=\omega_h/(2\pi)$)处,其中,$|V_{inv}(j2\pi f_h)|/V_{in}=28\%$,只要将并网电流 i_2 在该处的谐波衰减到标准以下,则 i_2 中其他次谐波自然满足标准要求。由于该谐波高于 33 次,根据表 2.1 可查得对应的谐波占额定并网电流比例 λ_h 应小于 0.3%,这里取 $\lambda_h=0.2\%$,将 $I_1=27.28$A、$|V_{inv}(j2\pi f_h)|/V_{in}=28\%$、$V_{in}=360$V,$L_1=600\mu$H、$C=10\mu$F、$\omega_h=2\pi\times19950$ 和 $\lambda_h=0.2\%$代入式(2.62)可得 $L_2=164\mu$H,这里取 $L_2=150\mu$H。按上述设计方法得到的单相 LCL 型全桥并网逆变器的滤波器参数见表 2.2 所示。

图 2.14 为基于表 2.2 样机参数的仿真波形。其中,图 2.14(a)从上至下依次为逆变器侧电感电流 i_1、并网电流 i_2、电容电流 i_C及其基波。图 2.14(b)从上至下依次为桥臂输出电压 v_{inv}、v_{inv}的频谱和并网电流 i_2的频谱。测得图 2.14(a)中 i_1的纹波最大值为 7.73A,i_2的有效值为 27.42A,可计算得 $\Delta i_{1\_max}/I_1=28\%$。测得图 2.14(b)中 v_{inv}在 19.95kHz 处谐波幅值最大,约为 100V,与 V_{in}的比值为 27.8%,和图 2.13 计算的结果吻合。该谐波经 LCL 滤波器后,并网电流 i_2此处的谐波幅值被衰减到 0.06A 以内,占额定并网电流的 0.15%,并网电流的 THD 为 0.8%,单次谐波和 THD 都符合并网电流标准,说明上述 LCL 滤波器设计过程是合理的。

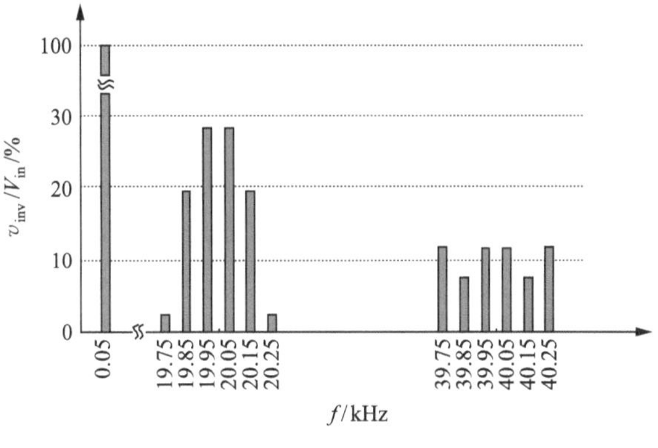

图 2.13 单极倍频 SPWM 控制单相全桥逆变器桥臂输出电压 v_{inv}频谱图

表 2.2 单相 LCL 型全桥并网逆变器的参数

参数	符号	数值	参数	符号	数值
输入电压	V_{in}	360V	开关频率	f_{sw}	10kHz
电网电压	V_g	220V	逆变器侧电感	L_1	600μH
输出功率	P_o	6kW	滤波电容	C	10μF
基波频率	f_o	50Hz	网侧电感	L_2	150μH

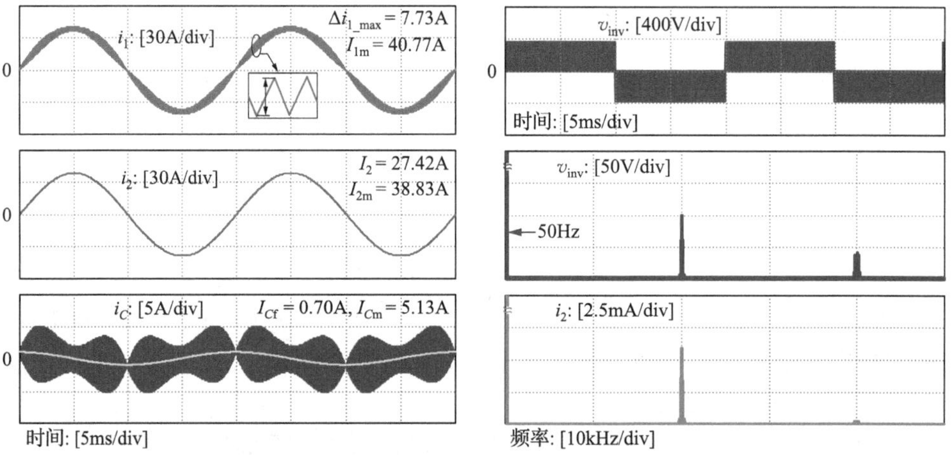

(a) i_1、i_2和v_g的仿真波形　　(b) v_{inv}及其频谱和i_2的频谱

图 2.14　单相 LCL 型全桥并网逆变器仿真波形

2.4.2　三相 LCL 滤波器

根据式(2.23)可求得调制比 $M_r = 220\sqrt{2}/350 \approx 0.886$，因此逆变器侧电感电流最大变化量出现在 $\omega_o t=0$ 处。取电感电流纹波系数 $\lambda_{c\_L1}=30\%$，根据式(2.49)可得 L_1 的最小值为 988μH，取 L_1 的基波压降 v_{L1_f} 的有效值与电容电压 v_C 的有效值之比 $\lambda_{v\_L1}=5\%$，根据式(2.36)可求得 L_1 的最大值为 1.16mH，这里取 $L_1=1$mH。

取 $\lambda_C=5\%$，并将 $P_o=20/3$ kW，$V_g=220$V，$f_o=50$Hz 代入式(2.57)，可求得电容量 $C<22\mu$F，这里取 $C=20\mu$F。

假设 PF=1，则电感 L_1 电流基波有效值为 $I_1=30.31$ A。将调制比 $M_r=0.886$ 代入式(2.26)可得桥臂输出相电压 v_{aN} 的频谱，如图 2.15 所示。可以看出，v_{aN} 的谐波幅值最大值出现在 $f_h=9.9$kHz 和 10.1kHz 处，$|v_{aN}(j2\pi f_h)|/(V_{in}/2)=17.6\%$。LCL 滤波器高频段斜率是−60dB/dec，因此它在 20kHz 附近的衰减能力是 10kHz 附近的 8 倍，因此 9.9kHz 和 10.1kHz 处的谐波是 v_{aN} 的主要谐波。该谐波高于 33 次，查表 2.1 可得谐波占额定并网电流比例 λ_h 应小于 0.3%，这里取 $\lambda_h=0.15\%$，将 $I_1=30.3$A、$|v_{aN}(j2\pi f_h)|/(V_{in}/2)=17.6\%$、$V_{in}/2=350$V，$L_1=1$mH、$C=20\mu$F、$\omega_h=2\pi\times 9900$ 和 $\lambda_h=0.15\%$代入式(2.60)可得 L_2 的最小值为 301μH，实际取 $L_2=300\mu$H。按上述设计方法得到的三相 LCL 型全桥并网逆变器的滤波器参数如表 2.3 所示。

图 2.16 为基于表 2.3 样机参数的仿真波形。其中，图 2.16(a)从上至下依次为 a 相逆变器侧电感电流 i_{1a}、并网电流 i_{2a}、电容电流 i_{Ca} 及其基波。图 2.16(b)从上至下依次为桥臂输出电压 v_{aN}、v_{aN} 的频谱和并网电流 i_{2a} 的频谱。测得图 2.16

(a)中 i_{1a} 的纹波最大值为 9.5A，i_{2a} 的有效值为 30.3A，可计算得 $\Delta i_{1a\_max}/I_1=31.4\%$，与设计基本吻合，说明 L_1 的设计过程正确。测得图 2.16(b)中 v_{aN} 在 9.9kHz 处谐波幅值最大，约为 60V，与 $V_{in}/2$ 的比值为 17.1%，和图 2.15 计算的结果吻合。该谐波经 LCL 滤波器后，并网电流 i_2 此处的谐波幅值被衰减到 0.05A，占额定并网电流的 0.13%，并网电流的 THD 为 0.8%，单次谐波和 THD 都符合并网电流标准，说明上述 LCL 滤波器设计过程是合理的。

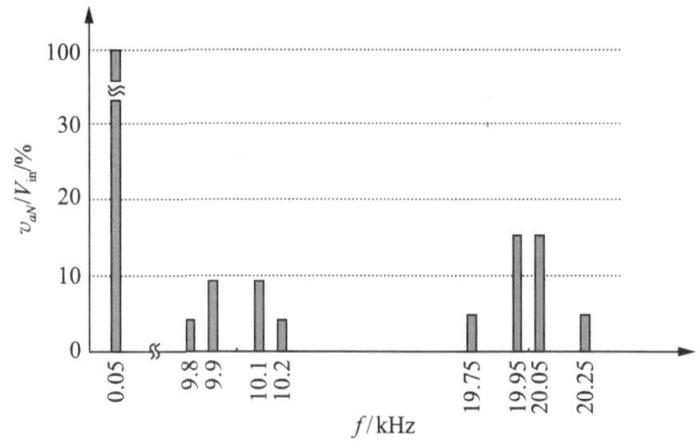

图 2.15　谐波注入 SPWM 控制三相全桥逆变器输出 PWM 相电压 v_{aN} 频谱图

表 2.3　三相 LCL 型全桥并网逆变器的参数

参数	符号	数值	参数	符号	数值
输入电压	V_{in}	700V	开关频率	f_{sw}	10kHz
电网相电压	V_g	220V	逆变器侧电感	L_1	1mH
输出功率	P_o	20kW	滤波电容	C	20μF
基波频率	f_o	50Hz	网侧电感	L_2	300μH

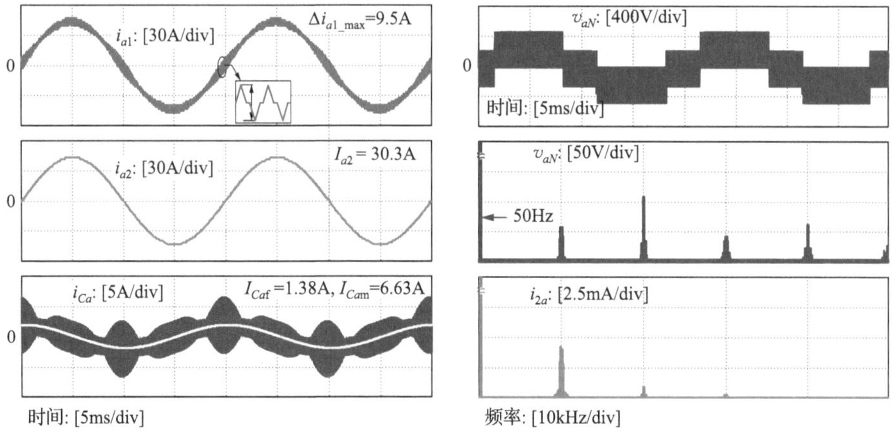

(a) i_{1a}、i_{2a}和 i_C 的仿真波形　　(b) v_{aN}及其频谱和i_{a2}的频谱

图 2.16　三相 LCL 型并网逆变器仿真波形

2.5 本章小结

本章首先分析了采用双极性 SPWM 控制和单极倍频 SPWM 控制的单相并网逆变器,以及采用 SPWM 控制和谐波注入 SPWM 控制的三相全桥逆变器的桥臂输出电压的谐波特性。指出载波频率相同时,双极性 SPWM 控制主要谐波出现在载波频率附近,而单极倍频的主要谐波出现在两倍载波频率附近。三相 SPWM 控制和谐波注入 SPWM 控制主要次谐波都出现在载波频率附近,但前者的直流电压利用率只有 0.866,而后者可以达到 1。

结合 PWM 控制输出电压的谐波特性,本章给出了一种 LCL 滤波器的设计方法,分为三个步骤。

(1) 通过限制一个工频周期内滤波电感电流纹波的最大值,可以得到逆变器侧电感的下限,据此选取合适的逆变器侧电感;

(2) 通过限制滤波电容引入的最大无功功率,可以得到滤波电容的上限,据此选取合适的滤波电容;

(3) 根据并网标准对并网电流中单次谐波的限制,可以得到网侧电感的下限,据此选取合适的网侧电感。

最后,通过仿真验证了所提出的滤波器设计方法的正确性。

第 3 章　LCL 滤波器的磁集成方法

第 2 章介绍了 LCL 滤波器的设计方法，设计好 LCL 滤波器的参数后，选择合适的制作方法至关重要。LCL 滤波器有两个电感，通常每个电感分别使用单独的磁芯来绕制，这样磁芯数量较多，体积较大。为了减小磁芯的体积，可以采用磁集成技术[114]。

本章首先介绍 LCL 滤波器的磁集成方法，建立集成电感的等效磁路模型。然后，分析由于公共磁芯磁阻不为零导致的耦合现象及其对 LCL 滤波器滤波特性的影响，并根据并网谐波电流标准，推导允许的最大耦合程度，由此指导公共磁芯截面积和磁芯材料的选取。最后，分别针对单相和三相 LCL 滤波器，利用 Ansoft Maxwell 仿真软件，给出磁集成的设计实例，并进行实验验证。

3.1　LCL 滤波器的磁集成方法

3.1.1　单相 LCL 滤波器的磁集成

图 3.1 给出了单相 LCL 型并网逆变器的主电路，其中，L_1 为逆变器侧电感，C 为滤波电容，L_2 为网侧电感，它们构成 LCL 滤波器。第 2 章已指出，在设计 LCL 滤波器时，电感 L_1 的最大纹波电流 ΔI_{1m} 取为并网电流有效值 I_2 的 20%～30%[112]，电容电流的基波有效值 I_{Cf} 限定在 I_2 的 5%以下[113]。在这些限制条件下，可以设计得到 LCL 滤波器参数，如表 3.1 所示。根据表中的样机参数，可得到额定状况下逆变器侧电感电流 i_1、并网电流 i_2 和电容电流 i_C 的仿真波形，如图 3.2 所示。其中，$I_{1\mathrm{m}}$、$I_{2\mathrm{m}}$ 和 $I_{C\mathrm{m}}$ 分别为 i_1、i_2 和 i_C 的峰值，$\Delta I_{1\mathrm{m}}$ 约为 I_2 的 31%，$I_{C\mathrm{f}}$ 约为 I_2

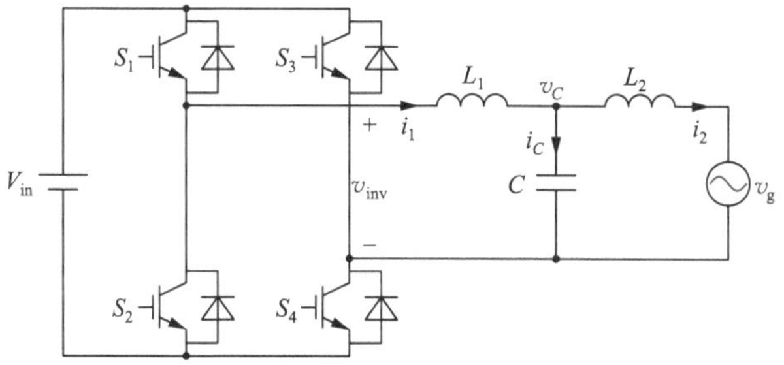

图 3.1　单相 LCL 型并网逆变器的主电路

的 2.6%。此外，I_{1m}和 I_{2m}相近，并且远大于 I_{Cm}。

表 3.1　单相并网逆变器的样机参数

参数	符号	数值	参数	符号	数值
输入电压	V_{in}	360V	逆变器侧电感	L_1	360μH
电网电压	V_g	220V	滤波电容	C	10μF
输出功率	P_o	6kW	网侧电感	L_2	90μH
基波频率	f_o	50Hz	开关频率	f_{sw}	15kHz

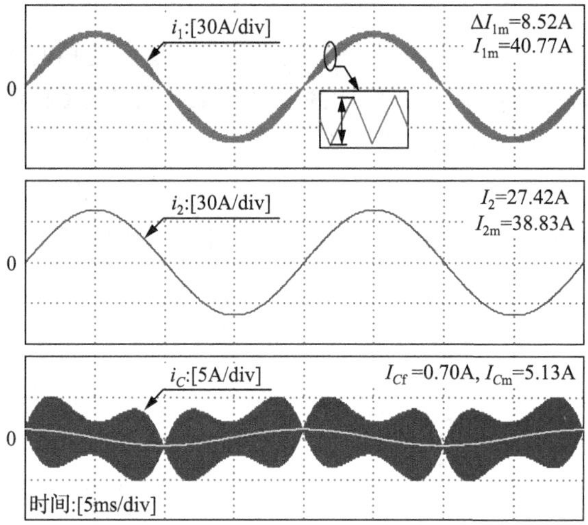

图 3.2　单相 LCL 型并网逆变器中 i_1、i_2和 i_C的仿真波形

在制作 LCL 滤波器时，若电感 L_1和 L_2分别绕制，且均采用 EI 型磁芯，如图 3.3(a)所示，根据磁路的对称性，L_1和 L_2的 I 型磁条的磁通 ϕ_{I1}和 ϕ_{I2}分别为

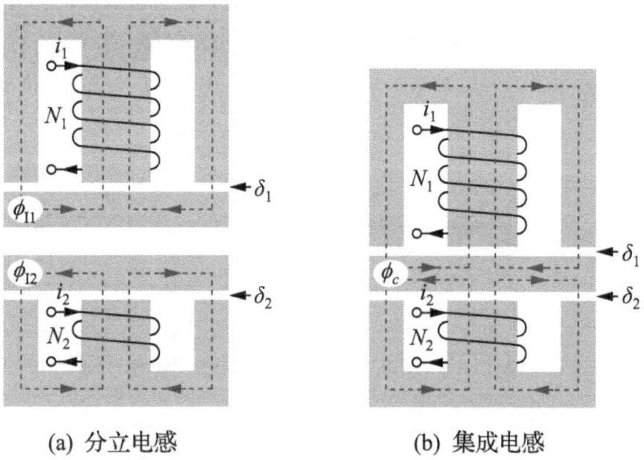

图 3.3　单相 LCL 滤波器中电感的磁芯结构

$$\phi_{I1}=\frac{L_1 i_1}{2N_1},\ \phi_{I2}=\frac{L_2 i_2}{2N_2} \tag{3.1}$$

式中，N_1和 N_2分别为 L_1和 L_2的绕组匝数。

当 L_1和 L_2的磁芯的宽度相等，且厚度一致时，可以将 L_1和 L_2按照图 3.3(b)中的方式集成在一起。其中，L_1和 L_2的 E 型磁芯和气隙长度保持不变，两者共用一个 I 型磁条。从图中可以看出，L_1和 L_2的绕组交链的磁通以相反的方向流过公共磁路，因此，如果在设计电感时保证 $L_1/N_1=L_2/N_2$，那么由式(3.1)可知公共 I 型磁条的磁通 ϕ_c为

$$\phi_c=\phi_{I1}-\phi_{I2}=\frac{L_1 i_C}{2N_1} \tag{3.2}$$

可见，公共 I 型磁条的磁通即为电容电流对应的磁通。由于 I_{Cm}远小于 I_{1m}和 I_{2m}，所以 ϕ_{cm}远小于 ϕ_{I1m}和 ϕ_{I2m}（ϕ_{cm}、ϕ_{I1m}和 ϕ_{I2m}分别为 ϕ_c、ϕ_{I1}和 ϕ_{I2}的峰值），由图 3.2 的仿真结果可知

$$\frac{\phi_{cm}}{\phi_{I1m}+\phi_{I2m}}=\frac{I_{Cm}}{I_{1m}+I_{2m}}=6.44\% \tag{3.3}$$

这说明，若选取相同的最大工作磁密，公共 I 型磁条的截面积只需为 L_1和 L_2的 I 型磁条截面积之和的 6.44%，这样可大幅度减小磁芯体积，因此磁集成的优势是十分显著的。

此外，由于 $I_{1m}\approx I_{2m}$，由式(3.1)可知，在满足 $L_1/N_1=L_2/N_2$时，存在 $\phi_{I1m}\approx\phi_{I2m}$。所以，若选取相同的最大工作磁密，在进行磁集成设计时，应使 L_1和 L_2的磁芯截面积相等。

3.1.2　三相 LCL 滤波器的磁集成

如图 3.4 给出了三相 LCL 型并网逆变器的主电路。在三相三线制系统中，三相电流之和等于零，则其产生的磁通之和亦为零。利用这个特点，可以将 LCL 滤波器中的三个逆变器侧电感和三个网侧电感分别集成在两副三相 EI 型磁芯上[115-117]。基于三相 EI 型磁芯，将上一小节提出的磁集成方法推广到三相系统中，得到集成电感如图 3.5 所示。其中，ϕ_{1a}、ϕ_{1b}和 ϕ_{1c}为电感 L_1的每相绕组交链的磁通，ϕ_{2a}、ϕ_{2b}和 ϕ_{2c}为电感 L_2的每相绕组交链的磁通，它们的表达式分别为

$$\phi_{1a}=\frac{L_1 i_{1a}}{N_1},\ \phi_{1b}=\frac{L_1 i_{1b}}{N_1},\ \phi_{1c}=\frac{L_1 i_{1c}}{N_1}$$
$$\phi_{2a}=\frac{L_2 i_{2a}}{N_2},\ \phi_{2b}=\frac{L_2 i_{2b}}{N_2},\ \phi_{2c}=\frac{L_2 i_{2c}}{N_2} \tag{3.4}$$

类似地，当满足 $L_1/N_1=L_2/N_2$时，公共 I 型磁条的磁通 ϕ_{c1}和 ϕ_{c2}可表示为

$$\phi_{c1}=\phi_{1a}-\phi_{2a}=\frac{L_1 i_{Ca}}{N_1},\ \phi_{c2}=\phi_{1c}-\phi_{2c}=\frac{L_1 i_{Cc}}{N_1} \tag{3.5}$$

可见，与单相LCL滤波器的情况相同，在三相LCL滤波器中，采用图3.5所示的磁集成结构，公共I型磁条的磁通仅为电容电流对应的磁通，由此可使其截面积减小，从而减小磁芯体积。

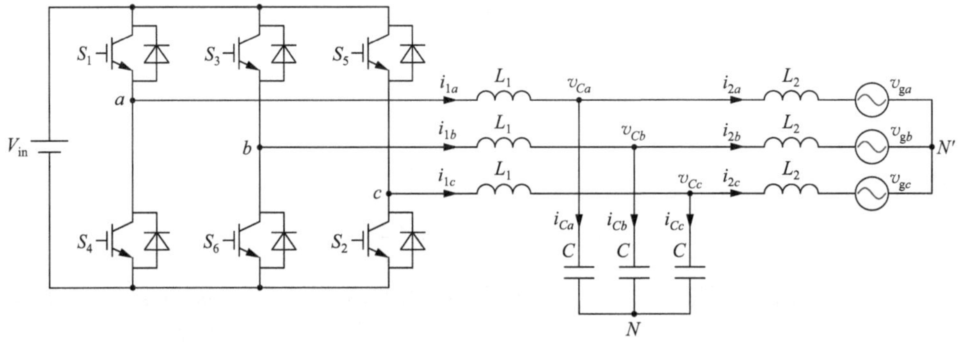

图3.4　三相LCL型并网逆变器的主电路

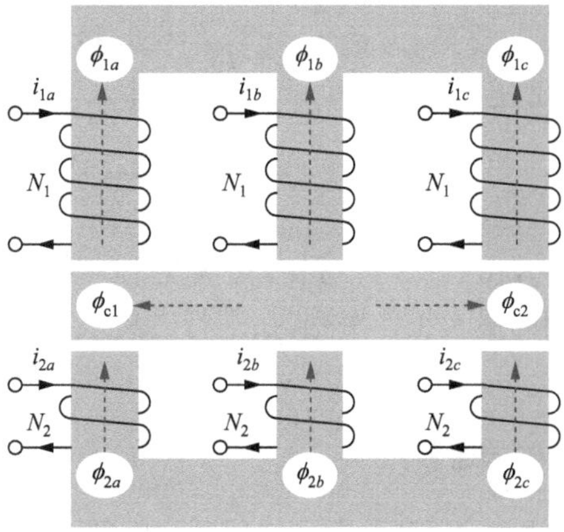

图3.5　三相LCL滤波器的磁集成结构

3.2　磁集成对LCL滤波器滤波特性的影响

在第3.1节的讨论中，忽略了公共I型磁条的磁阻，认为集成后的两个电感之间不存在耦合，即为解耦磁集成。在实际应用中，公共I型磁条的磁阻不可能为零，因此L_1和L_2之间存在一定的耦合。与采用分立电感的LCL滤波器相比，集成后的LCL滤波器的滤波特性有所改变。

3.2.1　集成电感的等效磁路模型

以单相LCL滤波器为例，由图3.3(b)可得到集成电感的等效磁路，如图3.6

(a)所示。其中，R_{c1}和R_{c2}分别为L_1的E型磁芯侧柱和中柱的磁阻，R_{c3}和R_{c4}分别为L_2的E型磁芯侧柱和中柱的磁阻，R_{g1}和R_{g2}分别为L_1和L_2的E型磁芯中柱的气隙磁阻，R_{cc}为公共I型磁条的左右两半部分的磁阻。根据磁路的对称性，图3.6(a)可简化为图3.6(b)。

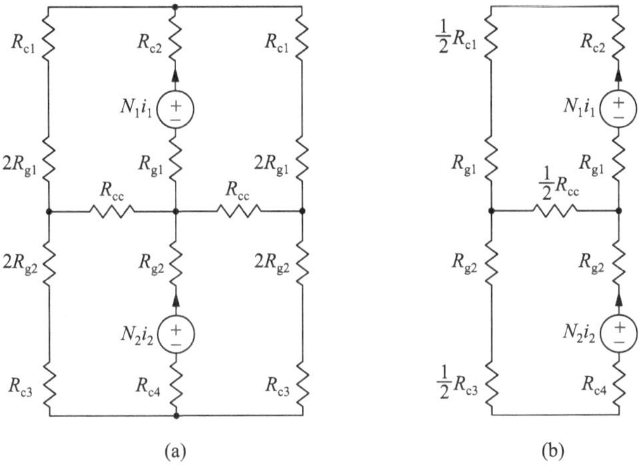

图 3.6　单相集成电感的等效磁路

根据图3.6(b)，可求得L_1对L_2、L_2对L_1的耦合系数k_{12}和k_{21}分别为

$$k_{12}=\frac{R_{cc}}{R_{cc}+R_{c3}+2R_{c4}+4R_{g2}}$$
$$k_{21}=\frac{R_{cc}}{R_{cc}+R_{c1}+2R_{c2}+4R_{g1}} \tag{3.6}$$

考虑到$R_{c1}\sim R_{c4}$远小于R_{g1}和R_{g2}，式(3.6)可近似为

$$k_{12}\approx\frac{R_{cc}}{4R_{g2}},\ k_{21}\approx\frac{R_{cc}}{4R_{g1}} \tag{3.7}$$

因此，L_1和L_2之间的耦合系数k为

$$k=\sqrt{k_{12}k_{21}}\approx\frac{R_{cc}}{4\sqrt{R_{g1}R_{g2}}} \tag{3.8}$$

可见，耦合系数k主要取决于气隙磁阻和公共磁芯的磁阻，它们的表达式分别为

$$R_{g1}=\frac{\delta_1}{\mu_0A_{ee}},\ R_{g2}=\frac{\delta_2}{\mu_0A_{ee}},\ R_{cc}=\frac{l_c}{2\mu_0\mu_rA_{ec}} \tag{3.9}$$

式中，δ_1和δ_2分别为L_1和L_2的气隙长度；l_c为EI型磁芯的宽度；μ_0和μ_r分别为气隙磁导率和公共I型磁条的相对磁导率；A_{ee}和A_{ec}分别为E型磁芯中柱导磁面积和公共I型磁条的导磁面积。

将式(3.9)代入式(3.8)，可得

$$k=\frac{1}{8\mu_r}\frac{A_{ee}}{A_{ec}}\frac{l_c}{\sqrt{\delta_1\delta_2}} \tag{3.10}$$

对于选定的磁芯，A_{ee}和 l_c是确定的，而 δ_1 和 δ_2 又是由 L_1和 L_2的大小决定的。因此，当公共 I 型磁条选取不同的截面积或磁芯材料(意味着 μ_r不一样)时，会改变 L_1和 L_2之间的耦合程度。

3.2.2　采用耦合电感的 LCL 滤波器的滤波特性

考虑耦合后，集成后的 LCL 滤波器的电路模型如图 3.7(a)所示，其中，逆变桥输出电压 v_{inv}等效为电压源，$M=k\sqrt{L_1L_2}$ 为互感。简化图 3.7(a)，可得到星形等效电路如图 3.7(b)所示，使用星三角变换，可进一步得到三角形等效电路如图 3.7(c)所示。

可以看出，采用耦合电感的 LCL 滤波器可等效为 L 滤波器和 LCL 滤波器的并联。其中，L_{3d}为 L 滤波器，L_{1d}、C 和 L_{2d}构成 LCL 滤波器。L_{1d}～L_{3d}的表达式分别为

$$L_{1d}=\frac{L_1L_2-M^2}{L_2+M},\ L_{2d}=\frac{L_1L_2-M^2}{L_1+M},\ L_{3d}=-\frac{L_1L_2-M^2}{M} \tag{3.11}$$

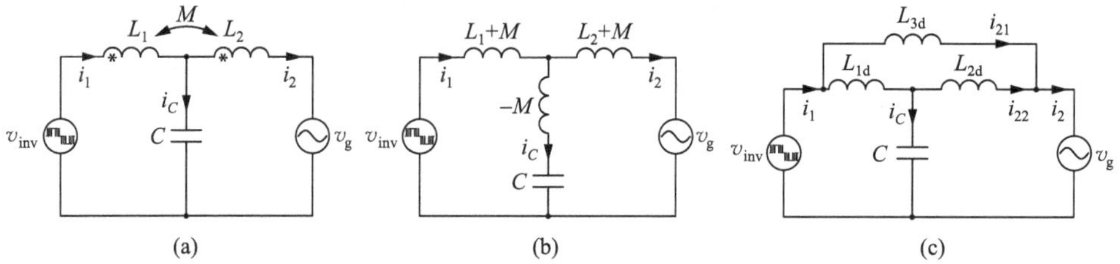

图 3.7　采用耦合电感的 LCL 滤波器的等效电路

由图 3.7(c)可知，并网电流 i_2为 i_{21}和 i_{22}之和，其中，i_{21}由 L 滤波器支路提供，i_{22}由 LCL 滤波器支路提供。从 v_{inv}到 i_{21}、i_{22}和 i_2的传递函数分别为

$$\begin{aligned}G_{i21}(s)&=\frac{i_{21}(s)}{v_{AB}(s)}=\frac{1}{sL_{3d}}\\G_{i22}(s)&=\frac{i_{22}(s)}{v_{AB}(s)}=\frac{1}{s^3L_{1d}L_{2d}C+s(L_{1d}+L_{2d})}\\G_{i2}(s)&=\frac{i_2(s)}{v_{AB}(s)}=\frac{1}{sL_{3d}}+\frac{1}{s^3L_{1d}L_{2d}C+s(L_{1d}+L_{2d})}\end{aligned} \tag{3.12}$$

结合表 3.1 中的样机参数，当 $k=0.01$ 时，$G_{i21}(s)$、$G_{i22}(s)$和 $G_{i2}(s)$的幅频特性如图 3.8 所示。其中，$G_{i21}(s)$的幅频曲线在全频段以 −20dB/dec 衰减；$G_{i22}(s)$的幅频曲线上存在谐振尖峰，并且在高于谐振频率的频段以 −60dB/dec 衰减，表现出更好的高频谐波衰减特性。$G_{i21}(s)$和 $G_{i22}(s)$的幅频曲线上存在一个相交点，

在式(3.12)中令$|G_{i21}(s)|=|G_{i22}(s)|$，可求得相交点的频率$f_{\text{int}}$为

$$f_{\text{int}}=\frac{1}{2\pi}\sqrt{\frac{L_{1\text{d}}+L_{2\text{d}}-L_{3\text{d}}}{L_{1\text{d}}L_{2\text{d}}C}}=\frac{1}{2\pi}\sqrt{\frac{L_1L_2+2M(L_1+L_2)+3M^2}{(L_1L_2-M^2)MC}} \tag{3.13}$$

$G_{i2}(s)$的幅频特性是$G_{i21}(s)$和$G_{i22}(s)$的结合。如图 3.8 所示，在低于f_{int}的频段，$G_{i22}(s)$起主导作用，此时采用耦合电感的 LCL 滤波器表现出 LCL 滤波器的特性，而在高于f_{int}的频段，$G_{i21}(s)$起主导作用，此时采用耦合电感的 LCL 滤波器表现出 L 滤波器的特性。可见，与 LCL 滤波器相比，采用耦合电感的 LCL 滤波器在高于f_{int}的频段的滤波特性削弱了。因此，为了有效地滤除开关谐波，f_{int}必须高于逆变器输出电压中最主要次开关谐波所在的频率。根据式(3.13)，图 3.9 给出了f_{int}随耦合系数k的变化关系。可见，k越小，则f_{int}越高。因此，为了使集成后的 LCL 滤波器具有实用价值，必须对耦合系数k予以限制。

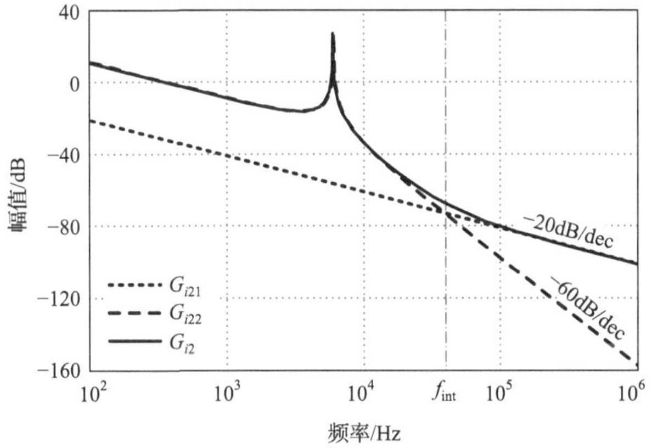

图 3.8　采用耦合电感的 LCL 滤波器的滤波特性

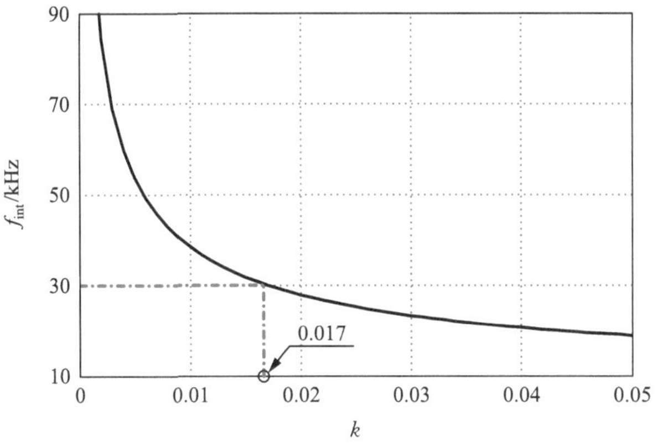

图 3.9　f_{int}与耦合系数k的关系曲线

3.3 设计实例

3.3.1 单相 LCL 滤波器的磁集成设计

表 3.1 给出了单相 LCL 型并网逆变器的样机参数，逆变器采用单极倍频 SPWM策略。磁芯材料选用软磁铁氧体，根据面积乘积法选取磁芯[118]，参照新康达磁芯手册[119]，电感 L_1 选用两副 EE70/33/32 磁芯，材料类型为 LP3，绕组匝数 $N_1=32$ 匝，气隙长度 $\delta_1=2.4\text{mm}$，绕组使用厚 0.2mm、宽 40mm 的铜带绕制。将 EE 型磁芯等效为图 3.10 所示的 EI 型磁芯，其尺寸如表 3.2 中的 $A_1 \sim H_1$ 所示。在选定 L_1 的磁芯后，依据磁集成的原则，可计算出 L_2 所需要的 EI 型磁芯的尺寸。在 3.1.1 节中已指出，L_1 和 L_2 磁芯的宽度和厚度应一致，即 $A_2=A_1$，$G_2=G_1$，且根据截面积相等，有 $D_2=D_1$，$E_2=E_1$。又由 $L_1/N_1=L_2/N_2$ 可知，$N_2=8$ 匝，气隙长度 $\delta_2=0.6\text{mm}$，为保证相同的窗口利用率和电流密度，L_2 的绕组使用厚 0.8mm、宽 10mm 的铜带绕制；考虑绝缘的需要，在线圈的端部保留 1mm 的留边[120]，则所需磁芯的窗口高度 $F_2=12\text{mm}$，从而得到 L_2 的磁芯尺寸如表 3.2 中的 $A_2 \sim H_2$ 所示。L_1 和 L_2 磁芯的体积分别为

$$
\begin{aligned}
V_{e1} &= 2A_1(B_1+H_1)G_1 - 4E_1F_1G_1 = 2.24\times10^5\text{mm}^3 \\
V_{e2} &= 2A_2(B_2+H_2)G_2 - 4E_2F_2G_2 = 1.34\times10^5\text{mm}^3
\end{aligned}
\tag{3.14}
$$

表 3.2 单相 LCL 滤波器的磁芯尺寸

符号	数值	符号	数值
A_1	70.5mm	A_2	70.5mm
B_1	55.1mm	B_2	23.3mm
D_1	22mm	D_2	22mm
E_1	13mm	E_2	13mm
F_1	43.8mm	F_2	12mm
G_1	31.6mm	G_2	31.6mm
H_1	11.3mm	H_2	11.3mm

按照图 3.3(b)所示的方式将 L_1 和 L_2 集成在一起，E 型磁芯部分保持不变，关键在于公共 I 型磁条的设计。由式(3.10)可知，要获得较小的耦合系数 k，需要选取较大的截面积 A_{ec} 或较高的磁导率 μ_r。由于公共 I 型磁条的宽度和厚度与 E 型磁芯保持一致，那么它的截面积 A_{ec} 取决于其高度 H_c，而磁导率 μ_r 则与所选用的磁芯材料相关。所以，为了限制 L_1 和 L_2 之间的耦合系数，需要合理选取公共 I 型磁条的高度和磁芯材料。

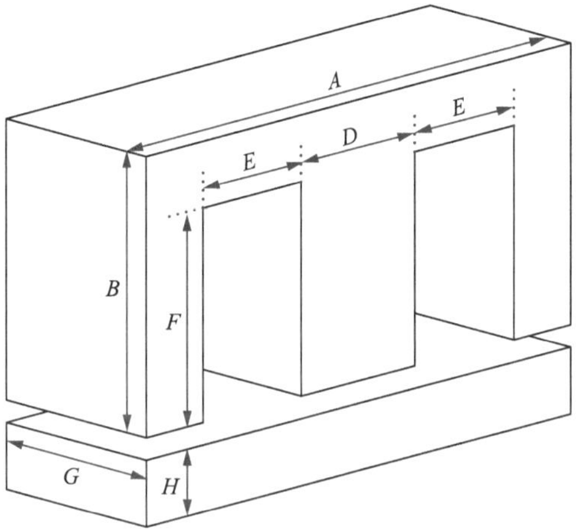

图 3.10　EI 型磁芯

由式(3.3)可知,在最大磁密的限制下,公共 I 型磁条的最小高度为

$$H_{\mathrm{cmin}}=6.44\%(H_1+H_2)\approx 2\mathrm{mm} \tag{3.15}$$

这里考虑常用的软磁铁氧体或硅钢片作为公共 I 型磁条的磁芯材料。参考磁芯手册,对于 LP3 型铁氧体磁芯,$\mu_r=1725$[119];对于硅钢片,$\mu_r=5660$[121]。基于图 3.11(a)所示的 Ansoft Maxwell 三维模型,分别针对这两种磁芯材料,通过仿真给出了耦合系数 k 与 H_c之间的关系曲线,如图 3.11(b)所示,图中限定 $H_c\leqslant$ 22mm 以确保 H_c不超过 H_1和 H_2的总和。根据图 3.11(b),由耦合系数 k 的要求即可确定 H_c。

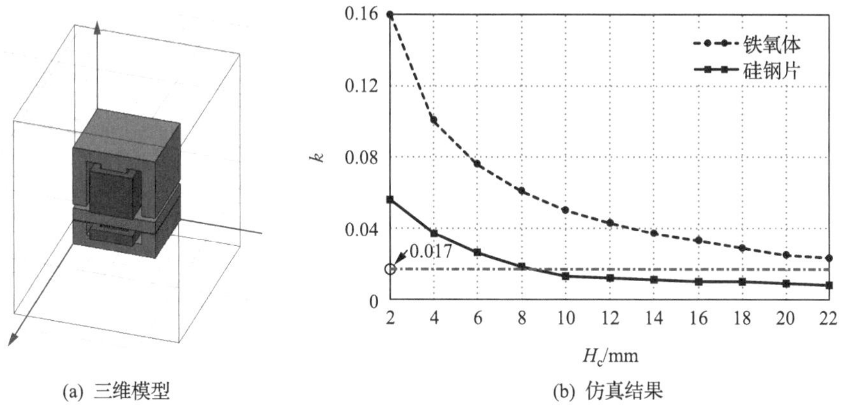

图 3.11　Ansoft Maxwell 三维模型及仿真结果

对于单相并网逆变器,采用单极倍频 SPWM 策略时,逆变器输出电压的最主

要次谐波分布在两倍开关频率(即 30kHz)附近[110]。因此,从第 3.2.2 节的分析可知,在进行磁集成设计时,需要保证 $f_{int}>30kHz$。要达到这一目标,由图 3.9 可知,需要满足 $k<0.017$。回顾图 3.11(b),如果公共 I 型磁条选用铁氧体磁芯,即使 $H_c=22mm$ 也不可能实现 $k<0.017$;如果公共 I 型磁条选用硅钢片,那么当 $H_c>8mm$时就能保证 $k<0.017$。因此,选用硅钢片更具有实用价值。此外,H_c越大,则 k 越小,但公共 I 型磁条的体积也会越大。折中考虑,这里选取 $H_c=11mm$,则减小的磁芯体积为

$$\Delta V_e = 2A_1(H_1+H_2-H_c)G_1 = 5.17\times 10^4\ mm^3 \tag{3.16}$$

式中,ΔV_e相对于分立磁芯总体积的百分比为

$$\Delta V_e\% = \frac{\Delta V_e}{V_{e1}+V_{e2}}\times 100\% = 14.4\% \tag{3.17}$$

3.3.2 三相 LCL 滤波器的磁集成设计

表 3.3 给出了三相 LCL 型并网逆变器的样机参数,逆变器采用 SVM 策略。磁芯材料选用硅钢片,参照《电子变压器手册》[121],可选用两副 BSD25×25×80 磁芯,带材厚度为 0.2mm,将其按照窗口高度为 3∶1 切割成两部分,分别作为电感 L_1 和 L_2的三相 E 型磁芯(图 3.12(b))。L_1 的匝数 $N_1=50$ 匝,绕组使用厚 0.15mm、宽 60mm 的铜带绕制;L_2的匝数 $N_2=15$ 匝,绕组使用厚 0.5mm、宽 18mm 的铜带绕制。按照图 3.5 所示的方式将 L_1 和 L_2集成在一起,公共 I 型磁条选用厚度为 0.2mm 的硅钢片层叠构成,其高度为 25mm,计算可得磁芯体积减小了 17.5%。

表 3.3　三相并网逆变器的样机参数

参数	符号	数值	参数	符号	数值
输入电压	V_{in}	700V	逆变器侧电感	L_1	1mH
电网电压	V_g	220V	滤波电容	C	20μF
输出功率	P_o	20kW	网侧电感	L_2	300μH
基波频率	f_o	50Hz	开关频率	f_{sw}	10kHz

3.4 实验验证

为了验证本章提出的磁集成方法的有效性,根据表 3.1 和表 3.3 中的参数,在实验室分别研制了一台单相 6kW 和三相 20kW 的原理样机,如图 3.12 所示。

在单相 LCL 型并网逆变器中,根据表 3.2 的设计结果,可以采用一副 EE70/54/32 磁芯作为电感 L_1的 E 型磁芯,而电感 L_2所需的 E 型磁芯为非常规磁芯,受条件限制,采用一副 EE70/33/32 磁芯来代替。对于公共 I 型磁条,这里给出了采

用铁氧体磁芯和硅钢片的对比实验，并且两者都选取 $H_c=11$mm。如图 3.12(a)为单相集成电感的实物照片。

(a) 单相集成电感

(b) 三相集成电感

图 3.12　集成电感的实物照片

根据 IEEE Std. 1547—2003 的规定，并网电流中 35 次以上的谐波必须小于额定电流的 0.3%[18]。对于单相 6kW 的并网逆变器，可计算得谐波上限为 $I_{h_limit}=0.3\%I_{2m}=116$mA。如图 3.13 为采用分立电感的实验结果，从电流频谱上可以看到，逆变器侧电感电流 i_1 的高频谐波主要分布在 30kHz 的倍数次附近，由于滤波电容的高频旁路作用，并网电流 i_2 的高频分量很小，主要集中在 30kHz 附近，最大幅值约为 52mA。

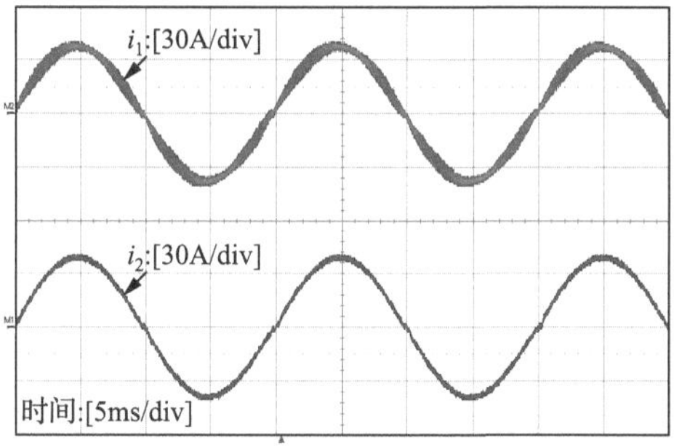

(a) 实验波形

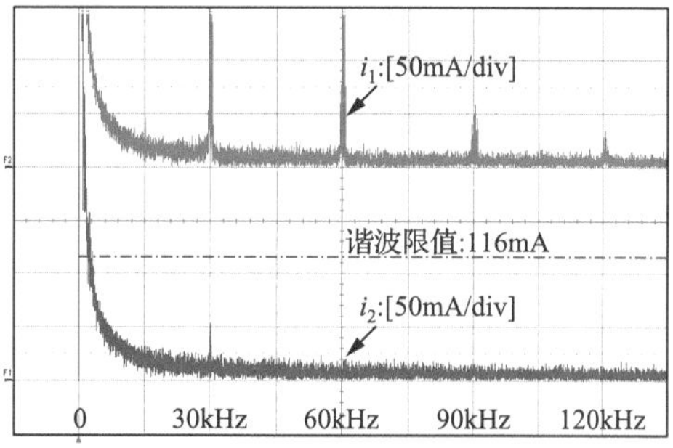

(b) 电流频谱

图 3.13　单相并网逆变器中采用分立电感的实验结果

图 3.14 和图 3.15 为采用集成电感的实验结果。当公共 I 型磁条选用铁氧体磁芯时，测得 L_1 和 L_2 之间的耦合系数 $k=0.045$。由于耦合系数大于 0.017，集成后 LCL 滤波器的滤波特性在 30kHz 附近有所削弱，如图 3.14(b)所示，此时 i_2 中 30kHz 附近的高频分量有所增加，最大幅值约为 100mA，几乎为采用分立电感时的两倍。当公共 I 型磁条选用硅钢片时，测得 L_1 和 L_2 之间的耦合系数 $k=0.012$。

由于耦合系数低于 0.017，集成后的 LCL 滤波器在 30kHz 附近仍然保留很强的衰减特性，如图 3.15(b)所示，此时 i_2 中 30kHz 附近高频分量的最大幅值约为 60mA，与采用分立电感时十分接近。

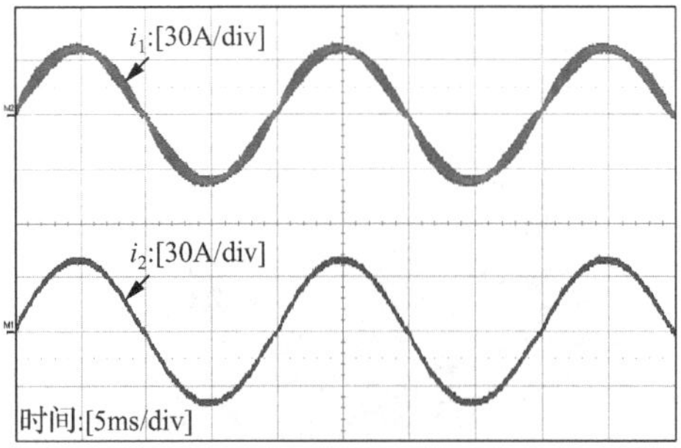

(a) 实验波形

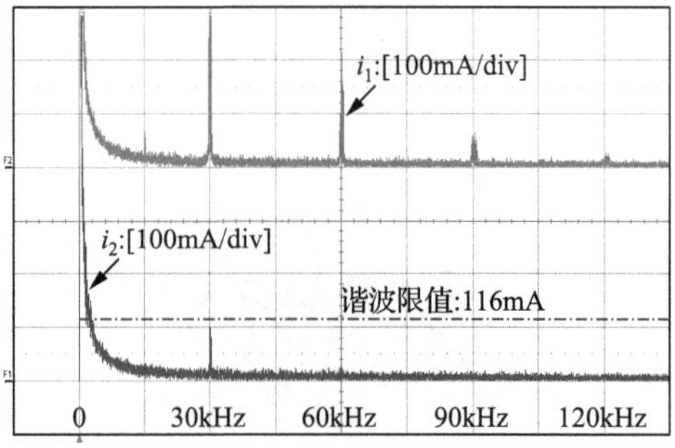

(b) 电流频谱

图 3.14　单相并网逆变器中采用集成电感(公共 I 型磁条选用铁氧体磁芯)的实验结果

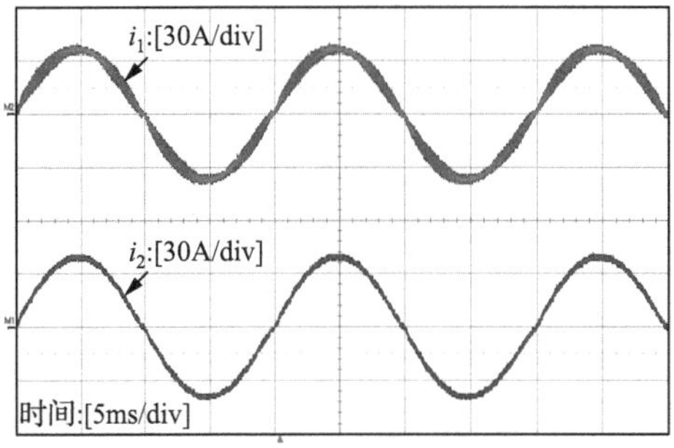

(a) 实验波形

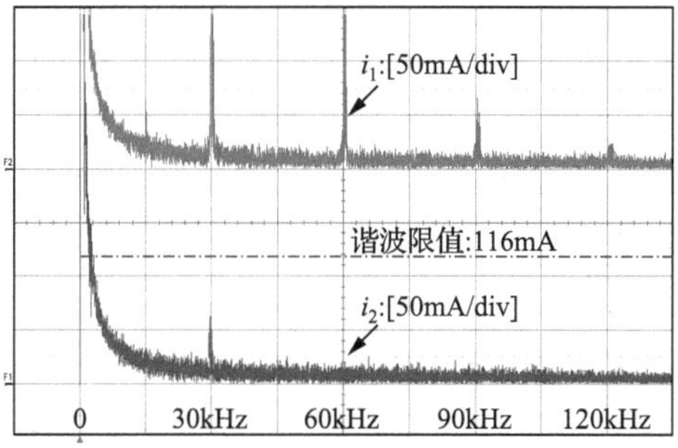

(b) 电流频谱

图 3.15　单相并网逆变器中采用集成电感(公共 I 型磁条选用硅钢片)的实验结果

在三相 LCL 型并网逆变器中，根据第 3.3.2 节的设计结果，制作得到的集成电感如图 3.12(b)所示，并测得 L_1 和 L_2 之间的耦合系数 $k=0.02$。对于三相 20kW 的并网逆变器，同样根据标准的规定[18]，可计算得开关频率谐波的上限为 128mA。图 3.16 为采用分立电感的实验结果，从电流频谱上可以看到，逆变器侧电感电流 i_{1a} 的高频谐波主要分布在 10kHz 的倍数次附近，并网电流 i_{2a} 的高频分量很小，主要集中在 10kHz 附近，最大幅值约为 92mA。图 3.17 为采用集成电感的实验结果，从电流频谱上可以看到，此时 i_{2a} 中 10kHz 附近的高频分量基本不变，最大幅值约为 100mA。实验结果验证了本章提出的磁集成方法的有效性。

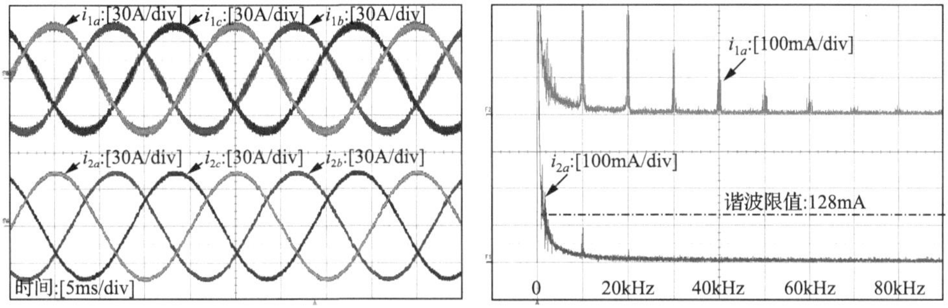

(a) 实验波形　　(b) 电流频谱

图 3.16　三相并网逆变器中采用分立电感的实验结果

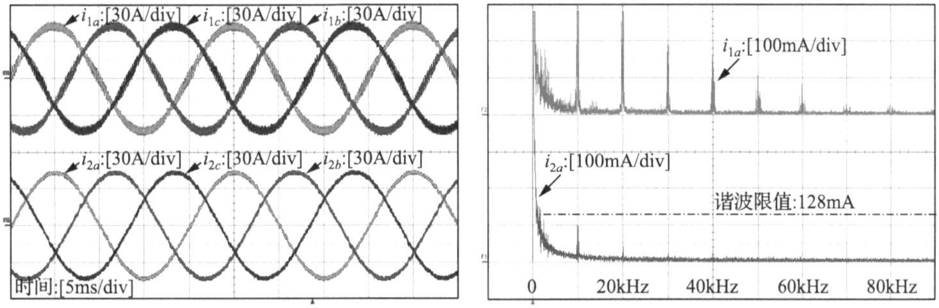

(a) 实验波形　　(b) 电流频谱

图 3.17　三相并网逆变器中采用集成电感的实验结果

3.5　本章小结

本章提出了 LCL 滤波器的磁集成方法，利用无气隙的磁芯作为低磁阻的公共磁路，通过合理的绕组分布，使电感 L_1 和 L_2 交链的基波磁通在公共磁路上相互抵消。本章建立了集成电感的等效磁路模型，基于这一模型，分析了由于公共磁芯磁阻不为零导致的耦合现象及其对 LCL 滤波器滤波特性的影响。通过电路的等效变换，将采用耦合电感的 LCL 滤波器等效为 L 滤波器和 LCL 滤波器的并联。为了满足并网谐波电流标准，通过选取合适的公共磁芯截面积和磁芯材料，将耦合程度降低至可以接受的范围。最后分别针对单相和三相 LCL 滤波器，给出了磁集成的设计实例，使磁芯体积分别减小了 14.4％和 17.5％。最后的实验结果验证了本章提出的磁集成方法的有效性。

第 4 章　LCL 滤波器谐振尖峰的阻尼方法

前两章介绍了 LCL 滤波器的设计及其磁集成技术，从本章开始，介绍 LCL 型并网逆变器的控制技术。LCL 型并网逆变器控制的一个难点是其谐振问题，它的频率响应在谐振频率处存在谐振尖峰，同时相位会发生 $-180°$ 跳变，容易导致系统不稳定，因此需要对该谐振尖峰进行阻尼。本章首先简要介绍 LCL 滤波器谐振尖峰的危害，然后系统阐述现有的无源阻尼和有源阻尼方法，并揭示它们之间的联系。

4.1　LCL 滤波器谐振尖峰的危害

图 4.1(a)给出了单相 LCL 型并网逆变器的主电路图，其中，L_1 为逆变器侧电感，C 为滤波电容，L_2 为网侧电感，它们构成 LCL 滤波器。将逆变桥输出电压 v_{inv} 等效为电压源，图 4.1(a)可简化成图 4.1(b)的形式，由此可推导出 v_{inv} 到并网电流 i_2 的传递函数为

$$G_{\text{LCL}}(s)=\frac{i_2(s)}{v_{\text{inv}}(s)}=\frac{1}{s^3L_1L_2C+s(L_1+L_2)}=\frac{1}{sL_1L_2C}\frac{1}{s^2+\omega_{\text{r}}^2} \tag{4.1}$$

式中，ω_{r} 为 LCL 滤波器的谐振角频率，其表达式为

$$\omega_{\text{r}}=\sqrt{\frac{L_1+L_2}{L_1L_2C}} \tag{4.2}$$

而谐振频率为 $f_{\text{r}}=\omega_{\text{r}}/(2\pi)$。

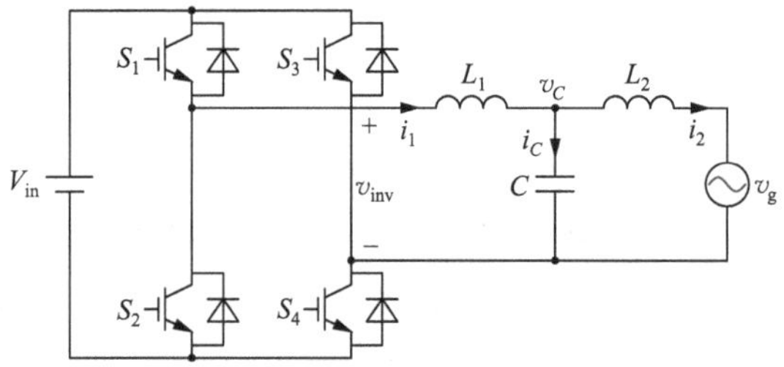

(a) 主电路图

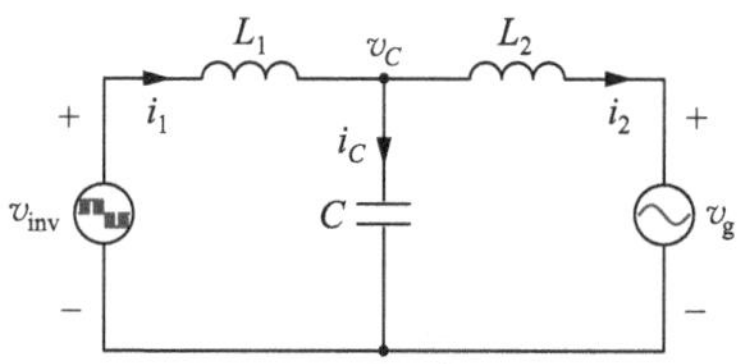

(b) 简化电路

图 4.1　单相 LCL 型并网逆变器

根据式(4.1)，可以绘出 $G_{\text{LCL}}(s)$ 的波特图，如图 4.2 中的实线所示。从中可以

看出，LCL 滤波器的频率响应在谐振频率 f_r 处存在谐振尖峰，同时相位发生 $-180°$ 跳变。从控制的角度讲，这个 $-180°$ 跳变为一次负穿越，它会产生一对右半平面的闭环极点[122]，导致并网逆变器不稳定。为了使系统稳定，需要将该谐振尖峰阻尼到 0dB 以下，以避免负穿越。所谓阻尼，是要在式(4.1)的谐振单元，即 $s^2+\omega_r^2$，引入 s 的一次项，构成

$$G_{LCL-d}(s)=\frac{1}{sL_1L_2C}\frac{1}{s^2+2\zeta\omega_r s+\omega_r^2} \tag{4.3}$$

其中，ζ 为阻尼比。$G_{LCL-d}(s)$ 的波特图如图 4.2 中的虚线所示。可见，引入阻尼后，不仅有效地抑制了谐振尖峰，同时还保留了 LCL 滤波器在低频段和高频段的幅频特性，使得系统有足够高的低频增益和高频谐波衰减能力，这正是我们所期望的。

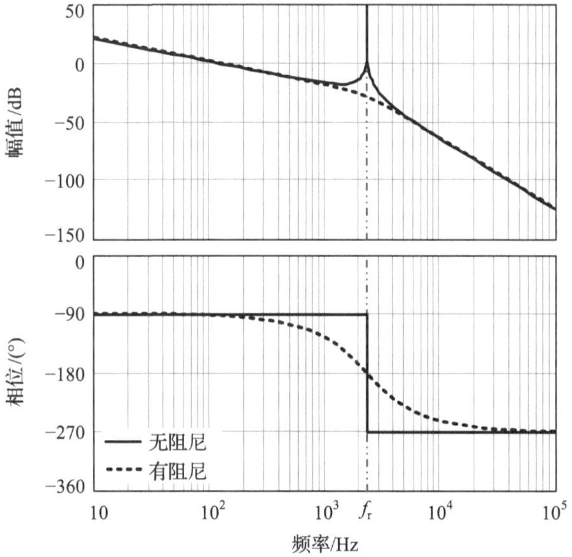

图 4.2　LCL 滤波器的频率特性

4.2　无源阻尼方法

4.2.1　基本的无源阻尼方法

在明确 LCL 滤波器谐振尖峰的危害之后，需要寻求适当的措施来实现有效的阻尼。阻尼谐振尖峰最直接的方法是在 LCL 滤波器中串联或并联电阻，这种方法被称为无源阻尼。根据电阻放置的位置不同，共有六种基本的无源阻尼方法，如图 4.3所示。

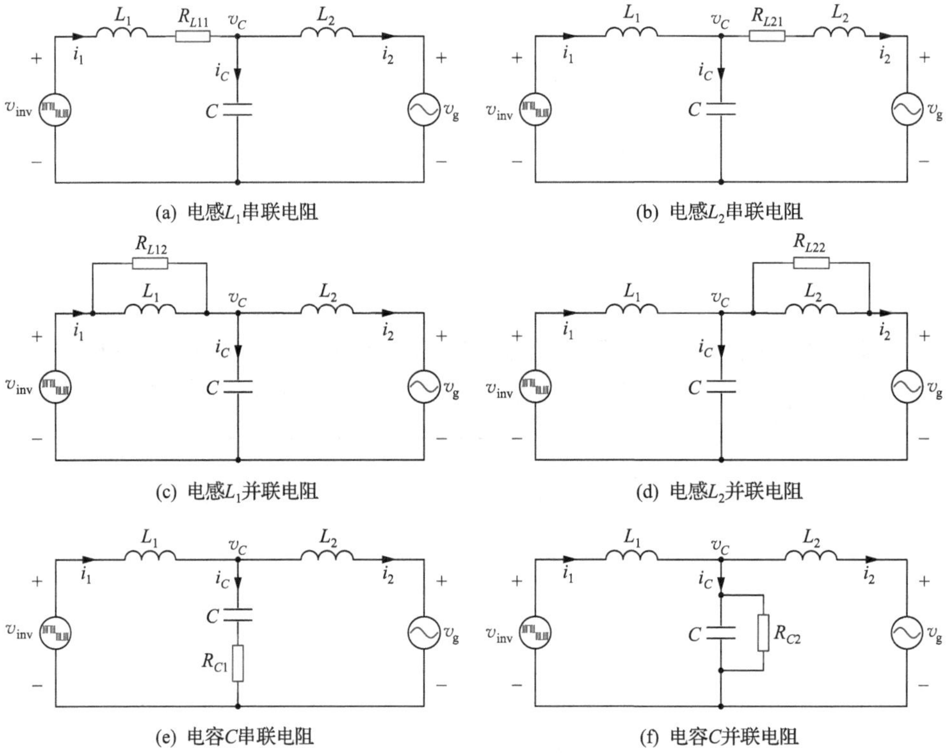

图 4.3　六种基本的无源阻尼方法

1. 电感 L_1 串联电阻 R_{L11}

对应图 4.3(a)，可推导得 v_{inv} 到 i_2 的传递函数为

$$G_{\text{LCL-1}}(s)=\frac{i_2(s)}{v_{\text{inv}}(s)}=\frac{1}{s^3L_1L_2C+s^2L_2CR_{L11}+s(L_1+L_2)+R_{L11}} \tag{4.4}$$

2. 电感 L_2 串联电阻 R_{L21}

对应图 4.3(b)，可推导得 v_{inv} 到 i_2 的传递函数为

$$G_{\text{LCL-2}}(s)=\frac{i_2(s)}{v_{\text{inv}}(s)}=\frac{1}{s^3L_1L_2C+s^2L_1CR_{L21}+s(L_1+L_2)+R_{L21}} \tag{4.5}$$

3. 电感 L_1 并联电阻 R_{L12}

对应图 4.3(c)，可推导得 v_{inv} 到 i_2 的传递函数为

$$G_{\text{LCL-3}}(s)=\frac{i_2(s)}{v_{\text{inv}}(s)}=\frac{sL_1/R_{L12}+1}{s^3L_1L_2C+s^2L_1L_2/R_{L12}+s(L_1+L_2)} \tag{4.6}$$

4. 电感 L_2 并联电阻 R_{L22}

对应图 4.3(d),可推导得 v_{inv} 到 i_2 的传递函数为

$$G_{\text{LCL-4}}(s)=\frac{i_2(s)}{v_{\text{inv}}(s)}=\frac{sL_2/R_{L22}+1}{s^3L_1L_2C+s^2L_1L_2/R_{L22}+s(L_1+L_2)} \tag{4.7}$$

5. 电容 C 串联电阻 R_{C1}

对应图 4.3(e),可推导得 v_{inv} 到 i_2 的传递函数为

$$G_{\text{LCL-5}}(s)=\frac{i_2(s)}{v_{\text{inv}}(s)}=\frac{sCR_{C1}+1}{s^3L_1L_2C+s^2(L_1+L_2)CR_{C1}+s(L_1+L_2)} \tag{4.8}$$

6. 电容 C 并联电阻 R_{C2}

对应图 4.3(f),可推导得 v_{inv} 到 i_2 的传递函数为

$$G_{\text{LCL-6}}(s)=\frac{i_2(s)}{v_{\text{inv}}(s)}=\frac{1}{s^3L_1L_2C+s^2L_1L_2/R_{C2}+s(L_1+L_2)} \tag{4.9}$$

比较式(4.1)和式(4.4)～式(4.9)可知:电感 L_1 或 L_2 串联电阻时 v_{inv} 到 i_2 的传递函数类似,它们除了在 $G_{\text{LCL}}(s)$ 的分母中引入阻尼项(即 s 的平方项),还增加了一个常数项;电感 L_1 或 L_2 并联电阻与电容串联电阻时 v_{inv} 到 i_2 的传递函数类似,它们除了引入阻尼项,还增加了一个零点;电容并联电阻时 v_{inv} 到 i_2 的传递函数与式(4.3)类似,它只引入了阻尼项,是理想的阻尼形式。

根据式(4.4)～式(4.9),图 4.4 给出了上述六种基本无源阻尼方法的频率特性曲线,从中可见:

(1) 电感串联电阻会降低 LCL 滤波器的低频增益,如图 4.4(a)和(b)所示。这是因为,在低频段,电感的感抗很小,串联电阻会增大电感支路的阻抗,使增益下降。并且,串联电阻越大,低频增益下降越显著,在高频段,电感的感抗远大于串联电阻的阻值,串联电阻可以忽略,因此对 LCL 滤波器的高频增益几乎没有影响。

(2) 电感并联电阻会削弱 LCL 滤波器的高频谐波衰减能力,如图 4.4(c)和(d)所示。这是因为,在高频段,电感的感抗很大,并联电阻会减小电感支路的阻抗,从而导致谐波衰减能力下降。并且,并联电阻越小,高频谐波衰减能力越弱;在低频段,电感的感抗远小于并联电阻的阻值,并联电阻可以忽略,因此对 LCL 滤波器的低频增益几乎没有影响。

(3) 电容串联电阻会削弱 LCL 滤波器的高频谐波衰减能力,如图 4.4(e)所示。这是因为,在高频段,电容的容抗很小,串联电阻会增大电容支路的阻抗,从而导致谐波衰减能力下降,并且,串联电阻越大,高频谐波衰减能力越弱;在低频段,电容的容抗远大于串联电阻的阻值,串联电阻可以忽略,因此对 LCL 滤波器的低

频增益几乎没有影响。

(4) 电容并联电阻不会影响 LCL 滤波器在低频段和高频段的幅频特性，如图 4.4(f)所示。这是因为，在低频段，电感 L_2 的感抗远小于并联电阻的阻值，并联电阻可以忽略；在高频段，电容的容抗远小于并联电阻的阻值，并联电阻也可以忽略。

由此可见，在上述六种基本的无源阻尼方法中，电容并联电阻的阻尼效果最好。但是，由于电感 L_2 的压降很小，电容电压与电网电压十分接近，而并联电阻直接承受电容电压，其损耗非常大，这使得电容并联电阻的方法并不实用。相比之下，电容串联电阻的方法因其损耗较小而获得广泛应用[113, 123]。

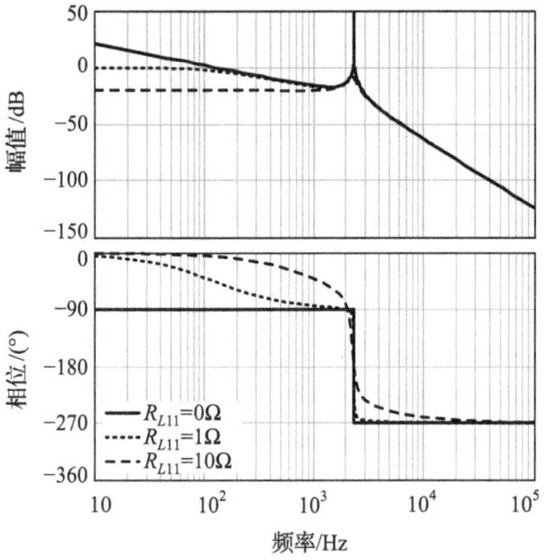

(a) 电感 L_1 串联电阻

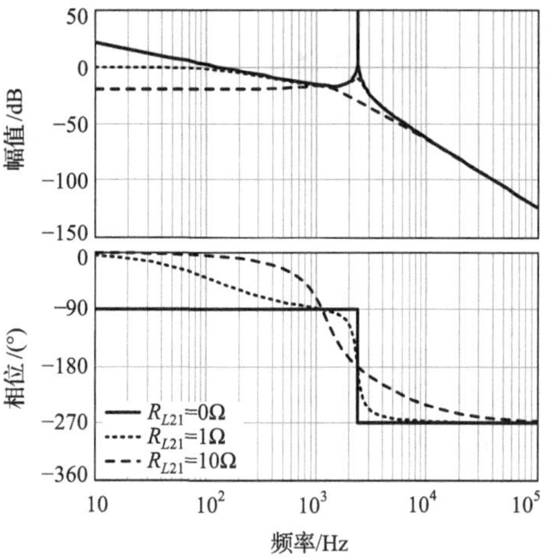

(b) 电感 L_2 串联电阻

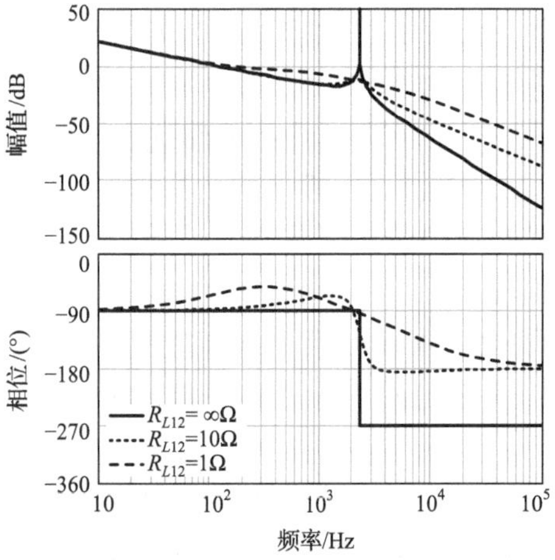

(c) 电感 L_1 并联电阻

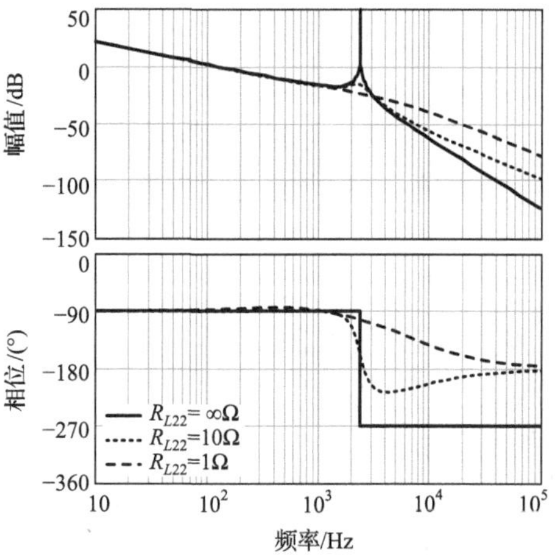

(d) 电感 L_2 并联电阻

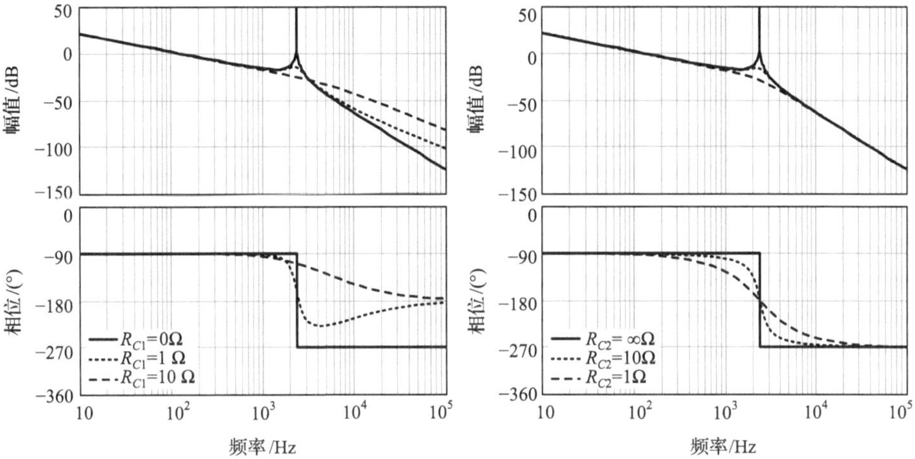

(e) 电容C串联电阻　　(f) 电容C并联电阻

图 4.4　六种基本无源阻尼方法的频率特性

4.2.2　改进的无源阻尼方法

在电容串联电阻的基础上，为了进一步减小阻尼电阻的损耗，文献[124]～[126]提出了一系列的改进措施，图 4.5 给出了四种常用的改进无源阻尼方法。

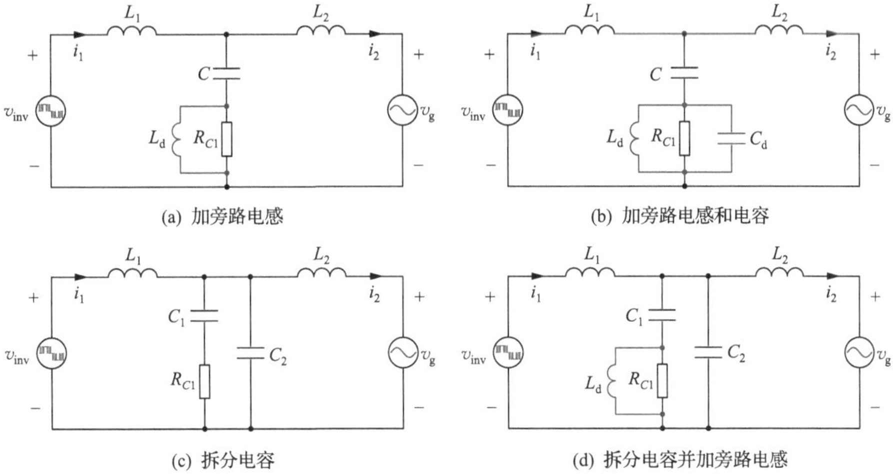

(a) 加旁路电感　　(b) 加旁路电感和电容

(c) 拆分电容　　(d) 拆分电容并加旁路电感

图 4.5　四种改进的无源阻尼方法

1. 加旁路电感

图 4.5(a)在阻尼电阻 R_{C1}的两端并联一个电感 L_d。在基波频率处，L_d的感抗远小于 R_{C1}的阻值，因此，电容 C 的基波电流被 L_d旁路，电阻 R_{C1}上的基波损耗得

以减小。由图 4.5(a)可推导得 v_{inv} 到 i_2 的传递函数为

$$G_{\mathrm{LCL-5}a}(s)=\frac{i_2(s)}{v_{\mathrm{inv}}(s)}=\frac{s^2L_{\mathrm{d}}CR_{C1}+sL_{\mathrm{d}}+R_{C1}}{\left[\begin{array}{l}s^4L_1L_2L_{\mathrm{d}}C+s^3[L_1L_2+(L_1+L_2)L_{\mathrm{d}}]CR_{C1}+s^2(L_1+L_2)L_{\mathrm{d}}\\+s(L_1+L_2)R_{C1}\end{array}\right]} \tag{4.10}$$

2. 加旁路电感和电容

在图 4.5(a)的基础上,可进一步在电阻 R_{C1} 的两端并联一个电容 C_{d},如图 4.5(b)所示。在高频段,C_{d} 的容抗远小于 R_{C1} 的阻值,因此,电容 C 的高频谐波电流被 C_{d} 旁路,电阻的高频损耗得以减小。此外,C_{d} 还减小了电容支路的高频阻抗,使得阻尼后的 LCL 滤波器仍有较强的高频谐波衰减能力。由图 4.5(b)可推导得 v_{inv} 到 i_2 的传递函数为

$$G_{\mathrm{LCL-5}b}(s)=\frac{i_2(s)}{v_{\mathrm{inv}}(s)}=\frac{s^2L_{\mathrm{d}}(C+C_{\mathrm{d}})R_{C1}+sL_{\mathrm{d}}+R_{C1}}{\left[\begin{array}{l}s^5L_1L_2L_{\mathrm{d}}CC_{\mathrm{d}}R_{C1}+s^4L_1L_2L_{\mathrm{d}}C+s^3[(L_1+L_2)L_{\mathrm{d}}(C+C_{\mathrm{d}})\\+L_1L_2C]R_{C1}+s^2(L_1+L_2)L_{\mathrm{d}}+s(L_1+L_2)R_{C1}\end{array}\right]} \tag{4.11}$$

3. 拆分电容

除了在阻尼电阻两端加旁路元件外,也可以将电容 C 一分为二,然后将电阻 R_{C1} 串联在其中一个电容 C_1 上,如图 4.5(c)所示。从本质上讲,这种拆分电容的方法与在电阻 R_{C1} 的两端加旁路电容是等效的。由图 4.5(c)可推导得 v_{inv} 到 i_2 的传递函数为

$$G_{\mathrm{LCL-5}c}(s)=\frac{i_2(s)}{v_{\mathrm{inv}}(s)}=\frac{sC_1R_{C1}+1}{s^4L_1L_2C_1C_2R_{C1}+s^3L_1L_2(C_1+C_2)+s^2(L_1+L_2)C_1R_{C1}+s(L_1+L_2)} \tag{4.12}$$

4. 拆分电容并加旁路电感

类似地,在图 4.5(c)的基础上,可进一步在电阻 R_{C1} 的两端并联一个电感 L_{d},如图 4.5(d)所示,以减小电阻 R_{C1} 上的基波损耗。实际上,这种方法与图 4.5(b)的方法是等效的。由图 4.5(d)可推导得 v_{inv} 到 i_2 的传递函数为

$$
\begin{aligned}
G_{\mathrm{LCL-5}d}(s) &= \frac{i_2(s)}{v_{\mathrm{inv}}(s)} \\
&= \frac{s^2 L_{\mathrm{d}} C_1 R_{C1} + sL_{\mathrm{d}} + R_{C1}}{\begin{bmatrix} s^5 L_1 L_2 L_{\mathrm{d}} C_1 C_2 R_{C1} + s^4 L_1 L_2 L_{\mathrm{d}}(C_1 + C_2) + s^3 [L_1 L_2 (C_1 + C_2) \\ + (L_1 + L_2) L_{\mathrm{d}} C_1] R_{C1} + s^2 (L_1 + L_2) L_{\mathrm{d}} + s(L_1 + L_2) R_{C1} \end{bmatrix}}
\end{aligned} \tag{4.13}
$$

根据式(4.10)～式(4.13)，可以绘出上述四种改进无源阻尼方法的频率特性，如图 4.6 所示。与基本的电容串联电阻相比，加旁路电感或电容有以下特点：

(1) 加旁路电感不会影响 LCL 滤波器在高频段的幅频特性。这是因为，在高频段，旁路电感的感抗远大于串联电阻的阻值，串联电阻仍然起主导作用。

(2) 加旁路电容或拆分电容可以提高 LCL 滤波器的高频谐波衰减能力。这是因为，旁路电容或拆分电容提供了低阻抗的高频通路，吸收了大部分的高频谐波电流。

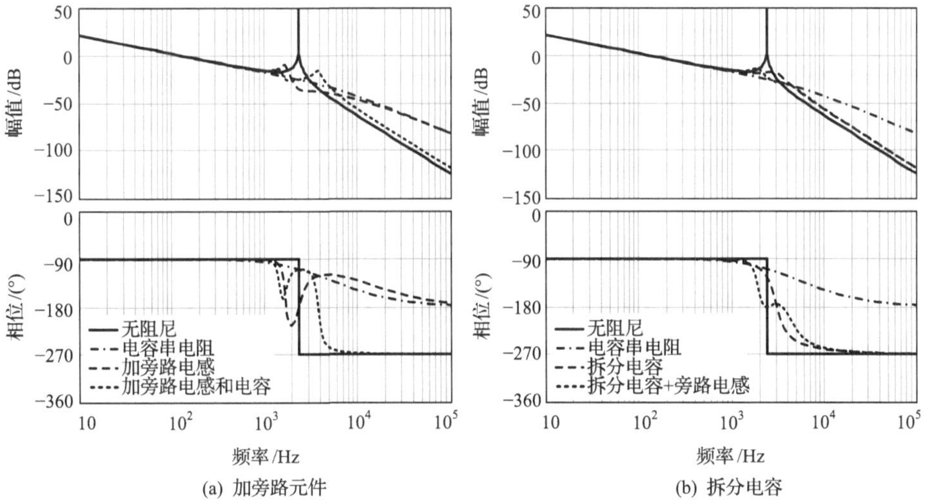

图 4.6　四种改进无源阻尼方法的频率特性

由此可见，在上述四种改进的无源阻尼方法中，加旁路电感和电容、拆分电容并加旁路电感这两种方法既减小了阻尼电阻的损耗，又获得了较强的高频谐波衰减能力。但是由于所需无源元件的种类和数量较多，电路的复杂性有所增加，系统的体积和成本也有所升高。

4.3　有源阻尼方法

从第 4.2 节的分析可知，无源阻尼能够抑制 LCL 滤波器的谐振尖峰，但是会引入损耗，并有可能降低 LCL 滤波器的低频增益和高频谐波衰减能力。为了避免这些负面因素，可以采用适当的控制算法，从控制环路上修正 LCL 滤波器的频率特性，以达到期望的阻尼效果，这种方法被称为有源阻尼。一般而言，有源阻尼方法可分为两类：一是基于状态变量反馈的有源阻尼方法；二是基于陷波器的有源阻尼方法，下面分别予以论述。

4.3.1 基于状态变量反馈的有源阻尼方法

基于状态变量反馈的有源阻尼方法，是指通过反馈适当的状态变量，从控制上模拟出一个虚拟电阻，来获得与实际电阻相同的阻尼效果。第 4.2.1 节已指出，电容并联电阻的阻尼效果最好，下面推导与电容并联电阻等效的有源阻尼方法。

根据图 4.3(f)，可以画出采用电容并联电阻的 LCL 型并网逆变器的控制框图，如图 4.7 所示。其中，$v_r(s)$为调制波信号，$K_{PWM}=V_{in}/V_{tri}$为调制波到逆变桥输出电压 $v_{inv}(s)$的传递函数，这里 V_{in}为输入电压，V_{tri}为三角载波的幅值。

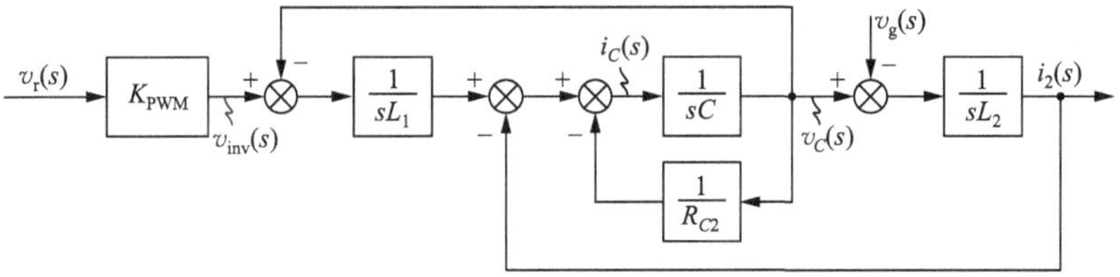

图 4.7 采用电容并联电阻的 LCL 型并网逆变器的控制框图

将图 4.7 中的电容电压 $v_C(s)$的反馈点移至 K_{PWM}的输入端，并调整相应的反馈函数，可得到等效的控制框图如图 4.8(a)所示。可以看出，电容电压一次微分反馈等效于在滤波电容上并联一个电阻。

考虑到电容电压 $v_C(s)$等于电网电压 $v_g(s)$与电感 L_2的电压 $v_2(s)$之和，可将反馈 $v_C(s)$拆分为反馈 $v_g(s)$和 $v_2(s)$两部分，再将反馈变量 $v_2(s)$改为并网电流 $i_2(s)$，并调整相应的反馈函数，得到等效的控制框图如图 4.8(b)所示。可以看出，电网电压一次微分反馈加上并网电流二次微分反馈也等效于在滤波电容上并联一个电阻。值得注意的是，$v_g(s)$是一个扰动信号，它对 LCL 滤波器谐振尖峰的阻尼没有影响。因此，从阻尼的角度，可以省去电网电压的一次微分反馈(图 4.8(b)中虚线所示部分)，只对并网电流进行二次微分反馈即可。

如果将反馈变量 $v_C(s)$改为电容电流 $i_C(s)$，并调整相应的反馈函数，可得到图 4.8(c)的等效控制框图。可以看出，此时电容电流的反馈函数为一个常数，即 $L_1/(K_{PWM}CR_{C2})$。因此，电容电流比例反馈同样等效于在滤波电容上并联一个电阻。

上述分析表明，电容电流比例反馈[127-130]、电容电压一次微分反馈[46, 131]和并

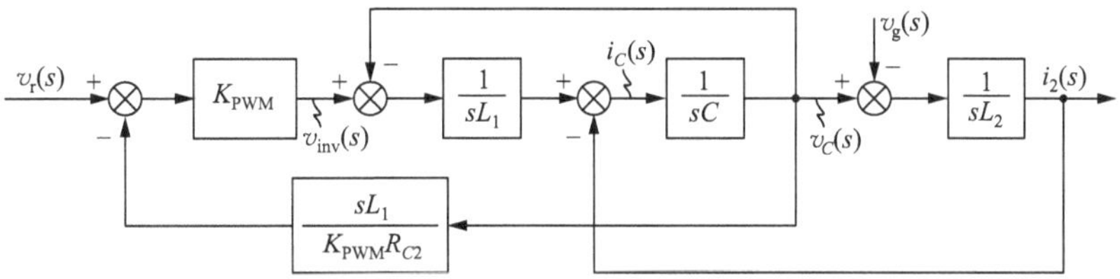

(a) 等效形式1：电容电压一次微分反馈

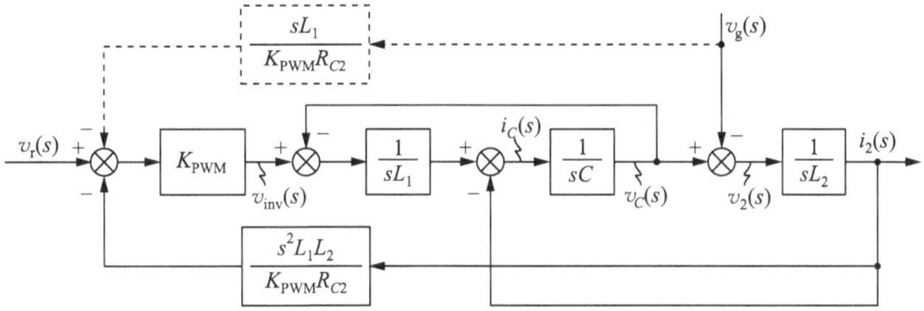

(b) 等效形式2：并网电流二次微分反馈

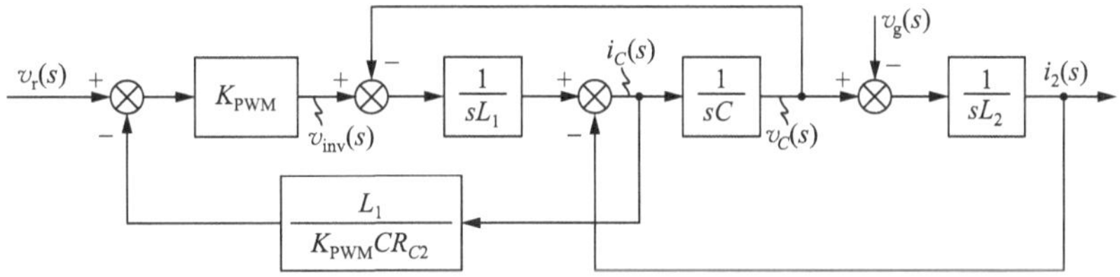

(c) 等效形式3：电容电流比例反馈

图 4.8　电容并联电阻无源阻尼的等效形式

网电流二次微分反馈[132，133]都能获得与电容并联电阻相同的阻尼效果。但在实际应用中，微分会放大高频噪声，并且理想的微分是难以实现的，微分近似时引入的误差会削弱有源阻尼的效果。相比之下，电容电流比例反馈由于实现简单、阻尼效果好而受到广泛应用。除特别说明外，本书后续章节所提及的电容电流反馈均为比例反馈，并称之为电容电流反馈有源阻尼。

类似地，对于第 4.2 节介绍的其他无源阻尼方法，通过控制框图的变换，也可以推导出其等效的有源阻尼形式，这里不再展开讨论。

4.3.2　基于陷波器的有源阻尼方法

第 4.1 节已指出，阻尼的引入使得 LCL 滤波器的传递函数由 $G_{LCL}(s)$转变成 $G_{LCL\text{-}d}(s)$的形式。要实现这种转变，除了采用电容并联电阻的无源阻尼或电容电流反馈有源阻尼外，还可以直接将 $G_{LCL}(s)$乘以 $G_{LCL\text{-}d}(s)/G_{LCL}(s)$的单元。定义 $G_{trap}(s)=G_{LCL\text{-}d}(s)/G_{LCL}(s)$，由式(4.1)和式(4.3)可知

$$G_{\text{trap}}(s)=\frac{G_{\text{LCL-d}}(s)}{G_{\text{LCL}}(s)}=\frac{s^2+\omega_r^2}{s^2+2\zeta\omega_r s+\omega_r^2} \tag{4.14}$$

显然，$G_{\text{trap}}(s)$描述的是陷波器的传递函数。从控制的角度，要实现$G_{\text{LCL}}(s)$与$G_{\text{trap}}(s)$的相乘，只需将$G_{\text{trap}}(s)$以级联的形式植入到控制环路中即可，如图 4.9 所示。这种阻尼方法被称为陷波器有源阻尼[14, 134, 135]。

图 4.10(a)给出了$G_{\text{trap}}(s)$的波特图。在 LCL 滤波器的谐振频率 f_r 处，$G_{\text{trap}}(s)$提供了一个反谐振尖峰来抵消 LCL 滤波器的谐振尖峰；而在低频段和高频段，$G_{\text{trap}}(s)$的增益为 0dB，因而不会影响 LCL 滤波器在这些频段的幅频特性。这意味着，陷波器阻尼同样具有理想的阻尼效果，如图 4.10(b)所示。

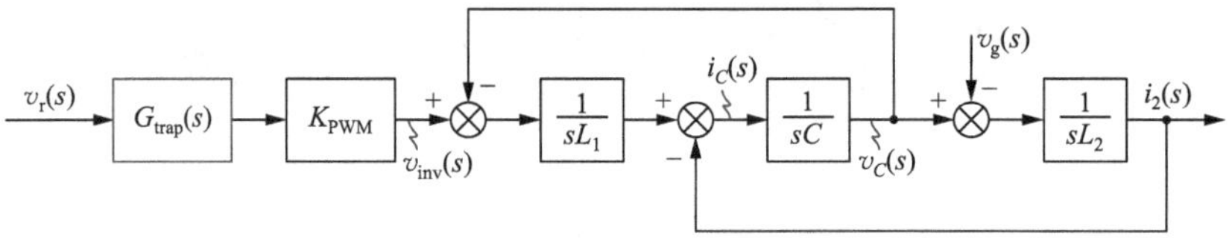

图 4.9　基于陷波器的有源阻尼方法

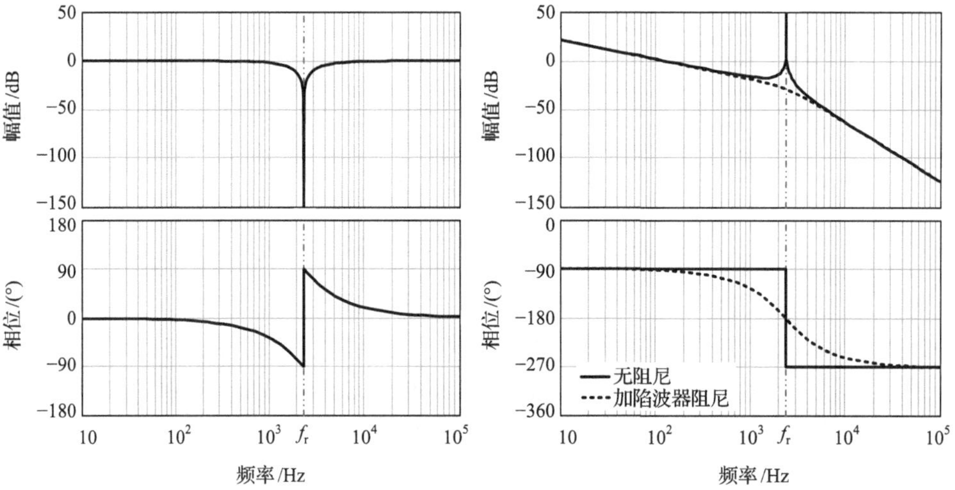

(a) 陷波器的频率特性　　(b) 加陷波器阻尼的LCL滤波器

图 4.10　陷波器有源阻尼的频率特性

由式(4.14)可知，采用陷波器阻尼时，必须确切知道 LCL 滤波器的谐振频率。然而，在实际应用中，由于磁芯饱和、元件老化等因素的影响，LCL 滤波器的参数会发生变化，谐振频率也会随之变化。在这种情况下，陷波器阻尼的效果会削弱，甚至失效。对此，可以通过在线测量 LCL 滤波器的谐振频率[136, 137]来实时修正陷波器的参数，使其具有频率自适应性，但这会增加硬件成本和控制的复杂性。

考虑到以上因素，电容电流反馈有源阻尼更有实用价值，因而获得了广泛的应用。本书后续章节均采用电容电流反馈有源阻尼。

4.4　本章小结

本章分析了 LCL 滤波器谐振尖峰的危害，讨论了六种基本的无源阻尼方法及其对 LCL 滤波器性能的影响，指出：①电容并联电阻的阻尼效果最好，但是损耗非常大；②电容串联电阻的损耗较小，是最为实用的无源阻尼方法。在电容串联电阻的基础上，介绍了四种改进的无源阻尼方法，以进一步减小损耗。

本章推导了与电容并联电阻等效的两类有源阻尼方法：一是基于状态变量反馈的有源阻尼方法，包括电容电流比例反馈、电容电压一次微分反馈和并网电流二次微分反馈；二是基于陷波器的有源阻尼方法。最后，分析和比较了各种有源阻尼方法的特性，并从中选择电容电流反馈有源阻尼作为研究对象。本章为后面讨论 LCL 型并网逆变器的控制技术打下了基础。

第 5 章　LCL 型并网逆变器的电容电流反馈有源阻尼和并网电流调节器设计

第 4 章分析了 LCL 滤波器谐振尖峰的阻尼方法，在六种基本的无源阻尼方法中，电容并联电阻可以有效地抑制谐振尖峰，并且不影响 LCL 滤波器在低频段和高频段的幅频特性，但阻尼电阻损耗较大。电容电流反馈有源阻尼与电容并联电阻是等效的，并且不存在损耗，得到了广泛应用。本章针对采用电容电流反馈有源阻尼的 LCL 型并网逆变器，以电流调节器采用 PI 调节器为例，通过对并网电流稳态误差、相位裕度和幅值裕度的分析，推导出满足稳态误差和稳定裕度要求的电容电流反馈系数和电流调节器参数的取值区域[138, 139]。利用该取值区域，可以选取合适的闭环参数，不仅保证系统稳定，而且有利于优化系统性能。本章还将该设计方法分别扩展到电流调节器采用 PI 调节器加电网电压前馈控制和电流调节器采用 PR 调节器的情况。最后，以单相 LCL 型并网逆变器为例，给出电容电流反馈系数和电流调节器参数的设计实例，并进行实验验证。

5.1　LCL 型并网逆变器的数学模型

图 5.1 给出了单相 LCL 型并网逆变器及其控制结构。其中，L_1 为逆变器侧电感，C 为滤波电容，L_2 为网侧电感，它们构成 LCL 滤波器。对并网逆变器而言，其首要目标是控制并网电流 i_2，使其与电网电压 v_g 同步，并使其幅值跟踪给定值 I^*。通常，v_g 的相位由锁相环（phase-locked loop，PLL）获得，I^* 由外部电压环产生[49]。由于电压环的响应速度远低于并网电流环，可以对并网电流环进行单独分析。在图 5.1 中，H_v 和 H_{i2} 分别为 v_g 和 i_2 的采样系数。i_2 的采样信号与其指令值 i_2^* 进行比较，得到的误差信号送入电流调节器 $G_i(s)$。通过反馈电容电流 i_C 实现 LCL 滤波器谐振尖峰的有源阻尼，H_{i1} 为其反馈系数。从 $G_i(s)$ 的输出 v_r 中减去 i_C 的反馈信号 v_{ic}，得到调制波 v_M。

根据图 5.1 可得到 LCL 型并网逆变器的数学模型，如图 5.2 所示。其中，$K_{PWM}=V_{in}/V_{tri}$ 为调制波 v_M 到逆变桥输出电压 v_{inv} 的传递函数，这里 V_{in} 为输入电压，V_{tri} 为三角载波的幅值。$Z_{L1}(s)$、$Z_C(s)$ 和 $Z_{L2}(s)$ 分别为电感 L_1、电容 C 和电感 L_2 的阻抗，其表达式为

$$Z_{L1}(s)=sL_1,\ Z_C(s)=\frac{1}{sC},\ Z_{L2}(s)=sL_2 \tag{5.1}$$

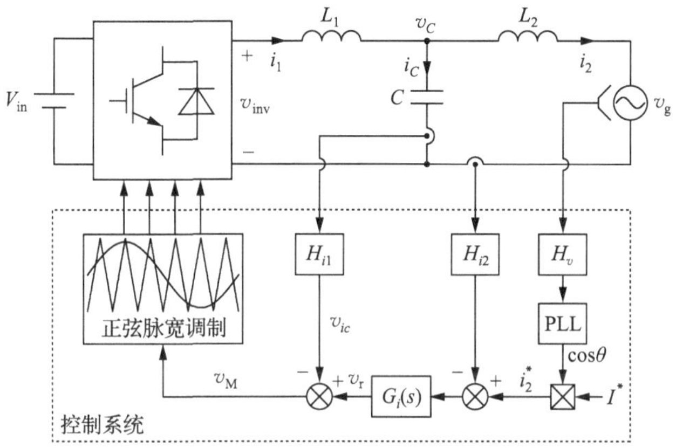

图 5.1　单相 LCL 型并网逆变器及其控制结构

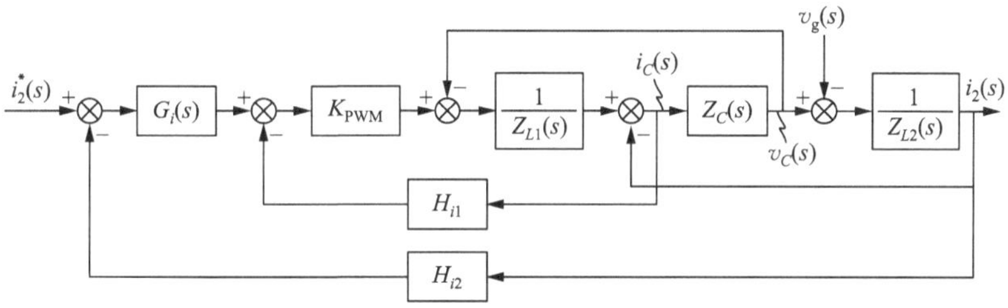

图 5.2　采用电容电流反馈有源阻尼的 LCL 型并网逆变器的数学模型

对图 5.2 的模型进行等效变换，变换过程如图 5.3 所示，图中的虚线表示模型原始形式，实线表示变换后的形式。首先，将图 5.2 的反馈量电容电压 $v_C(s)$ 调整为电容电流 $i_C(s)$，并将其反馈点移至 $G_i(s)$ 的输出端，得到的等效模型如图 5.3(a)所示。然后，将 $i_C(s)$ 的两条反馈支路合并，并将反馈量 $i_2(s)$ 的反馈点由 $1/Z_{L1}(s)$ 的输出端移至 $G_i(s)$ 的输出端，从而得到图 5.3(b)。进一步将 $i_2(s)$ 位于 $G_i(s)$ 输出端的反馈点移至 $Z_C(s)$ 的输出端，并对从 $G_i(s)$ 到 $Z_C(s)$ 之间的前向通道进行化简，可得到图 5.3(c)，其中

$$G_{x1}(s)=\frac{K_{PWM}G_i(s)Z_C(s)}{Z_{L1}(s)+Z_C(s)+H_{i1}K_{PWM}} \tag{5.2a}$$

$$H_{x1}(s)=\frac{Z_{L1}(s)Z_C(s)}{Z_{L1}(s)+Z_C(s)+H_{i1}K_{PWM}} \tag{5.2b}$$

图 5.3(c)可以进一步简化为图 5.3(d)，其中

$$G_{x2}(s)=\frac{Z_{L1}(s)+Z_C(s)+H_{i1}K_{PWM}}{Z_{L1}(s)Z_{L2}(s)+(Z_{L1}(s)+Z_{L2}(s))Z_C(s)+H_{i1}K_{PWM}Z_{L2}(s)} \tag{5.3}$$

根据图 5.3(d)，并考虑式(5.1)，可得到环路增益的表达式为

$$T_{\mathrm{A}}(s)=G_{x1}(s)G_{x2}(s)H_{i2}=\frac{H_{i2}K_{\mathrm{PWM}}G_i(s)}{s^3L_1L_2C+s^2L_2CH_{i1}K_{\mathrm{PWM}}+s(L_1+L_2)} \tag{5.4}$$

而并网电流 $i_2(s)$ 的表达式为

$$i_2(s)=\frac{1}{H_{i2}}\frac{T_{\mathrm{A}}(s)}{1+T_{\mathrm{A}}(s)}i_2^*(s)-\frac{G_{x2}(s)}{1+T_{\mathrm{A}}(s)}v_{\mathrm{g}}(s)\triangleq i_{21}(s)+i_{22}(s) \tag{5.5}$$

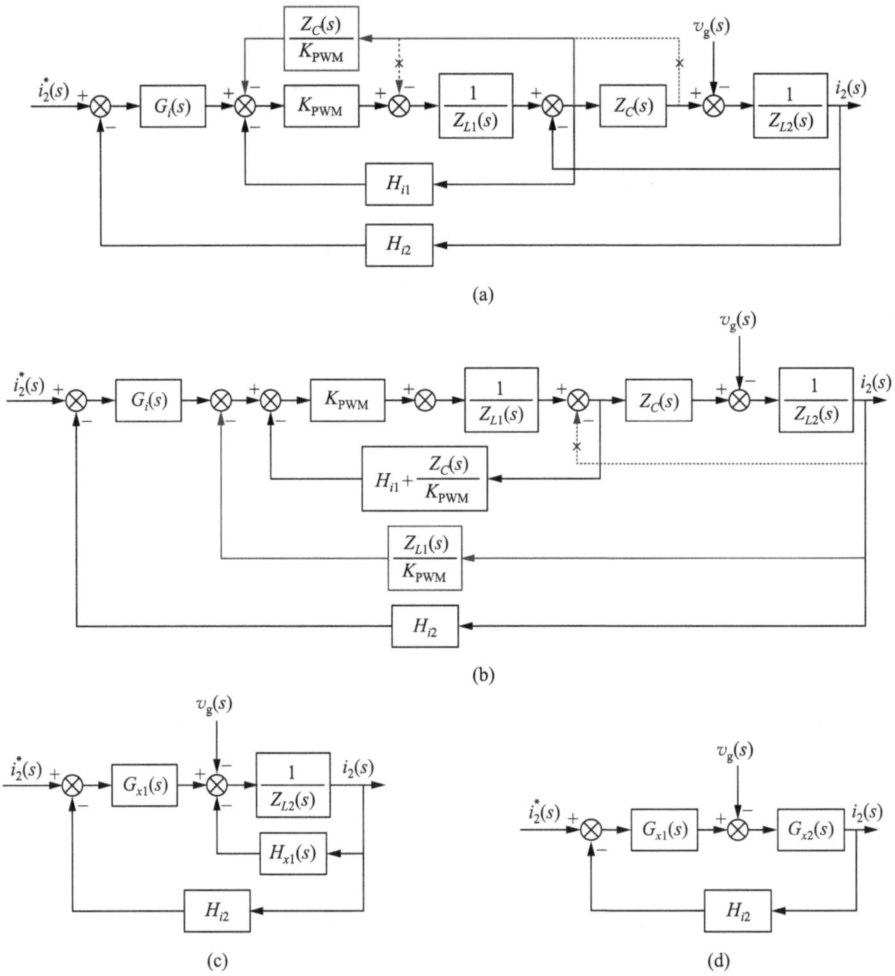

图 5.3　LCL 型并网逆变器数学模型的等效变换

从式(5.5)可以清晰地看出，并网电流 $i_2(s)$ 由两部分组成：指令跟踪分量 $i_{21}(s)$ 和电网电压引起的扰动分量 $i_{22}(s)$。它们的表达式分别为

$$i_{21}(s)=\frac{1}{H_{i2}}\frac{T_A(s)}{1+T_A(s)}i_2^*(s) \tag{5.6a}$$

$$i_{22}(s)=-\frac{G_{x2}(s)}{1+T_A(s)}v_g(s) \tag{5.6b}$$

5.2　电容电流反馈有源阻尼和 PI 调节器的频率特性

根据式(5.4)，可以绘出补偿前(即 $G_i(s)=1$)环路增益的波特图，如图 5.4 所示。其中，f_o为基波频率，f_c为环路增益的截止频率，f_r为 LCL 滤波器的谐振频率。从图中可以看出，引入电容电流反馈可以有效抑制 LCL 滤波器的谐振尖峰，它只改变谐振频率 f_r附近的幅频特性，但对相频特性影响显著，在低于 f_r的频段系统相位就从－90°开始下降。H_{i1}越大，谐振尖峰的阻尼效果越好，但在低于 f_r的频段相位下降也越大。

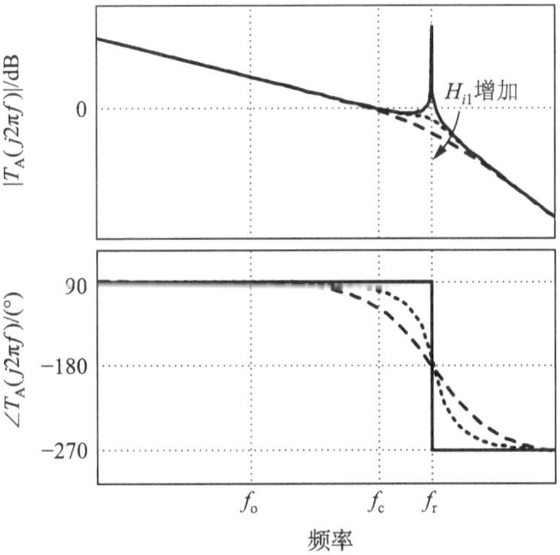

图 5.4　补偿前环路增益的波特图

由于环路增益的相频曲线在 f_r处穿越－180°，为了保证足够的相位裕度，截止频率 f_c需低于 f_r。在分析低于或等于 f_c处的幅频特性时，由于滤波电容的容抗远大于网侧电感的感抗，可以认为滤波电容支路是开路的，这样 LCL 滤波器可简化为感值为 L_1+L_2的 L 滤波器。根据式(5.4)可得到近似的$|T_A(s)|$为

$$|T_A(s)|\approx\left|\frac{H_{i2}K_{PWM}G_i(s)}{s(L_1+L_2)}\right| \tag{5.7}$$

电流调节器 $G_i(s)$通常采用 PI 或 PR 调节器，它们的波特图如图 5.5 所示。这里以 PI 调节器为例进行阐述，其传递函数为

$$G_i(s) = K_p + \frac{K_i}{s} \tag{5.8}$$

式中，K_p为比例系数；K_i为积分系数。PI 调节器的转折频率 $f_L = K_i/(2\pi K_p)$。从图 5.5 可以看出，在 f_L前后，PI 调节器的幅频曲线的斜率分别为 -20dB/dec 和 0dB/dec，对应的相频曲线从 $-90°$上升到 0°。为了减小 PI 调节器的负相移对相位裕度的影响，f_L需低于截止频率 f_c。这样，在分析高于或等于 f_c处的幅频特性时，$G_i(s)$可以近似用 K_p代替。由于 f_c处环路增益的幅值为 1，即 $|T_A(j2\pi f_c)|=1$，并考虑 $|G_i(j2\pi f_c)| \approx K_p$，代入式(5.7)可得

$$K_p \approx \frac{2\pi f_c (L_1 + L_2)}{H_{i2} K_{PWM}} \tag{5.9}$$

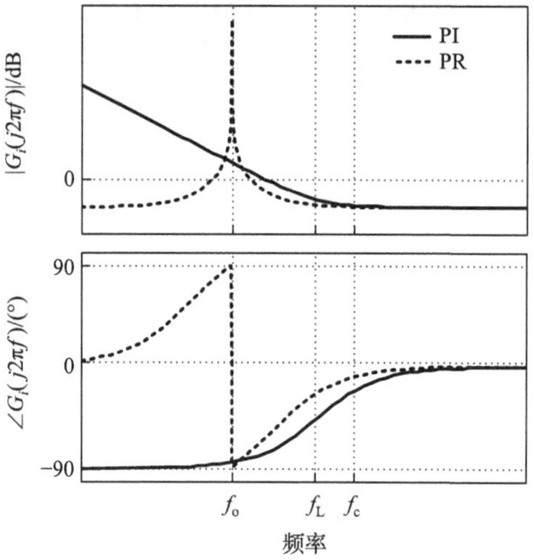

图 5.5　PI 和 PR 调节器的波特图

5.3　闭环参数的约束条件

5.3.1　稳态误差要求

并网电流的稳态误差是考核并网逆变器的重要性能指标。并网电流 i_2包括 i_{21}和 i_{22}两个分量。通常，环路增益在基波频率处的幅值远大于 1，则有 $1 + T_A(j2\pi f_o) \approx T_A(j2\pi f_o)$，那么根据式(5.6a)可得 $i_{21} \approx i_2^*/H_{i2}$，故 i_{21}与 i_2^* 基本同相位。前面已指出，在低于或等于 f_c时，可以认为滤波电容支路是开路的，因此在基波频率 f_o处，根据式(5.3)和式(5.4)可分别得到

$$G_{x2}(j2\pi f_o) \approx \frac{1}{j2\pi f_o (L_1 + L_2)} \tag{5.10a}$$

$$T_{\mathrm{A}}(j2\pi f_{\mathrm{o}})\approx\frac{H_{i2}K_{\mathrm{PWM}}G_i(j2\pi f_{\mathrm{o}})}{j2\pi f_{\mathrm{o}}(L_1+L_2)}\tag{5.10b}$$

将式(5.10)代入式(5.6b),可得

$$i_{22}\approx-\frac{v_{\mathrm{g}}}{H_{i2}K_{\mathrm{PWM}}G_i(j2\pi f_{\mathrm{o}})}\tag{5.11}$$

对于 PI 调节器,有 $G_i(j2\pi f_{\mathrm{o}})\approx K_{\mathrm{i}}/(j2\pi f_{\mathrm{o}})$,则 $i_{22}\approx-j2\pi f_{\mathrm{o}}v_{\mathrm{g}}/(H_{i2}K_{\mathrm{PWM}}K_{\mathrm{i}})$,即 i_{22} 比 v_{g} 滞后 90°。

图 5.6(a)给出了并网电流 i_2 及其分量 i_{21} 和 i_{22} 与电网电压 v_{g} 的相量图。其中,θ 为 i_2^* 超前于 v_{g} 的角度,其大小由并网功率因数(power factor, PF)的要求决定。由于逆变器不从电网吸收有功功率,有 $\theta\in[-90°, 90°]$。从图中可以看出,并网电流的稳态误差包含幅值误差 E_{A} 和相位误差 δ 两部分。其中,幅值误差 E_{A} 可表示为

$$E_{\mathrm{A}}=\left|\frac{H_{i2}I_2-I_2^*}{I_2^*}\right|=\left|\frac{H_{i2}}{I_2^*}\sqrt{I_{21}^2+I_{22}^2-2I_{21}I_{22}\sin\theta}-1\right|\tag{5.12}$$

其中,I_2^*、I_2、I_{21} 和 I_{22} 分别为 i_2^*、i_2、i_{21} 和 i_{22} 的有效值。式(5.12)可改写为

$$\pm E_{\mathrm{A}}=\frac{H_{i2}}{I_2^*}\sqrt{I_{21}^2+I_{22}^2-2I_{21}I_{22}\sin\theta}-1\tag{5.13}$$

将 $I_{21}\approx I_2^*/H_{i2}$ 代入式(5.13),可解得 I_{22} 的四个根分别为

$$\begin{aligned}I_{22\_\mathrm{rt1}}&=\frac{I_2^*}{H_{i2}}\left(\sin\theta+\sqrt{\sin^2\theta-2E_{\mathrm{A}}+E_{\mathrm{A}}^2}\right)\\I_{22\_\mathrm{rt2}}&=\frac{I_2^*}{H_{i2}}\left(\sin\theta-\sqrt{\sin^2\theta-2E_{\mathrm{A}}+E_{\mathrm{A}}^2}\right)\\I_{22\_\mathrm{rt3}}&=\frac{I_2^*}{H_{i2}}\left(\sin\theta+\sqrt{\sin^2\theta+2E_{\mathrm{A}}+E_{\mathrm{A}}^2}\right)\\I_{22\_\mathrm{rt4}}&=\frac{I_2^*}{H_{i2}}\left(\sin\theta-\sqrt{\sin^2\theta+2E_{\mathrm{A}}+E_{\mathrm{A}}^2}\right)\end{aligned}\tag{5.14}$$

其中,$I_{22\_\mathrm{rt4}}<0$,为无效根。定义 E_{A} 所限定的 I_{22} 为 I_{22_EAPI},其值由 $I_{22\_\mathrm{rt1}}\sim I_{22\_\mathrm{rt3}}$ 中最小的根来确定。定义 $\theta_1=\arcsin\sqrt{2E_{\mathrm{A}}-E_{\mathrm{A}}^2}$,当 $\theta\in[-90°, -\theta_1]$ 时,I_{22_rt1} 和 I_{22_rt2} 都为负数,是无效根;而当 $\theta\in(-\theta_1, \theta_1)$ 时, $\sin^2\theta-2E_{\mathrm{A}}+E_{\mathrm{A}}^2<0$,$I_{22\_\mathrm{rt1}}$ 和 I_{22_rt2} 是不存在的。因此,当 $\theta\in[-90°, \theta_1)$ 时,$I_{22\_\mathrm{EAPI}}=I_{22\_\mathrm{rt3}}$。当 $\theta\in[\theta_1, 90°]$ 时,$I_{22\_\mathrm{rt1}}\sim I_{22\_\mathrm{rt3}}$ 都为正数,且 I_{22_rt2} 最小,故 $I_{22\_\mathrm{EAPI}}=I_{22\_\mathrm{rt2}}$。综上所述,$I_{22\_\mathrm{EAPI}}$ 可表示为

$$I_{22\_\mathrm{EAPI}}=\begin{cases}\dfrac{I_2^*}{H_{i2}}\left(\sin\theta+\sqrt{\sin^2\theta+2E_{\mathrm{A}}+E_{\mathrm{A}}^2}\right), & \theta\in[-90°,\theta_1)\\[2ex]\dfrac{I_2^*}{H_{i2}}\left(\sin\theta-\sqrt{\sin^2\theta-2E_{\mathrm{A}}+E_{\mathrm{A}}^2}\right), & \theta\in[\theta_1, 90°]\end{cases}\tag{5.15}$$

根据图 5.6(a),应用正弦定理可得

$$\sin\delta = \frac{I_{22}}{I_{21}}\left|\sin(90° + \theta - \delta)\right| \tag{5.16}$$

由图 5.6(a)和式(5.16)可知，当 $\theta = \pm 90°$时，$\delta = 0°$；当 $\theta \neq \pm 90°$时，定义 δ 所限定的 I_{22} 为 $I_{22\_\delta\mathrm{PI}}$，其表达式为

$$I_{22\_\delta\mathrm{PI}} \approx \frac{I_2^*}{H_{i2}}\left|\frac{\sin\delta}{\cos(\theta - \delta)}\right| \tag{5.17}$$

根据式(5.15)和式(5.17)，图 5.6(b)给出了 I_{22_EAPI}和 $I_{22_\delta\mathrm{PI}}$随 θ 的变化趋势。可见，I_{22_EAPI}的最小值位于 $\theta \approx \pm 90°$时，$I_{22_\delta\mathrm{PI}}$的最小值位于 $\theta \approx 0°$时。

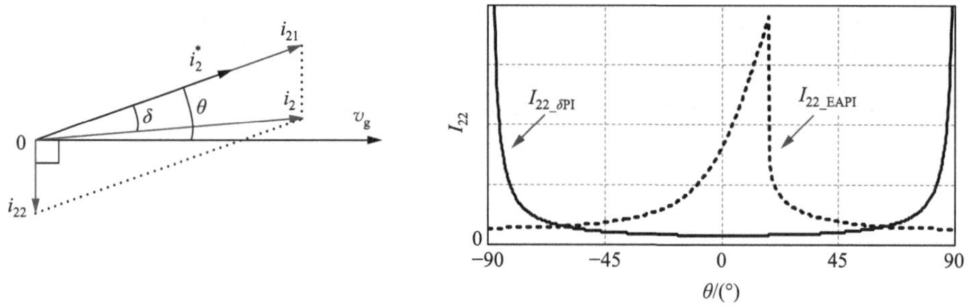

(a) i_2、i_{21}、i_{22}与v_g的相量图　　(b) I_{22_EAPI}和$I_{22_\delta\mathrm{PI}}$随θ的变化趋势

图 5.6　采用 PI 调节器时并网电流的稳态误差

由式(5.10b)和式(5.11)可知

$$I_{22} \approx \frac{V_g}{H_{i2}K_{\mathrm{PWM}}\left|G_i(j2\pi f_o)\right|} \approx \frac{V_g}{2\pi f_o(L_1 + L_2)\left|T_A(j2\pi f_o)\right|} \tag{5.18}$$

根据式(5.18)，可以得到基波频率 f_o处环路增益的幅值 T_{fo}为

$$T_{fo} = 20\lg\left|T_A(j2\pi f_o)\right| \approx 20\lg\frac{V_g}{2\pi f_o(L_1 + L_2)I_{22}} \tag{5.19}$$

式中，T_{fo}的单位为分贝(dB)。

式(5.19)表明，I_{22}是与 T_{fo}相关的，故可将稳态误差对 I_{22}的要求转换为对 T_{fo}的要求。为了同时满足 E_A和 δ 两方面的要求，式(5.19)中的 I_{22}应取 I_{22_EAPI}和 $I_{22_\delta\mathrm{PI}}$的较小者。

5.3.2　稳态误差和稳定裕度对闭环参数的约束

将式(5.8)代入式(5.7)，得到采用 PI 调节器时 T_{fo}的表达式为

$$T_{fo} = 20\lg\left|T_A(j2\pi f_o)\right| = 20\lg\left|\frac{H_{i2}K_{\mathrm{PWM}}\left(K_p + \dfrac{K_i}{j2\pi f_o}\right)}{j2\pi f_o(L_1 + L_2)}\right| \tag{5.20}$$

将式(5.9)代入式(5.20)，整理后可得 T_{fo}对 K_i的约束条件 K_{i_Tfo}为

$$K_{\mathrm{i\_Tfo}} = \frac{4\pi^2 f_{\mathrm{o}}(L_1 + L_2)}{H_{i2} K_{\mathrm{PWM}}} \sqrt{(10^{\frac{T_{\mathrm{fo}}}{20}} f_{\mathrm{o}})^2 - f_{\mathrm{c}}^2} \tag{5.21}$$

根据式(5.4)，相位裕度 PM 可表示为

$$\mathrm{PM} = 180° + \angle \left. \frac{H_{i2} K_{\mathrm{PWM}} G_i(s)}{s^3 L_1 L_2 C + s^2 L_2 C H_{i1} K_{\mathrm{PWM}} + s(L_1 + L_2)} \right|_{s=j2\pi f_{\mathrm{c}}} \tag{5.22}$$

将式(5.8)代入式(5.22)，整理后可得

$$\mathrm{PM} = \arctan \frac{2\pi L_1 (f_{\mathrm{r}}^2 - f_{\mathrm{c}}^2)}{H_{i1} K_{\mathrm{PWM}} f_{\mathrm{c}}} - \arctan \frac{K_{\mathrm{i}}}{2\pi f_{\mathrm{c}} K_{\mathrm{p}}} \tag{5.23}$$

在式(5.23)两边同时取正切，整理后可得 PM 对 K_{i}的约束条件 $K_{\mathrm{i_PM}}$为

$$K_{\mathrm{i\_PM}} = 2\pi f_{\mathrm{c}} K_{\mathrm{p}} \frac{2\pi L_1 (f_{\mathrm{r}}^2 - f_{\mathrm{c}}^2) - H_{i1} K_{\mathrm{PWM}} f_{\mathrm{c}} \tan\mathrm{PM}}{2\pi L_1 (f_{\mathrm{r}}^2 - f_{\mathrm{c}}^2) \tan\mathrm{PM} + H_{i1} K_{\mathrm{PWM}} f_{\mathrm{c}}} \tag{5.24}$$

若选取的 K_{i}同时满足 T_{fo}和 PM 的约束，则有 $K_{\mathrm{i\_Tfo}} = K_{\mathrm{i\_PM}}$。将式(5.9)和式(5.21)代入式(5.24)，可得 T_{fo}和 PM 对 H_{i1}的约束条件 $H_{i1_\mathrm{Tfo_PM}}$为

$$H_{i1\_\mathrm{Tfo\_PM}} = \frac{2\pi L_1 (f_{\mathrm{r}}^2 - f_{\mathrm{c}}^2)\left(f_{\mathrm{c}}^2 - f_{\mathrm{o}} \sqrt{(10^{\frac{T_{\mathrm{fo}}}{20}} f_{\mathrm{o}})^2 - f_{\mathrm{c}}^2}\, \tan\mathrm{PM}\right)}{K_{\mathrm{PWM}} f_{\mathrm{c}} \left(f_{\mathrm{c}}^2 \tan\mathrm{PM} + f_{\mathrm{o}} \sqrt{(10^{\frac{T_{\mathrm{fo}}}{20}} f_{\mathrm{o}})^2 - f_{\mathrm{c}}^2}\right)} \tag{5.25}$$

由于环路增益的相频曲线在 f_{r}处穿越−180°，因此环路增益的幅值裕度 GM 可表示为

$$\mathrm{GM} = -20\lg |T_{\mathrm{A}}(j2\pi f_{\mathrm{r}})| \tag{5.26}$$

这里，GM 的单位为分贝(dB)。由于式(5.7)给出的环路增益 $T_{\mathrm{A}}(s)$的近似表达式在 f_{r}处不准确，故将未近似的 $T_{\mathrm{A}}(s)$表达式，即式(5.4)，和式(5.9)一起代入式(5.26)，整理后可得 GM 对 H_{i1}的约束条件 H_{i1_GM}为

$$H_{i1\_\mathrm{GM}} = 10^{\frac{\mathrm{GM}}{20}} \frac{2\pi f_{\mathrm{c}} L_1}{K_{\mathrm{PWM}}} \tag{5.27}$$

5.3.3　PWM 对闭环参数的约束

图 5.7 给出了并网逆变器采用 PWM 策略时调制波与三角载波交截的示意图，其中 f_{sw}为开关频率。在 LCL 型并网逆变器中，电感 L_1的开关纹波电流基本被滤波电容旁路，使得并网电流为很好的基波频率的正弦波。因此，在一个开关周期内，电流调节器的输出 v_{r}基本不变。第 5.1 节已指出，采用电容电流反馈有源阻尼时，调制波 v_{M}为 v_{r}与电容电流反馈信号 v_{ic}之差。因此，v_{M}的变化率取决于v_{ic}的变化率，其最大值为 $H_{i1} V_{\mathrm{in}}/L_1$(即电感 L_1电流的最大变化率乘以电容电流反馈系数)。由图 5.7 可知三角载波的变化率为 $4V_{\mathrm{tri}} f_{\mathrm{sw}}$。为了避免调制波与载波多次交截，调制波的最大变化率需低于载波的变化率[140-142]，因此要求

$$\frac{H_{i1} V_{\mathrm{in}}}{L_1} < 4V_{\mathrm{tri}} f_{\mathrm{sw}} \tag{5.28}$$

由式(5.28)可得 PWM 对 H_{i1}的约束条件 H_{i1_PWM}为

$$H_{i1\_PWM}=\frac{4f_{sw}L_1V_{tri}}{V_{in}}=\frac{4f_{sw}L_1}{K_{PWM}} \tag{5.29}$$

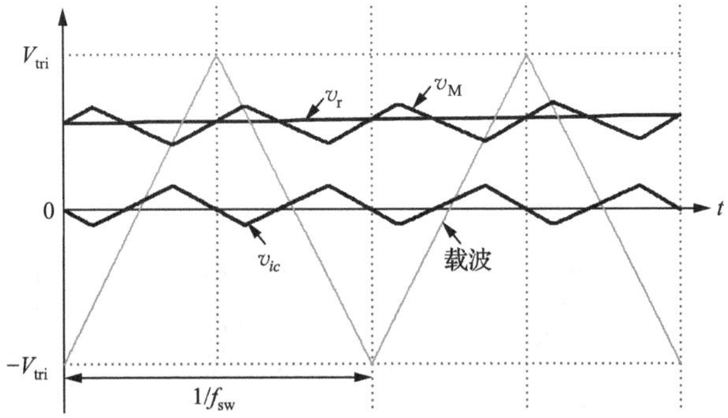

图 5.7　调制波与三角载波交截的示意图

5.4　电容电流反馈系数和 PI 调节器参数的设计步骤

基于前面的分析，电容电流反馈系数和 PI 调节器参数的设计步骤如下。

步骤 1：确定 T_{fo}、PM 和 GM 的要求。具体而言，由并网电流稳态误差要求确定 T_{fo}，由动态响应和鲁棒性要求确定 PM 和 GM。根据图 5.6(a)可知，当电流调节器采用 PI 调节器时，并网电流的稳态误差在轻载时最大。因此，T_{fo}需由相关标准中最恶劣的情况确定，例如，要求 PF 在 10%负载时大于 0.85[17]或在半载时大于 0.98[68]。此外，PM 一般取在(30°, 60°)范围内，以获得良好的动态响应；而 GM 一般应大于 3dB，以保证足够的鲁棒性。

步骤 2：根据确定的 T_{fo}、PM 和 GM，分别由式(5.25)、式(5.27)和式(5.29)得到 $H_{i1\_Tfo\_PM}$、H_{i1_GM}和 H_{i1_PWM}与 f_c的关系曲线，进而得到 f_c和 H_{i1}的可取区域。

图 5.8 为 f_c和 H_{i1}可取区域的示意图，其中虚线上方区域满足 GM 要求，实线下方区域满足 T_{fo}与 PM 要求，此外 H_{i1}需小于 H_{i1_PWM}。因此，上述约束线包围的阴影部分即为 f_c和 H_{i1}的可取区域。从图 5.8 中可以看出：

(1) f_c越高，由 GM 要求得到的 H_{i1}的下限值越大。这是因为当 f_c越接近 f_r时，为获得同样的 GM，就需将谐振尖峰阻尼得更低，那么所需要的 H_{i1}就越大。

(2) 随着 f_c升高，H_{i1}的上限值先增大后减小。这是因为当 f_c较低时，它与 PI 调节器的转折频率 f_L较为接近，PI 调节器的负相移对相位裕度的影响较大，所以 H_{i1}的上限值很小；随着 f_c的升高，PI 调节器的负相移对相位裕度的影响减小，H_{i1}上限值增大；而当 f_c增大到与 f_r接近时，H_{i1}对相位裕度的削减起主导作用，其上限值开始降低。

值得注意的是，如果在步骤 1 中对 T_{fo}、PM 和 GM 的要求过于苛刻，实际得到的 f_c 和 H_{i1} 可取区域可能很小甚至不存在。此时需修改对 T_{fo}、PM 和 GM 的要求，并重新执行步骤 2。

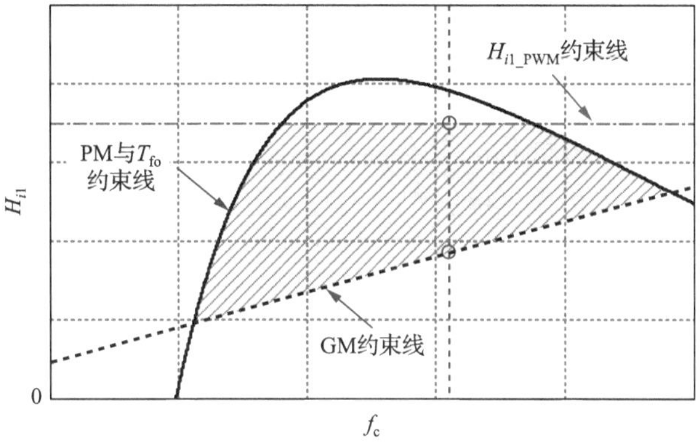

图 5.8　T_{fo}、PM、GM 及 PWM 约束下 f_c 和 H_{i1} 的可取区域

步骤 3：从 f_c 和 H_{i1} 的可取区域中选取合适的 f_c，并由式(5.9)求得 K_p。f_c 越高，就越有利于提高动态响应速度和低频增益。不过，为了抑制高频开关噪声，f_c 一般需低于 1/10 的开关频率[52]。

步骤 4：确定 f_c 后，由幅值裕度和相位裕度要求选取合适的 H_{i1}。H_{i1} 的下限值为 H_{i1_GM}，上限值为 H_{i1_PWM} 和 $H_{i1\_Tfo\_PM}$ 中较小者。增大 H_{i1} 会使 PM 减小，但不会影响 T_{fo}。因此，在保证足够 GM 的前提下，应选取相对较小的 H_{i1}，以提高动态响应性能。

步骤 5：确定 f_c 和 H_{i1} 后，由稳态误差和相位裕度要求选取合适的 K_i。K_i 的上限和下限分别为 K_{i_PM} 和 K_{i_Tfo}。K_i 越大，则 T_{fo} 越大，但 PM 越小。因此，在保证足够 PM 和 T_{fo} 的前提下，可根据实际需要折中选取 K_i，以获得期望的性能。

步骤 6：校验补偿后的环路增益是否满足所有的设计要求。

需要说明的是，当闭环参数有一定的可选范围时，可在满足基本要求的前提下作进一步优化，即：

(1) 在 f_c 一定的前提下，为获得更高的基波增益，可以选取较大的 K_i；

(2) 为获得更大的幅值裕度，可以选取较大的 H_{i1}；

(3) 为获得更大的相位裕度，可以选取较小的 K_i 和 H_{i1}。

5.5　设计方法的扩展

在实际应用中，为了减小并网电流的稳态误差，可在电流调节器采用 PI 调节器的基础上加入电网电压前馈控制(电网电压前馈控制策略将在本书第 6、7 章中详细讨论)，或者电流调节器采用 PR 调节器。下面就将第 5.4 节提出的闭环参数设计方法扩展到这两种情况。

5.5.1　采用 PI 调节器加电网电压前馈

电流调节器采用 PI 调节器时，文献[78]提出了一种电网电压全前馈方法，可以有效消除并网电流中由电网电压 v_g 产生的扰动分量 i_{22}。由图 5.6 可知，此时只需考虑并网电流的幅值误差 E_A。根据式(5.6a)，可得 E_A 的表达式为

$$\begin{aligned} E_A &= \left| \frac{I_2^* - H_{i2} I_{21}}{I_2^*} \right| = \left| 1 - \left| \frac{T_A(j2\pi f_o)}{1+T_A(j2\pi f_o)} \right| \right| \\ &= \left| \frac{|1+T_A(j2\pi f_o)| - |T_A(j2\pi f_o)|}{|1+T_A(j2\pi f_o)|} \right| \end{aligned} \tag{5.30}$$

由于 $|T_A(j2\pi f_o)| \gg 1$，则有 $|1+T_A(j2\pi f_o)| \approx 1 + |T_A(j2\pi f_o)|$，那么式(5.30)可近似为

$$E_A \approx \frac{1}{|1+T_A(j2\pi f_o)|} \approx \frac{1}{|T_A(j2\pi f_o)|} = 10^{-\frac{T_{fo}}{20}} \tag{5.31}$$

由于电网电压前馈不会影响环路增益，因此除步骤 1 中稳态误差要求由 E_A 确定，即 $T_{fo} \approx 20\lg(1/E_A)$ 外，第 5.4 节提出的闭环参数设计方法可直接推广到采用 PI 调节器加电网电压前馈的场合，这里不再重复给出。

5.5.2　采用 PR 调节器

与 PI 调节器相比，电流调节器采用 PR 调节器可以提高基波增益，从而有效减小并网电流的稳态误差[50,54]。为保证对电网频率有一定适应性，PR 调节器采用如下形式：

$$G_i(s) = K_p + \frac{2K_r \omega_i s}{s^2 + 2\omega_i s + \omega_o^2} \tag{5.32}$$

式中，K_p 为比例系数；K_r 为谐振系数；$\omega_o = 2\pi f_o$ 为基波角频率；ω_i 为考虑 −3dB 要求的谐振项带宽，即在 $\omega_o \pm \omega_i$ 处谐振项的增益为 $0.707K_r$。小型 PV 电站允许的电网频率波动范围为 49.5～50.2Hz[68]，即允许的最大偏差 $\Delta f = 0.5\text{Hz}$。为了保证电网频率波动时 PR 调节器有足够的增益，选取 $\omega_i = 2\pi\Delta f = \pi$ rad/s。

PR 调节器的波特图如图 5.5 中的虚线所示，它在 f_o 处提供很高的增益，但在高于 f_o 处特别是在 f_o 附近会引入较大的负相移。为减小负相移对相位裕度的影响，截止频率 f_c 需远高于 f_o。因此，和 PI 调节器类似，在分析高于或等于 f_c 处的幅频特性时，PR 调节器也可近似为 K_p。这样，式(5.9)、式(5.27)和式(5.29)依然成立，即 K_p 可表示为式(5.9)所示的 f_c 函数，H_{i1} 需满足式(5.27)和式(5.29)所示的 GM 和 PWM 要求。

由式(5.32)可知，与 PI 调节器不同的是，PR 调节器在基波频率处为 $G_i(j2\pi f_o)$

$=K_p+K_r$，则由式(5.11)可得 $i_{22}\approx -v_g/[H_{i2}K_{PWM}(K_p+K_r)]$。也就是说，在基波频率处 i_{22} 与 v_g 的相位相反。图 5.9(a)给出了此时 i_2、i_{21}、i_{22} 与 v_g 的相量图。

由图 5.9(a)可知，当 $\theta=0°$时，$\delta=0°$。与第 5.3.1 节类似，将 E_A 和 δ 所限定的 I_{22} 分别表示为 I_{22_EAPR} 和 $I_{22\_\delta PR}$，并定义 $\theta_2=\arcsin\sqrt{2E_A-E_A^2}$，根据图 5.9(a)可推导得

$$I_{22\_EAPR}=\begin{cases}\dfrac{I_2^*}{H_{i2}}\left(\cos\theta+\sqrt{\cos^2\theta+2E_A+E_A^2}\right), & \theta\in[-90°,-\theta_2)\cup(\theta_2,90°]\\ \dfrac{I_2^*}{H_{i2}}\left(\cos\theta-\sqrt{\cos^2\theta-2E_A+E_A^2}\right), & \theta\in[-\theta_2,\theta_2]\end{cases}\tag{5.33a}$$

$$I_{22\_\delta PR}\approx\frac{I_2^*}{H_{i2}}\left|\frac{\sin\delta}{\sin(\theta+\delta)}\right|\tag{5.33b}$$

根据式(5.33)，图 5.9(b)给出了 I_{22_EAPR} 和 $I_{22\_\delta PR}$ 随 θ 的变化趋势。可见，$\theta\approx 0°$时，I_{22_EAPR} 最小；$\theta\approx\pm 90°$时，$I_{22\_\delta PR}$ 最小。将 I_{22_EAPR} 和 $I_{22\_\delta PR}$ 的较小者代入式(5.19)，可得到满足稳态误差要求的 T_{fo}。由于 $|T_A[j2\pi(f_o\pm\Delta f)]|=0.707T_{fo}$，最后确定的 T_{fo} 需在式(5.19)的基础上增加 3dB，以保证电网频率波动时稳态误差仍满足要求。

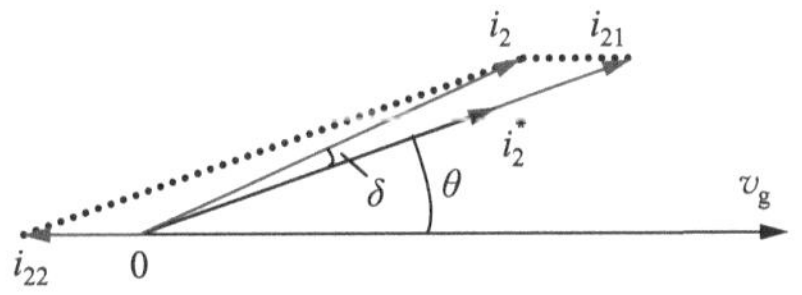

(a) i_2、i_{21}、i_{22} 与 v_g 的相量图

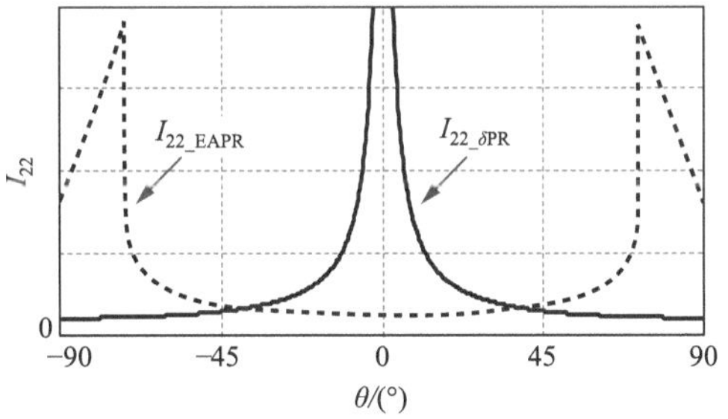

(b) I_{22_EAPR} 和 $I_{22\_\delta PR}$ 随 θ 的变化趋势

图 5.9 采用 PR 调节器时并网电流的稳态误差

将式(5.32)代入式(5.7)，得到采用 PR 调节器时 T_{fo} 的表达式为

$$T_{fo}=20\lg|T_A(j2\pi f_o)|=20\lg\frac{H_{i2}K_{PWM}(K_p+K_r)}{2\pi f_o(L_1+L_2)}\tag{5.34}$$

将式(5.9)代入式(5.34)，整理后可得 T_{fo} 对 K_r 的约束条件 K_{r_Tfo} 为

$$K_{r\_Tfo}=(10^{\frac{T_{fo}}{20}}f_o-f_c)\frac{2\pi(L_1+L_2)}{H_{i2}K_{PWM}}\tag{5.35}$$

对于 PR 调节器，在截止频率 f_c 处 $G_i(s)\approx K_p+2K_r\omega_i/s$，将其代入式(5.4)，可推导出相位裕度 PM 的表达式为

$$PM=\arctan\frac{2\pi L_1(f_r^2-f_c^2)}{H_{i1}K_{PWM}f_c}-\arctan\frac{K_r\omega_i}{\pi f_c K_p}\tag{5.36}$$

在式(5.36)两边同时取正切，整理后可得 PM 对 K_r 的约束条件 K_{r_PM} 为

$$K_{r\_PM}=\frac{\pi f_c K_p}{\omega_i}\frac{2\pi L_1(f_r^2-f_c^2)-H_{i1}K_{PWM}f_c\tan PM}{H_{i1}K_{PWM}f_c+2\pi L_1(f_r^2-f_c^2)\tan PM} \tag{5.37}$$

若选取的 K_r 同时满足 T_{fo} 和 PM 的约束，则有 $K_{r\_Tfo}=K_{r\_PM}$。将式(5.9)和式(5.35)代入式(5.37)，可得 T_{fo} 和 PM 对 H_{i1} 的约束条件 $H'_{i1\_Tfo\_PM}$ 为

$$H'_{i1\_Tfo\_PM}=\frac{2\pi L_1(f_r^2-f_c^2)}{K_{PWM}f_c}\frac{\pi f_c^2-(10^{\frac{T_{fo}}{20}}f_o-f_c)\omega_i\tan PM}{(10^{\frac{T_{fo}}{20}}f_o-f_c)\omega_i+\pi f_c^2\tan PM} \tag{5.38}$$

由 $H'_{i1\_Tfo\_PM}$、H_{i1_GM} 和 H_{i1_PWM} 即可得到满足 T_{fo}、PM 和 GM 要求的 f_c 和 H_{i1} 可取区域。这样，第 5.4 节提出的闭环参数设计方法也可以推广到采用 PR 调节器的场合。

5.6 设计实例

以表 5.1 所示单相 LCL 型并网逆变器的参数为例，分别给出电流调节器采用 PI 和 PR 调节器时闭环参数的设计实例。

表 5.1 单相 LCL 型并网逆变器的参数

参数	符号	数值	参数	符号	数值
输入电压	V_{in}	360V	逆变器侧电感	L_1	600μH
电网电压	V_g	220V	滤波电容	C	10μF
输出功率	P_o	6kW	网侧电感	L_2	150μH
基波频率	f_o	50Hz	三角载波幅值	V_{tri}	3.05V
开关频率	f_{sw}	10kHz	电流采样系数	H_{i2}	0.15

5.6.1 采用 PI 调节器的设计结果

按照第 5.4 节的闭环参数设计步骤，首先确定 T_{fo}、PM 和 GM 的要求：①$T_{fo}>52$dB，以保证半载时并网电流功率因数不低于 0.98[68]。折算到满载情况下，也就是 PF>0.994，幅值误差 $E_A\leqslant 0.5\%$。②PM>45°，以保证良好的动态响应。③GM>3dB，以保证足够的鲁棒性。基于上述要求，由式(5.25)、式(5.27)和式(5.29)得到 f_c 和 H_{i1} 的可取区域，如图 5.10 中阴影部分所示。下面就从该区域中选取一组合适的闭环参数。

为了使系统具有良好的动态性能，截止频率 f_c 应尽量选择高一些。由于逆变器采用单极倍频 SPWM，其等效开关频率为 20kHz，因此这里选取 $f_c=2$kHz，将其代入式(5.9)可求得 $K_p=0.45$。在选定 f_c 之后，可进一步确定 H_{i1} 的取值范围。从图 5.10 可以看出，H_{i1} 的下限值为 H_{i1_GM}，上限值为 $H_{i1\_Tfo\_PM}$。将 $f_c=2$kHz 分别代入式(5.25)和式(5.27)，可求得 H_{i1} 的取值范围为[0.09, 0.165]。在保证幅

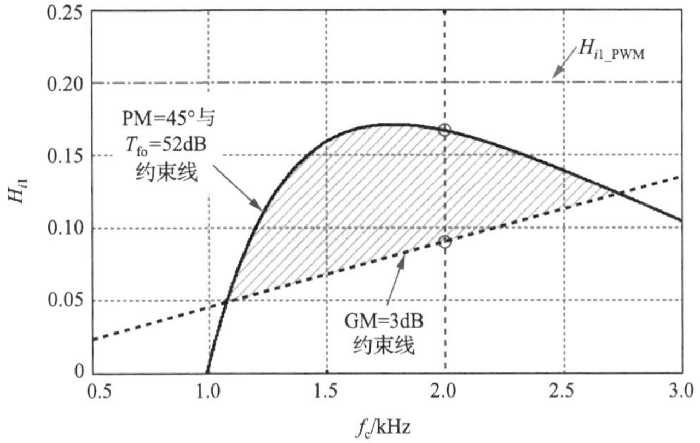

图 5.10　采用 PI 调节器时 T_{fo}、PM、GM 及 PWM 约束下 f_c 和 H_{i1} 的可取区域

值裕度的前提下，选取相对较小的 H_{i1} 可以获得更大的相位裕度，这里选取 $H_{i1}=0.1$。最后，将 $f_c=2\text{kHz}$ 代入式(5.21)，可求得 $K_{i\_Tfo}=1657$；将 $f_c=2\text{kHz}$、$K_p=0.45$ 和 $H_{i1}=0.1$ 一起代入式(5.24)，可求得 $K_{i\_PM}=2626$。故 K_i 的取值范围为 [1657, 2626]。K_i 越大，则 T_{fo} 越大，但 PM 越小，这里折中选取 $K_i=2200$。

根据上面设计的闭环参数，可以绘出补偿后环路增益的波特图，如图 5.11 所示。其中，$f_c=2.05\text{kHz}$，$T_{fo}=54.4\text{dB}$，PM=48.1°，GM=4.29dB。可见，采用第 5.4 节提出的设计方法，能快速准确地得到满足设计要求的闭环参数而不需要反复试凑。

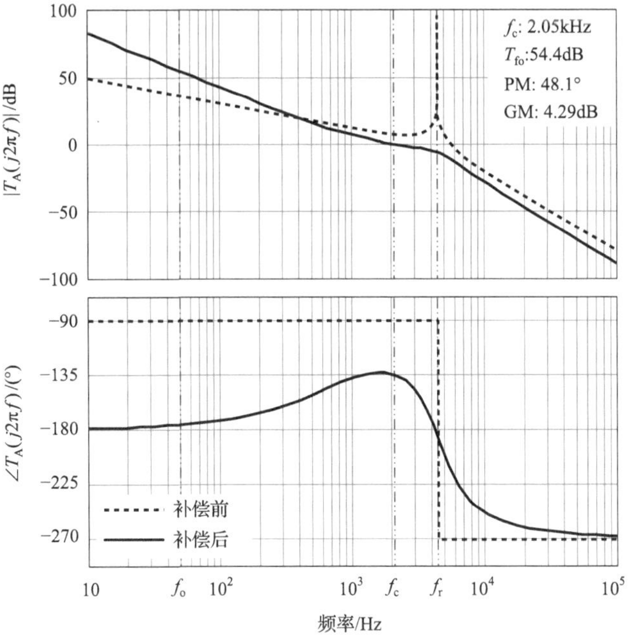

图 5.11　采用 PI 调节器时补偿后环路增益的波特图

图 5.12 为 LCL 滤波器参数变化时环路增益的波特图。实际电网存在一定的线路阻抗，它与网侧电感是串联的，可将其计算到网侧电感 L_2 中。从图中可以看

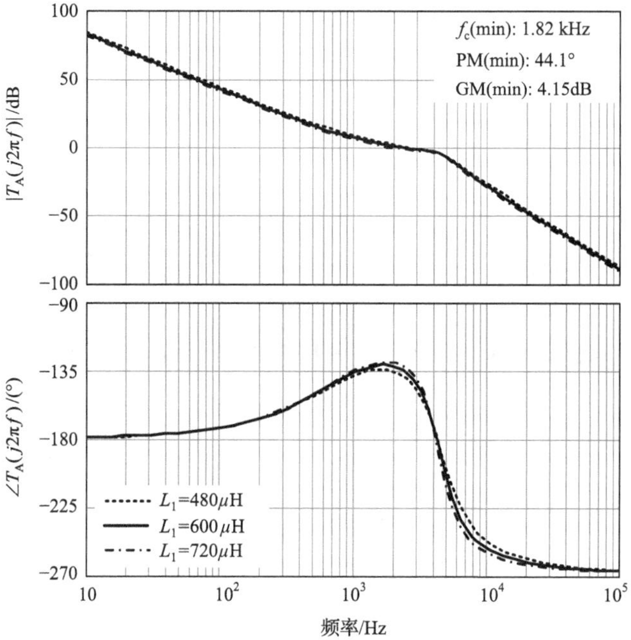

(a) 电感 L_1 从480μH到720μH变化(±20%)

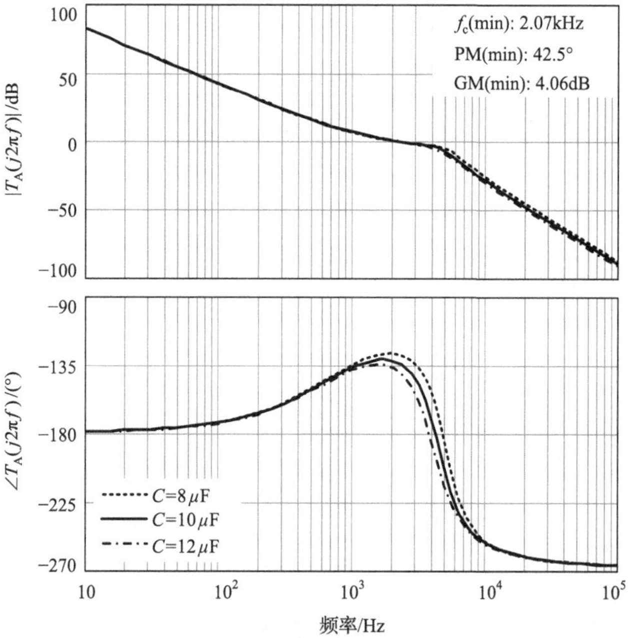

(b) 滤波电容 C 从8μF到12μF变化(±20%)

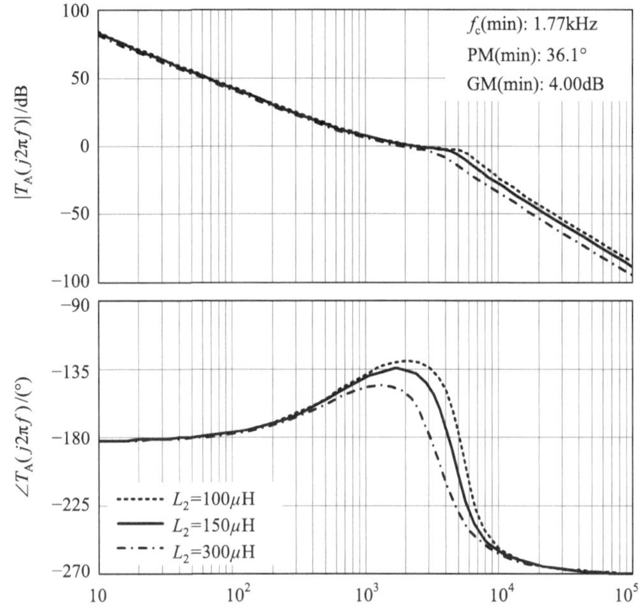

(c) 电感L_2从100μH到300μH变化(−30%~+100%)

图 5.12　LCL 滤波器参数变化时环路增益的波特图

出，即使 L_1 和 C 有±20%的偏差、L_2 有−30%～+100%的变化(考虑电网阻抗的影响)，截止频率也高于 1.77kHz，相位裕度大于 36°，幅值裕度大于 4dB，因此系统具有很强的鲁棒性。图 5.12(a)表明，电感 L_1 变化对环路增益的影响较小；图 5.12(b)表明，电容 C 变化主要对相位裕度造成影响，这是因为 C 增大导致谐振频率 f_r 降低，使得电容电流反馈有源阻尼对相位裕度的衰减更为明显；图 5.12(c)表明，电感 L_2 变化主要对截止频率和相位裕度造成影响，这是因为 L_2 增大导致 f_c 和 f_r 降低，使得 PI 调节器负相移和电容电流反馈有源阻尼对相位裕度的衰减更为明显。因此，在设计时可选取较小的 K_i 和 H_{i1} 以提高相位裕度，从而适应主电路参数的宽范围变化。

5.6.2　采用 PR 调节器的设计结果

当电流调节器采用 PR 调节器时，T_{fo}、PM 和 GM 的要求为：① $T_{fo}>75$dB，以保证电网频率存在±0.5Hz 波动时并网电流的幅值误差均低于 1%；② PM>45°，以保证良好的动态响应；③ GM>3dB，以保证足够的鲁棒性。基于上述要求，由式(5.27)、式(5.29)和式(5.38)得到 f_c 和 H_{i1} 的可取区域，如图 5.13 中阴影部分所示。

与第 5.6.1 节的设计思路一致，这里同样选取 $f_c=2$kHz，故仍有 $K_p=0.45$。从图 5.13 可以看出，当 $f_c=2$kHz 时，H_{i1} 的下限值为 H_{i1_GM}，上限值为 H_{i1_PWM}。

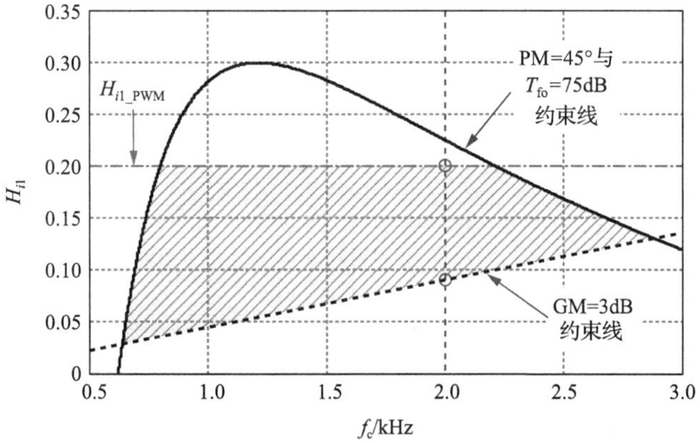

图 5.13　采用 PR 调节器时 T_{fo}、PM、GM 及 PWM 约束下 f_c 和 H_{i1} 的可取区域

将 f_c=2kHz 分别代入式(5.27)和式(5.29)，可求得 H_{i1} 的取值范围为[0.09, 0.2]，从中选取 H_{i1}=0.1。最后，将 f_c=2kHz 代入式(5.35)，可求得 K_{r_Tfo}=74；将 f_c=2kHz、K_p=0.45 和 H_{i1}=0.1 一起代入式(5.37)，可求得 K_{r_PM}=418，故 K_r 的取值范围为[74, 418]，这里折中选取 K_r=350。

根据设计的闭环参数，可以绘出补偿后环路增益的波特图，如图 5.14 所示。其中，f_c=2.05kHz，T_{fo}=88.4dB，PM=48.1°，GM=4.29dB，满足设计要求。

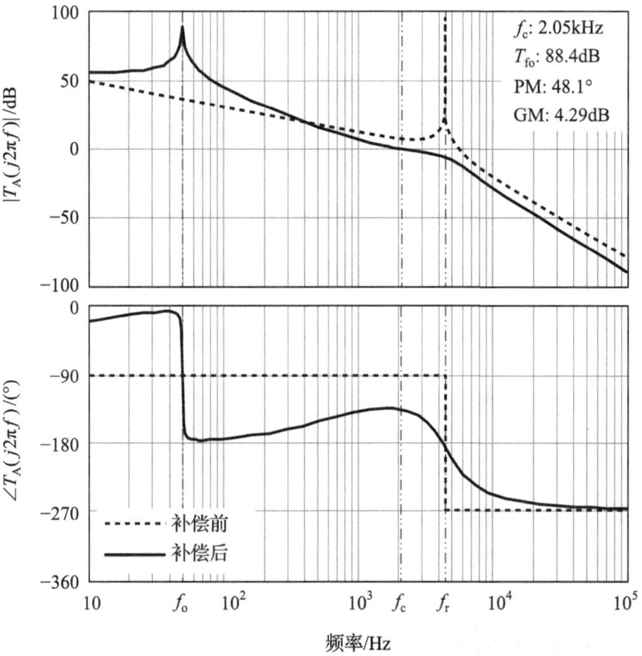

图 5.14　采用 PR 调节器时补偿后环路增益的波特图

5.7 实验验证

为了验证上述理论分析的正确性及闭环参数设计的合理性，根据表5.1的参数，在实验室研制了一台6kW的原理样机，样机照片如图5.15所示。

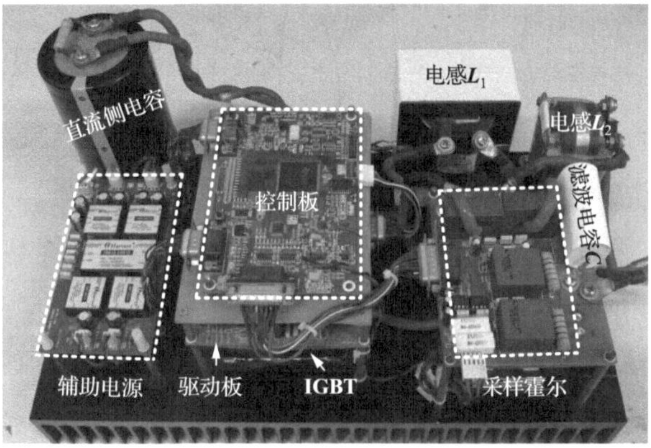

图5.15 单相LCL型并网逆变器的原理样机

图5.16给出了采用第5.6.1节设计的PI调节器和H_{i1}参数时的实验波形。其中，图5.16(a)为满载时稳态实验波形，测得并网电流功率因数为0.995，相位误差为3.7°。并网电流基波有效值为27.13A，其给定值为27.27A，则幅值误差为0.5%，满足设计要求。图5.16(b)为并网电流给定值在半载和满载之间跳变时的实验波形。根据式(5.4)，利用Matlab软件可求得理论上系统阶跃响应的超调量为45%，调节时间为1.5ms。实际测得并网电流的超调量(即图5.15(b)中的σ/I_{step})约为34%，调节时间约为1.5ms。由于电路参数偏差和寄生参数的影响，实测的并网电流超调量比理论值略小。

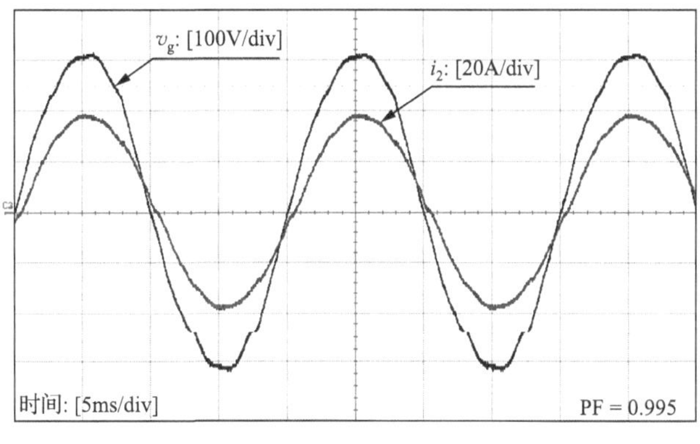

(a) 满载稳态实验波形

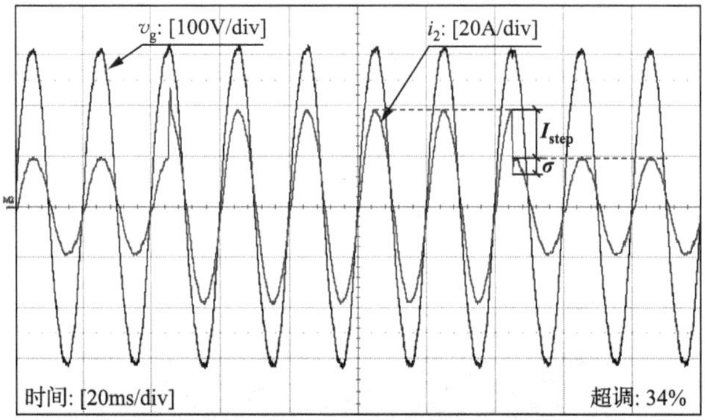

(b) 并网电流给定值在半载和满载之间跳变时的实验波形

图 5.16　采用 PI 调节器时的实验波形(K_p=0.45，K_i=2200，H_{i1}=0.1)

如图 5.17 给出了采用第 5.6.2 节设计的 PR 调节器和 H_{i1} 参数时的实验波形。测得并网电流功率因数为 0.999，基波有效值为 27.1A，幅值误差为 0.6%，超调量约为 35%，调节时间约为 1.5ms，满足设计要求。

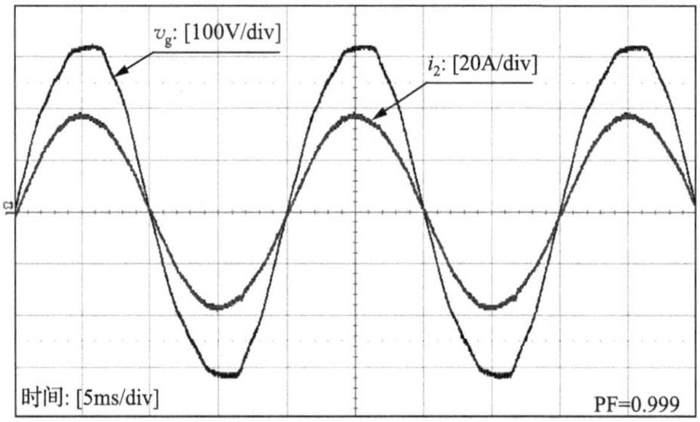

(a) 满载稳态实验波形

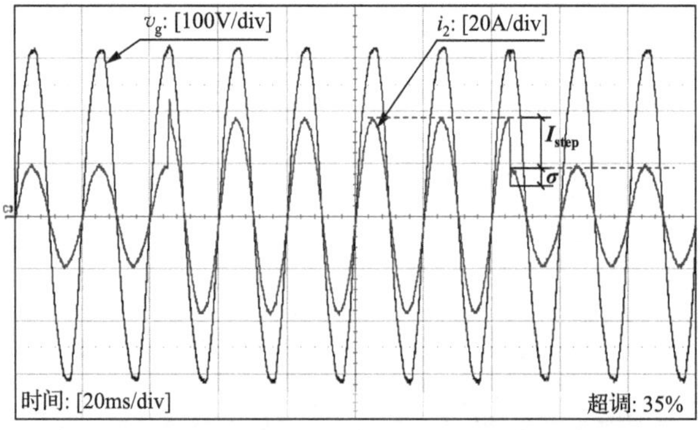

(b) 并网电流给定值在半载和满载之间跳变时的实验波形

图 5.17　采用 PR 调节器时的实验波形(K_p=0.45，K_r=350，H_{i1}=0.1)

图 5.16 和图 5.17 的实验结果表明，采用本章提出的闭环参数设计方法，既可以有效阻尼 LCL 滤波器谐振尖峰，又能使系统具有理想的稳态和动态性能。

如图 5.18 给出了 PI 调节器参数不变而改变电容电流反馈系数 H_{i1}，满载时并网电流基波有效值、功率因数及电流给定值在半载和满载之间跳变时超调量的曲线图。可见，当 H_{i1} 增大时，并网电流基波有效值始终为 27.13A，功率因数始终为 0.995，而超调量从 34％增加到 50％。图 5.19 为 H_{i1} 有意取小时的实验波形（$K_p=0.45$，$K_i=2200$，$H_{i1}=0.016$），此时并网电流存在明显的振荡。从图 5.18 和图 5.19 可以看出，H_{i1} 增大并不能减小并网电流的稳态误差，反而会减小相位裕度，增加超调量；但 H_{i1} 过小会导致幅值裕度不足，引起系统振荡甚至不稳定。实验结果证明了第 5.3 节对 H_{i1} 分析的正确性。

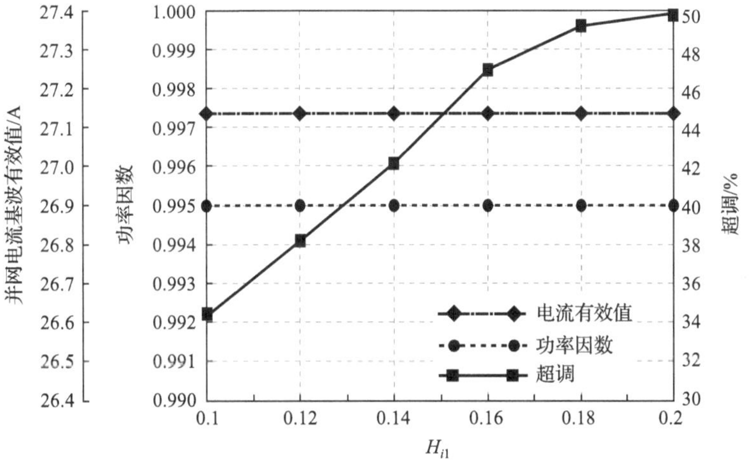

图 5.18　H_{i1} 不同时并网电流基波有效值、功率因数及超调（$K_p=0.45$，$K_i=2200$）

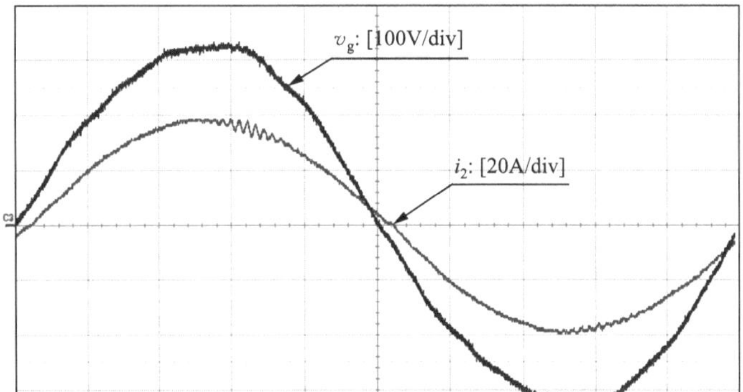

图 5.19　H_{i1} 有意取小时的满载稳态实验波形（$K_p=0.45$，$K_i=2200$，$H_{i1}=0.016$）

图 5.20 是在保持 K_p和 H_{i1}不变的情况下改变 K_i，满载时并网电流有效值、功率因数及电流给定值在半载和满载之间跳变时超调量的曲线图。可见，随着 K_i的增大，并网电流基波有效值从 25.69A 增加到 27.13A，功率因数从 0.935 增加到 0.996，稳态误差不断减小；但超调量从 11%增加到 37%。图 5.21 为 K_i有意取大时的实验波形(K_p=0.45，K_i=7400，H_{i1}=0.1)，此时并网电流存在明显的振荡。从图 5.20 和图 5.21 可以看出，随着 K_i的增大，并网电流稳态误差减小，但同时相位裕度减小，并网电流的超调量增加；K_i过大会引起系统振荡甚至不稳定。实验结果证明了第 5.3 节对 K_i分析的正确性。

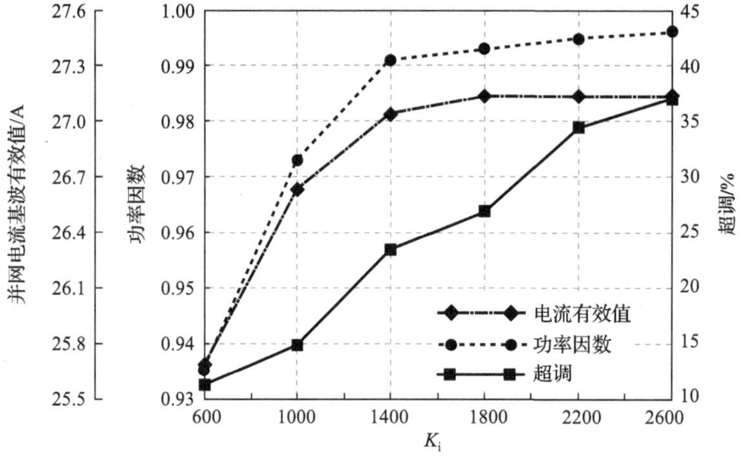

图 5.20　K_i不同时并网电流基波有效值、功率因数及超调(K_p=0.45，H_{i1}=0.1)

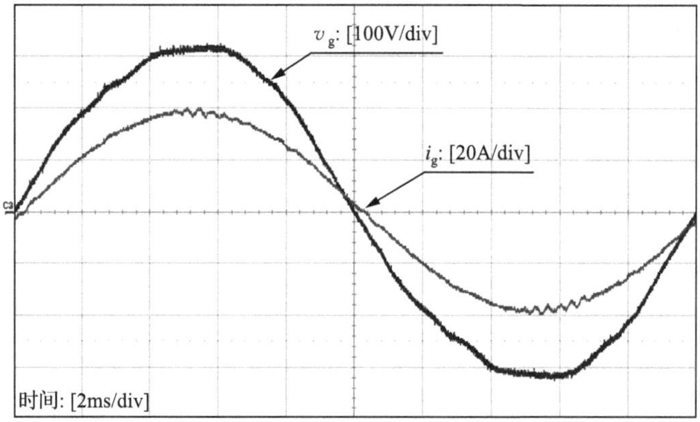

图 5.21　K_i有意取大时的满载稳态实验波形(K_p=0.45，K_i=7400，H_{i1}=0.1)

5.8 本章小结

本章建立了 LCL 型并网逆变器的数学模型,分析了电容电流反馈有源阻尼和电流调节器的频率特性,指出:①电容电流比例反馈能有效阻尼 LCL 滤波器的谐振尖峰,但会减小谐振频率前的相位;②PI 和 PR 调节器决定系统截止频率和低频段幅值增益,但会引入负相移。由于电容电流反馈有源阻尼和电流调节器的交互作用,两者引入的负相移叠加在一起,很容易导致并网逆变器不稳定。以 PI 调节器为例,本章提出了基于稳态误差、相位裕度和幅值裕度的闭环参数设计方法,能够准确地获得合适的闭环参数,并将该设计方法扩展到电流调节器采用 PI 调节器加电网电压前馈控制和电流调节器采用 PR 调节器的场合。最后结合闭环参数的设计实例,通过一台 6kW 的原理样机进行了实验验证。实验结果表明,采用本章提出的闭环参数设计方法,可以在有效阻尼 LCL 滤波器谐振的同时使系统具有理想的稳态和动态性能。

第6章 单相LCL型并网逆变器电网电压全前馈策略

一般来说，并网逆变器的公共耦合点(point of common coupling，PCC)附近都会接有非线性设备(如弧焊机、饱和变压器和电气化轨道交通工具等)，这些非线性设备产生的谐波电流流经线路阻抗，使得PCC处的电网电压存在背景谐波，导致并网逆变器并网电流出现明显的畸变。除此之外，电网电压的基波分量也会导致并网电流存在幅值和相位误差[54,143]。为保证并网电流满足并网标准，需要抑制电网电压对并网电流的影响。目前的抑制方法主要分为两类：一是增大基波和背景谐波频率处的环路增益，如采用比例加多谐振调节器[14,54]或重复控制器[144,145]等作为并网电流调节器；二是采用电网电压前馈策略[16,50]。采用电网电压前馈策略可以同时抑制并网电流中的多次谐波分量，控制器结构相对简单，并且不影响逆变器并网电流环路增益，能够保持系统良好的动态性能。

本章针对采用电容电流反馈有源阻尼的单相LCL型并网逆变器，通过控制框图等效变换，推导得到可以完全消除电网电压对并网电流影响的电网电压全前馈函数[29,78,146]。该全前馈函数包含比例、一次微分和二次微分三项。对三个前馈项的作用进行了分析，分析表明：当电网电压主要含有3次谐波时，电网电压比例前馈足以抑制电网电压对并网电流的影响；电网电压中谐波主要为13次以内时，电网电压比例加一次微分前馈可有效抑制电网电压对并网电流的影响；电网电压中的谐波次数高于13次时，必须采用电网电压全前馈才能有效抑制电网电压对并网电流的影响。由于全前馈函数与调制波到逆变桥输出电压的传递函数、逆变器侧滤波电感和滤波电容有关，本章还分析了这些参数对全前馈控制策略的影响。本章最后通过一台6kW的原理样机对所提出的全前馈策略进行了实验验证，实验结果表明，所提出的电网电压全前馈策略不仅有效减小了并网电流的稳态误差，而且提高了并网电流的波形质量。

6.1 电网电压对并网电流的影响

图6.1给出了单相LCL型并网逆变器及其控制结构。其中，L_1为逆变器侧电感，C为滤波电容，L_2为网侧电感，它们构成LCL滤波器。通过锁相环(phase-locked loop，PLL)获得与v_g同步的相位θ，该相位和外部电压环产生的电流幅值I^*一起构成并网电流的指令i_2^*。i_2的采样信号与指令i_2^*进行比较，其误差信号送入电流调节器$G_i(s)$。电流调节器的输出和电容电流i_C的采样信号之差作为调制

信号 v_M，与三角载波比较得到开关管控制信号。图中，H_{i1}、H_{i2} 和 H_v 分别为 i_C、i_2 和 v_g 的反馈系数。需要说明的是，这里采用电容电流反馈有源阻尼方法，即通过反馈电容电流实现 LCL 滤波器谐振峰的阻尼。

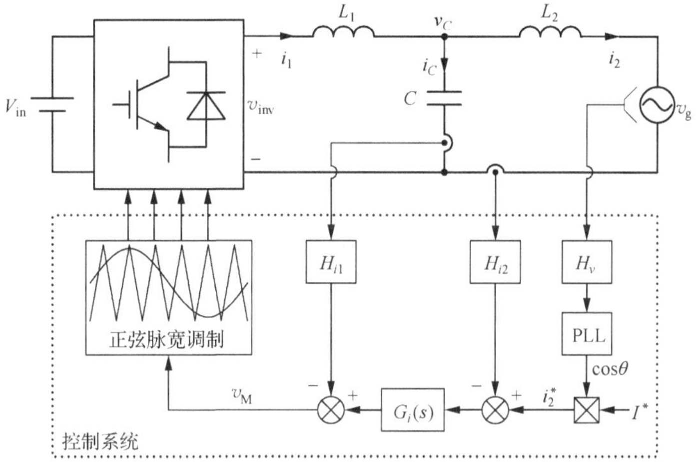

图 6.1　单相 LCL 型并网逆变器及其控制结构

根据图 6.1，可以推导出单相 LCL 型并网逆变器的平均开关模型，如图 6.2(a)所示。其中，K_{PWM} 为 v_M 到逆变桥输出电压 v_{inv} 的传递函数，它为输入电压 V_{in} 和三角载波幅值 V_{tri} 的比值，即 $K_{PWM}=V_{in}/V_{tri}$。$Z_{L1}(s)$、$Z_C(s)$ 和 $Z_{L2}(s)$ 分别为电感 L_1、电容 C 和电感 L_2 的阻抗，其表达式为

$$Z_{L1}(s)=sL_1,\ Z_C(s)=\frac{1}{sC},\ Z_{L2}(s)=sL_2 \tag{6.1}$$

在第 5 章中，通过控制框图等效变换得到图 5.3(d)所示的等效模型，这里重新给出，如图 6.2(b)所示，其中

$$G_{x1}(s)=\frac{K_{PWM}G_i(s)Z_C(s)}{Z_{L1}(s)+Z_C(s)+H_{i1}K_{PWM}} \tag{6.2}$$

$$G_{x2}(s)=\frac{Z_{L1}(s)+Z_C(s)+H_{i1}K_{PWM}}{Z_{L1}(s)Z_{L2}(s)+(Z_{L1}(s)+Z_{L2}(s))Z_C(s)+H_{i1}K_{PWM}Z_{L2}(s)} \tag{6.3}$$

根据图 6.2(b)可得系统环路增益 $T_A(s)$ 和并网电流 $i_2(s)$ 的表达式，分别为

$$\begin{aligned}T_A(s)&=G_{x1}(s)G_{x2}(s)H_{i2}\\&=\frac{H_{i2}K_{PWM}G_i(s)Z_C(s)}{Z_{L1}(s)Z_{L2}(s)+(Z_{L1}(s)+Z_{L2}(s))Z_C(s)+H_{i1}K_{PWM}Z_{L2}(s)}\end{aligned} \tag{6.4}$$

$$i_2(s)=\frac{T_A(s)}{1+T_A(s)}\frac{1}{H_{i2}}i_2^*(s)-\frac{G_{x2}(s)}{1+T_A(s)}v_g(s)\triangleq i_{21}(s)+i_{22}(s) \tag{6.5}$$

从式(6.5)可以清晰地看出，并网电流 $i_2(s)$ 由两部分组成：指令跟踪分量 $i_{21}(s)$ 和电网电压引起的扰动分量 $i_{22}(s)$。它们的表达式分别为

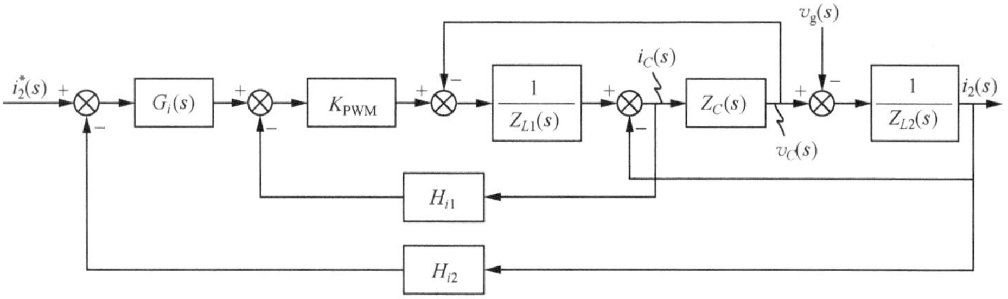

(a) 数学模型

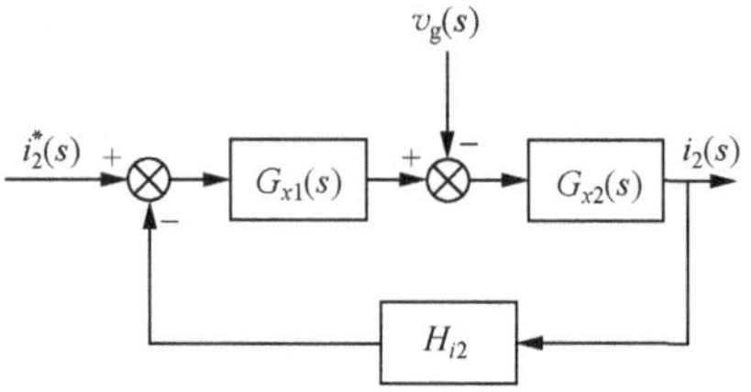

(b) 等效模型

图 6.2　电容电流反馈有源阻尼的单相 LCL 型并网逆变器数学模型及其等效模型

$$i_{21}(s)=\frac{1}{H_{i2}}\frac{T_A(s)}{1+T_A(s)}i_2^*(s) \tag{6.6a}$$

$$i_{22}(s)=-\frac{G_{x2}(s)}{1+T_A(s)}v_g(s) \tag{6.6b}$$

基于系统稳定性考虑，在基波和各次谐波处，系统环路增益 $T_A(s)$不可能设计得无穷大，而且 $G_{x2}(s)$不等于 0，因此电网电压 v_g 的基波分量会造成并网电流 i_2 与其指令信号存在幅度与相位的稳态误差，其谐波分量会造成并网电流 i_2 畸变。

图 6.3 给出了一台单相 6kW 原理样机在半载和满载的实验波形，其参数如表 6.1 所示。这里的电流调节器 $G_i(s)$采用 PI 调节器。从图 6.3 可以看出，由于电网电压 v_g 引入了扰动分量 i_{22}，i_{22}的基波分量导致并网电流 i_2 滞后于电网电压 v_g；i_{22}的谐波分量导致并网电流 i_2 畸变较明显。扰动分量 i_{22}与指令 i_2^* 无关，因此当指令 i_2^* 变小时，指令跟踪分量 $i_{21}(s)$将变小，相应地，扰动分量 i_{22}所占份额将增加，其谐波分量导致并网电流 i_2 畸变愈加明显。

表 6.1　6kW 单相 LCL 型并网逆变器原理样机参数

参数	符号	值	参数	符号	值
输入电压	V_{in}	360V	滤波电容	C	10μF
电网电压	V_g	220V	网侧电感	L_2	150μH
额定功率	P_o	6kW	三角载波幅值	V_{tri}	3V

续表

参数	符号	值	参数	符号	值
电网频率	f_o	50Hz	电容电路反馈系数	H_{i1}	0.075
开关频率	f_{sw}	10kHz	并网电流反馈系数	H_{i2}	0.15
逆变器侧电感	L_1	600μH	电网电压采样系数	H_v	0.017

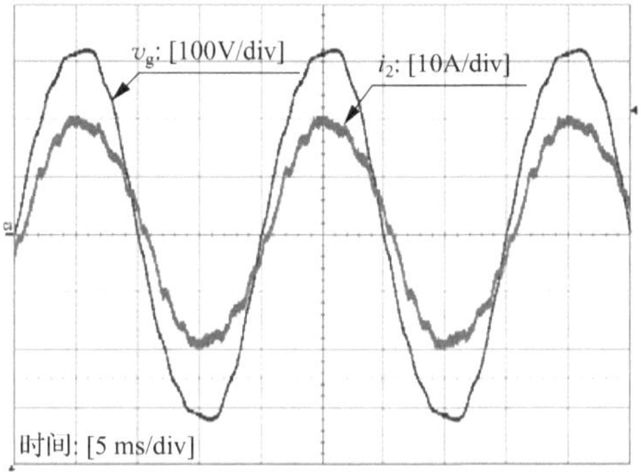

(a) 半载

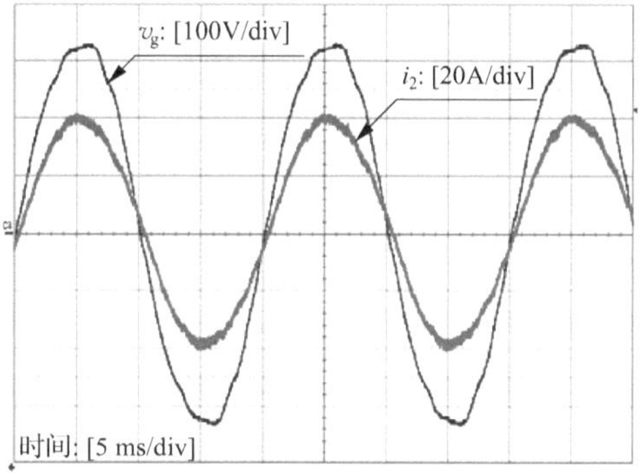

(b) 满载

图 6.3　单相 6kW 并网逆变器实验波形

6.2　单相 LCL 型并网逆变器电网电压全前馈策略

6.2.1　电网电压全前馈函数的推导

从式(6.5)可以看出，$-G_{x2}(s)/(1+T_A(s))$实际上是 LCL 型并网逆变器的闭环输出导纳。在图 6.2(b)中，从电网电压 v_g 到并网电流 i_2 之间引入一条传递函数为 $G_{x2}(s)$的支路，如图 6.4 所示，则相当于给并网逆变器输出端并联一个大小为 $G_{x2}(s)/(1+T_A(s))$的导纳，这样就可以完全消除 $v_g(s)$对 $i_2(s)$的影响。

将 v_g 的前馈点从 $G_{x2}(s)$的输出端移至 $G_{x1}(s)$的输出端，并调整 v_g 的前馈函数，图 6.4 的控制框图可等效变换为图 6.5(a)。进一步将前馈点移至 $G_{x1}(s)$的输入端，可得图 6.5(b)，此时 v_g 的前馈函数为 $1/G_{x1}(s)$。由于图 6.5(b)是对图 6.4 进行控制框图等效变换得到的，因此按图 6.5(b)的方式前馈电网电压，可以完全消除电网电压对并网电流的影响。

根据图 6.5(b)，可以重新画出图 6.2(a)所示的控制框图，如图 6.6(a)所示。从式(6.2)中可以看出，$G_{x1}(s)$的分子中含有电流调节器 $G_i(s)$，这使得前馈函数 $1/G_{x1}(s)$的设计与 $G_i(s)$有关。为了避免这个问题，进一步将 v_g 的前馈点移至 $G_i(s)$的输出端，并调整对应的前馈函数，可等效变换得到图 6.6(b)，此时电网电

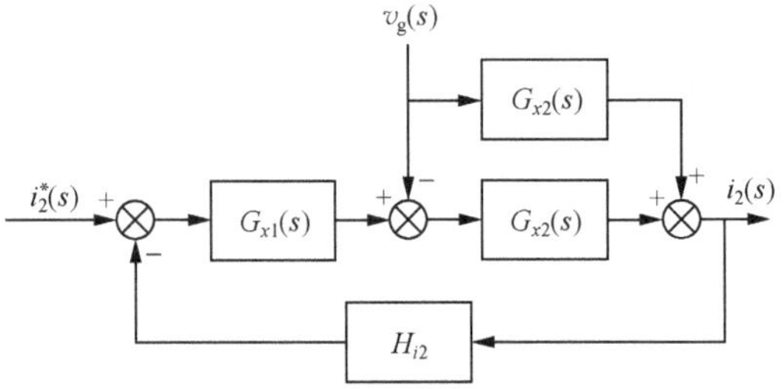

图 6.4　电网电压全前馈策略框图

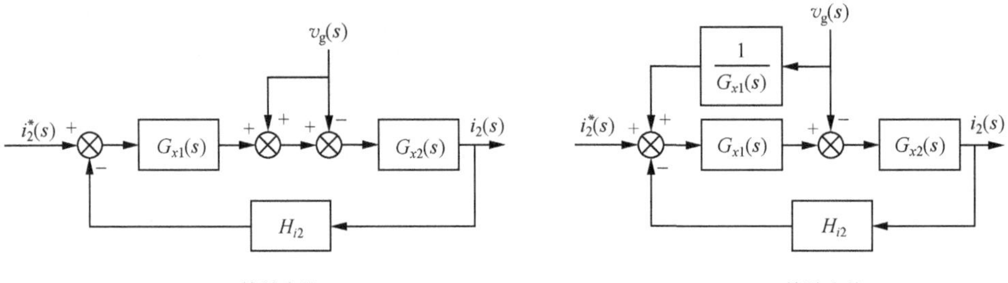

图 6.5　电网电压前馈策略的推导

压的前馈量直接叠加到调制波中。

将式(6.2)代入图 6.6(b)中的电网电压前馈函数中，可以得到电网电压前馈函数 $G_{ff}(s)$为

$$G_{ff}(s) \triangleq \frac{G_i(s)}{G_{x1}(s)} = \frac{1}{K_{PWM}}\left(1 + \frac{Z_{L1}(s)}{Z_C(s)} + \frac{H_{i1}K_{PWM}}{Z_C(s)}\right) \tag{6.7}$$

将式(6.1)中 $Z_{L1}(s)$和 $Z_C(s)$的表达式代入式(6.7)，可得

$$G_{ff}(s) = \frac{1}{K_{PWM}} + CH_{i1}s + \frac{L_1C}{K_{PWM}}s^2 \tag{6.8}$$

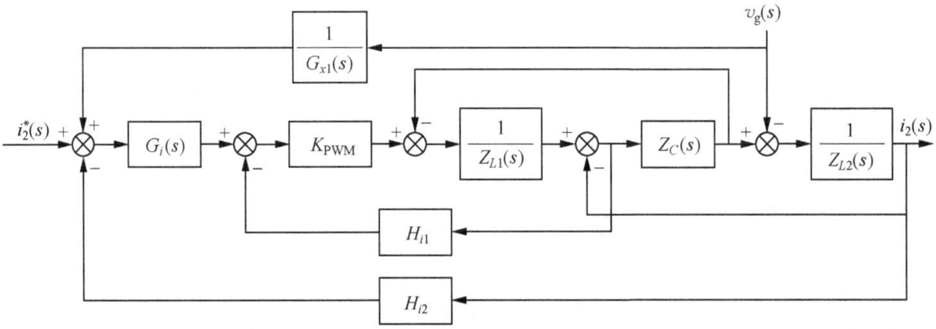

(a) 等效变换1

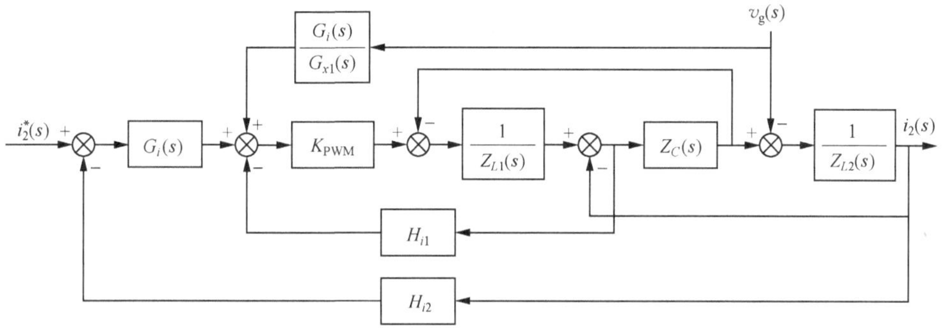

(b) 等效变换2

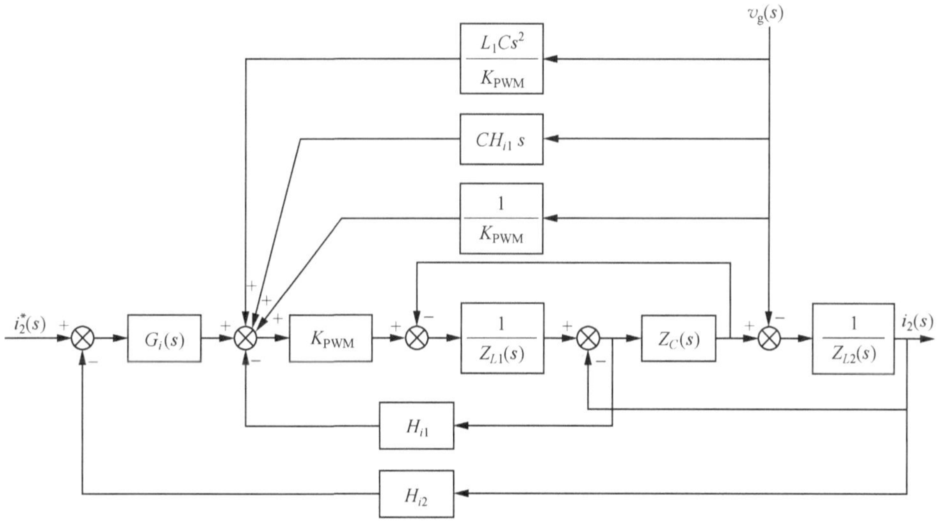

(c) 等效变换3

图 6.6　电网电压全前馈策略等效变换框图

从式(6.8)可以清楚地看出，为了完全消除电网电压对并网电流的影响，单相 LCL 型并网逆变器的电网电压前馈函数由三项组成，即比例项、一次微分项和二次微分项。显然，以前的文献中提出的电网电压比例前馈方法[44]，无法完全消除电网电压对并网电流的影响。为了与电网电压比例前馈方法相对比，称本章所推导的电网电压前馈方法为电网电压全前馈控制策略。将式(6.7)给出的前馈函数代入图 6.6(b)，可得到图 6.6(c)。

6.2.2　全前馈函数各项作用

式(6.8)给出的电网电压全前馈函数由比例项、一次微分项和二次微分项三部分组成。当输入电压 V_{in} 和三角载波幅值 V_{tri} 一定时，比例项为常数，而一次微分项和二次微分项都会随着电网电压谐波频率的升高而增大。因此在抑制不同频率的电网电压谐波时，电网电压全前馈函数的各项占总前馈量的比例也会发生变化。

将 $s=j2\pi f$ 代入式(6.8)，可得

$$\begin{aligned} G_{ff}(j2\pi f) &= \frac{1}{K_{PWM}} + j2\pi fCH_{i1} - (2\pi f)^2 \frac{L_1C}{K_{PWM}} \\ &\triangleq G_{ff\_p}(j2\pi f) + G_{ff\_d}(j2\pi f) + G_{ff\_dd}(j2\pi f) \end{aligned} \tag{6.9}$$

式中，$G_{ff\_p}(j2\pi f)$、$G_{ff\_d}(j2\pi f)$ 和 $G_{ff\_dd}(j2\pi f)$ 分别对应全前馈函数的比例项、一次微分项和二次微分项，其表达式为

$$\begin{aligned} G_{ff\_p}(j2\pi f) &= \frac{1}{K_{PWM}} \\ G_{ff\_d}(j2\pi f) &= j2\pi fCH_{i1} \\ G_{ff\_dd}(j2\pi f) &= -(2\pi f)^2 \frac{L_1C}{K_{PWM}} \end{aligned} \tag{6.10}$$

前面的分析已指出，采用全前馈函数可以消除电网电压对并网电流的影响。定义只采用比例前馈、只采用比例加一次微分前馈时，其电网电压前馈函数与全前馈函数 $G_{ff}(j2\pi f)$ 之间的误差分别为 $E_1(j2\pi f)$ 和 $E_2(j2\pi f)$，则 $E_1(j2\pi f)$ 和 $E_2(j2\pi f)$ 可表示为

$$E_1(j2\pi f) = G_{ff\_d}(j2\pi f) + G_{ff\_dd}(j2\pi f) = j2\pi fCH_{i1} - \frac{1}{K_{PWM}}(2\pi f)^2 L_1C \tag{6.11}$$

$$E_2(j2\pi f) = G_{ff\_dd}(j2\pi f) = -\frac{1}{K_{PWM}}(2\pi f)^2 L_1C \tag{6.12}$$

以全前馈函数 $G_{ff}(j2\pi f)$ 的幅值为基准，可得误差 $E_1(j2\pi f)$ 和 $E_2(j2\pi f)$ 的幅值标幺值 $E_{1(p.u.)}$ 和 $E_{2(p.u.)}$ 分别为

$$E_{1(p.u.)}(f) \triangleq \frac{|E_1(j2\pi f)|}{|G_{ff}(j2\pi f)|} = \frac{\sqrt{[(2\pi f)^2 L_1C]^2 + (2\pi fCH_{i1}K_{PWM})^2}}{\sqrt{[1-(2\pi f)^2 L_1C]^2 + (2\pi fCH_{i1}K_{PWM})^2}} \tag{6.13}$$

$$E_{2(p.u.)}(f) \triangleq \frac{|E_2(j2\pi f)|}{|G_{ff}(j2\pi f)|} = \frac{2\pi fCH_{i1}K_{PWM}}{\sqrt{[1-(2\pi f)^2 L_1C]^2 + (2\pi fCH_{i1}K_{PWM})^2}} \tag{6.14}$$

将表 6.1 中的相关数据代入式(6.13)和式(6.14)，可绘出 $E_{1(p.u.)}$ 和 $E_{2(p.u.)}$ 随电网电压谐波频率变化的曲线，如图 6.7 所示。可以看出，随着谐波频率的增大，电网电压比例前馈和电网电压比例加一次微分前馈的前馈函数幅值误差越来越大，其抑制电网电压对并网电流影响的能力逐渐减弱。当 $E_{1(p.u.)}(f)<0.1$ 时，可以认为电网电压比例前馈和电网电压全前馈二者的谐波抑制效果十分接近。根据

式(6.13)可求得 $f_{P1}\approx 181$ Hz。说明当电网电压仅含有3次谐波时,电网电压前馈函数可以只采用比例项。同理,当 $E_{2(\mathrm{p.u.})}(f)<0.1$ 时,可以认为电网电压比例加一次微分前馈与电网电压全前馈二者的谐波抑制效果也十分接近。根据式(6.14)可求得 $f_{P2}\approx 641$Hz。说明当电网电压谐波主要分布在13次以下时,电网电压前馈函数可只采用比例项加一次微分项。当电网电压中13次以上谐波分量含量较大时,为保证良好的谐波抑制效果,应采用电网电压全前馈函数。

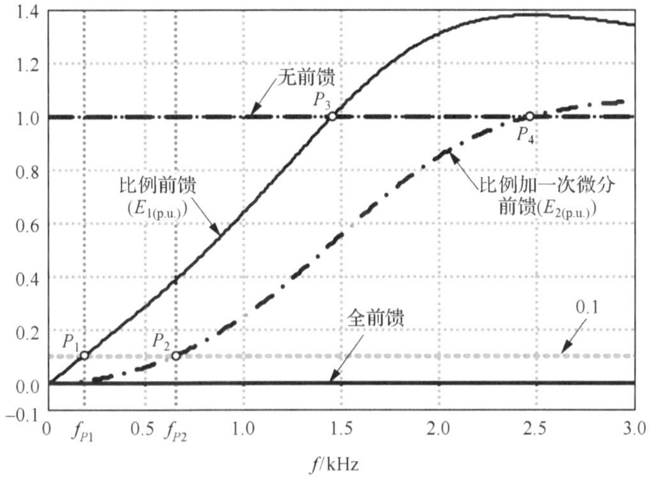

图6.7　误差 $E_{1(\mathrm{p.u.})}$ 和 $E_{2(\mathrm{p.u.})}$ 随频率变化曲线

当谐波频率超过1.5kHz(即30次以上)时,$E_{1(\mathrm{p.u.})}(f)>1$,说明与无电网电压前馈相比,采用电网电压比例前馈的并网电流谐波不仅不会被衰减,反而会被放大。当谐波频率超过2.5kHz(即50次以上)时,$E_{2(\mathrm{p.u.})}(f)>1$,说明与无电网电压前馈相比,采用电网电压比例加一次微分前馈的并网电流谐波也会被放大。

6.2.3　电网电压全前馈策略对主电路参数偏差的适应性分析

由第6.2.1节中电网电压全前馈函数的推导可知,将电网电压精确地进行比例、一次微分与二次微分前馈可完全消除电网电压对并网电流的影响。由式(6.7)可知,三个前馈函数的系数取决于 K_{PWM}(即直流输入电压 V_{in} 和三角载波幅值 V_{tri})、电容电流采样系数 H_{i1}、滤波电容值 C 和逆变器侧滤波电感值 L_1。在实际电路中,直流输入电压 V_{in} 往往会有一定的波动,L_1 由于自身的非线性特性与理论计算值存在偏差,而滤波电容 C 由于离散性其实际值与标称值存在偏差,这些都会影响电网电压的前馈效果。检测电容电流的电流霍尔传感器精度一般比较高,因此 H_{i1} 波动实际很小。下面分析电网电压全前馈控制对 V_{in}、L_1 和 C 偏差的适应性。

假设 V_{in}、L_1 和 C 的实际值分别为 V'_{in}、L'_1 和 C'，则实际完全消除电网电压影响需要的全前馈函数应为

$$G'_{ff}(j2\pi f)=\frac{1}{K'_{PWM}}+j2\pi fC'H_{i1}-(2\pi f)^2\frac{L'_1C'}{K'_{PWM}} \tag{6.15}$$

类似地，以全前馈函数 $G_{ff}(j2\pi f)$ 的幅值为基准，$G'_{ff}(j2\pi f)$ 与 $G_{ff}(j2\pi f)$ 的误差幅值的标幺值 $E_{3(p.u.)}$ 可表示为

$$\begin{aligned}E_{3(p.u.)}(f)&\triangleq\frac{|G_{ff}(j2\pi f)-G'_{ff}(j2\pi f)|}{|G_{ff}(j2\pi f)|}\\&=\frac{\sqrt{\left[\left(1-\frac{K_{PWM}}{K'_{PWM}}\right)-(2\pi f)^2\left(L_1C-L'_1C'\frac{K_{PWM}}{K'_{PWM}}\right)\right]^2+[2\pi fH_{i1}K_{PWM}(C-C')]^2}}{\sqrt{[1-(2\pi f)^2L_1C]^2+(2\pi fCH_{i1}K_{PWM})^2}}\end{aligned} \tag{6.16}$$

从表 6.1 可以看出，在理论设计时，逆变器侧电感 L_1 的大小为 600μH，滤波电容 C 的大小为 10μF，输入电压 V_{in} 为 360V。假设 L_1 的波动范围为 500～700μH，滤波电容 C 容量的波动范围为 8～12μF，输入电压 V_{in} 波动范围为 360～400V。通过逐项计算各种参数变化情况发现，当 $L'_1=500\mu$H 且 V_{in} 和 C 不变、当 $C'=8\mu$F 且 V_{in} 和 L_1 不变以及当 $V'_{in}=400$V 且 L_1 和 C 不变这三种情况下，电网电压全前馈效果受到的影响较为明显，将这三种情况对应的参数代入式(6.16)，可得 $G'_{ff}(j2\pi f)$ 与 $G_{ff}(j2\pi f)$ 的误差幅值标幺值 $E_{3(p.u.)}$，如图 6.8 所示。可以看出，当谐波频率低于 1.5kHz 时，三种情况下的电网电压全前馈策略都可以将 1.5kHz 以内的各次谐波抑制到无电网电压前馈的 20%以下。即使对于影响最明显的 $C'=8\mu$F 情况，电网电压全前馈策略仍可将所有的谐波抑制到无电网电压前馈的 35%以下。因此，L_1、C 和 V_{in} 在一定范围内波动对电网电压全前馈控制有效性的影响较小。

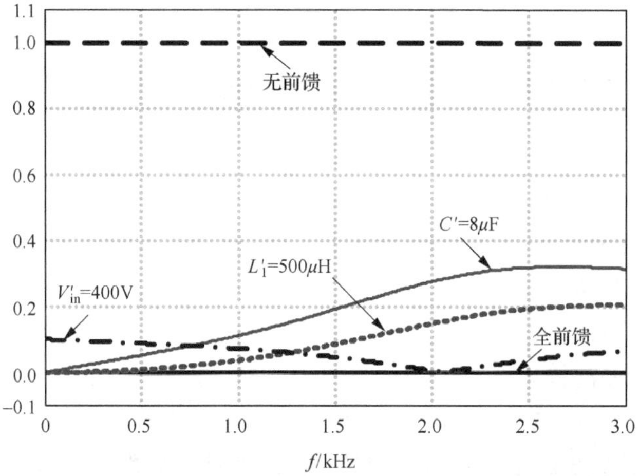

图 6.8 不同参数变化的误差 $E_{3(p.u.)}$ 随频率的变化曲线

6.3 实验验证

为验证电网电压全前馈策略的有效性，搭建了一台 6kW 单相 LCL 型并网逆变器原理样机，主要参数如表 6.1 所示。在实验中，对无电网电压前馈、电网电压比例前馈、电网电压比例加一次微分前馈、电网电压全前馈控制等四种不同方法进行了测试和比较。为准确检验不同前馈策略对并网电流谐波的抑制能力，实验中采用可编程交流电源 Chroma 6590 模拟电网电压。需要说明的是，这里并网电流指令信号的相位与电网电压的相同，即并网逆变器只输出有功功率。

图 6.9 为电网电压为理想正弦波时的实验波形。当无电网电压前馈时，并网电流波形正弦度很好，但相位滞后于电网电压 3.7°。从前面的分析可知，该相位差是由电网电压基波造成的。当采用电网电压比例前馈时，并网电流与电网电压之间的相位差被消除，说明电网电压比例前馈可有效抑制电网电压基波对并网电流的影响。

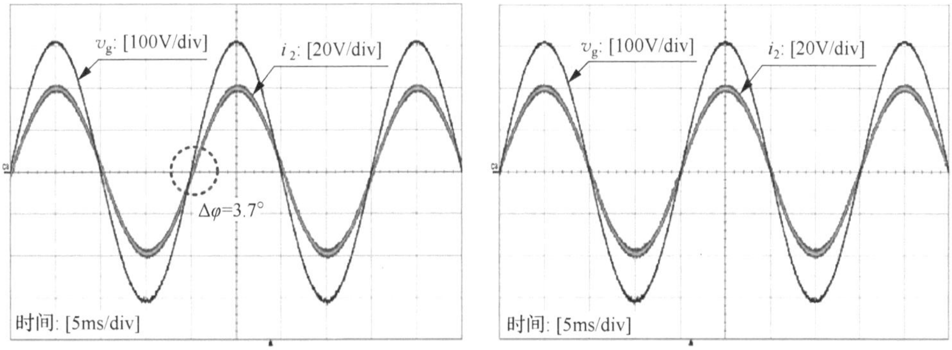

(a) 无电网电压前馈　　(b) 电网电压比例前馈

图 6.9　电网电压为理想正弦波时的实验波形

图 6.10(a)和(b)为电网电压注入 10%的 3 次谐波情况下，分别采用无电网电压前馈和电网电压比例前馈的满载实验波形。由图 6.10(a)可以看出，无电网电压前馈时，并网电流存在畸变且滞后电网电压 3.7°。由图 6.10(b)可以看出，采用电网电压比例前馈后，并网电流波形明显改善且不存在相位滞后。图 6.10(a)和(b)中并网电流的 THD 分别为 3.21%和 1.20%。实验结果表明，仅采用电网电压比例前馈即可实现对并网电流中 3 次谐波的有效抑制。

图 6.11 为电网电压注入 10%的 3 次谐波、5%的 5 次谐波、3%的 7 次谐波、3%的 9 次谐波、2%的 11 次谐波和 2%的 13 次谐波情况下，采用电网电压比例前馈和比例加一次微分前馈的满载实验波形。可以看出，这两种电网电压前馈方法

均可消除并网电流与电网电压在基波处的相位差。图 6.11(a)和(b)中并网电流 THD 分别为 2.61%和 1.42%。可以看出,电网电压谐波主要分布在 13 次谐波以下时,仅采用电网电压比例前馈无法有效抑制电网电压谐波对并网电流的影响,而采用电网电压比例加一次微分前馈可以有效减小并网电流中的谐波。

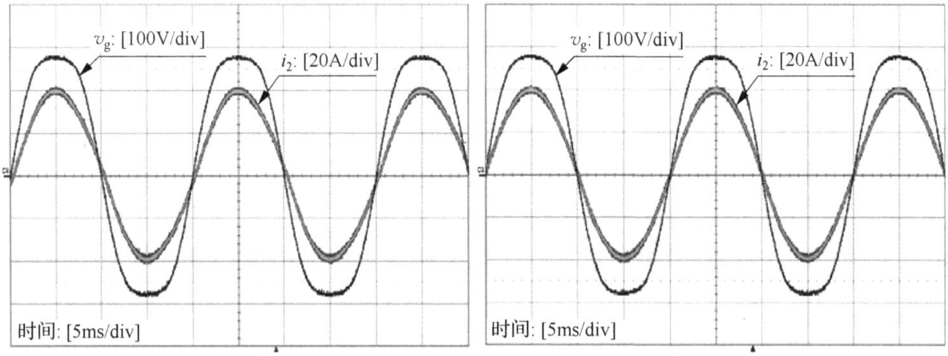

(a) 无电网电压前馈　　(b) 电网电压比例前馈

图 6.10　电网电压注入 3 次谐波的实验波形

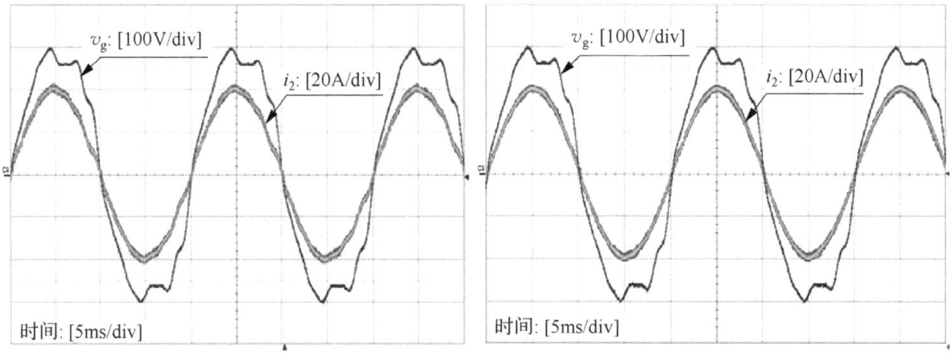

(a) 电网电压比例前馈　　(b) 电网电压比例加一次微分前馈

图 6.11　电网电压谐波主要分布在 13 次以下的实验波形

图 6.12 为在电网电压中加入 1%的 33 次谐波时的实验波形。当无电网电压前馈时,并网电流中的谐波十分明显;当只采用电网电压比例前馈时,并网电流谐波反而比无电网电压前馈时的大,说明此时电网电压中的谐波在并网电流中被放大了,这与第 6.2.2 节中的分析是吻合的。比例加一次微分前馈电网电压时,并网电流中谐波有所改善,但仍比较明显;当采用电网电压全前馈时,并网电流的波形质量进一步变好,说明全前馈的效果是四种情况中最好的。

图 6.13 为电网电压在正负半周的波峰处突变时的实验波形,其中电网电压幅值在正负峰值处出现约 40V 的跌落。可以看出,全前馈控制时的并网电流在电网

电压波峰处突变时的畸变最小。实际测得无前馈、比例前馈、比例加一次微分前馈和全前馈时并网电流的 THD 分别是 4.61%、5.42%、3.26%、2.24%。显然，电网电压全前馈控制对电网电压凹陷引起的并网电流畸变也有很好的抑制效果。

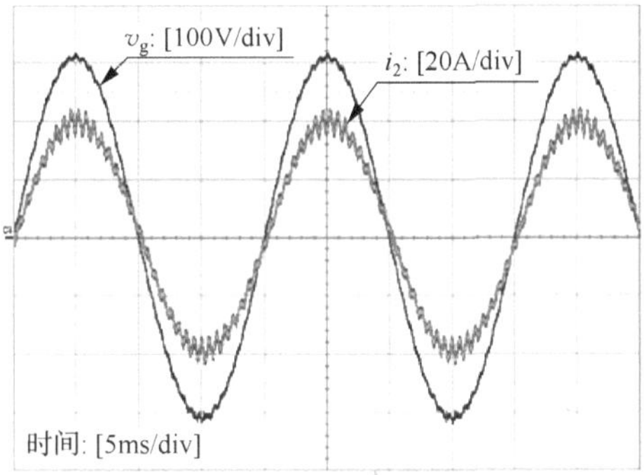

(a) 无电网电压前馈

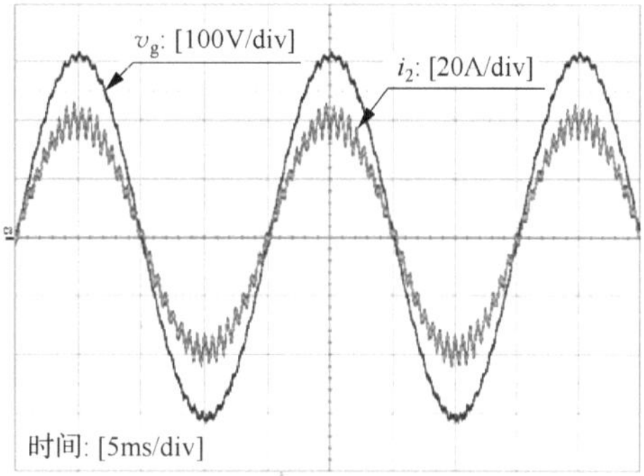

(b) 电网电压比例前馈

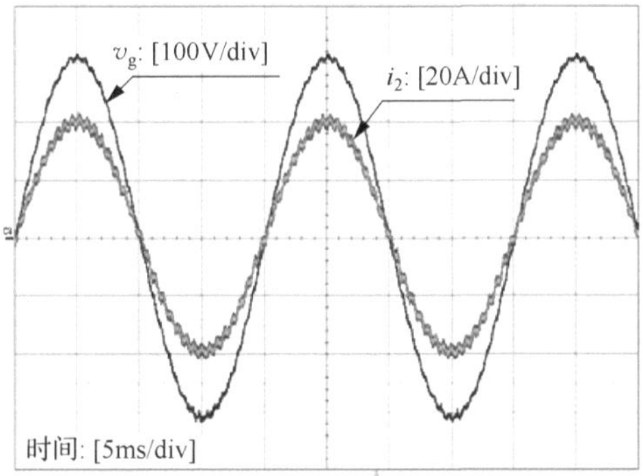

(c) 电网电压比例加一次微分前馈

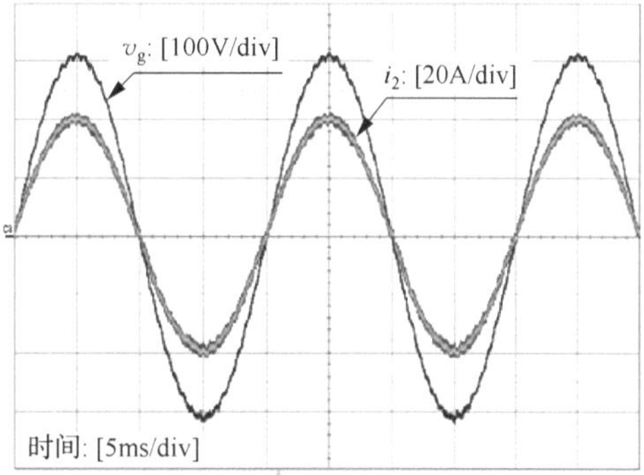

(d) 电网电压全前馈

图 6.12　电网电压注入 33 次谐波的实验波形

图 6.14 为采用电网电压全前馈控制策略的动态实验波形。图 6.14(a)为并网逆变器接入实际电网，并网电流指令在半载和满载之间跳变的实验波形。可以看出，并网电流能够迅速跟踪指令变化，且稳态时 THD 低。图 6.14(b)为采用可编程交流电源模拟电网电压在 220V 和 180V 之间跳变的实验波形。可以看出，采用全前馈控制时，并网逆变器在电网电压跳变情况下具有良好的动态性能，且跳变前后并网电流稳态值保持不变。

为了检验电网电压全前馈控制策略对输入电压 V_{in}、逆变器侧电感 L_1 以及滤波电容 C 的参数偏差的适应性，将 V_{in}、L_1 和 C 在其理论计算值的基础上人为地引入一定的偏差，并在实际电网下测量并网电流的 THD，测量结果如表 6.2 所示。由表 6.2 可知，当 V_{in}、L_1 和 C 变化时，并网电流的 THD 变化较小，说明电网电压

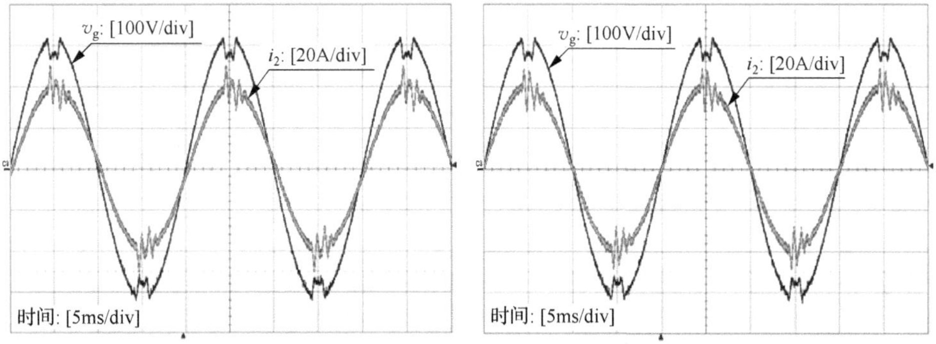

(a) 无电网电压前馈　　(b) 电网电压比例前馈

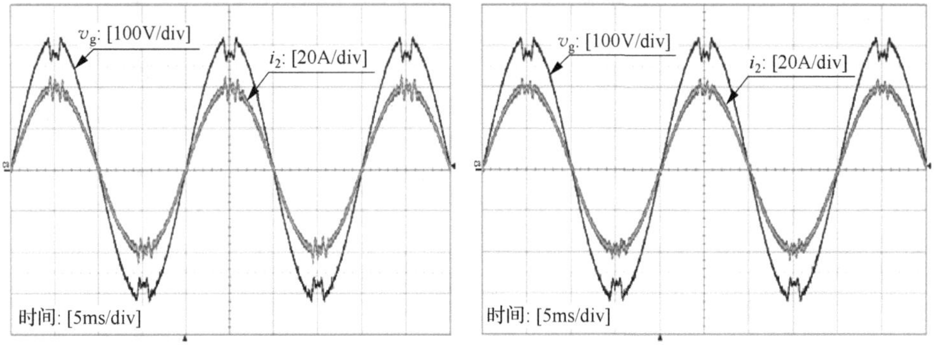

(c) 电网电压比例加一次微分前馈　　(d) 电网电压全前馈

图 6.13　电网电压突变时的实验波形

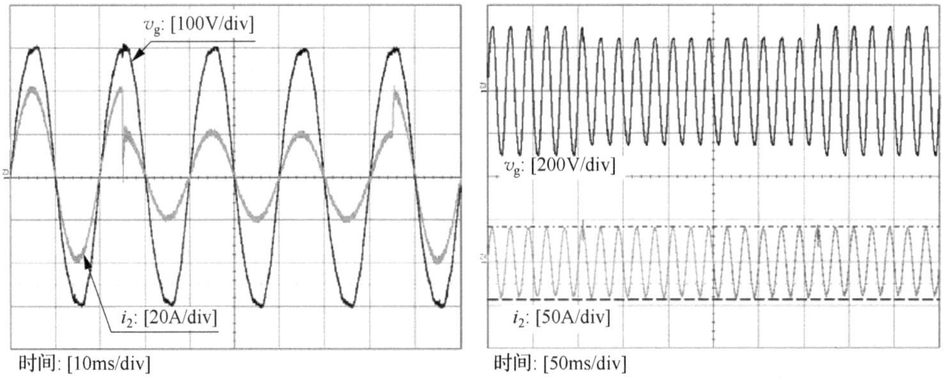

(a) 指令值跳变　　(b) 电网电压跳变

图 6.14　并网逆变器采用电网电压全前馈策略的动态实验波形

前馈控制策略仍能对电网电压中低次谐波引起的并网电流谐波起到良好的抑制作用，验证了第 6.2.3 节的理论分析。

表 6.2　主电路参数发生偏差时并网电流 THD 的实际测量结果

输入电压 V_{in}	逆变器侧电感 L_1	滤波电容 C	并网电流的 THD
360V～400V	600μH	10μF	1.3%～1.48%
360V	500μH～700μH	10μF	1.45%～1.5%
360V	600μH	8～12μH	1.3%～1.7%

6.4　本章小结

本章分析了单相 LCL 型并网逆变器中电网电压对并网电流的影响，指出电网电压的基波分量会影响并网电流的稳态误差，而谐波分量会导致并网电流畸变。为了完全消除电网电压对并网电流的影响，本章提出了一种电网电压全前馈策略，它包括比例、一次微分项和二次微分项三项，这三个前馈项对抑制电网电压对并网电流影响的效果不同。当电网电压中谐波主要为 3 次谐波时，电网电压比例前馈足以抑制电网电压对并网电流的影响；电网电压中谐波主要为 13 次以内谐波时，电网电压比例与一次微分前馈可有效抑制电网电压对并网电流的影响；电网电压中谐波主要为 13 次以上谐波时，需要采用电网电压全前馈以抑制电网电压对并网电流的影响。

本章进一步分析了全前馈函数对调制波到逆变桥输出电压的传递函数、逆变器侧滤波电感和滤波电容这三个参数偏差的适应性。最后通过一台 6kW 的原理样机对所提出的全前馈策略进行了实验验证。实验结果表明：采用本章所提出的电网电压全前馈策略可以有效减小并网电流的稳态误差，提高并网电流的波形质量；即使调制波到逆变桥输出电压的传递函数、逆变器侧滤波电感和滤波电容这三个参数与理论计算值有一定的偏差，电网电压前馈控制策略仍能有效抑制电网电压谐波引起的并网电流谐波。

第 7 章　三相 LCL 型并网逆变器电网电压全前馈策略

为了保证安全稳定和高质量的电能输出，通常要求并网逆变器送入电网的电流谐波含量较低。第 6 章已指出，实际电网中存在非线性设备（如弧焊机、电气化轨道交通、饱和变压器等），它们产生的谐波电流流经线路阻抗，会使 PCC 处的电网电压存在背景谐波。此时，接入 PCC 处的并网逆变器并网电流将会出现明显的谐波分量，需要对其进行抑制。第 6 章针对采用电容电流反馈有源阻尼的单相 LCL 型并网逆变器，介绍了电网电压全前馈策略，有效抑制了单相 LCL 型并网逆变器的并网电流谐波。

由于三相 LCL 型并网逆变器需要同时抑制并网电流谐波和不平衡分量，而且在静止和旋转坐标系下控制的并网逆变器模型也存在区别，因此本章将在单相 LCL 型并网逆变器电网电压全前馈的基础上，介绍三相 LCL 型并网逆变器的电网电压全前馈策略[147]。针对 $\alpha\beta$ 静止坐标系、dq 同步旋转坐标系和混合坐标系下控制的三相 LCL 型并网逆变器，分别推导相应的电网电压全前馈函数，并分析电网电压全前馈函数中各项的作用，以及工程实际中 LCL 滤波器参数变化对电网电压全前馈策略效果的影响。最后，将通过实验对三相 LCL 型并网逆变器电网电压全前馈策略的有效性进行验证。

7.1　三相 LCL 型并网逆变器的数学模型

7.1.1　$\alpha\beta$ 静止坐标系下三相 LCL 型并网逆变器数学模型

由于三相三线制并网逆变器不存在零序电流通路，通常将系统变换至 $\alpha\beta$ 静止坐标系下进行控制。$\alpha\beta$ 静止坐标系下控制的三相 LCL 型并网逆变系统如图 7.1 所示。其中，V_{in} 为直流输入电压；开关管 Q_1～Q_6 构成三相逆变桥；L_1 为逆变器侧电感，C 为输出滤波电容，L_2 为网侧电感；v_{g_a}、v_{g_b} 和 v_{g_c} 为三相电网电压；$G_i^s(s)$ 为 $\alpha\beta$ 静止坐标系下的并网电流调节器。与单相 LCL 型并网逆变器一样，三相 LCL 型并网逆变器也采用电容电流反馈有源阻尼方法。H_{i1}、H_{i2} 和 H_v 分别为电容电流、并网电流和电网电压的采样系数。

根据图 7.1，可以得到 abc 静止坐标系下三相 LCL 型并网逆变器主电路的时域数学模型，即

$$[v_{xN\_abc}(t)] = [v_{Cx\_abc}(t)] + L_1 p[i_{1x\_abc}(t)]$$

$$[v_{Cx\_abc}(t)]=[v_{gx\_abc}(t)]+v_{N'N}(t)\,[1\quad 1\quad 1]^{\mathrm{T}}+L_2p[i_{2x\_abc}(t)] \tag{7.1}$$
$$[i_{1x\_abc}(t)]=[i_{2x\_abc}(t)]+Cp[v_{Cx\_abc}(t)]$$

式中，$[v_{xN_abc}(t)]=[v_{aN}(t),v_{bN}(t),v_{cN}(t)]^{\mathrm{T}}$为三相逆变桥输出电压；$[v_{Cx_abc}(t)]=[v_{Ca}(t),v_{Cb}(t),v_{Cc}(t)]^{\mathrm{T}}$为三相输出滤波电容电压；$[v_{gx_abc}(t)]=[v_{g_a}(t),v_{g_b}(t),v_{g_c}(t)]^{\mathrm{T}}$为三相电网电压；$v_{N'N}(t)$为电网中点$N'$与滤波电容中点$N$之间的电压；$[i_{1x_abc}(t)]=[i_{1_a}(t),i_{1_b}(t),i_{1_c}(t)]^{\mathrm{T}}$为逆变器侧电感电流；$[i_{2x_abc}(t)]=[i_{2_a}(t),i_{2_b}(t),i_{2_c}(t)]^{\mathrm{T}}$为网侧电感电流；算子$p=\mathrm{d}/\mathrm{d}t$。电感$L_1$、$L_2$和电容$C$的等效串联电阻相对较小，在此忽略不计。图7.2给出abc静止坐标系、$\alpha\beta$静止坐标系与dq同步旋转坐标系之间的关系，ω_{o}为电网基波角频率。

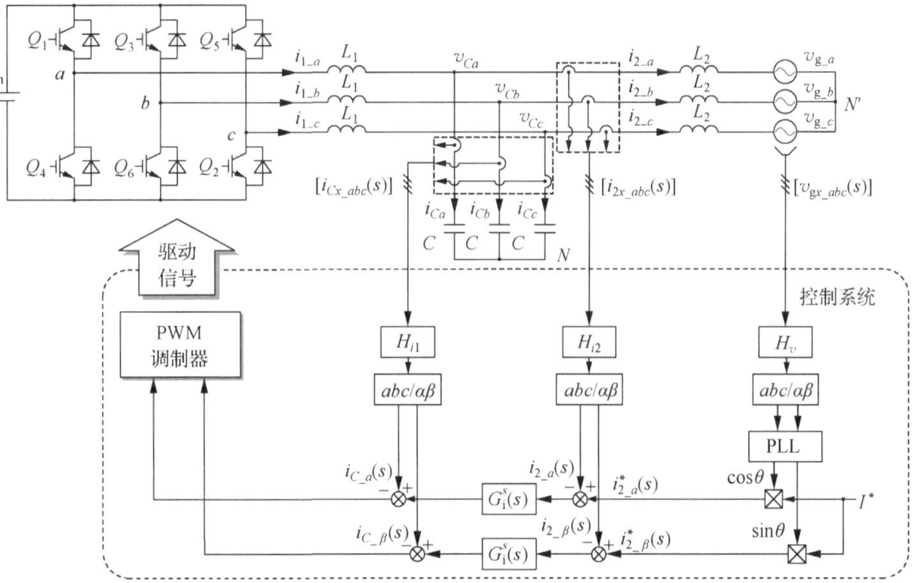

图7.1　$\alpha\beta$静止坐标系下控制的三相LCL型并网逆变器系统原理图

根据图7.2，将abc静止坐标系与$\alpha\beta$静止坐标系中变量的变换和反变换定义为[148]

$$[x_{\alpha\beta}(t)]=[P][x_{abc}(t)],[P]=\frac{2}{3}\begin{bmatrix}1 & -1/2 & -1/2\\ 0 & \sqrt{3}/2 & -\sqrt{3}/2\end{bmatrix} \tag{7.2}$$

$$[x_{abc}(t)]=\frac{3}{2}[P]^{\mathrm{T}}[x_{\alpha\beta}(t)],\frac{3}{2}[P]^{\mathrm{T}}=\begin{bmatrix}1 & 0\\ -1/2 & \sqrt{3}/2\\ -1/2 & -\sqrt{3}/2\end{bmatrix} \tag{7.3}$$

式中，$[x_{\alpha\beta}(t)]=[x_\alpha(t),x_\beta(t)]^{\mathrm{T}}$为$\alpha\beta$静止坐标系下的变量；$[x_{abc}(t)]=[x_a(t),x_b(t),x_c(t)]^{\mathrm{T}}$为$abc$静止坐标系下的变量；$[P]$为相应的变换矩阵。

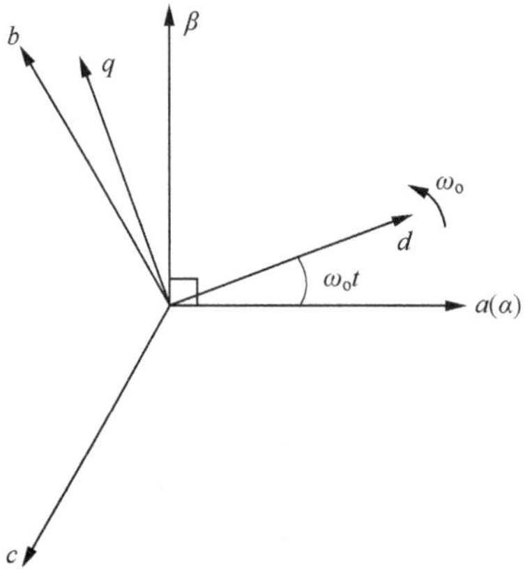

图 7.2　三种坐标系相互关系示意图

采用式(7.2)对式(7.1)进行变换，得到 $\alpha\beta$ 静止坐标系下三相 LCL 型并网逆变器主电路时域数学模型为

$$
\begin{aligned}
[v_{\text{inv}\_\alpha\beta}(t)] &= [v_{C\_\alpha\beta}(t)] + L_1 p[i_{1\_\alpha\beta}(t)] \\
[v_{C\_\alpha\beta}(t)] &= [v_{\text{g}\_\alpha\beta}(t)] + L_2 p[i_{2\_\alpha\beta}(t)] \\
[i_{1\_\alpha\beta}(t)] &= [i_{2\_\alpha\beta}(t)] + Cp[v_{C\_\alpha\beta}(t)]
\end{aligned} \tag{7.4}
$$

式中，$[v_{\text{inv}\_\alpha\beta}(t)]=[v_{\text{inv}\_\alpha}(t),v_{\text{inv}\_\beta}(t)]^{\text{T}}$；$[v_{C\_\alpha\beta}(t)]=[v_{C\_\alpha}(t),v_{C\_\beta}(t)]^{\text{T}}$；$[v_{\text{g}\_\alpha\beta}(t)]=[v_{\text{g}\_\alpha}(t),v_{\text{g}\_\beta}(t)]^{\text{T}}$；$[i_{1\_\alpha\beta}(t)]=[i_{1\_\alpha}(t),i_{1\_\beta}(t)]^{\text{T}}$；$[i_{2\_\alpha\beta}(t)]=[i_{2\_\alpha}(t),i_{2\_\beta}(t)]^{\text{T}}$。

对式(7.4)进行拉氏变换，可得到 $\alpha\beta$ 静止坐标系下三相 LCL 型并网逆变器主电路在 s 域中的数学模型为

$$
\begin{aligned}
[v_{\text{inv}\_\alpha\beta}(s)] &= [v_{C\_\alpha\beta}(s)] + L_1 s[i_{1\_\alpha\beta}(s)] \\
[v_{C\_\alpha\beta}(s)] &= [v_{\text{g}\_\alpha\beta}(s)] + L_2 s[i_{2\_\alpha\beta}(s)] \\
[i_{1\_\alpha\beta}(s)] &= [i_{2\_\alpha\beta}(s)] + Cs[v_{C\_\alpha\beta}(s)]
\end{aligned} \tag{7.5}
$$

根据式(7.5)，考虑图 7.1 给出的控制系统结构，可以得到 $\alpha\beta$ 静止坐标系下控制的三相 LCL 型并网逆变器 s 域模型，如图 7.3 所示。图中，$[i_{2\_\alpha\beta}^{*}(s)]=[i_{2\_\alpha}^{*}(s),i_{2\_\beta}^{*}(s)]^{\text{T}}$ 为逆变器并网电流指令值；$[v_{\text{r}\_\alpha\beta}(s)]=[v_{\text{r}\_\alpha}(s),v_{\text{r}\_\beta}(s)]^{\text{T}}$ 为并网电流调节器的输出信号；$[v_{\text{M}\_\alpha\beta}(s)]=[v_{\text{M}\_\alpha}(s),v_{\text{M}\_\beta}(s)]^{\text{T}}$ 为送入 PWM 调制器的调制信号；$Z_{L1}(s)$、$Z_C(s)$ 和 $Z_{L2}(s)$ 分别为电感 L_1、电容 C 和电感 L_2 的阻抗，其表达式为

$$
Z_{L1}(s) = sL_1,\ Z_C(s) = \frac{1}{sC},\ Z_{L2}(s) = sL_2 \tag{7.6}
$$

K_{PWM} 为采用 PWM 调制的电压源型三相逆变桥的传递函数，由于这里采用三相正弦 PWM 调制，且假定开关频率足够高，K_{PWM} 可以近似表示为

$$
K_{\text{PWM}} = V_{\text{in}}/(2V_{\text{tri}}) \tag{7.7}
$$

式中，V_{in} 为逆变器直流输入电压；V_{tri} 为三角载波幅值。

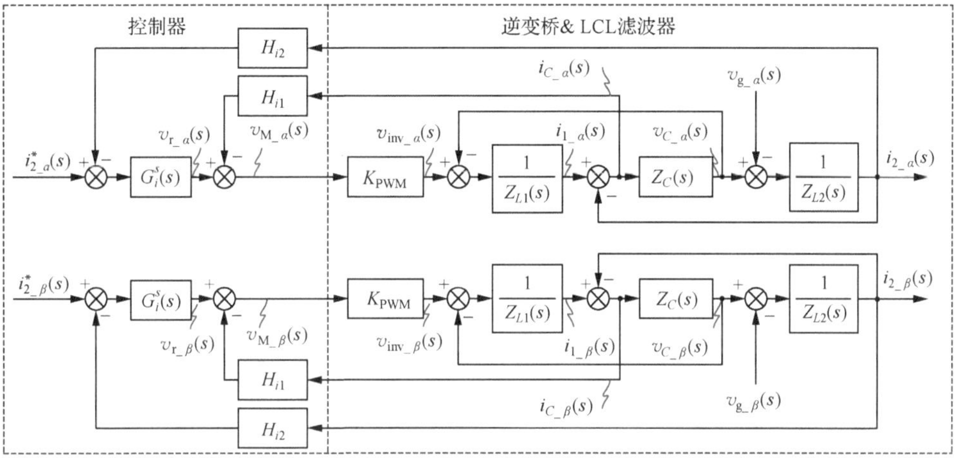

图 7.3　$\alpha\beta$ 静止坐标系下控制的三相 LCL 型并网逆变器 s 域模型

7.1.2　dq 同步旋转坐标系下三相 LCL 型并网逆变器数学模型

在 dq 同步旋转坐标系下，可以直观地控制三相并网逆变器的有功电流和无功电流分量，便于并网逆变器的有功无功功率调节。下面给出 dq 同步旋转坐标系下控制的三相 LCL 型并网逆变器模型。

根据图 7.2，将 $\alpha\beta$ 静止坐标系下的变量变换至 dq 同步旋转坐标系及相应的反变换定义为[148]

$$[x_{dq}(t)]=[C][x_{\alpha\beta}(t)],[C]=\begin{bmatrix}\cos(\omega_o t) & \sin(\omega_o t)\\ -\sin(\omega_o t) & \cos(\omega_o t)\end{bmatrix} \tag{7.8}$$

$$[x_{\alpha\beta}(t)]=[C]^{-1}[x_{dq}(t)],[C]^{-1}=\begin{bmatrix}\cos(\omega_o t) & -\sin(\omega_o t)\\ \sin(\omega_o t) & \cos(\omega_o t)\end{bmatrix} \tag{7.9}$$

式中，$[x_{dq}(t)]=[x_d(t),x_q(t)]^{\mathrm{T}}$ 为同步旋转坐标系下的时变量。

采用式(7.8)对式(7.4)进行变换并进行整理，可得到 dq 同步旋转坐标系下三相 LCL 型并网逆变器主电路时域数学模型，为

$$\begin{aligned}
[v_{\mathrm{inv}_dq}(t)]&=[v_{C_dq}(t)]+L_1[A(t)][i_{1_dq}(t)]\\
[v_{C_dq}(t)]&=[v_{\mathrm{g}_dq}(t)]+L_2[A(t)][i_{2_dq}(t)]\\
[i_{1_dq}(t)]&=[i_{2_dq}(t)]+C[A(t)][v_{C_dq}(t)]
\end{aligned} \tag{7.10}$$

式中，$[v_{\mathrm{inv}\_dq}(t)]=[v_{\mathrm{inv}\_d}(t),v_{\mathrm{inv}\_q}(t)]^{\mathrm{T}}$；$[v_{C\_dq}(t)]=[v_{C\_d}(t),\ v_{C\_q}(t)]^{\mathrm{T}}$；$[v_{\mathrm{g}\_dq}(t)]=[v_{\mathrm{g}\_d}(t),v_{\mathrm{g}\_q}(t)]^{\mathrm{T}}$；$[i_{1\_dq}(t)]=[i_{1\_d}(t),i_{1\_q}(t)]^{\mathrm{T}}$；$[i_{2\_dq}(t)]=[i_{2\_d}(t),i_{2\_q}(t)]^{\mathrm{T}}$；$[A(t)]=\begin{bmatrix}p & -\omega_o\\ \omega_o & p\end{bmatrix}$。

对式(7.10)进行拉氏变换，得到 dq 同步旋转坐标系下三相 LCL 型并网逆变器主电路在 s 域中的数学模型为

$$\begin{aligned}
&[v_{\text{inv_}dq}(s)]=[v_{C_dq}(s)]+L_1[A(s)][i_{1_dq}(s)]\\
&[v_{C_dq}(s)]=[v_{\text{g_}dq}(s)]+L_2[A(s)][i_{2_dq}(s)]\\
&[i_{1_dq}(s)]=[i_{2_dq}(s)]+C[A(s)][v_{C_dq}(s)]
\end{aligned}\tag{7.11}$$

式中，$[A(s)]=\begin{bmatrix} s & -\omega_o \\ \omega_o & s \end{bmatrix}$。

根据式(7.11)，结合 dq 同步旋转坐标系下并网逆变器控制器，可以得到 dq 同步旋转坐标系下控制的三相 LCL 型并网逆变器在 s 域的数学模型，如图 7.4 所示。图中，$G_i^e(s)$ 为 dq 同步旋转坐标系下的并网电流调节器。请注意，这里依然采用电容电流反馈有源阻尼方法。从图 7.4 中可以发现，dq 同步旋转坐标系下控制的三相 LCL 型并网逆变器存在三组耦合量，分别为电感 L_1 和 L_2 的电流以及电容 C 的电压。

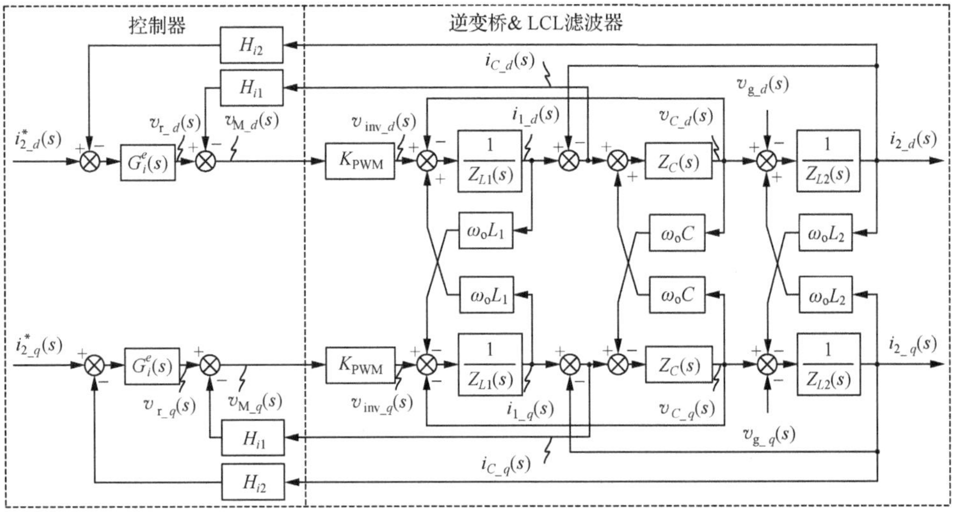

图 7.4　dq 同步旋转坐标系下控制的三相 LCL 型并网逆变器 s 域模型

7.2　电网电压全前馈策略的推导

基于 7.1 节给出的 LCL 型并网逆变器的数学模型，本节将推导不同坐标系下控制的三相 LCL 型并网逆变器电网电压全前馈策略。

7.2.1　$\alpha\beta$ 静止坐标系下电网电压全前馈策略

从图 7.3 可以看出，$\alpha\beta$ 静止坐标系下三相 LCL 型并网逆变器 α 轴和 β 轴模型之间不存在耦合，且与第 6 章中推导的单相 LCL 型并网逆变器模型相同（如图 6.2 所示）。因此，采用与第 6.2.1 节的单相 LCL 型并网逆变器电网电压全前馈策略类似的推导方法，可得到如图 7.5 所示的 $\alpha\beta$ 静止坐标系下三相 LCL 型并网逆变器电网电压全前馈策略示意图。

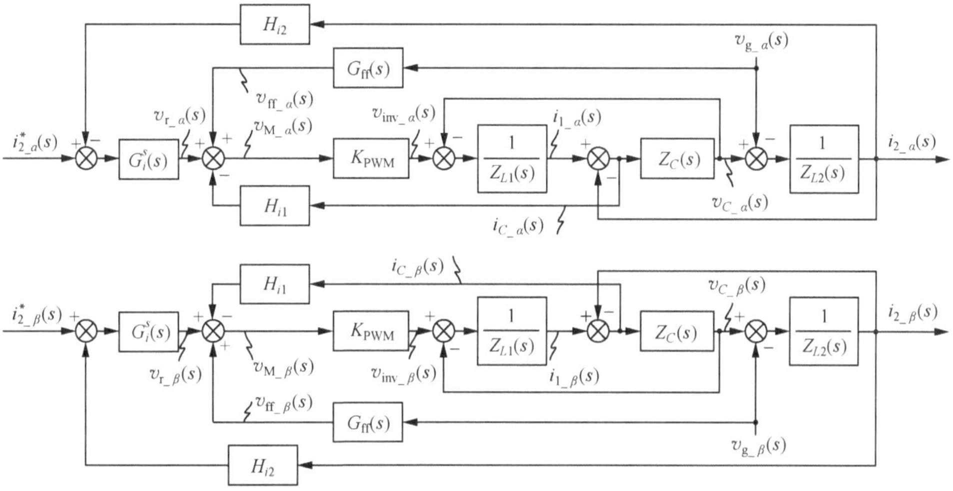

图 7.5　$\alpha\beta$ 静止坐标系下三相 LCL 型并网逆变器电网电压全前馈策略

与式(6.8)相同，图 7.5 中 $\alpha\beta$ 静止坐标系下三相 LCL 型并网逆变器电网电压全前馈函数表达式为

$$G_{ff}(s)=\frac{1}{K_{PWM}}+H_{i1}Cs+\frac{L_1C}{K_{PWM}}s^2 \tag{7.12}$$

7.2.2　dq 同步旋转坐标系下电网电压全前馈策略

dq 同步旋转坐标系下控制的三相 LCL 型并网逆变器具有以下特点：①可以直观地控制三相并网逆变器的有功电流和无功电流分量，便于并网逆变器的有功功率和无功功率调节；②采用 PI 调节器就可实现并网电流的基波无静差调节。

根据图 7.5 给出的 $\alpha\beta$ 静止坐标系下三相 LCL 型并网逆变器电网电压全前馈策略示意图，可考虑在图 7.4 中的调制信号 $v_{M\_d}(s)$ 和 $v_{M\_q}(s)$ 中加入前馈量 $v_{ff\_d}(s)$ 和 $v_{ff\_q}(s)$，如图 7.6 所示。三相电网电压经过 abc/dq 坐标变换得到电网电压 $v_d(s)$ 和 $v_q(s)$，$v_d(s)$ 和 $v_q(s)$ 经过采样后送入 dq 同步旋转坐标系下的全前馈函数[$G_{ff\_dq}(s)$]，即可得到相应的前馈量。

从图 7.6 可以看出，d 轴和 q 轴的模型之间存在耦合，其控制框图等效变换较为复杂，因此，这里采用列写代数方程的方法求解全前馈函数$[G_{\mathrm{ff_}dq}(s)]$。在图 7.6 中的并网电流调节器 $G_i^e(s)$ 输出端的加和点，有

$$[v_{\mathrm{inv\_}dq}(s)]=\{[v_{\mathrm{r\_}dq}(s)]-H_{i1}([i_{1\_dq}(s)]-[i_{2\_dq}(s)])+[v_{\mathrm{ff\_}dq}(s)]\}K_{\mathrm{PWM}} \tag{7.13}$$

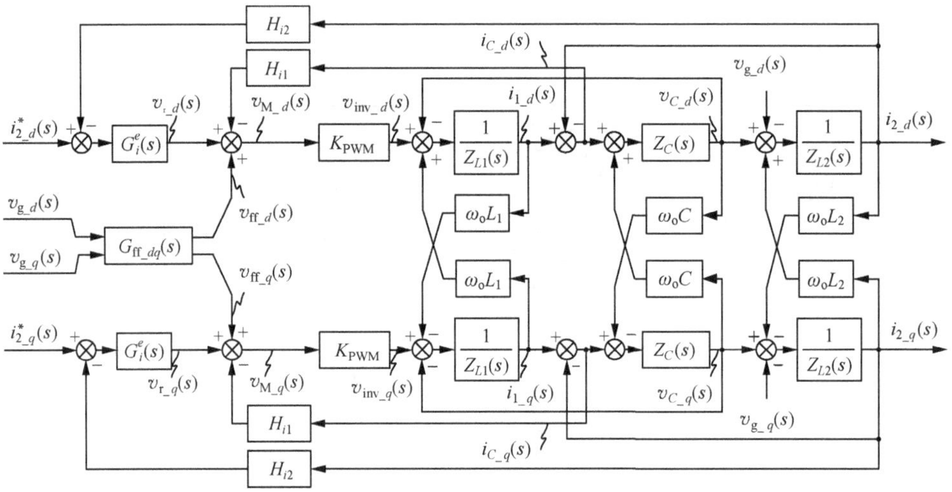

图 7.6 dq 同步旋转坐标系下三相 LCL 型并网逆变器电网电压全前馈策略

将式(7.13)代入式(7.11)并整理，消去其他变量可得到并网电流的表达式为

$$\begin{aligned}&\left(H_{i1}L_2C[A(s)]^2+\frac{1}{K_{\mathrm{PWM}}}(L_2[A(s)]+L_1[A(s)]+L_1L_2C[A(s)]^3)\right)[i_{2\_dq}(s)]\\&=[v_{\mathrm{r\_}dq}(s)]-\left\{\left(\frac{1}{K_{\mathrm{PWM}}}([I]+L_1C[A(s)]^2)+H_{i1}C[A(s)][I]\right)[v_{\mathrm{g\_}dq}(s)]\right.\\&\quad\left.-[v_{\mathrm{ff\_}dq}(s)]\right\}\end{aligned} \tag{7.14}$$

式中，$[I]=\mathrm{diag}[1,1]$；$[v_{\mathrm{r_}dq}(s)]$为并网电流调节器 $G_i^e(s)$的输出，其表达式为

$$[v_{\mathrm{r\_}dq}(s)]=G_i^e(s)[I]([i_{2\_dq}^*(s)]-[i_{2\_dq}(s)]) \tag{7.15}$$

从式(7.14)和(7.15)可以看出，为了消除电网电压引起的并网电流扰动分量，可以令式(7.14)中的$[v_{\mathrm{g_}dq}(s)]$相关项与前馈量$[v_{\mathrm{ff_}dq}(s)]$项对消，由此可得到前馈量表达式为

$$\begin{aligned}[v_{\mathrm{ff\_}dq}(s)]&=\left(\frac{1}{K_{\mathrm{PWM}}}([I]+L_1C[A(s)]^2)+H_{i1}C[A(s)][I]\right)[v_{\mathrm{g\_}dq}(s)]\\&\triangleq[G_{\mathrm{ff\_}dq}(s)][v_{\mathrm{g\_}dq}(s)]\end{aligned} \tag{7.16}$$

式中，$[G_{\mathrm{ff_}dq}(s)]$即为电网电压全前馈函数，其表达式为

$$[G_{\mathrm{ff\_}dq}(s)]=\begin{bmatrix} G_{\mathrm{ff}}(s)-D(s) & -E(s) \\ E(s) & G_{\mathrm{ff}}(s)-D(s) \end{bmatrix} \tag{7.17}$$

式中，$G_{\mathrm{ff}}(s)$为式(7.12)中的 $\alpha\beta$ 静止坐标系下控制的三相 LCL 型并网逆变器电网电压前馈函数；$D(s)=L_1C\omega_o^2/K_{\mathrm{PWM}}$；$E(s)=2sL_1\omega_oC/K_{\mathrm{PWM}}+\omega_oH_{i1}C$。

7.2.3　混合坐标系下电网电压全前馈策略

从式(7.17)可以看出，与式(7.12)所示的 $\alpha\beta$ 静止坐标系下的电网电压前馈函数相比，dq 同步旋转坐标系下的电网电压全前馈函数存在耦合，形式相对复杂。考虑到采用 dq 同步旋转坐标系控制的初衷是为实现并网电流有功分量和无功分量的直接控制，而电网电压前馈是为抑制电网电压引起的并网电流扰动分量，电容电流反馈是为阻尼 LCL 滤波器的谐振尖峰，并且这两部分对于并网电流的有功和无功分量直接控制并无影响，因此可以尝试在混合坐标系下对三相 LCL 型并网逆变器进行控制，如图 7.7 所示。其中，在 dq 同步旋转坐标系下采用并网电流调节器 $G_i^e(s)$对并网电流进行闭环控制，而在 $\alpha\beta$ 静止坐标系下实现电网电压前馈和电容电流反馈有源阻尼。

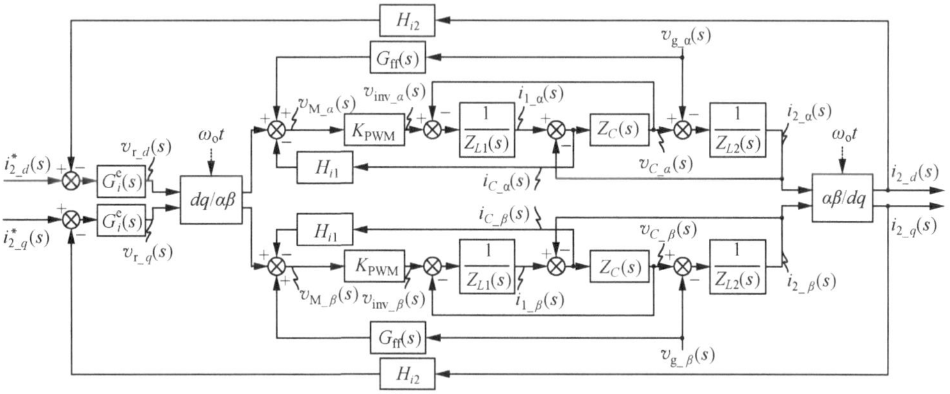

图 7.7　混合坐标系下三相 LCL 型并网逆变器电网电压全前馈策略

混合坐标系下电网电压全前馈策略可由 dq 同步旋转坐标系的电网电压全前馈策略等效变换得到。首先将式(7.17)给出的 dq 同步旋转坐标系下电网电压全前馈函数等效变换至 $\alpha\beta$ 静止坐标系下。根据式(7.17)，定义 dq 同步旋转坐标系下电网电压全前馈函数时域表达式为

$$[G_{\mathrm{ff\_}dq}(t)]=\begin{bmatrix} h_{11}(t) & h_{12}(t) \\ h_{21}(t) & h_{22}(t) \end{bmatrix} \tag{7.18}$$

那么图 7.7 中的前馈信号时域表达式为

$$\begin{cases} v_{\mathrm{ff\_}d}(t)=h_{11}(t)*v_{\mathrm{g\_}d}(t)+h_{12}(t)*v_{\mathrm{g\_}q}(t) \\ v_{\mathrm{ff\_}q}(t)=h_{21}(t)*v_{\mathrm{g\_}d}(t)+h_{22}(t)*v_{\mathrm{g\_}q}(t) \end{cases} \tag{7.19}$$

式中，$*$ 代表卷积。

采用式(7.8)给出的 $\alpha\beta/dq$ 坐标系变换矩阵，可以将 dq 同步旋转坐标系下的电网电压时域信号用 $\alpha\beta$ 静止坐标系下的相应时域信号表示，即

$$\begin{cases} v_{\mathrm{g\_}d}(t) = v_{\mathrm{g\_}\alpha}(t)\cos(\omega_{\mathrm{o}}t) + v_{\mathrm{g\_}\beta}(t)\sin(\omega_{\mathrm{o}}t) \\ v_{\mathrm{g\_}q}(t) = -v_{\mathrm{g\_}\alpha}(t)\sin(\omega_{\mathrm{o}}t) + v_{\mathrm{g\_}\beta}(t)\cos(\omega_{\mathrm{o}}t) \end{cases} \tag{7.20}$$

采用式(7.9)给出的 $dq/\alpha\beta$ 坐标系变换矩阵，可以将 $\alpha\beta$ 静止坐标系下的电网电压前馈时域信号用 dq 同步旋转坐标系下的相应时域信号表示，即

$$\begin{cases} v_{\mathrm{ff\_}\alpha}(t) = v_{\mathrm{ff\_}d}(t)\cos(\omega_{\mathrm{o}}t) - v_{\mathrm{ff\_}q}(t)\sin(\omega_{\mathrm{o}}t) \\ v_{\mathrm{ff\_}\beta}(t) = v_{\mathrm{ff\_}d}(t)\sin(\omega_{\mathrm{o}}t) + v_{\mathrm{ff\_}q}(t)\cos(\omega_{\mathrm{o}}t) \end{cases} \tag{7.21}$$

将式(7.20)代入式(7.19)，得到

$$\begin{cases} v_{\mathrm{ff\_}d}(t) = h_{11}(t) * [v_{\mathrm{g\_}\alpha}(t)\cos(\omega_{\mathrm{o}}t) + v_{\mathrm{g\_}\beta}(t)\sin(\omega_{\mathrm{o}}t)] \\ \qquad\qquad + h_{12}(t) * [-v_{\mathrm{g\_}\alpha}(t)\sin(\omega_{\mathrm{o}}t) + v_{\mathrm{g\_}\beta}(t)\cos(\omega_{\mathrm{o}}t)] \\ v_{\mathrm{ff\_}q}(t) = h_{21}(t) * [v_{\mathrm{g\_}\alpha}(t)\cos(\omega_{\mathrm{o}}t) + v_{\mathrm{g\_}\beta}(t)\sin(\omega_{\mathrm{o}}t)] \\ \qquad\qquad + h_{22}(t) * [-v_{\mathrm{g\_}\alpha}(t)\sin(\omega_{\mathrm{o}}t) + v_{\mathrm{g\_}\beta}(t)\cos(\omega_{\mathrm{o}}t)] \end{cases} \tag{7.22}$$

将式(7.22)代入式(7.21)得到

$$\begin{cases} v_{\mathrm{ff\_}\alpha}(t) = \{h_{11}(t) * [v_{\mathrm{g\_}\alpha}(t)\cos(\omega_{\mathrm{o}}t) + v_{\mathrm{g\_}\beta}(t)\sin(\omega_{\mathrm{o}}t)] \\ \qquad\qquad + h_{12}(t) * [-v_{\mathrm{g\_}\alpha}(t)\sin(\omega_{\mathrm{o}}t) + v_{\mathrm{g\_}\beta}(t)\cos(\omega_{\mathrm{o}}t)]\}\cos(\omega_{\mathrm{o}}t) \\ \qquad\qquad - \{h_{21}(t) * [v_{\mathrm{g\_}\alpha}(t)\cos(\omega_{\mathrm{o}}t) + v_{\mathrm{g\_}\beta}(t)\sin(\omega_{\mathrm{o}}t)] \\ \qquad\qquad + h_{22}(t) * [-v_{\mathrm{g\_}\alpha}(t)\sin(\omega_{\mathrm{o}}t) + v_{\mathrm{g\_}\beta}(t)\cos(\omega_{\mathrm{o}}t)]\}\sin(\omega_{\mathrm{o}}t) \\ v_{\mathrm{ff\_}\beta}(t) = \{h_{11}(t) * [v_{\mathrm{g\_}\alpha}(t)\cos(\omega_{\mathrm{o}}t) + v_{\mathrm{g\_}\beta}(t)\sin(\omega_{\mathrm{o}}t)] \\ \qquad\qquad + h_{12}(t) * [-v_{\mathrm{g\_}\alpha}(t)\sin(\omega_{\mathrm{o}}t) + v_{\mathrm{g\_}\beta}(t)\cos(\omega_{\mathrm{o}}t)]\}\sin(\omega_{\mathrm{o}}t) \\ \qquad\qquad + \{h_{21}(t) * [v_{\mathrm{g\_}\alpha}(t)\cos(\omega_{\mathrm{o}}t) + v_{\mathrm{g\_}\beta}(t)\sin(\omega_{\mathrm{o}}t)] \\ \qquad\qquad + h_{22}(t) * [-v_{\mathrm{g\_}\alpha}(t)\sin(\omega_{\mathrm{o}}t) + v_{\mathrm{g\_}\beta}(t)\cos(\omega_{\mathrm{o}}t)]\}\cos(\omega_{\mathrm{o}}t) \end{cases} \tag{7.23}$$

为便于对式(7.23)进行拉氏变换，给出如下公式，即

$$\begin{aligned} & L\{h(t) * [v_{\mathrm{g}}(t)\cos(\omega_{\mathrm{o}}t)]\cos(\omega_{\mathrm{o}}t)\} \\ & \quad = \{L[v_{\mathrm{g}}(t)\cos(\omega_{\mathrm{o}}t)]H(s)\} * \frac{s}{s^2+\omega_{\mathrm{o}}^2} \\ & \quad = \frac{1}{2}[H(s)v_{\mathrm{g}}(s+j\omega_{\mathrm{o}}) + H(s)v_{\mathrm{g}}(s-j\omega_{\mathrm{o}})] * \frac{s}{s^2+\omega_{\mathrm{o}}^2} \\ & \quad = \frac{1}{4}[H(s+j\omega_{\mathrm{o}})v_{\mathrm{g}}(s+j2\omega_{\mathrm{o}}) + H(s-j\omega_{\mathrm{o}})v_{\mathrm{g}}(s) \\ & \qquad + H(s+j\omega_{\mathrm{o}})v_{\mathrm{g}}(s) + H(s-j\omega_{\mathrm{o}})v_{\mathrm{g}}(s-j2\omega_{\mathrm{o}})] \end{aligned}$$

$$L\{h(t) * [v_{\mathrm{g}}(t)\sin(\omega_{\mathrm{o}}t)]\sin(\omega_{\mathrm{o}}t)\}$$

$$
\begin{aligned}
&= \frac{1}{4}[-H(s+j\omega_o)v_g(s+j2\omega_o)+H(s-j\omega_o)v_g(s)\\
&\quad +H(s+j\omega_o)v_g(s)-H(s-j\omega_o)v_g(s-j2\omega_o)]\\
&L\{h(t)*[v_g(t)\sin(\omega_o t)]\cos(\omega_o t)\}\\
&= \frac{j}{4}[H(s+j\omega_o)v_g(s+j2\omega_o)+H(s-j\omega_o)v_g(s)\\
&\quad -H(s+j\omega_o)v_g(s)-H(s-j\omega_o)v_g(s-j2\omega_o)]\\
&L\{h(t)*[v_g(t)\cos(\omega_o t)]\sin(\omega_o t)\}\\
&= \frac{j}{4}[H(s+j\omega_o)v_g(s+j2\omega_o)-H(s-j\omega_o)v_g(s)\\
&\quad +H(s+j\omega_o)v_g(s)-H(s-j\omega_o)v_g(s-j2\omega_o)]
\end{aligned}
\tag{7.24}
$$

式中，$h(t)$可为 $h_{11}(t)$、$h_{12}(t)$、$h_{21}(t)$和 $h_{22}(t)$；$v_g(t)$可为 $v_{g_\alpha}(t)$和 $v_{g\_\beta}(t)$；$H(s)$和 $v_g(s)$分别为 $h(t)$和 $v_g(t)$的相应拉氏变换形式。

根据式(7.17)和(7.18)可知：

$$
H_{11}(s)=H_{22}(s),H_{12}(s)=-H_{21}(s) \tag{7.25}
$$

因此，采用式(7.24)对式(7.23)进行拉氏变换，并考虑式(7.25)，可得

$$
\begin{cases}
v_{ff\_\alpha}(s)=\frac{1}{2}\{[H_{11}(s+j\omega_o)+H_{11}(s-j\omega_o)]-j[H_{12}(s-j\omega_o)-H_{12}(s+j\omega_o)]\}v_{g\_\alpha}(s)\\
\qquad +\frac{1}{2}\{[H_{12}(s+j\omega_o)+H_{12}(s-j\omega_o)]-j[H_{11}(s+j\omega_o)-H_{11}(s-j\omega_o)]\}v_{g\_\beta}(s)\\
v_{ff\_\beta}(s)=\frac{1}{2}\{-[H_{12}(s+j\omega_o)+H_{12}(s-j\omega_o)]+j[H_{11}(s+j\omega_o)-H_{11}(s-j\omega_o)]\}v_{g\_\alpha}(s)\\
\qquad +\frac{1}{2}\{[H_{11}(s+j\omega_o)+H_{11}(s-j\omega_o)]-j[H_{12}(s-j\omega_o)-H_{12}(s+j\omega_o)]\}v_{g\_\beta}(s)
\end{cases}
\tag{7.26}
$$

将式(7.17)中的对应项 $H_{11}(s)$和 $H_{12}(s)$代入式(7.26)，可得

$$
\begin{cases}
v_{ff\_\alpha}(s)=\left(\frac{1}{K_{PWM}}+H_{i1}Cs+\frac{L_1C}{K_{PWM}}s^2\right)v_{g\_\alpha}(s)\\
v_{ff\_\beta}(s)=\left(\frac{1}{K_{PWM}}+H_{i1}Cs+\frac{L_1C}{K_{PWM}}s^2\right)v_{g\_\beta}(s)
\end{cases}
\tag{7.27}
$$

根据式(7.27)，可得混合坐标系下的电网电压全前馈函数为

$$
G_{ff}(s)=\frac{1}{K_{PWM}}+H_{i1}Cs+\frac{L_1C}{K_{PWM}}s^2 \tag{7.28}
$$

可以看出，该前馈函数与式(7.12)给出的 $\alpha\beta$ 静止坐标系下的电网电压全前馈函数相同。

同理，图 7.6 中的电容电流反馈系数也可用类似的方法变换至 $\alpha\beta$ 静止坐标系下。

由上述分析可知，与 dq 同步旋转坐标系下控制方法相比，图 7.7 所示的混合坐标系下的控制策略具有以下特点：①符合 dq 同步旋转坐标系下控制的初衷，即直接控制并网电流有功和无功分量；②电网电压前馈函数简单，不存在耦合项；③变量的坐标变换更少。

7.3　电网电压全前馈函数讨论

第 7.2 节推导了 $\alpha\beta$ 静止坐标系、dq 同步旋转坐标系和混合坐标系下三相 LCL 型并网逆变器电网电压全前馈函数。本节将进一步讨论：①电网电压全前馈函数中三项(比例项、一次微分项和二次微分项)的各自作用；② LCL 滤波器参数变化对全前馈策略效果的影响；③三相 L 型和 LCL 型并网逆变器电网电压前馈函数的相互关系。

7.3.1　三相 LCL 型并网逆变器电网电压全前馈函数各项作用

三相 LCL 型并网逆变器的电网电压全前馈函数由比例项、一次微分项和二次微分项三部分组成。其中，比例项的大小恒定，与电网电压谐波频率无关；一次微分项和二次微分项都会随着电网电压谐波频率的升高而增大。因此，在抑制不同频率的电网电压谐波时，电网电压全前馈函数的三项占总前馈量的比例也会发生变化，存在对电网电压全前馈函数进行近似的可能性。

为了方便定量分析，以一台 20kW 的三相 LCL 型并网逆变器原理样机为例，计算电网电压全前馈函数。原理样机参数如表 7.1 所示。以式(7.12)中的比例项作为基准，根据表 7.1 中的数据绘制三相 LCL 型并网逆变器电网电压全前馈函数比例项 $1/K_{\mathrm{PWM}}$、一次微分项 $H_{i1}Cs$ 和二次微分项 L_1Cs^2/K_{PWM} 的幅值随电网谐波频率变化的标幺值，如图 7.8 所示。由图中可以看出，在低频段，全前馈函数的比例项起主导作用；当频率逐渐升高时，一次微分项和二次微分项在全前馈函数中占的比例逐渐增大；在高频段，主要是微分项起作用，比例项所占比例相对较小。这一特性与单相 LCL 型并网逆变器类似。

表 7.1　20kW 三相 LCL 型并网逆变器原理样机参数

参数	符号	数值	参数	符号	数值
输入电压	V_{in}	750V	滤波电容	C	15μF
电网相电压	V_{g}	220V	网侧电感	L_2	110μH
额定功率	P_{o}	20kW	三角载波幅值	V_{tri}	4.58V
电网频率	f_{o}	50Hz	电容电路反馈系数	H_{i1}	0.12
开关频率	f_{sw}	15kHz	并网电流反馈系数	H_{i2}	0.14
逆变器侧电感	L_1	700μH	电网电压采样系数	H_v	0.017

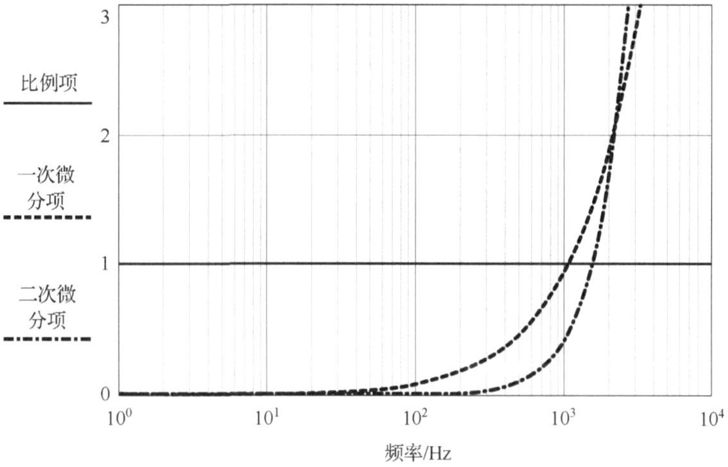

图 7.8 三相 LCL 型并网逆变器电网电压全前馈函数三项幅值标幺值

因此，若三相电网电压主要含低次谐波（如 5 次谐波），可将式(7.12)给出的电网电压全前馈函数近似为比例前馈（仅含比例项）；若电网电压的谐波次数主要分布在 13 次以下，可以将电网电压全前馈函数近似为比例项和一次微分项[78]。

为了检验近似后的电网电压前馈策略的效果，图 7.9 给出 $\alpha\beta$ 静止坐标系下采用电网电压前馈策略的通用三相 LCL 型并网逆变器模型方框图，图中 $F(s)$ 表示电网电压全前馈策略的影响，其表达式可以由图 6.5 和图 6.6 所示的全前馈函数推导的逆过程得到，这里不再赘述。

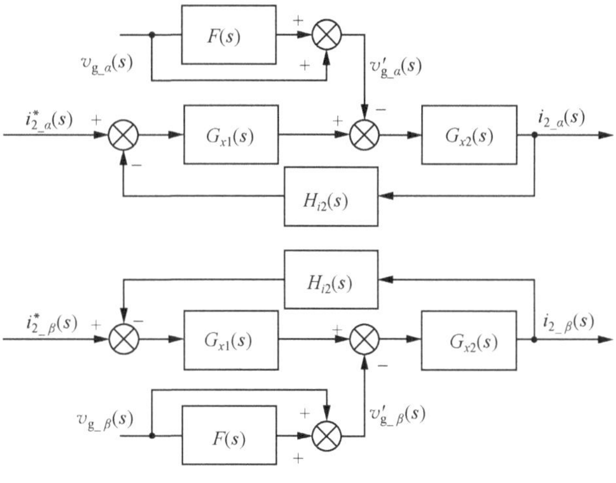

图 7.9 采用电网电压前馈策略的通用三相 LCL 型并网逆变器模型

以图 7.9 中的 α 轴模型为例进行分析。图中，$v_{g\_\alpha}(s)$ 为实际电网电压的 α 轴分量；$v'_{g\_\alpha}(s)$ 为采用电网电压前馈后的等效电网电压 α 轴分量，用来衡量电网电压引起的并网电流扰动分量抑制效果。根据图 7.9，可以得到以下关系：

$$v'_{g\_\alpha}(s) = v_{g\_\alpha}(s)(1+F(s)) \tag{7.29}$$

当采用式(7.12)给出的全前馈函数时，$F(s)=-1$，根据式(7.29)可知 $v'_{g\_\alpha}(s)=0$，此时图 7.9 的 α 轴模型与图 6.5(a)相同。

当将电网电压全前馈近似为比例前馈时，根据图 7.5 可以得到

$$F(s) = -\frac{G_{\mathrm{ff\_P}}(s)G_{x1}(s)}{G_i^s(s)} = -\frac{\dfrac{1}{K_{\mathrm{PWM}}}}{\dfrac{1}{K_{\mathrm{PWM}}}+H_{i1}Cs+\dfrac{L_1C}{K_{\mathrm{PWM}}}s^2} \tag{7.30}$$

式中，$G_{\mathrm{ff_P}}(s)$为式(7.12)中的全前馈函数比例项。

将式(7.30)代入式(7.29)，可以得到等效电网电压 α 轴分量为

$$v'_{g\_\alpha}(s) = \frac{H_{i1}Cs+\dfrac{L_1C}{K_{\mathrm{PWM}}}s^2}{\dfrac{1}{K_{\mathrm{PWM}}}+H_{i1}Cs+\dfrac{L_1C}{K_{\mathrm{PWM}}}s^2}v_{g\_\alpha}(s) \tag{7.31}$$

根据表 7.1 给出的数据并以 $|v_{g\_\alpha}(j2\pi f)|$ 为基准，可由式(7.31)画出 $|v'_{g\_\alpha}(j2\pi f)|$ 随电网电压谐波频率变化的标幺图，如图 7.10 所示。可以看出，当无电网电压前馈时，$F(s)$为零，等效电网电压与实际电网电压 α 轴分量相等，电网电压引起的并网电流扰动分量没有得到抑制；当只采用比例前馈策略时，在低频段电网电压引起的并网电流扰动分量得到了很好的抑制，但是当电网电压谐波频率超过 f_t后，等效电网电压反而大于实际电网电压的 α 轴分量，这意味着电网电压谐波引起的并网电流谐波分量被放大了。

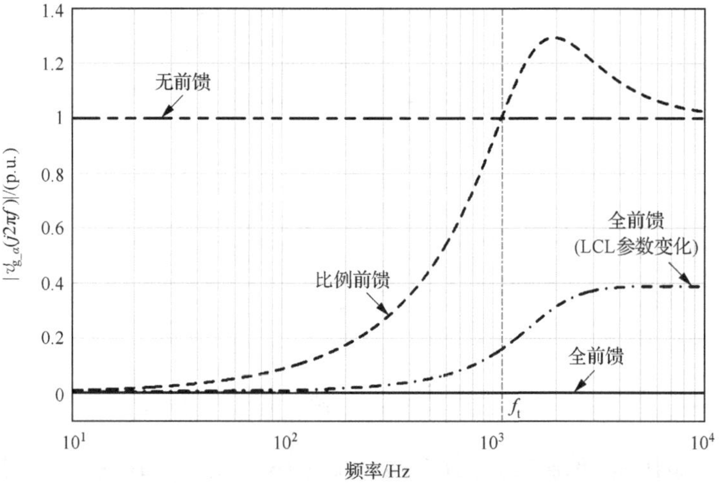

图 7.10 等效电网电压 α 轴分量标幺图

由于在 f_t 处实际电网电压与等效电网电压幅值相等，由式(7.31)可得

$$\left|\frac{j2\pi f_t H_{i1} C+\dfrac{(j2\pi f_t)^2 L_1 C}{K_{PWM}}}{\dfrac{1}{K_{PWM}}+j2\pi f_t H_{i1} C+\dfrac{(j2\pi f_t)^2 L_1 C}{K_{PWM}}}\right|=1 \tag{7.32}$$

求解可得 f_t 的表达式为

$$f_t=\frac{1}{2\pi\sqrt{2L_1C}} \tag{7.33}$$

由式(7.33)可以看出，f_t 只与三相并网逆变器 LCL 滤波器参数有关，与控制器参数无关。

上述分析表明，电网电压比例前馈会放大电网电压中高次谐波对并网电流的影响；而电网电压全前馈策略则可在很宽频率范围内抑制电网电压对并网电流扰动的影响。

7.3.2　三相 LCL 型并网逆变器滤波器参数变化对全前馈效果影响分析

三相 LCL 型并网逆变器的电网电压全前馈函数与 LCL 滤波器的参数有关，在实际系统中，由于元器件本身的容差、老化以及系统寄生参数的影响，LCL 滤波器的参数可能会发生变化。

图 7.9 中的 $v'_{g\_\alpha}(s)$ 用于衡量电网电压前馈效果，当其为零时，前馈效果最好。因此考虑 LCL 滤波器参数发生变化时有

$$F(s)=F'(s)=-\frac{\dfrac{1}{K_{PWM}}+H_{i1}Cs+\dfrac{s^2L_1C}{K_{PWM}}}{\dfrac{1}{K_{PWM}}+H_{i1}C's+\dfrac{s^2L'_1C'}{K_{PWM}}} \tag{7.34}$$

其中，C' 和 L'_1 为三相 LCL 型并网逆变器输出滤波器的实际参数；C 和 L_1 为设计控制器时采用的滤波器参数。

通常认为逆变器侧电感 L_1 电感值波动范围为±20%，滤波电容 C 电容值波动范围为±10%。通过逐项计算不同情况发现，当 $C'=0.9C$ 且 $L'_1=0.8L_1$ 时，LCL 滤波器参数变化对电网电压全前馈效果影响最大。令 $C'=0.9C$ 和 $L'_1=0.8L_1$，将式(7.34)代入式(7.29)，并以 $|v_{g\_\alpha}(j2\pi f)|$ 为基准，可以得到 $|v'_{g\_\alpha}(j2\pi f)|$ 随电网电压谐波频率变化的曲线，如图 7.10 中的点划线所示。从该曲线可以看出，尽管 LCL 滤波器参数发生较大变化，电网电压全前馈策略仍可十分有效地抑制电网电压对并网电流的影响，只是在高次谐波处的抑制效果略有削弱。

7.3.3　三相 L 型和 LCL 型并网逆变器电网电压全前馈函数相互关系

根据前述章节对三相 LCL 型并网逆变器电网电压全前馈策略的推导分析，结合文献中关于三相 L 型并网逆变器的电网电压前馈策略的结论[50,75-77]，本节将对这两种采用不同输出滤波器的并网逆变器的电压前馈函数相互关系进行探讨。

由式(7.12)可以看出，令 LCL 型输出滤波器的电容 C 为零，三相 LCL 型并网逆变器的电网电压全前馈函数就简化为三相 L 型并网逆变器的电网电压前馈函数。因此，两者具有以下关系：

(1) 三相 L 型并网逆变器的电网电压前馈函数只包含比例项，而三相 LCL 型并网逆变器的电网电压全前馈函数主要包含比例项、一次微分项和二次微分项。两者中的比例项相同。

(2) 由于三相 LCL 型并网逆变器的电网电压前馈函数含有微分项，当电网电压发生阶跃变化时，计算所得的前馈量为无穷大，这在实际电路中是无法实现的。与三相 L 型并网逆变器相比，电网电压全前馈策略对于三相 LCL 型并网逆变器电网电压突变条件下的动态性能改善有限。

(3) 无论在 $\alpha\beta$ 静止坐标系还是 dq 同步旋转坐标系下，三相 L 型并网逆变器的前馈函数总是保持不变[50,76]，而三相 LCL 型并网逆变器的全前馈函数与所采用坐标系有关。

因此，三相 LCL 型并网逆变器与 L 型的电网电压前馈策略既存在联系又存在区别，三相 LCL 型并网逆变器电网电压全前馈函数需要根据采用的控制策略对应选取。

7.4　实 验 验 证

为验证上述分析以及电网电压全前馈策略的有效性，搭建了一台 20kW 三相 LCL 型并网逆变器原理样机，如图 7.11 所示，逆变器的主开关管及其驱动芯片分别采用三菱公司的 IGBT 模块 CM100DY-24NF 和 M57962L；并网电流和电容电流通过 LEM 公司的电流霍尔 LA-55P 采样，电网电压通过 LEM 公司的电压霍尔 LV-25P 采样，控制算法是在 TI 公司的数字处理器(digital signal processor，DSP) TMS320F2812 中实现。原理样机的主要参数如表 7.1 所示。实验主要验证 $\alpha\beta$ 静止坐标系和混合坐标系下三相 LCL 型并网逆变器的电网电压全前馈策略(以下前者简称为策略 I，后者简称为策略 II)。

为准确检验电网电压前馈策略对并网电流谐波的抑制能力，采用可编程交流电源 Chroma 6590 模拟电网电压，在电网电压基波中注入 5%的 5 次谐波、3%的 7 次谐波、2%的 11 次谐波、2%的 13 次谐波和 1%的 23 次谐波。

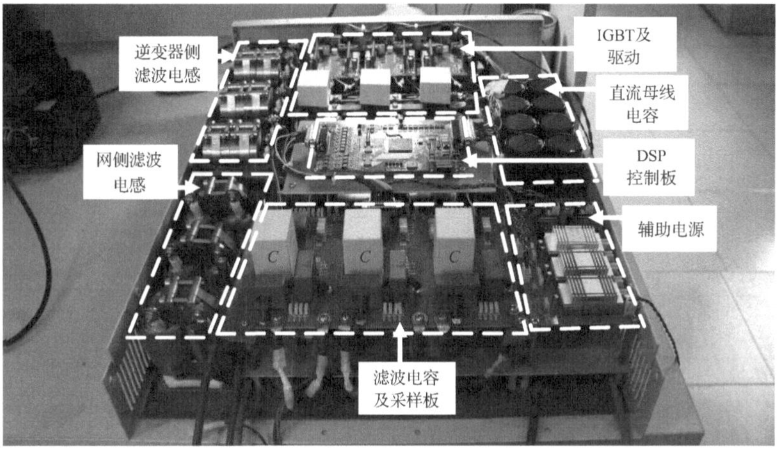

图 7.11　20kW 三相 LCL 型并网逆变器原理样机

图 7.12 和图 7.13 分别给出了三相 LCL 型并网逆变器采用策略 I 和策略 II 时电网电压畸变条件下的实验波形。图 7.12(a)、(b)和(c)分别给出了策略 I 的无前馈、采用比例前馈和全前馈函数的实验波形，其并网电流 THD 分别为 15.6%，13.6%和 4.6%。图 7.13(a)、(b)和(c)分别给出了策略 II 的无前馈、采用比例前馈和全前馈函数的实验波形，其并网电流 THD 分别为 16.4%，13.2%和 5.1%。为更好地分析电网电压全前馈策略对并网电流的改善情况，图 7.14 给出了图 7.12 和图 7.13 中并网电流的谐波频谱。

根据图 7.12～图 7.14 可以看出，无论采用策略 I 或策略 II，本章提出的电网电压全前馈策略都可以有效抑制电网电压畸变引起的并网电流谐波，而电网电压比例前馈策略的并网电流谐波抑制效果相对较差。而且，由图 7.14 可以看出，与无前馈策略相比，采用比例前馈函数时，并网电流 23 次谐波不仅没有被抑制反而被明显放大，这与第 7.3.1 节中的理论分析结论相符合。

图 7.15 给出了电网电压全前馈策略 I 在电网电压不平衡情况下的实验波形。其中，通过可编程交流电源模拟两相短路故障不平衡电网电压，或单相短路故障经过 Δy 变压器传递后的不平衡电网电压[149]。实验中不平衡电网电压的正序分量为额定电压的 80%，相位为 0°，负序分量为额定电压的 20%，相位为 0°。因此，三相电网电压可表示为

$$
\begin{aligned}
v_{g\_a}(t) &= 311\sin(\omega_o t)\\
v_{g\_b}(t) &= 224\sin(\omega_o t + 226.1^\circ)\\
v_{g\_c}(t) &= 224\sin(\omega_o t + 133.9^\circ)
\end{aligned}
\tag{7.35}
$$

由式(7.35)可以看出，与额定情况相比，a 相电网电压保持不变，b 相和 c 相电网电压幅值下降且产生 13.9°的对称相位偏移。

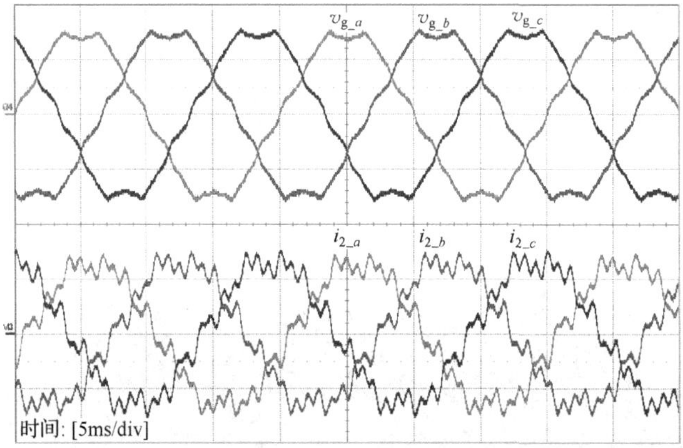

(a) 无前馈

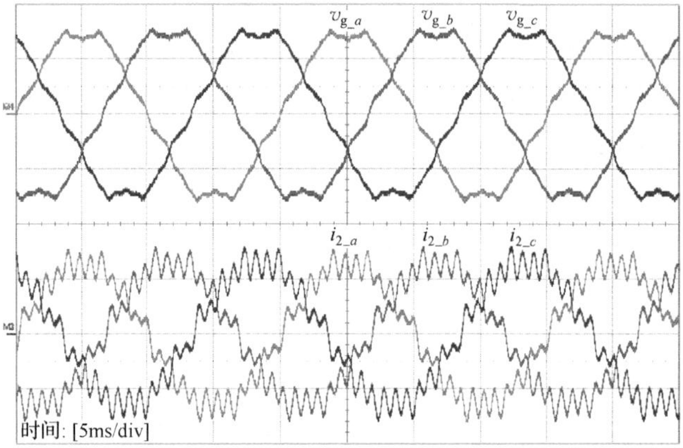

(b) 比例前馈

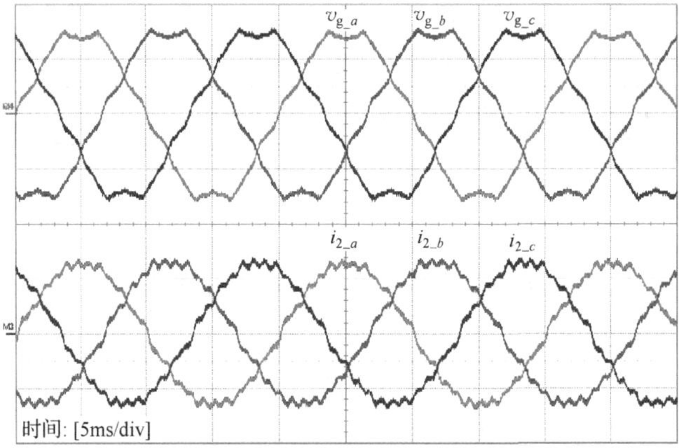

(c) 全前馈

图 7.12　畸变电网下策略 I 实验波形

电网电压:200V/div 并网电流:10A/div

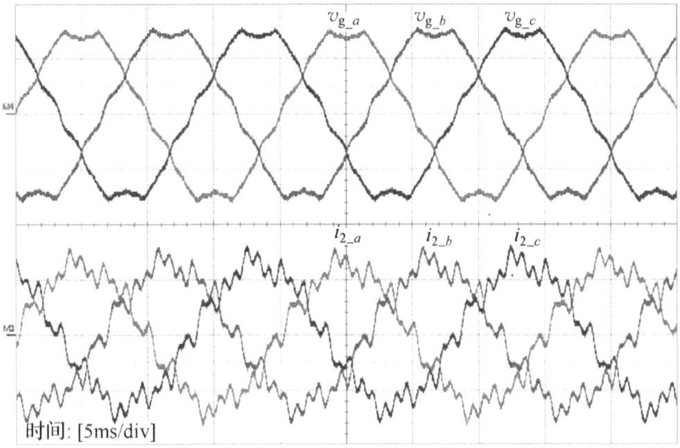

(a) 无前馈

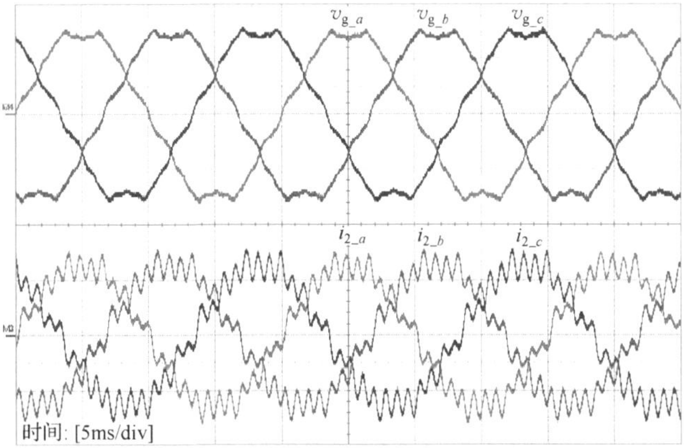

(b) 比例前馈

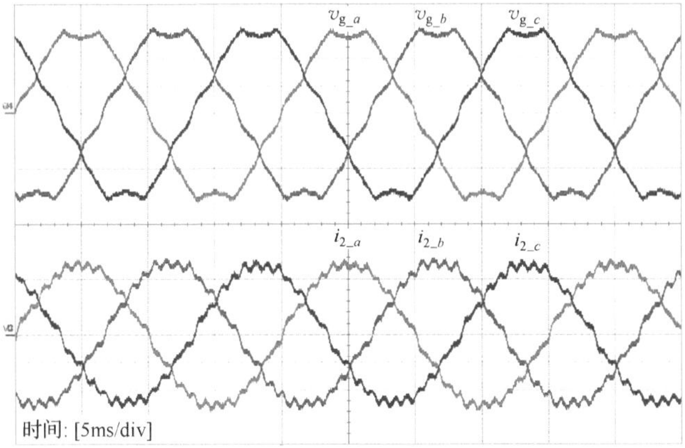

(c) 全前馈

图 7.13　畸变电网下策略Ⅱ实验波形

电网电压:200V/div 并网电流:10A/div

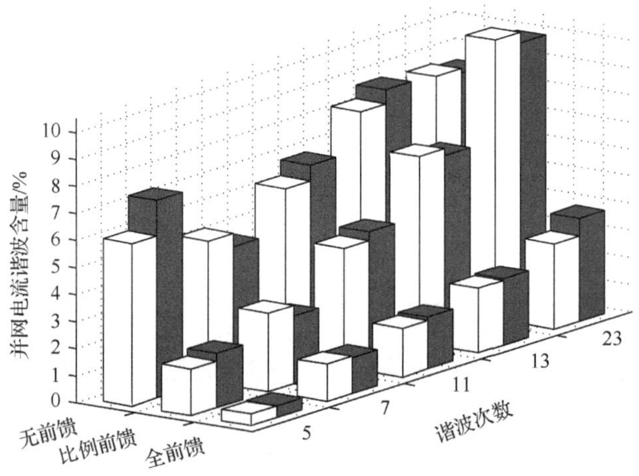

图 7.14　畸变电网下并网电流谐波频谱

在图 7.15 给出的实验波形中，并网电流正序分量的指令值为 4A，负序分量为 0A。由图 7.15(a)可以看出，不采用电网电压全前馈策略时，a 相并网电流有效值为 4.70A，且 a 相并网电流与并网电压存在较大相移，b 相和 c 相并网电流有效值分别为 4.01A 和 4.78A，三相并网电流明显不对称。由图 7.15(b)可以看到，采用电网电压全前馈策略后，a 相并网电流有效值为 4.06A，且 a 相并网电流与并网电压的相移被消除，b 相和 c 相并网电流有效值分别为 4.08A 和 4.09A，并网电流的不对称分量被有效抑制。因此，电网电压全前馈策略在不平衡电网电压条件下可以有效抑制电网电压不平衡分量对并网电流的影响。

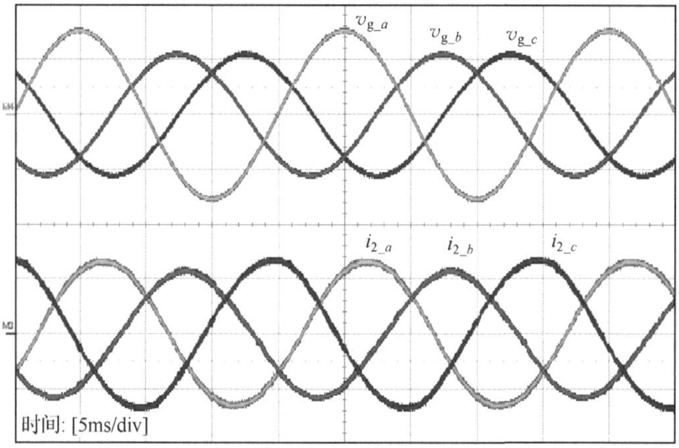

(a) 无前馈

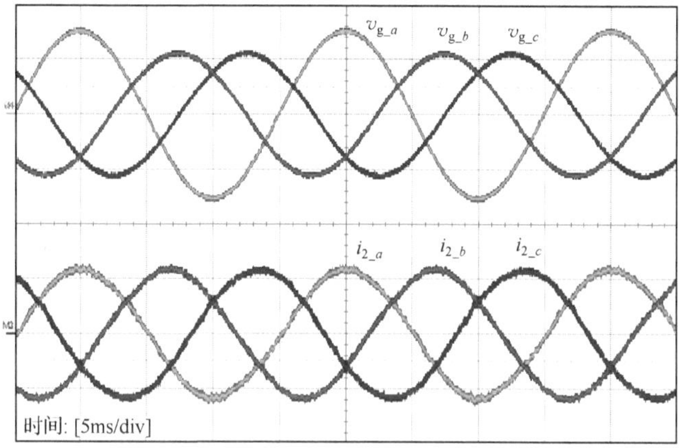

(b) 全前馈

图 7.15　不平衡电网下策略 I 实验波形

电网电压:200V/div 并网电流:5A/div

为了验证电网电压全前馈策略在实际电网条件仍可有效工作，将三相 LCL 型并网逆变器接入实际电网。图 7.16 给出了电网电压全前馈策略 I 在实际电网情况下的满载实验波形。由图 7.16(a)可以看出，不采用电网电压全前馈策略时，尽管并网电流无功分量指令值为零，实际并网电流与电网电压仍存在较小的相移，且并网电流由于电网电压含有背景谐波，其 THD 为 1.18%。由图 7.16(b)可以看出，采用电网电压全前馈策略时，并网电流与电网电压不存在相移，并网电流 THD 降至 0.97%。因此电网电压全前馈策略在实际电网情况下仍可有效抑制电网电压对并网电流的影响。

如图 7.17 为采用电网电压全前馈策略 I 时的动态实验波形。图 7.17(a)的实验波形是在实际电网条件下测得的，并网电流指令值在半载和满载之间跳变。

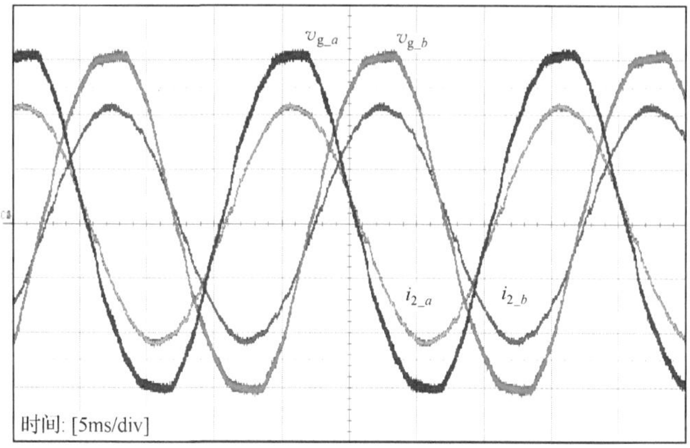

(a) 无前馈

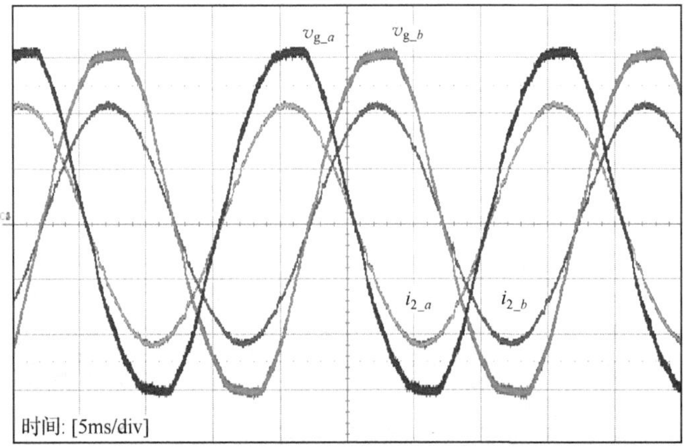

(b) 全前馈

图 7.16　实际电网下策略 I 实验波形

电网电压:100V/div 并网电流:20A/div

可以看出并网电流在 2ms 之内就可实现对指令值的跟踪,并且在稳态时并网电流 THD 较低。图 7.17(b)中的电网电压跳变通过可编程交流电源进行模拟,可以看到电网电压在 220V 和 180V 之间跳变,并网电流在电网电压跳变前后的稳态波形 THD 较小且基波幅值保持不变。但是由图 7.17(b)发现,在电网电压跳变的暂态过程中电网电压全前馈策略对于并网电流的动态过程改善有限,这是由于电网电压全前馈函数存在微分项,对于电网电压的跳变,前馈量为无穷大,这在实际中是无法实现的,因此电网电压全前馈策略对于三相 LCL 型并网逆变器电网电压跳变条件下的动态性能改善有限。这一现象与 7.3.3 节中的分析相符合。

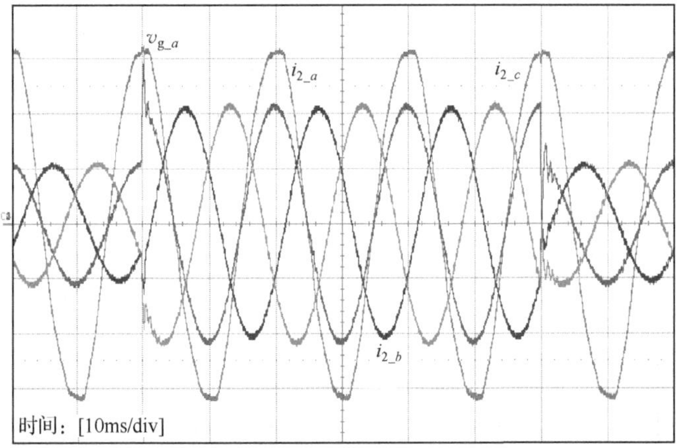

(a) 指令跳变

电网电压: 200V/div　并网电流: 20A/div

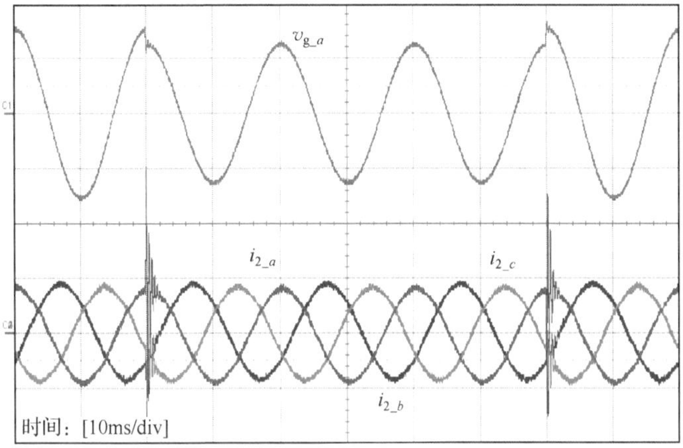

(b) 电网电压突变

电网电压：200V/div　并网电流：5A/div

图7.17　策略Ⅰ动态实验波形

7.5　本章小结

为了抑制电网电压引起的逆变器并网电流谐波和不平衡分量，本章在并网逆变器开关平均模型基础上，分别介绍了在 $\alpha\beta$ 静止坐标系、dq 同步旋转坐标系和混合坐标系下控制的三相LCL型并网逆变器电网电压全前馈策略，该电网电压全前馈函数由比例项、一次微分项和二次微分项组成。本章分析了电网电压全前馈函数中各项的作用，阐明了LCL型并网逆变器的电网电压比例前馈可能会放大电网电压中的高次谐波对并网电流的影响，指出了电网电压全前馈的必要性。结合工程实际，分析了LCL滤波器参数变化对电网电压前馈策略效果的影响，指出当LCL滤波器参数发生较大变化时，电网电压全前馈策略仍可有效抑制电网电压对并网电流的影响。通过搭建的三相20kW原理样机，验证了三相LCL型并网逆变器电网电压全前馈策略能够有效地抑制并网电流的谐波和不平衡分量。

第 8 章　数字控制 LCL 型并网逆变器的电容电流反馈有源阻尼及并网电流调节器的设计

并网逆变器采用 LCL 滤波器时，LCL 滤波器存在谐振尖峰，并且相位在谐振频率处发生 $-180°$ 跳变。该谐振尖峰可能会导致并网逆变器的输出电流发生振荡，甚至使系统不稳定，因此需要对该谐振尖峰进行阻尼。第 4 章讨论了 LCL 滤波器谐振尖峰的阻尼方法，其中在滤波电容上并联一个阻尼电阻，不仅可以有效抑制谐振尖峰，而且不影响 LCL 滤波器在低频段和高频段的频率响应特性。但是，该阻尼电阻的损耗较大，会导致并网逆变器的效率降低。第 4 章通过控制框图等效变换，证明了电容电流反馈有源阻尼方法等效于在滤波电容上并联一个虚拟电阻，既实现了谐振尖峰的有效阻尼，又避免了实际电阻的损耗。第 5 章针对采用电容电流反馈有源阻尼的 LCL 型并网逆变器，以电流调节器分别采用 PI 调节器和 PR 调节器为例，通过对并网电流稳态误差、相位裕度和幅值裕度的分析，推导出满足稳态误差和稳定裕度（包括相位裕度和幅值裕度）要求的电容电流反馈系数和电流调节器参数的取值区域。利用该取值区域，可以很容易地选取合适的闭环参数。

实际上，第 4 章中的控制框图等效变换是基于模拟控制的。当并网逆变器采用数字控制时，由于控制延时的影响，电容电流反馈将不再等效为在滤波电容上并联一个虚拟电阻。本章将首先介绍数字控制的控制延时产生机理，然后通过控制框图等效变换，揭示控制延时使得电容电流反馈不再等效于在滤波电容上并联一个虚拟电阻，而是并联一个随频率变化的虚拟阻抗。该等效虚拟阻抗在阻尼谐振尖峰的同时，会改变系统环路增益谐振尖峰的频率。而且，如果虚拟阻抗中的虚拟电阻在该频率处为负阻，系统环路增益将含有 2 个右半平面极点。这与模拟控制的系统特性是不一样的。

为了保证系统的稳定性，本章提出 LCL 滤波器谐振频率的禁止区域，并在此基础上，应用第 5 章提出的控制闭环参数设计思路，以电流调节器采用 PR 调节器为例，通过对并网电流稳态误差、相位裕度和幅值裕度的分析，推导出数字控制时满足稳态误差和稳定裕度要求的电容电流反馈系数和电流调节器参数的取值区域。利用该取值区域可以方便地指导控制闭环参数的选取。

数字控制引入的控制延时会改变系统环路增益的相频曲线穿越 $-180°$ 的频率点，导致基于并网电流控制的 LCL 型并网逆变器不需要任何阻尼也可以稳定工作。本章将研究此工况下系统稳定的必要条件，并将有电容电流反馈有源阻尼的控制闭环参数设计方法扩展至无阻尼并网电流控制系统中，推导出满足稳态误差和稳定裕度要求的 PR 调节器谐振系数的取值区域[138]。

本章最后以单相 LCL 型并网逆变器为例，分别给出有电容电流反馈有源阻尼和无阻尼并网电流环的参数设计实例，并进行实验验证。

8.1　控制延时产生的机理

如图 8.1 给出了数字控制 LCL 型并网逆变器的主电路及其控制框图，其中，H_{i1}和 H_{i2}分别为滤波电容电流 i_C和并网电流 i_2 的采样系数。锁相环 PLL 检测 v_g 的相位 θ，外部电压环产生并网电流指令幅值 I^*，$\cos\theta$ 与 I^* 相乘得到并网电流 i_2 的指令信号 i_2^*。i_2^* 与 i_2 的采样信号相减，得到的误差信号送入电流调节器 $G_i(z)$ 中。$G_i(z)$的输出与电容电流 i_C采样信号相减，得到调制波信号 v_M。v_M与三角载波进行比较，得到逆变桥各开关管的控制信号。通常，外部电压环的截止频率远低于并网电流环截止频率[48,49]，因此可以对并网电流闭环进行独立设计。

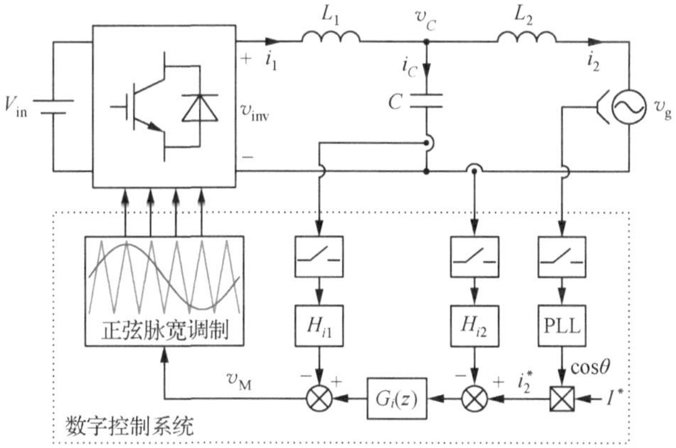

图 8.1　单相 LCL 型并网逆变器及其控制图

在数字控制中，为避免开关噪声的影响，通常在三角载波的波峰和波谷处对并网电流 i_2 和滤波电容电流 i_C进行采样[110]，如图 8.2 所示。在采样点 k 处对 i_2 和 i_C进行采样，采样信号送至数字信号处理器，并按控制算法进行计算得到调制信号 v_M。为避免调制信号和载波信号出现多次交截现象，计算所得的调制信号 v_M在采样点 $k+1$ 处被装载。这导致实际装载的调制信号相对于计算得到的调制信号延时了一个采样周期，称该延时为计算延时，也称 1 拍延时[34,150]。v_M在被装载后的一个采样周期 T_s 内保持不变，并与三角载波进行比较。为准确描述 PWM 调制的这一特点，在模型中加入零阶保持器(zero order holder，ZOH)[151]，其传递函数为

$$G_{\mathrm{h}}(s)=\frac{1-\mathrm{e}^{-sT_s}}{s}\approx T_s\mathrm{e}^{-0.5sT_s} \tag{8.1}$$

可见，ZOH 会引入 0.5 拍延时。

综上所述，数字控制 SPWM 调制过程会引入计算延时和调制延时，其中，计算延时为 1 拍，调制延时为 0.5 拍。

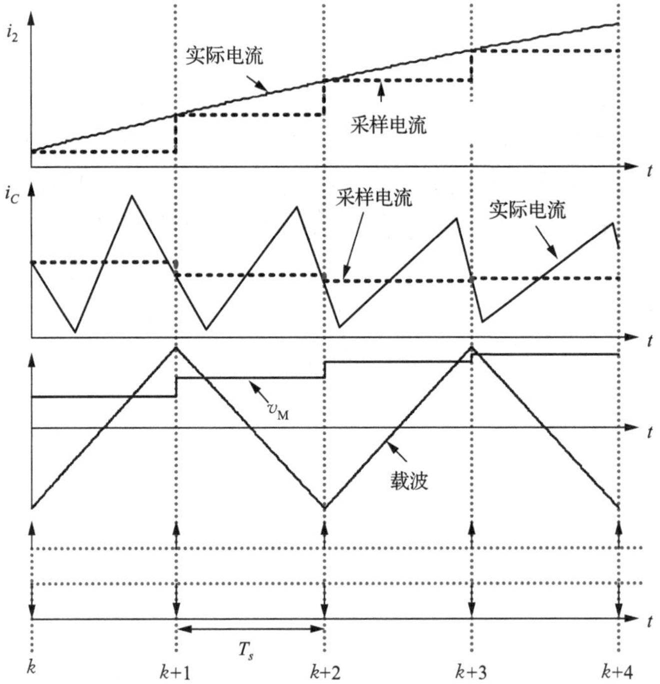

图 8.2　数字控制产生的控制延时机理

8.2　存在控制延时的电容电流反馈有源阻尼及环路增益特性

8.2.1　电容电流反馈有源阻尼的等效阻抗

根据图 8.1，可以得到 LCL 型并网逆变器的控制框图，如图 8.3(a)所示。其中，调制波 v_{M} 经计算延迟后得到 v'_{M}，v'_{M} 经零阶保持器后的信号到逆变桥输出电压 v_{inv} 的传递函数为 $K_{\mathrm{PWM}}=V_{\mathrm{in}}/V_{\mathrm{tri}}$（$V_{\mathrm{in}}$ 为输入电压，V_{tri} 为三角载波幅值），$Z_{L1}(s)$、$Z_C(s)$ 和 $Z_{L2}(s)$ 分别为电感 L_1、电容 C 和电感 L_2 的阻抗，其表达式分别为 $Z_{L1}(s)=sL_1$、$Z_C(s)=1/(sC)$ 和 $Z_{L2}(s)=sL_2$。

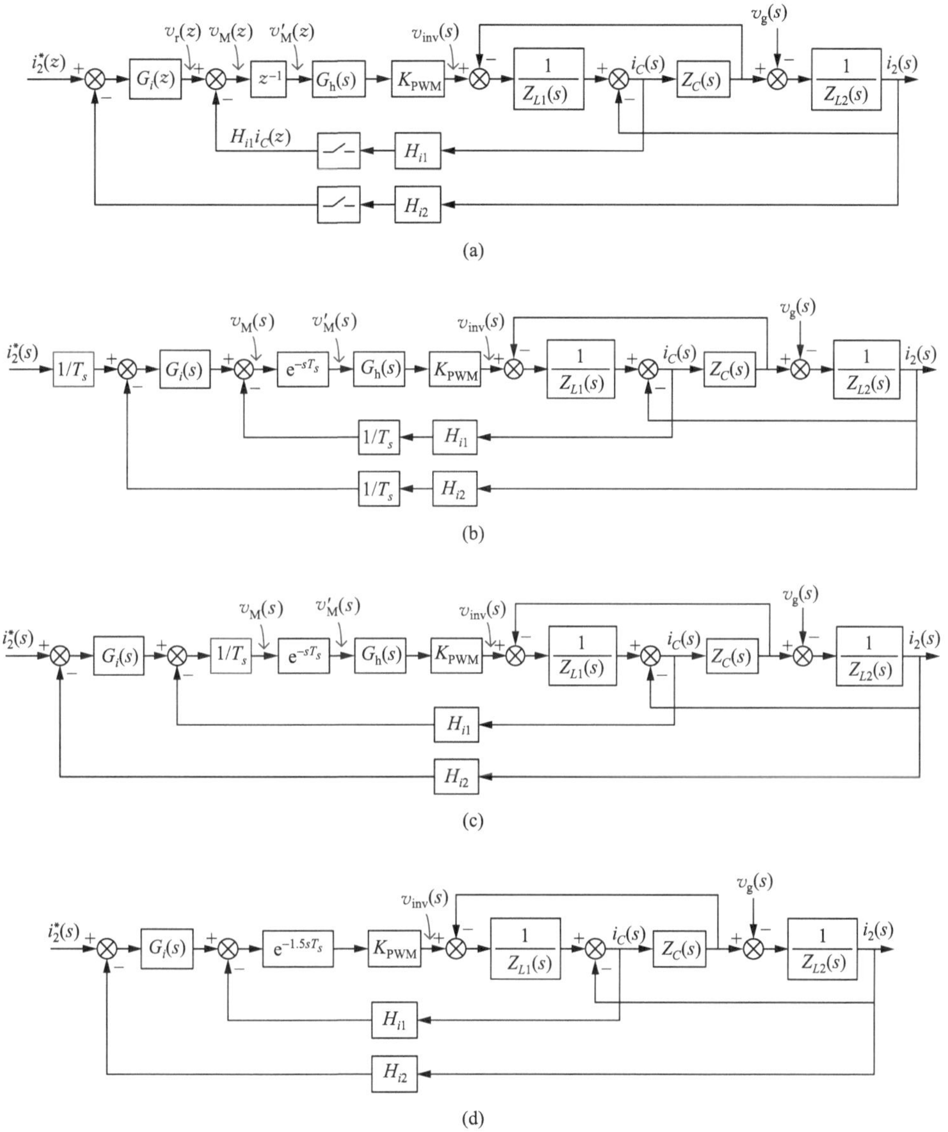

图 8.3　采用电容电流反馈有源阻尼的 LCL 型并网逆变器的数学模型

为了直观看出控制延时对电容电流反馈有源阻尼效果的影响，将图 8.3(a)中的离散域模型转换到连续域中，得到等效的连续域模型。由于采样开关在 Nyquist 频率($f_s/2$)范围内的频率响应为 $1/T_s$[122,152]，且 $z=e^{sT_s}$，因此图 8.3(a)可变换为图 8.3(b)。其中，$i_2^*(s)$为 $i_2^*(z)$对应的连续信号，$G_i(s)$为 $G_i(z)$对应的连续信号。由于 $i_2^*(s)$的前向支路和 i_2 与 i_C的反馈支路中均包含有 $1/T_s$，因此可以

将这三个 $1/T_s$ 合并到 e^{-sT_s} 的输入端，如图 8.3(c)所示。将式(8.1)代入图 8.3(c)，并与 $1/T_s$ 和 e^{-sT_s} 相乘后，可得图 8.3(d)。

将图 8.3(d)中的电容电流反馈改为电容电压反馈，并将其反馈点从调节器 $G_i(s)$ 的输出端移到 $1/Z_{L1}(s)$ 之后，可得图 8.4(a)。从图 8.4(a)中可以看出，此时电容电流反馈等效为在滤波电容上并联一个阻抗 Z_{eq}，其表达式为

$$Z_{eq}=\frac{Z_{L1}(s)Z_C(s)}{K_{PWM}H_{i1}e^{-1.5sT_s}}=\frac{L_1}{CK_{PWM}H_{i1}}e^{1.5sT_s}=R_Ae^{1.5sT_s} \tag{8.2}$$

式中，$R_A=L_1/(CK_{PWM}H_{i1})$，它是模拟控制时电容电流反馈有源阻尼的等效电阻。

Z_{eq} 可表示为电阻 R_{eq} 与电抗 X_{eq} 并联，如图 8.4(b)所示。将 $s=j\omega$ 代入式(8.2)，可得 R_{eq} 与 X_{eq} 的表达式，分别为

$$R_{eq}(\omega)=R_A/\cos(1.5\omega T_s) \tag{8.3a}$$

$$X_{eq}(\omega)=R_A/\sin(1.5\omega T_s) \tag{8.3b}$$

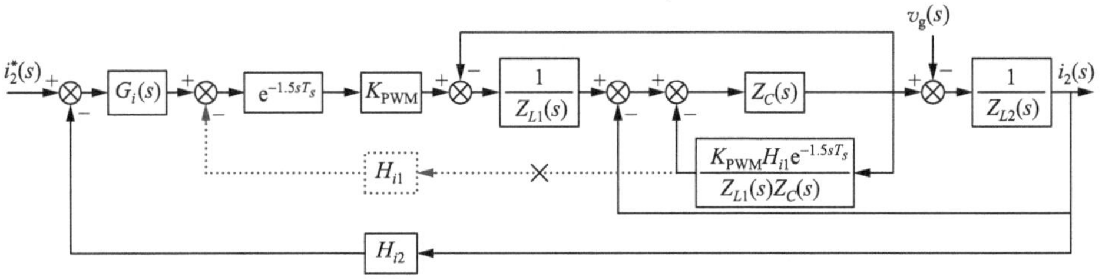

(a) 方框图等效变换

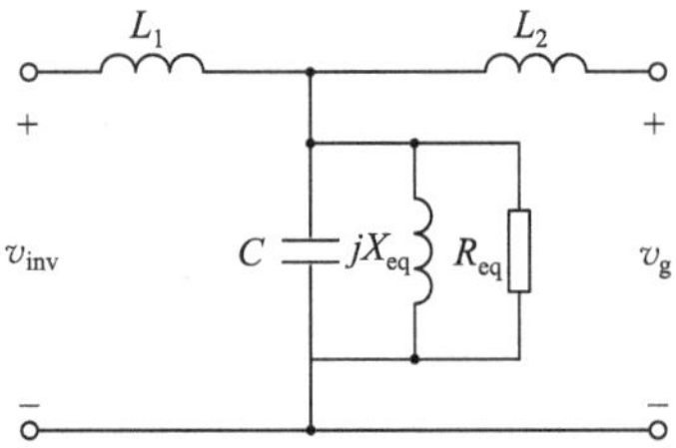

(b) 等效电路

图 8.4　电容电流反馈有源阻尼等效虚拟阻抗

根据式(8.3)可得 R_{eq} 和 X_{eq} 的频域特性，如图 8.5 所示。可以看出：当 $H_{i1}>0$ 时，R_{eq} 在 $(0, f_s/6)$ 频率范围内呈正阻特性，而在 $(f_s/6, f_s/2)$ 内呈负阻特性；X_{eq} 在 $(0, f_s/3)$ 内呈感性，而在 $(f_s/3, f_s/2)$ 内呈容性。当 $H_{i1}<0$ 时，R_{eq} 和 X_{eq} 的阻抗特性和 $H_{i1}>0$ 时相反。

对比图 8.3(d)和图 5.2 不难发现，与模拟控制相比，数字控制时控制框图中多了一个与 K_{PWM} 级联的延时环节 $e^{-1.5sT_s}$。因此，将式(5.3)中的 K_{PWM} 换作 $K_{PWM}\cdot e^{-1.5sT_s}$，即可得到数字控制 LCL 型并网逆变器的环路增益表达式，为

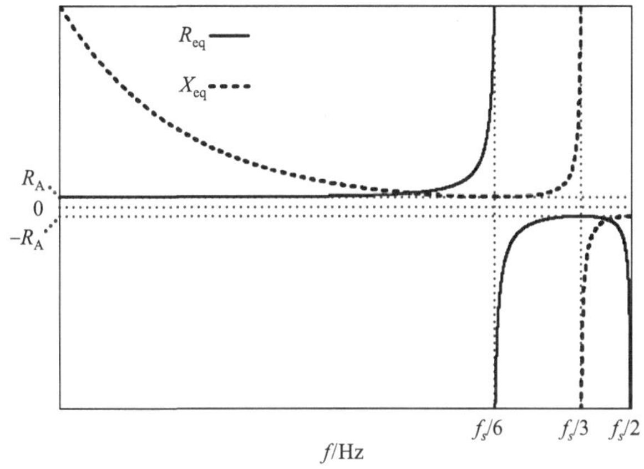

图 8.5　R_{eq}和 X_{eq}的频率特性

$$\begin{aligned}T_D(s) &= \frac{H_{i2}K_{PWM}e^{-1.5sT_s}G_i(s)}{s^3L_1L_2C + s^2L_2CH_{i1}K_{PWM}e^{-1.5sT_s} + s(L_1+L_2)} \\ &= \frac{1}{sL_1L_2C}\frac{H_{i2}K_{PWM}e^{-1.5sT_s}G_i(s)}{s^2+\dfrac{1}{CZ_{eq}(s)}s+\omega_r^2}\end{aligned} \tag{8.4}$$

其中，$\omega_r = 2\pi f_r = \sqrt{\dfrac{L_1+L_2}{L_1L_2C}}$，为 LCL 滤波器的谐振角频率。可以看出，$T_D(s)$的分子中含有控制延时 $e^{-1.5sT_s}$，分母中含有电容电流反馈有源阻尼的等效虚拟阻抗 Z_{eq}。前者会引入相位滞后，后者会影响系统环路增益的极点分布。

图 8.6 给出了 $H_{i1}\geqslant 0$ 时，补偿前(即 $G_i(s)=1$ 时)环路增益的波特图，从中可以看出 Z_{eq}对并网逆变器频率特性的影响：X_{eq}在$(0, f_s/3)$频段内为一个感抗，因此它会削弱滤波电容的作用，使系统环路增益的谐振频率 f_r' 高于 LCL 滤波器的谐振频率 f_r，如图 8.6(a)和(b)所示；在$(f_s/3, f_s/2)$频段内，X_{eq}呈现为一个容抗，使得 f_r' 低于 f_r，如图 8.6(c)所示。前面已指出，$R_A = L_1/(CK_{PWM}H_{i1})$，因此 H_{i1}越大，R_A越小。那么根据式(8.3b)可知，H_{i1}越大，则$|X_{eq}|$越小，对应的电感越小或电容越大，f_r' 就越偏离 f_r。由于 $f_s/3$ 是 X_{eq}为感抗和容抗的分界点，无论 H_{i1}如何增大，f_r' 都不会跨越 $f_s/3$。也就是说，当 $f_r<f_s/3$ 时，增大 H_{i1}会使 f_r' 升高，但不会高于 $f_s/3$；当 $f_r>f_s/3$ 时，增大 H_{i1}将使 f_r'降低，但不会低于 $f_s/3$。

8.2.2　系统环路增益的离散域表达式

由前面的分析可知，R_{eq}在$(f_s/6, f_s/2)$频率范围内呈负阻特性，这可能会使系统环路增益含有右半平面极点。从式(8.4)可以看出，$T_D(s)$中含有非线性环节 $e^{-1.5sT_s}$，是一个超越函数，因此无法直接从中求取其极点。为此，将图 8.3(a)所示

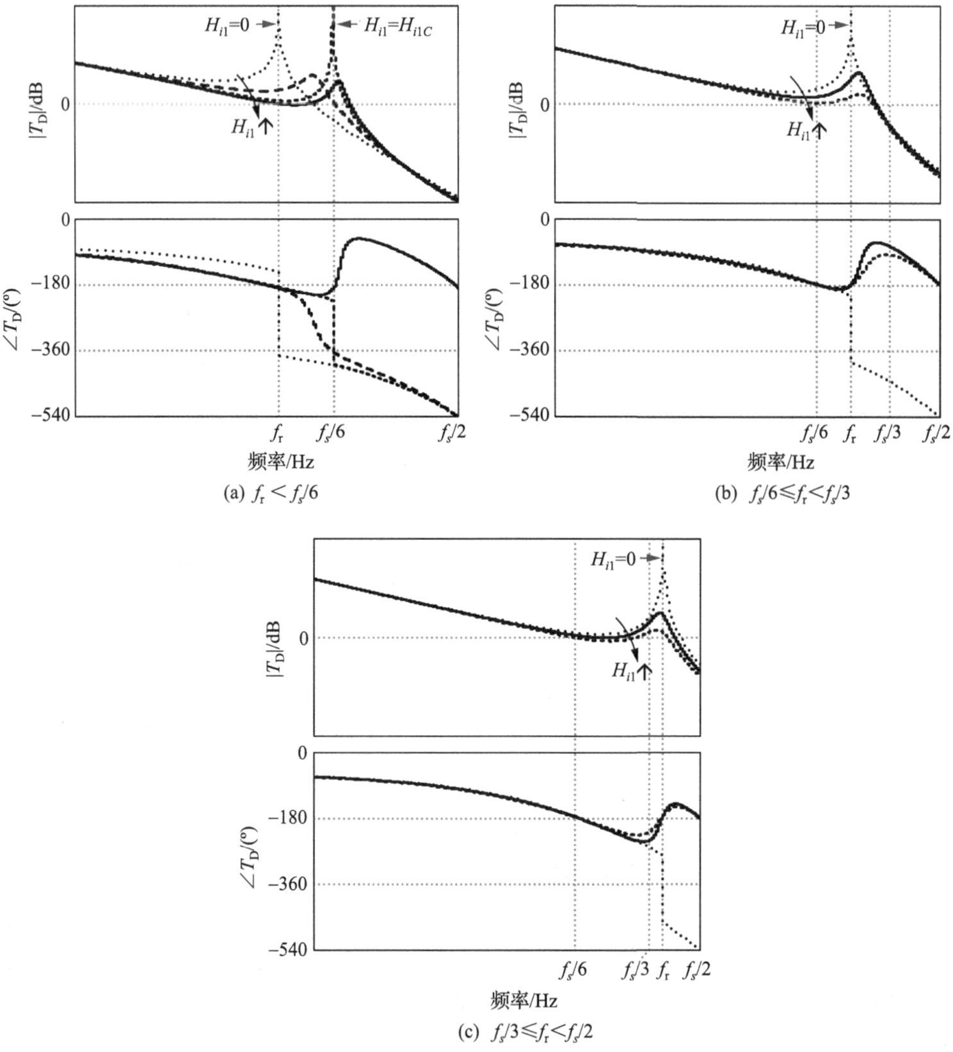

图 8.6　补偿前系统环路增益波特图

的控制框图进行 z 变换，并推导出系统环路增益在 z 域的表达式。这里只是推导系统环路增益表达式，因此在推导过程中令 $v_g(s)=0$。

根据图 8.3(a)，可以推得 v'_M到并网电流 i_2 的传递函数为

$$\frac{i_2(s)}{v'_M(z)}=\frac{G_h(s)K_{PWM}}{sL_1L_2C}\frac{1}{s^2+\omega_r^2} \tag{8.5}$$

而并网电流 i_2 与电容电流 i_C的关系式为

$$i_2(s)=\frac{1}{s^2L_2C}i_C(s) \tag{8.6}$$

将式(8.6)代入式(8.5)，可得

$$\frac{i_C(s)}{v'_{\mathrm{M}}(z)}=\frac{G_{\mathrm{h}}(s)K_{\mathrm{PWM}}}{L_1}\frac{s}{s^2+\omega_{\mathrm{r}}^2} \tag{8.7}$$

将 $G_{\mathrm{h}}(s)=(1-\mathrm{e}^{-sT_s})/s$ 分别代入式(8.5)和式(8.7)，然后进行 z 变换，可得

$$\begin{aligned}\frac{i_2(z)}{v'_{\mathrm{M}}(z)}&=Z\left[\frac{G_{\mathrm{h}}(s)K_{\mathrm{PWM}}}{sL_1L_2C}\frac{1}{s^2+\omega_{\mathrm{r}}^2}\right]=Z\left[(1-\mathrm{e}^{-sT_s})\frac{K_{\mathrm{PWM}}}{s^2L_1L_2C}\frac{1}{s^2+\omega_{\mathrm{r}}^2}\right]\\&=\frac{K_{\mathrm{PWM}}}{\omega_{\mathrm{r}}(L_1+L_2)}\left[\frac{\omega_{\mathrm{r}}T_s}{z-1}-\frac{(z-1)\sin\omega_{\mathrm{r}}T_s}{z^2-2z\cos\omega_{\mathrm{r}}T_s+1}\right]\end{aligned} \tag{8.8}$$

$$\begin{aligned}\frac{i_C(z)}{v'_{\mathrm{M}}(z)}&=Z\left[\frac{G_{\mathrm{h}}(s)K_{\mathrm{PWM}}}{L_1}\frac{s}{s^2+\omega_{\mathrm{r}}^2}\right]=Z\left[(1-\mathrm{e}^{-sT_s})\frac{K_{\mathrm{PWM}}}{L_1}\frac{1}{s^2+\omega_{\mathrm{r}}^2}\right]\\&=\frac{z-1}{\omega_{\mathrm{r}}L_1}\frac{K_{\mathrm{PWM}}\sin\omega_{\mathrm{r}}T_s}{z^2-2z\cos\omega_{\mathrm{r}}T_s+1}\end{aligned} \tag{8.9}$$

定义图 8.3(a)中电流调节器 $G_i(z)$的输出信号为 $v_{\mathrm{r}}(z)$，由图 8.3(a)可得

$$v'_{\mathrm{M}}(z)=z^{-1}(v_{\mathrm{r}}(z)-H_{i1}i_C(z)) \tag{8.10}$$

整理式(8.10)可得

$$\frac{v'_{\mathrm{M}}(z)}{v_{\mathrm{r}}(z)}=\frac{1}{z+H_{i1}\dfrac{i_C(z)}{v'_{\mathrm{M}}(z)}} \tag{8.11}$$

依据图 8.3(a)，并根据环路增益 $T_{\mathrm{D}}(z)$的定义可得

$$T_{\mathrm{D}}(z)\triangleq H_{i2}G_i(z)\frac{i_2(z)}{v_{\mathrm{r}}(z)}=H_{i2}G_i(z)\frac{i_2(z)}{v'_{\mathrm{M}}(z)}\frac{v'_{\mathrm{M}}(z)}{v_{\mathrm{r}}(z)} \tag{8.12}$$

将式(8.11)代入式(8.12)，可得

$$T_{\mathrm{D}}(z)=H_{i2}G_i(z)\frac{i_2(z)}{v'_{\mathrm{M}}(z)}\frac{1}{z+H_{i1}\dfrac{i_C(z)}{v'_{\mathrm{M}}(z)}} \tag{8.13}$$

将式(8.8)和式(8.9)代入式(8.13)，可得

$$T_{\mathrm{D}}(z)=\frac{H_{i2}G_i(z)K_{\mathrm{PWM}}}{\omega_{\mathrm{r}}(L_1+L_2)}\frac{\omega_{\mathrm{r}}T_s(z^2-2z\cos\omega_{\mathrm{r}}T_s+1)-(z-1)^2\sin\omega_{\mathrm{r}}T_s}{(z-1)\left[z(z^2-2z\cos\omega_{\mathrm{r}}T_s+1)+(z-1)\dfrac{H_{i1}K_{\mathrm{PWM}}}{\omega_{\mathrm{r}}L_1}\sin\omega_{\mathrm{r}}T_s\right]} \tag{8.14}$$

与式(8.4)所示的 $T_{\mathrm{D}}(s)$相比，式(8.14)所示的 $T_{\mathrm{D}}(z)$没有非线性环节，这样可以直接求取其极点，进而得出 $T_{\mathrm{D}}(z)$含有右半平面极点的条件。

8.2.3　系统环路增益的右半平面极点

由于电流调节器 $G_i(z)$不含右半平面极点，且极点 $z=1$ 位于单位圆上，也不

是右半平面极点，因此根据式(8.14)可知，$T_D(z)$是否含有右半平面极点决定于下式

$$z(z^2-2z\cos\omega_r T_s+1)+(z-1)\frac{H_{i1}K_{PWM}}{\omega_r L_1}\sin\omega_r T_s=0 \tag{8.15}$$

利用 w 变换 $z=(1+w)/(1-w)$将 z 域的单位圆映射到 w 域的虚轴[122]，此时只需检验特征方程位于 w 域右半平面根的个数即可。将式(8.15)映射到 w 域，整理后可得

$$a_0w^3+a_1w^2+a_2w+a_3=0 \tag{8.16}$$

式中，

$$\begin{cases} a_0=1+\cos\omega_r T_s+\dfrac{H_{i1}K_{PWM}}{\omega_r L_1}\sin\omega_r T_s \\ a_1=1+\cos\omega_r T_s-2\dfrac{H_{i1}K_{PWM}}{\omega_r L_1}\sin\omega_r T_s \\ a_2=1-\cos\omega_r T_s+\dfrac{H_{i1}K_{PWM}}{\omega_r L_1}\sin\omega_r T_s \\ a_3=1-\cos\omega_r T_s \end{cases} \tag{8.17}$$

根据式(8.16)可得 Routh 阵列，即

$$\begin{array}{lll} w^3: & a_0 & a_2 \\ w^2: & a_1 & a_3 \\ w^1: & b_1 & 0 \\ w^0: & a_3 & \end{array} \tag{8.18}$$

式中，$b_1=(a_1a_2-a_0a_3)/a_1$。为保证系统的可控性，要求 $f_r\leqslant f_s/2$[122]，那么有 $\omega_r T_s\leqslant\pi$。又由于 $H_{i1}\geqslant0$，根据式(8.17)可得 a_0、a_2 和 a_3恒大于 0。

由 Routh 判据可知，式(8.16)中右半平面根的个数等于$(a_0,a_1,b_1,a_3)^T$这列元素的正负符号的变化次数。如果式(8.16)中含有右半平面极点，则要求 $a_1<0$ 或 $b_1<0$。

根据 $b_1<0$ 可得 H_{i1}须满足

$$H_{i1}>\frac{(2\cos\omega_r T_s-1)\omega_r L_1}{K_{PWM}\sin\omega_r T_s}\triangleq H_{i1C} \tag{8.19a}$$

根据 $a_1<0$ 可得 H_{i1}须满足

$$H_{i1}>\frac{(1+\cos\omega_r T_s)\omega_r L_1}{2K_{PWM}\sin\omega_r T_s}\triangleq H'_{i1C} \tag{8.19b}$$

因为 $\cos\omega_r T_s\leqslant1$，所以根据式(8.19)可得 $H'_{i1C}\geqslant H_{i1C}$。如果 $H_{i1}>H_{i1C}$，则 $b_1<0$，而 a_0和 a_3均大于 0，因此无论 a_1 是大于 0 还是小于 0，此时 T_D 必然存在 2 个右半平面极点。

将 $H_{i1}=H_{i1C}$代入式(8.15)，可得 $T_D(z)$中存在两个极点，即 $z_{1,2}=(1\pm j\sqrt{3})/2$。

将 $z_{1,2}$ 映射到 s 域，可得 $T_{\rm D}(s)$ 中存在极点为 $s_{1,2}=\pm j\pi f_s/3$，这意味着环路增益在 $f_s/6$ 处为无穷大，也就是说系统在 $f_s/6$ 处存在谐振尖峰，即系统环路增益的谐振频率 $f_{\rm r}'$ 出现在 $f_s/6$ 处，如图 8.6(a)所示。由于在$(0,f_s/3)$频段内，H_{i1} 越大，$f_{\rm r}'$ 越高，当 $H_{i1}>H_{i1C}$ 时，则 $f_{\rm r}'>f_s/6$。前面分析已指出，$R_{\rm eq}$ 在$(f_s/6,f_s/2)$内呈负阻特性。因此，$T_{\rm D}$ 存在右半平面极点与 $R_{\rm eq}$ 在 $f_{\rm r}'$ 处呈负阻特性是等价的。

根据式(8.14)可得到系统环路增益在 $f_{\rm r}$ 和 $f_s/6$ 处的表达式，分别为

$$T_{\rm D}(e^{j\omega T_s})\big|_{\omega=2\pi f_{\rm r}}=-\frac{H_{i2}}{H_{i1}\omega_{\rm r}^2 L_2 C} \tag{8.20a}$$

$$T_{\rm D}(e^{j\omega T_s})\big|_{\omega=2\pi f_s/6}=\frac{H_{i2}L_1}{(L_1+L_2)\sin\omega_{\rm r}T_s}\frac{\omega_{\rm r}T_s(1-2\cos\omega_{\rm r}T_s)+\sin\omega_{\rm r}T_s}{H_{i1C}-H_{i1}} \tag{8.20b}$$

由式(8.20a)可知，系统环路增益 $T_{\rm D}$ 在 $f_{\rm r}$ 处为负实数，显然此时 $T_{\rm D}$ 的相位为$-180°$，这说明 $T_{\rm D}$ 的相频曲线一定会在 $f_{\rm r}$ 处穿越$-180°$。参考式(8.20b)，定义 $g(\omega_{\rm r}T_s)=\omega_{\rm r}T_s(1-2\cos\omega_{\rm r}T_s)+\sin\omega_{\rm r}T_s$，前面已指出，$\omega_{\rm r}T_s\leqslant\pi$，那么可推导出 $g'(\omega_{\rm r}T_s)\geqslant 0$，所以 $g(\omega_{\rm r}T_s)$ 是单调增函数，即 $g(\omega_{\rm r}T_s)\geqslant g(0)=0$。这样，根据式(8.20b)可知，当 $H_{i1}>H_{i1C}$ 时，系统环路增益 $T_{\rm D}$ 为负数，即其在 $f_s/6$ 处的相位也为$-180°$，这意味着 $T_{\rm D}$ 的相频曲线在 $f_s/6$ 处会再次穿越$-180°$，这与图 8.6 是吻合的。需要说明的是，$H_{i1}<0$ 时的分析思路和 $H_{i1}\geqslant 0$ 时类似，这里不再赘述。

8.3　数字控制时系统稳定性约束条件

8.3.1　Nyquist 稳定判据

第 8.2.3 节已指出，当 $R_{\rm eq}$ 在 $f_{\rm r}'$ 处呈负阻特性时，系统环路增益 $T_{\rm D}(s)$ 存在 2 个右半平面极点，此时系统闭环参数设计的约束条件和第 5 章不同，不能再用第 5 章中的相位裕度 PM 和幅值裕度 GM 来判断系统的稳定性。本节利用 Nyquist 稳定性判据确定数字控制 LCL 型并网逆变器的稳定性约束条件。在介绍 Nyquist 稳定判据之前，先定义一下穿越次数。如图 8.7(a)和(b)分别给出了环路增益的幅相曲线和对应的波特图，从中可以看出：

(1) 环路增益的幅相曲线由上向下穿越$(-1,j0)$点左侧负实轴一次，记为一次正穿越。这等价于波特图中当环路增益的幅频曲线大于 0dB 时，相频曲线由下向上穿越 180°$(2k+1)$线一次（其中 k 为整数）。

(2) 环路增益的幅相曲线由下向上穿越$(-1,j0)$点左侧负实轴一次，记为一次负穿越。它等价于波特图中当环路增益的幅频曲线大于 0dB 时，相频曲线由上向下穿越 180°$(2k+1)$线一次。

(3) 环路增益的幅相曲线由上向下止于或由上向下起于$(-1,j0)$点左侧负实

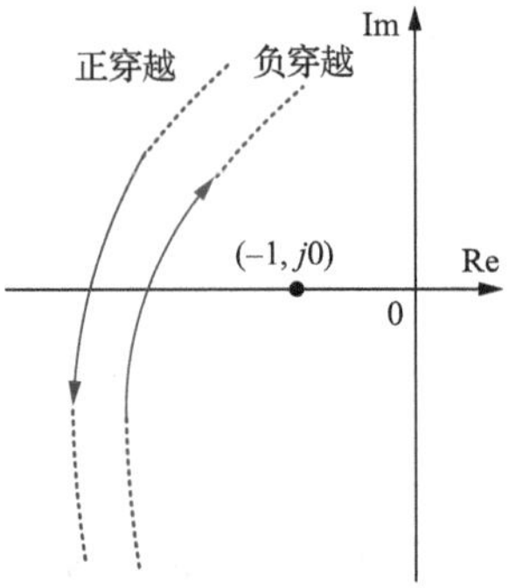

(a) 幅相曲线

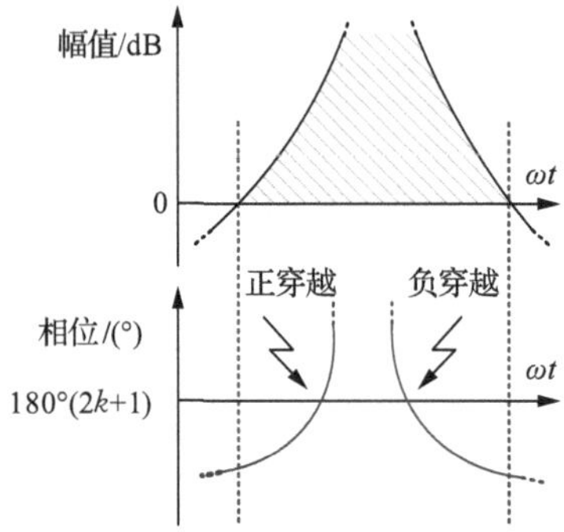

(b) Bode图

图 8.7　正穿越和负穿越

轴，等价于波特图中当环路增益的幅频曲线大于 0dB 时，相频曲线由下向上止于或由下向上起于 180°(2k+1)线一次，记为半次正穿越。

(4) 环路增益的幅相曲线由下向上止于或由下向上起于(−1,j0)点左侧负实轴，等价于波特图中当环路增益的幅频曲线大于 0dB 时，相频曲线由上向下止于或由上向下起于 180°(2k+1)线，记为半次负穿越。

记正穿越次数为 C^+，负穿越次数为 C^-，系统环路增益含有右半平面极点的个数为 P。根据 Nyquist 稳定性判据可知，如果满足 $C^+ - C^- = P/2$，则系统稳定。

8.3.2　系统稳定性约束条件

为了保证系统具有良好的稳定性和动态特性，校正后的系统需要具有一定的稳定裕度，一般用幅值裕度和相位裕度表示。第 8.2.3 节已指出，如果 R_{eq} 在 f'_r 处呈负阻特性，则系统环路增益存在 2 个右半平面极点，即 $P=2$。根据 Nyquist 稳定判据可知，此时系统稳定的条件是 $C^+ - C^- = 1$。对于图 8.6 所示的波特图，要求 $C^+=1, C^-=0$，即必须使图 8.6 中的负穿越失效，并保证正穿越有效，这意味着环路增益的谐振峰不能被阻尼到 0dB 以下。显然，这与第 5 章中模拟控制 LCL 型并网逆变器的稳定性约束条件是不同的。

定义 GM_1 和 GM_2 分别为 T_D 在 f_r 和 $f_s/6$ 处的幅值裕度，PM 为 T_D 在截止频率 f_c(幅频曲线第一次穿越 0dB 时对应的频率)处的相位裕度。那么，数字控制 LCL 型并网逆变器的稳定性约束条件可表述为：

(1) 当 $f_r < f_s/6$ 时，如果 $H_{i1} \leqslant H_{i1C}$，则 T_D 不含右半平面极点，其相频曲线只在 f_r 处负向穿越 −180°。此时，如果 $GM_1 > 0$dB，PM$>0°$，如图 8.8(a)所示，则系统稳定。注意，由于此时没有正穿越，对 GM_2 没有要求。

(2) 当 $f_r < f_s/6$ 时，如果 $H_{i1} > H_{i1C}$，则 T_D 含有 2 个右半平面极点，其相频曲

线在 f_r 处负向穿越 $-180°$，在 $f_s/6$ 处正向穿越 $-180°$。此时，如果 $GM_1>0dB$，$GM_2<0dB$ 且 $PM>0°$，如图 8.8(b)所示，则系统稳定。

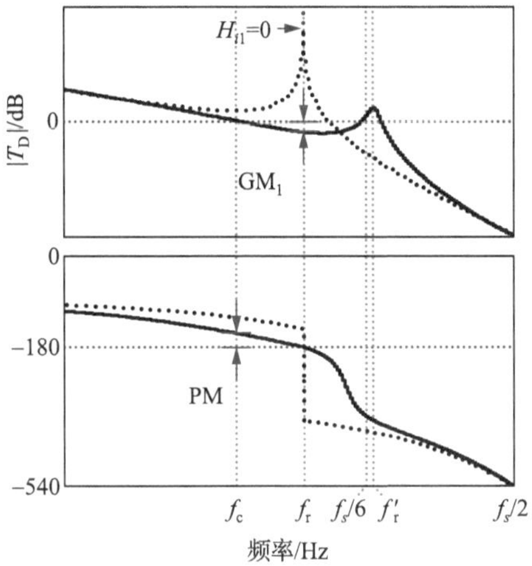

(a) $f_r<f_s/6$，$H_{i1}\leqslant H_{i1C}$

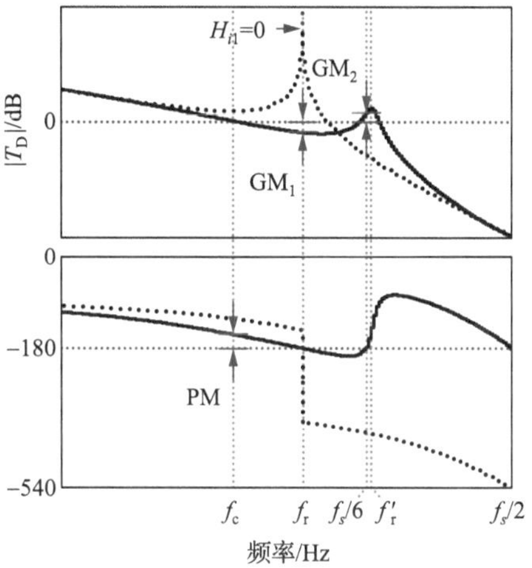

(b) $f_r<f_s/6$，$H_{i1}>H_{i1C}$

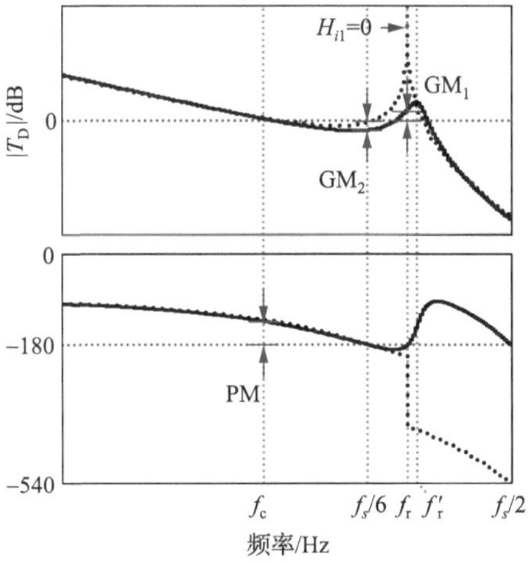

(c) $f_r\geqslant f_s/6$

图 8.8　系统稳定约束条件

(3) 当 $f_r\geqslant f_s/6$ 时，由式(8.19a)可知 $H_{i1C}<0$。那么此时只要 $H_{i1}>0$，则 T_D 含 2 个右半平面极点，其相频曲线在 $f_s/6$ 处负向穿越 $-180°$，在 f_r 处正向穿越 $-180°$。为了保证系统稳定，要求 $GM_1<0dB$，$GM_2>0dB$ 且 $PM>0°$，如图 8.8(c)所示。请注意，与 $f_r<f_s/6$ 且 $H_{i1}>H_{i1C}$ 相比，由于这里的 $f_s/6$ 与 f_r 的大小关系发生变化，$T_D(s)$ 相频曲线正向和负向穿越 $-180°$ 的频率点互换，相应地对 GM_1 和 GM_2 的要求也随之互换。

8.4 数字控制时 LCL 滤波器与电流调节器和电容电流反馈有源阻尼的设计

8.4.1 LCL 滤波器谐振频率选取的禁止区域

第 8.2.3 节已指出，当 $H_{i1}>H_{i1C}$ 时，LCL 型并网逆变器的系统谐振频率 f'_r 将高于 $f_s/6$，系统环路增益 T_D 含有 2 个右半平面极点，其相频曲线在 LCL 滤波器的谐振频率 f_r 和 $f_s/6$ 两处都穿越−180°。根据 Nyquist 稳定判据可知，此时系统稳定的必要条件是 T_D 的幅频曲线的谐振尖峰不能被阻尼到 0dB 以下，这与第 5 章中模拟控制时的闭环设计思路不同。特别地，当 $f_r=f_s/6$ 时，由图 8.8(b)和(c)可知，T_D 的相频曲线将和−180°线相切。如果 T_D 在 f_r 和 $f_s/6$ 处均大于 0dB，则 $C^+=C^-=0.5$。根据式(8.19a)可知，当 $f_r=f_s/6$ 时，$H_{i1C}=0$。那么只要 $H_{i1}>0$，则式(8.19a)成立，意味着 T_D 含有 2 个右半平面极点，即 $P=2$。显然，无论采用何种校正方法，T_D 都无法满足 $C^+-C^-=P/2$，系统恒不稳定。因此，在设计 LCL 滤波器时，其谐振频率 f_r 不能等于 $f_s/6$。进一步，根据系统对幅值裕度 GM_1 和 GM_2 的要求，可以确定一个 f_r 与 $f_s/6$ 的比值的区域。当所设计的 LCL 滤波器的谐振频率 f_r 与 $f_s/6$ 的比值落在此区域内时，系统虽然可以稳定工作，但由于不满足幅值裕度要求，系统动态性能较差。特别地，如果 f_r 与 $f_s/6$ 的比值等于 1，则系统无法稳定工作，以下称由 GM_1 和 GM_2 所确定的 f_r 与 $f_s/6$ 的比值的区域为禁止区域，根据 GM_1 和 GM_2 的要求推导该禁止区域。

根据幅值裕度 GM_1 和 GM_2 的定义，可得

$$GM_1=-20\lg|T_D(j2\pi f_r)| \tag{8.21a}$$

$$GM_2=-20\lg|T_D(j2\pi f_s/6)| \tag{8.21b}$$

第 5.2 节中已指出，在高于或等于截止频率 f_c 的频段，无论 $G_i(s)$ 采用的是 PI 调节器还是 PR 调节器，都可以近似用比例系数 K_p 代替。由于截止频率 f_c 低于 f_r 和 $f_s/6$，有 $|G_i(j2\pi f_r)|\approx|G_i(j2\pi f_s/6)|\approx K_p$。将它们分别与 $s=j2\pi f_r$ 和 $s=j2\pi f_s/6$ 代入式(8.4)，可得

$$GM_1=20\lg\frac{H_{i1}(L_1+L_2)}{H_{i2}K_pL_1} \tag{8.22}$$

$$GM_2=20\lg\left[\frac{(2\pi f_s/6)L_1L_2C}{H_{i2}K_{PWM}K_p}\left((2\pi f_r)^2-(2\pi f_s/6)^2+\frac{(2\pi f_s/6)K_{PWM}H_{i1}}{L_1}\right)\right] \tag{8.23}$$

从图 8.8 可以看出，在等于或低于截止频率 f_c 的频段，校正前的系统环路增益 T_D 幅频曲线的斜率是−20dB/dec，说明该频段滤波电容 C 的作用小，即可近似

认为$C\approx0$。将$C\approx0$代入式(8.4)，可得等于或低于截止频率f_c频段内环路增益T_D的近似表达式为

$$|T_D(s)|\approx\left|\frac{H_{i2}K_{PWM}G_i(s)}{s(L_1+L_2)}\right| \tag{8.24}$$

由于$|T_D(j2\pi f_c)|=1$，且$G_i(j2\pi f_c)\approx K_p$，那么根据式(8.24)可得

$$K_p\approx\frac{2\pi f_c(L_1+L_2)}{H_{i2}K_{PWM}} \tag{8.25}$$

将式(8.25)代入式(8.22)，可得

$$H_{i1}=10^{\frac{GM_1}{20}}2\pi f_c L_1/K_{PWM}\triangleq H_{i1\_GM1} \tag{8.26}$$

将式(8.25)和式(8.26)代入式(8.23)并整理可得

$$GM_2=20\lg\left\{10^{\frac{GM_1}{20}}\left(\frac{f_s/6}{f_r}\right)^2+\frac{f_s/6}{f_c}\left[1-\left(\frac{f_s/6}{f_r}\right)^2\right]\right\} \tag{8.27}$$

定义f_c和f_r与f_r和$f_s/6$的比值分别为λ_{fc}和λ_{fr}，即

$$\lambda_{fc}=\frac{f_c}{f_r} \tag{8.28a}$$

$$\lambda_{fr}=\frac{f_r}{f_s/6} \tag{8.28b}$$

则式(8.27)可改写为

$$10^{\frac{GM_2}{20}}\lambda_{fr}^3-\frac{\lambda_{fr}^2}{\lambda_{fc}}-10^{\frac{GM_1}{20}}\lambda_{fr}+\frac{1}{\lambda_{fc}}=0 \tag{8.29}$$

需要说明的是，λ_{fc}根据系统相位裕度要求确定。λ_{fc}越大，f_c越靠近f_r。根据图 8.8 可看出，f_c越靠近f_r，则相位裕度越小，为此λ_{fc}的取值通常不超过 0.3[127,153]。λ_{fr}的下限由$f_r<f_s/6$时GM_1和GM_2的要求确定，上限由$f_r>f_s/6$时GM_1和GM_2的要求确定，这样，λ_{fr}的上下限就构成了λ_{fr}的禁止区域。当 LCL 型并网逆变器的采样频率确定后，LCL 滤波器谐振频率f_r就可以根据λ_{fr}的禁止区域来确定。如果所设计的 LCL 滤波器的谐振频率f_r与$f_s/6$的比值λ_{fr}落在禁止区域内，则系统无法满足GM_1和GM_2的要求，此时需要对 LCL 滤波器进行适当调整。

8.4.2　稳态误差和稳定裕度对闭环参数的约束

依据λ_{fr}的禁止区域和第 2 章给出的 LCL 滤波器的设计方法确定 LCL 滤波器参数后，结合 8.3.2 节中得到的系统稳定性约束条件，就可以将第 5 章提出的并网电流调节器参数和电容电流反馈系数设计方法应用到数字控制时的情况。结合并网电流稳态误差和系统稳定裕度要求，可以确定出符合要求的并网电流调节器参数和电容电流反馈系数的取值范围，进而得到合适的闭环控制参数。由于并网电流调节器采用 PR 调节器可以使系统在基波频率处具有很高的幅值增益，从而有

效减小单相并网逆变器输出电流的稳态误差，因此这里以 PR 调节器为例讨论控制闭环参数的设计。

为保证对电网频率有一定适应性，PR 调节器采用如下形式：

$$G_i(s) = K_p + \frac{2K_r\omega_i s}{s^2 + 2\omega_i s + \omega_o^2} \tag{8.30}$$

式中，K_p为比例系数；K_r 为谐振系数；$\omega_o = 2\pi f_o$为基波角频率；$\omega_i = 2\pi f_i$ 为考虑 −3dB要求的谐振项带宽[50]，即在 $\omega_o \pm \omega_i$处谐振项的增益为 $0.707K_r$。为了保证电网频率波动时 PR 调节器有足够的增益，选取 $\omega_i = 2\pi\Delta f = \pi$ rad/s。

第 8.4.1 节已指出，在等于和低于 f_c的频段，校正前的系统环路增益 T_D 的表达式可近似为式(8.24)，对比式(5.7)可以看出，T_D 的近似公式和 T_A相同，说明数字控制与模拟控制的系统环路增益的幅频特性基本一样。因此，数字控制与模拟控制的稳态误差 E_A对基波处的环路增益 T_{fo}的要求以及 T_{fo}对调节器 $G_i(s)$的要求是一样的。这意味着，基波处的环路增益 T_{fo}对 PR 调节器的积分系数 K_r 的约束条件 K_{r_Tfo}和式(5.35)一样。为叙述方便，这里将该表达式再次给出，即

$$K_{r\_Tfo} = \left(10^{\frac{T_{fo}}{20}} f_o - f_c\right)\frac{2\pi(L_1 + L_2)}{H_{i2}K_{PWM}} \tag{8.31}$$

由于截止频率 f_c远高于 f_o和 f_i，将 $s = j2\pi f_c$代入式(8.30)可得 $G_i(j2\pi f_c) \approx K_p - 2K_r\pi f_i / f_c$，将之与 $s = j2\pi f_c$一起代入式(8.4)，可推导出相位裕度 PM 的表达式为

$$\mathrm{PM} = \arctan\frac{2\pi L_1(f_r^2 - f_c^2) + H_{i1}K_{PWM}f_c\sin(3\pi f_c T_s)}{H_{i1}K_{PWM}f_c\cos(3\pi f_c T_s)} - 3\pi f_c T_s - \arctan\frac{K_r\omega_i}{\pi f_c K_p} \tag{8.32}$$

在式(8.32)两边同时取正切，整理后可得 PM 对 K_r 的约束条件 K_{r_PM}为

$$K_{r\_PM} = \frac{\pi f_c^2(L_1 + L_2)}{K_{PWM}H_{i2}f_i}\cdot\frac{\left[\dfrac{2\pi(f_r^2 - f_c^2)L_1}{f_c K_{PWM}H_{i1}} + \sin(3\pi f_c T_s)\right] - \tan(3\pi f_c T_s + \mathrm{PM})\cos(3\pi f_c T_s)}{\left[\dfrac{2\pi(f_r^2 - f_c^2)L_1}{f_c K_{PWM}H_{i1}} + \sin(3\pi f_c T_s)\right]\tan(3\pi f_c T_s + \mathrm{PM}) + \cos(3\pi f_c T_s)} \tag{8.33}$$

将式(8.25)和式(8.31)代入式(8.4)中，可得 PM 对 H_{i1}的约束条件 H_{i1_PM}为

$$H_{i1\_PM} = \frac{\dfrac{2\pi L_1(f_r^2 - f_c^2)}{f_c K_{PWM}\cos(3\pi f_c T_s)}\left[\pi f_c^2 - 2\pi f_i\left(10^{\frac{T_{fo}}{20}} f_o - f_c\right)\tan(3\pi f_c T_s + \mathrm{PM})\right]}{\left\{\begin{array}{l}2\pi f_i\left(10^{\frac{T_{fo}}{20}} f_o - f_c\right)\left[\tan(3\pi f_c T_s + \mathrm{PM})\tan(3\pi f_c T_s) + 1\right]\\ + \pi f_c^2\left[\tan(3\pi f_c T_s + \mathrm{PM}) - \tan(3\pi f_c T_s)\right]\end{array}\right\}} \tag{8.34}$$

将式(8.25)代入式(8.21b)，并结合式(8.4)，可得 GM_2 对 H_{i1}的约束条件 H_{i1_GM2}为

$$H_{i1\_GM2}=\frac{2\pi L_1}{K_{PWM}}\left[10^{\frac{GM_2}{20}}\left(\frac{f_r}{f_s/6}\right)^2 f_c+\frac{(f_s/6)^2-f_r^2}{f_s/6}\right] \tag{8.35}$$

当 T_{fo}、PM、GM_1 和 GM_2 给定后，由 H_{i1_PM}、H_{i1_GM1} 和 H_{i1_GM2} 可得到满足 T_{fo}、PM 和 GM 要求的 f_c 和 H_{i1} 取值区域。

8.4.3　LCL 滤波器参数、PR 调节器和电容电流反馈系数设计

根据上面的分析，可以总结出数字控制 LCL 型并网逆变器的并网电流调节器参数和电容电流反馈系数的设计步骤如下。

步骤 1：确定 T_{fo}、PM、GM_1 和 GM_2 的要求。具体而言，由并网电流稳态误差要求确定 T_{fo}；由系统鲁棒性和动态响应要求确定 PM；根据 f_r 和 $f_s/6$ 的大小关系及系统鲁棒性要求确定 GM_1 和 GM_2，①$f_r \geqslant f_s/6$ 时，$GM_1<0$dB 且 $GM_2>0$dB；②$f_r<f_s/6$ 时，如果 $H_{i1}\leqslant H_{i1C}$ 则 $GM_1>0$dB，如果 $H_{i1}>H_{i1C}$ 则 $GM_1>0$dB 且 $GM_2<0$dB。为保证系统具有良好的动态响应性能和足够的鲁棒性，PM 的取值范围一般为(30°,60°)，而 GM 一般为 $|GM_{1,2}|\geqslant 3\sim 6$dB。

这里要说明的是，由于数字控制的调制信号 v_M 在被装载后的一个采样周期内保持不变，所以这里没有模拟控制设计时 H_{i1_PWM} 的限制。

步骤 2：将确定的 GM_1 和 GM_2 要求代入式(8.29)，得到 λ_{fr} 的禁止区域。结合所选定的采样频率，检验根据第 2 章设计得到的 LCL 滤波器的谐振频率 f_r 和 $f_s/6$ 的比值 λ_{fr} 是否落在禁止区域内。若 λ_{fr} 落在禁止区域内，则适当调整滤波器参数(如调整滤波电容容值)，使 λ_{fr} 位于禁止区域之外。

步骤 3：根据确定的 T_{fo}、PM 以及 GM_1 和 GM_2 要求，分别由式(8.26)、式(8.34)和式(8.35)得到 H_{i1_GM1}、H_{i1_PM} 和 H_{i1_GM2} 与 f_c 的边界曲线，从而得到 f_c 和 H_{i1} 的可取区域。

步骤 4：从 f_c 和 H_{i1} 的可取区域中选取合适的 f_c。应尽量选取较高的 f_c 以提高系统动态响应速度和低频增益，并由式(8.25)计算得到 K_p。

步骤 5：确定 f_c 后，由幅值裕度和相位裕度要求选取合适的 H_{i1}。当 $f_r\geqslant f_s/6$ 时，H_{i1} 的下限值为 H_{i1_GM2}，上限值为 H_{i1_GM1} 和 H_{i1_PM} 中较小值；当 $f_r<f_s/6$ 时，H_{i1} 的下限值为 H_{i1_GM1}，上限值为 H_{i1_GM2} 和 H_{i1_PM} 中较小值。从 H_{i1} 的可取区域内选取相对较小的 H_{i1} 有利于提高系统动态响应性能。

步骤 6：确定 f_c 和 H_{i1} 后，由式(8.31)和式(8.33)分别求取 K_r 的下限值和上限值，并从中选取合适的 K_r。K_r 越大，则 T_{fo} 越大，但 PM 越小。因此，在保证足够 T_{fo} 和 PM 的前提下，折中选取 K_r，以获得所期望的性能。

步骤 7：检测校正后的系统环路增益是否满足所有的设计要求。

需要注意的是，如果步骤 1 中 T_{fo}、PM、GM_1 和 GM_2 的要求过于苛刻，实际得到的 f_c 和 H_{i1} 可取区域可能很小甚至不存在。此时，需修改步骤 1 中对 T_{fo}、PM、

GM_1 和 GM_2 的要求，并从步骤 2 重新计算。

8.5　无阻尼时数字控制 LCL 型并网逆变器的并网电流环设计

从图 8.8(c)可以看到，当 $f_r > f_s/6$ 时，校正前的环路增益 T_D 的相频曲线仅在 $f_s/6$ 处负向穿越 $-180°$ 一次。如果调整并网电流调节器 $G_i(s)$ 的比例系数 K_p，以使 T_D 在 $f_s/6$ 处在 0dB 以下，这样 T_D 在 $f_s/6$ 处的负穿越将失效。这意味着即使不加入电容电流反馈有源阻尼，系统依然可以稳定。下面讨论不加阻尼的 LCL 型并网逆变器并网电流环设计。

8.5.1　无阻尼时并网电流环控制下系统稳定的必要条件

将 $H_{i1}=0$ 代入式(8.4)，可求得不加入阻尼时的系统环路增益的表达式为

$$T_{\mathrm{D\_nodamp}}(s) = \frac{H_{i2}K_{\mathrm{PWM}}\mathrm{e}^{-1.5sT_s}G_i(s)}{s^3L_1L_2C + s(L_1+L_2)} \tag{8.36}$$

式(8.36)表明，不加阻尼时系统环路增益 T_D 不含有右半平面极点，即 $P=0$。而从图 8.6 可直观地看出，当 $H_{i1}=0$ 时，T_D 的相频曲线只穿越 $-180°$ 一次，且穿越频率处的系统环路增益大于 0dB，因此是一次负穿越，即 $C^-=1, C^+=0$。如果 LCL 滤波器的谐振频率 $f_r<f_s/6$，如图 8.6(a)所示，则该次负穿越出现在 f_r 处；如果 $f_r \geqslant f_s/6$，如图 8.6(b)和(c)所示，则该次负穿越出现在 $f_s/6$ 处。

为了实现系统稳定，应使 C^- 为 0，即使得该次负穿越失效。如果 $G_i(s)$ 采用的是 PI 调节器或 PR 调节器，则通过减小电流调节器 $G_i(s)$ 的比例系数 K_p 可以将负穿越频率点处的系统环路增益调整到 0dB 以下，使得负穿越失效。从图 8.6(a)可以看出，当 $f_r \leqslant f_s/6$ 时，由于在 f_r 处存在谐振尖峰，无论怎么减小 K_p，系统环路增益都必定大于 0dB，无法使 f_r 处的负穿越失效，此时系统必不稳定。从图 8.6(b)和(c)可以看出，当 $f_r > f_s/6$ 时，通过减小 K_p 可以将 $T_{\mathrm{D\_nodamp}}$ 在 $f_s/6$ 处的增益调整到 0dB 以下，系统可以实现稳定。因此，无阻尼并网电流环控制的 LCL 型并网逆变器稳定的必要条件是 $f_r > f_s/6$。

当 $f_r > f_s/6$ 时，通过减小 K_p 可以使无阻尼并网电流控制的 LCL 型并网逆变器稳定，其原因是数字控制中存在 1.5 拍滞后环节。该 1.5 拍滞后环节引入的负相移改变了系统的相频特性，使系统相频曲线穿越 $-180°$ 的频率点从模拟控制时的 f_r 处提前到了 $f_s/6$ 处。而 $f_s/6$ 处的系统环路增益远小于 f_r 处，此时即使不加阻尼而仅减小 K_p 也能使 $f_s/6$ 处系统环路增益小于 0dB (即 $GM_2>0$)，从而保证系统稳定工作。与此同时，1.5 拍滞后环节引入的负相移使得系统相频曲线不再在 f_r 处穿越 $-180°$，避开了谐振尖峰，从而在一定程度上提高了系统的幅值裕度。而当 $f_r < f_s/6$ 时，数字控制引入的负相移虽然同样改变了系统的相频特性，但系

统相频曲线依然在 f_r 处穿越$-180°$。由于谐振尖峰的存在，此时必须加入阻尼才能使系统稳定。

值得说明的是，当 $f_r < f_s/6$ 时，如果控制逆变器侧电感 L_1 的电流，不需要任何阻尼也能保证系统稳定，这里不再赘述。

8.5.2　无阻尼时并网电流环参数设计及系统性能分析

和第 8.4 节一样，基于并网电流稳态误差、系统稳定裕度和动态响应性能的要求，可以得到无阻尼时并网电流环控制参数的设计步骤。这里仍以 PR 调节器为例进行讨论。

1. 稳态误差和稳定裕度对闭环参数的约束

由于无阻尼时并网电流控制可作为 $H_{i1}=0$ 时的特例，第 8.4 节中得出的数字控制时比例系数 K_p 与系统截止频率 f_c 的关系式(8.25)和基波处环路增益 T_{fo} 对 PR 调节器的谐振系数 K_r 的约束关系式(8.31)依然成立。

将 $H_{i1}=0$ 代入式(8.33)中，可得无阻尼并网电流控制时 PM 对 K_r 的约束条件 $K_{r\_PM\_nodamp}$ 为

$$K_{r\_PM\_nodamp} = \frac{\pi f_c^2 (L_1 + L_2)}{K_{PWM} H_{i2} f_i \tan(3\pi f_c T_s + PM)} \tag{8.37}$$

令 $H_{i1\_GM2}=0$，由式(8.35)可得 GM_2 对 f_c 的约束条件 $f_{c\_GM\_nodamp}$ 为

$$f_{c\_GM\_nodamp} = 10^{-\frac{GM_2}{20}} \frac{f_s}{6} \frac{f_r^2 - (f_s/6)^2}{f_r^2} \tag{8.38}$$

2. 无阻尼时并网电流环参数设计步骤

借鉴第 8.4.3 节给出的采用数字控制时并网电流调节器参数和电容电流反馈系数设计步骤，无阻尼并网电流控制系统的并网调节器参数可按如下步骤进行。

步骤 1：确定 T_{fo}、PM 和 GM_2 的要求。具体要求与第 8.4.3 节步骤 1 一致。

步骤 2：根据 T_{fo}、PM 和 GM_2 要求，分别由式(8.31)、式(8.37)和式(8.38)得到 K_{r_Tfo}、K_{r_PM} 和 f_{c_GM} 与 f_c 的关系曲线，进而得到 f_c 和 K_r 的可取区域。

步骤 3：从 f_c 和 K_r 的可取区域中选取合适的 f_c，并由式(8.25)求得 K_p。

步骤 4：确定 f_c 后，由相位裕度和稳态误差要求分别得到 K_r 的上限值 K_{r_PM} 和下限值 K_{r_Tfo}，并从中选取合适的 K_r。

步骤 5：检测校正后的系统环路增益是否满足所有的设计要求。

这里，f_c 和 K_r 的选取原则与第 8.4.3 节中步骤 3 和步骤 5 给出的原则一致。

3. 无阻尼并网电流控制的系统性能分析

从第 5 章和第 8.4.2 节的分析可知，电容电流反馈有源阻尼在提高系统幅值

裕度的同时会减小低于 f_r 的频段系统的相位，因此与加电容电流反馈有源阻尼的系统相比，在 $f_r > f_s/6$ 时采用无阻尼并网电流控制的系统相位裕度反而更大。第 8.4.1 节已指出，在等于或低于截止频率 f_c 频段内，系统环路增益 T_D 可近似为式(8.24)，且与 H_{i1} 无关，这说明电容电流反馈有源阻尼对并网电流稳态误差的影响不大，因此下面着重比较 $H_{i1}=0$ 对系统的截止频率和幅值裕度的影响。

当采用电容电流反馈有源阻尼时，第 8.4.3 节已指出，如果 $f_r \geqslant f_s/6$，则 H_{i1} 的下限值为 H_{i1_GM2}，上限值为 H_{i1_GM1} 和 H_{i1_PM} 中较小值。显然，$H_{i1\_GM1}=H_{i1\_GM2}$ 对应的 f_c，即为由幅值裕度确定的最大截止频率 f_{c_GM}。由式(8.26)和式(8.35)可得

$$f_{c\_GM} = \frac{f_r^2 - (f_s/6)^2}{10^{\frac{GM_2}{20}} f_r^2 - (f_s/6)^2\, 10^{\frac{GM_1}{20}}} \frac{f_s}{6} \tag{8.39}$$

当 $H_{i1}=0$ 时，在保证足够幅值裕度时系统能设计的最大截止频率为 f_{c_GM}，因此比较式(8.38)和式(8.39)，可得

$$\frac{f_{c\_GM\_nodamp}}{f_{c\_GM}} = 1 - \left(\frac{f_s/6}{f_r}\right)^2 10^{\frac{GM_1-GM_2}{20}} \tag{8.40}$$

显然，该比值小于 1，也就是说在保证同样幅值裕度要求的前提下，无阻尼并网电流环控制时系统的最大截止频率低于采用电容电流反馈有源阻尼时的最大截止频率。这是因为没有有源阻尼来减小 $f_s/6$ 处系统幅值增益，此时不得不通过降低系统的截止频率以获得同样的幅值裕度，从而使得系统的最大截止频率降低。当 f_r 越靠近 $f_s/6$ 时，$f_{c\_GM\_nodmap}/f_{c\_GM}$ 越小，说明无阻尼并网电流环控制时系统的最大截止频率越低于采用电容电流反馈有源阻尼时的最大截止频率。

8.6 设计实例

表 8.1 给出了单相 LCL 型并网逆变器的主要参数。为验证 f_r 和 $f_s/6$ 的比值 λ_{fr} 的禁止区域的有效性，表 8.1 给出了三种不同的 LCL 滤波器参数。其中，滤波器 I 和 II 的谐振频率 f_r 分别为 2.7kHz 和 3.2kHz，均低于 $f_s/6$（=3.33kHz）；滤波器 III 的 f_r 为 4.6kHz，高于 $f_s/6$。

表 8.1　单相 LCL 型并网逆变器的样机参数

系统参数					
参数	符号	数值	参数	符号	数值
输入电压	V_{in}	360V	基波频率	f_o	50Hz
电网电压	V_g	220V	开关频率	f_{sw}	10kHz
输出功率	P_o	6kW	采样频率	f_s	20kHz
三角载波幅值	V_{tri}	3V	电流反馈系数	H_{i2}	0.15

续表

LCL 滤波器参数				
滤波器	逆变器侧电感 L_1	滤波电容 C	网侧电感 L_2	谐振频率 f_r
Ⅰ	600μH	30μF	150μH	2.7kHz
Ⅱ	600μH	20μF	150μH	3.2kHz
Ⅲ	600μH	10μF	150μH	4.6kHz

8.6.1　有电容电流反馈有源阻尼的闭环参数设计实例

当采用电容电流反馈有源阻尼时，假设 T_{fo}、PM、GM_1 和 GM_2 的要求分别为：

(1) $T_{fo}>73$dB，以保证电网频率存在±0.5Hz 波动时并网电流的幅值误差均低于 1%。

(2) PM>45°，以保证良好的动态响应。

(3) 当 $f_r<f_s/6$ 且 $H_{i1}\leqslant H_{i1C}$ 时，$GM_1=3$dB；当 $f_r<f_s/6$ 且 $H_{i1}>H_{i1C}$ 时，$GM_1=3$dB 且 $GM_2=-3$dB；当 $f_r\geqslant f_s/6$ 时，$GM_1=-3$dB 且 $GM_2=3$dB。这样要求是为了保证系统具有足够的鲁棒性。

取 $\lambda_{fc}=0.3$[153]，并将 $f_r<f_s/6$ 对应的 $GM_1=3$dB 和 $GM_2=-3$dB 代入式(8.29)，得到 λ_{fr} 的值为−1.08、0.88 和 4.9，显然只有 0.88 有效；同理，将 $f_r>f_s/6$ 对应的 $GM_1=-3$dB 和 $GM_2=3$dB 代入式(8.29)得 λ_{fr} 的值为−0.92、1.25 和 2.04，显然−0.92 无效。第 8.4.1 节已指出，$f_r<f_s/6$ 时根据 GM_1 和 GM_2 的要求确定 λ_{fr} 的下限，$f_r>f_s/6$ 时根据 GM_1 和 GM_2 的要求确定 λ_{fr} 的上限，因此 λ_{fr} 的下限值为 0.88，上限值为 1.25，即 λ_{fr} 的禁止区域为[0.88,1.25]。

当采用滤波器Ⅰ时，可求得 $\lambda_{fr}=0.81$，位于禁止区域[0.88,1.25]之外。确定出 T_{fo}、PM 以及 GM_1 和 GM_2 的要求：①$T_{fo}>73$dB；②因为 $f_r<f_s/6$，令 $GM_1>3$dB，$GM_2<-3$dB；③选取 PM>45°。将表 8.1 的相关数据分别代入式(8.26)、式(8.34)和式(8.35)，可得图 8.9(a)。根据第 8.4.3 节设计步骤 5 可知，此时 H_{i1} 的下限值决定于 GM_1，上限值决定于 PM。从图 8.9(a)可以看出，H_{i1} 的上限值恒小于下限值，因此 f_c 和 H_{i1} 可取区域不存在。为此降低 PM 的要求，令 PM=36°，则可取区域出现。选取图中的 A 点，对应 $f_c=1.1$kHz 和 $H_{i1}=0.05$。根据式(8.25)，可得 $K_p=0.293$，实际取 $K_p=0.29$。根据式(8.31)和式(8.33)得到 $K_{r\_Tfo}=59.2$ 和 $K_{r\_PM}=66.6$，实际取 $K_r=63$。校正后 PM=36.5°，$T_{fo}=73.6$dB，$GM_1=3.1$dB，$GM_2=-6.1$dB。图 8.10(a)给出了校正前后 T_D 的波特图。

当采用滤波器Ⅱ时，可求得 $\lambda_{fr}=0.96$，位于禁止区域[0.88,1.25]之内。确定出 T_{fo}、PM 以及 GM_1 和 GM_2 的要求：①$T_{fo}>73$dB；②因为 $f_r<f_s/6$，令 $GM_1>3$dB，$GM_2<-3$dB；③选取 PM>45°。同样，根据式(8.26)、式(8.34)和式(8.35)，

可得图 8.9(b)。此时 H_{i1} 的下限值决定于 GM_1，上限值决定于 GM_2。从图 8.9(b)可以看出，H_{i1} 的上限值也恒小于下限值，因此 f_c 和 H_{i1} 可取区域不存在。为证明 λ_{fr} 落在禁止区域内时，系统动态差，这里降低 GM_1 和 GM_2 的要求，令 $GM_1=GM_2=0dB$，则可取区域出现。选取图中的 A 点，对应 $f_c=1kHz$ 和 $H_{i1}=0.034$。根据式(8.25)可得 $K_p=0.266$，实际取 $K_p=0.27$。根据式(8.31)和(8.33)分别可得 $K_{r\_Tfo}=59.2$ 和 $K_{r\_PM}=59.6$，实际取 $K_r=59.3$。校正后 $PM=45°$，$T_{fo}=73.7dB$，$GM_1=-0.2dB$，$GM_2=0.2dB$。图 8.10(b)给出了校正前后 T_D 的波特图。显然，GM_1 和 GM_2 太小，系统动态响应性能较差。

当采用滤波器 III 时，可求得 $\lambda_{fr}=1.38$，位于禁止区域[0.88，1.25]之外。确定出 T_{fo}、PM 以及 GM_1 和 GM_2 的要求：①$T_{fo}>73dB$；②因为 $f_r>f_s/6$，令 $GM_1<$

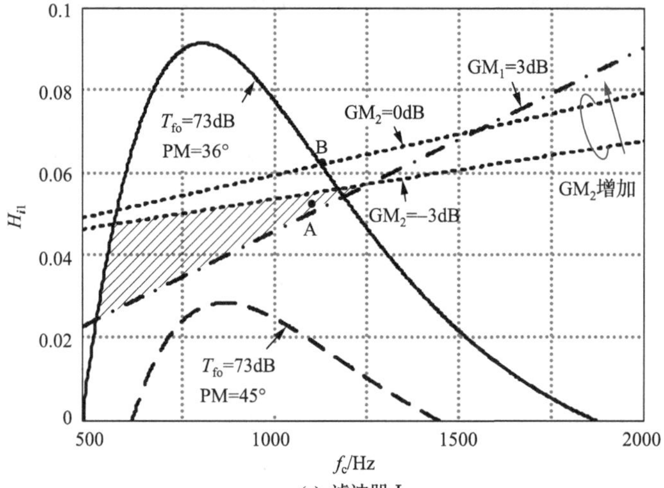

(a) 滤波器 I

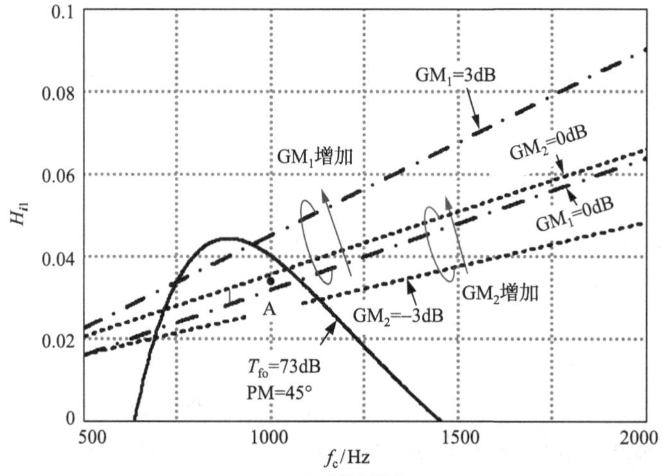

(b) 滤波器 II

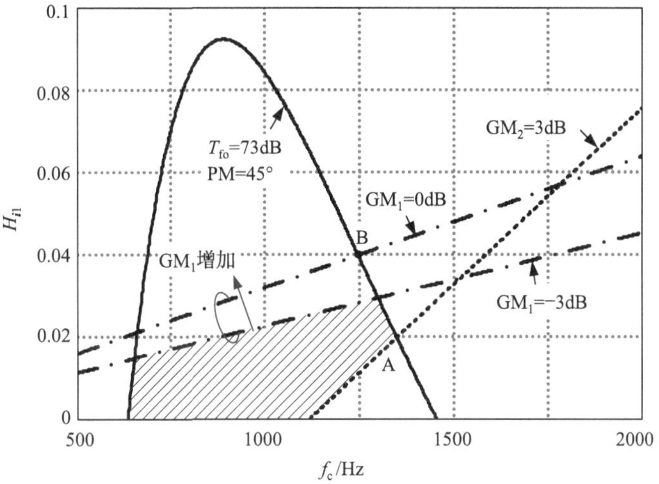

(c) 滤波器Ⅲ

图 8.9　在 GM_1、GM_2、PM 和 T_{fo} 约束下 f_c 与 H_{i1} 可取区域

-3dB，$GM_2>3$dB；③选取 PM$>45°$。同样，根据式(8.26)、式(8.34)和式(8.35)，可得图 8.9(c)。此时 H_{i1} 的下限值决定于 GM_2，上限值决定于 GM_1。从图 8.9(c)可以看出，f_c 和 H_{i1} 可取区域存在，从中选取 A 点，对应 $f_c=1.3$kHz 和 $H_{i1}=0.02$。根据式(8.25)可得 $K_p=0.346$，实际取 $K_p=0.35$。根据式(8.31)和式(8.33)，分别可得 $K_{r\_Tfo}=59.1$ 和 $K_{r\_PM}=63.1$，实际取 $K_r=63$。校正后 PM$=45°$，$T_{fo}=73.7$ dB，$GM_1=-6.4$dB，$GM_2=3.2$dB。图 8.10(c)给出了校正前后的系统环路增益波特图。

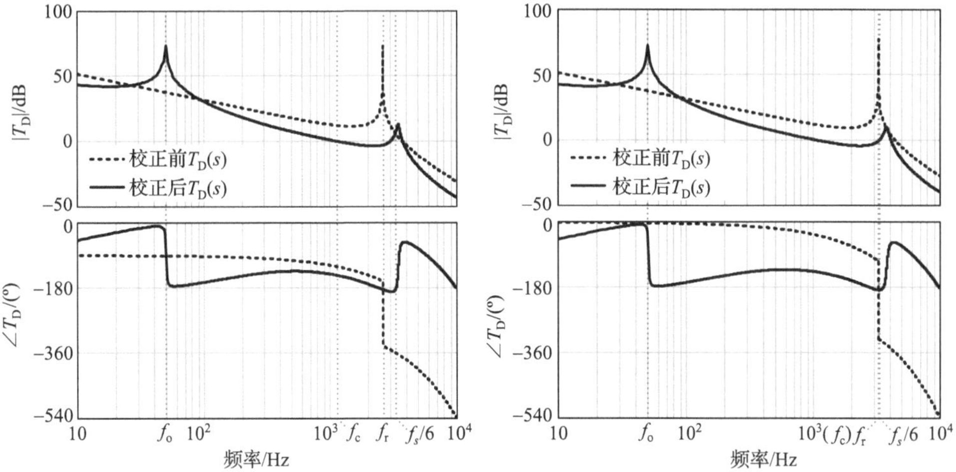

(a) 滤波器Ⅰ　　　　(b) 滤波器Ⅱ

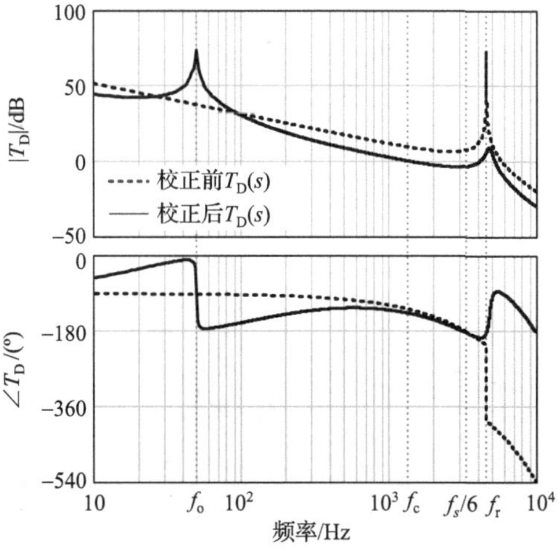

(c) 滤波器Ⅲ

图 8.10　校正前后环路增益的波特图

8.6.2　无阻尼时并网电流环闭环参数设计实例

无阻尼并网电流控制时，为了保证系统稳定，要求 LCL 滤波器的谐振频率高于 $f_s/6$，因此下面的设计选用滤波器 III。假设 T_{fo}、PM 和 GM_2 的要求分别为：①$T_{fo}>73$dB；②$GM_2>3$dB；③PM>45°。由式(8.31)、式(8.37)和式(8.38)得到满足要求的 f_c和 K_r 可取区域，如图 8.11 所示阴影区域，图中，实线上方区域参数满足 $T_{fo}\geqslant73$dB 要求，虚线左边区域参数满足 $GM_2\geqslant3$dB 要求，点划线下方区域参数满足 PM≥45°要求。

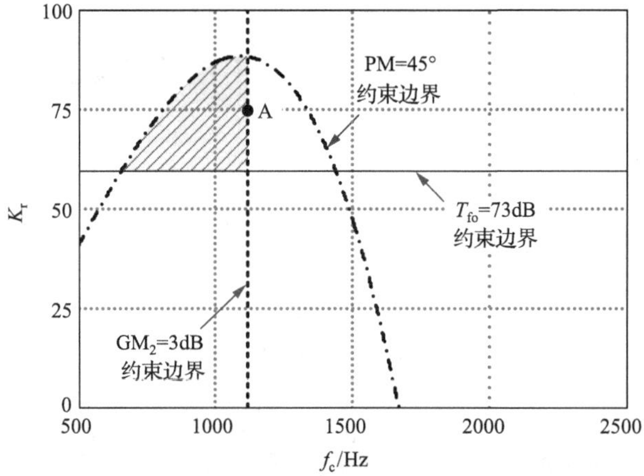

图 8.11　在 GM_2、PM 和 T_{fo}约束下 f_c与 K_r 可取区域

在保证足够幅值裕度的前提下，应选取尽量高的截止频率以减小系统稳态误差，提高系统的动态响应性能。结合图 8.11，选取 f_c=1.1kHz 即 GM_2=3dB 的约束边界。按照第 8.5.2 节给出的参数设计步骤，得到并网电流调节器参数为 K_p=0.27，K_r=75（对应于图 8.11 中的 A 点）。图 8.12 为校正前后系统环路增益波特图，可见校正后环路增益 f_c=1.1kHz，PM=46°，T_{fo}=75.2dB，GM_2=3.7dB，满足设计要求。与图 8.10(c)所示有电容电流反馈有源阻尼时设计的系统相比，采用无阻尼并网电流控制时系统的相位裕度和基波增益有所提高，但系统截止频率略有降低。

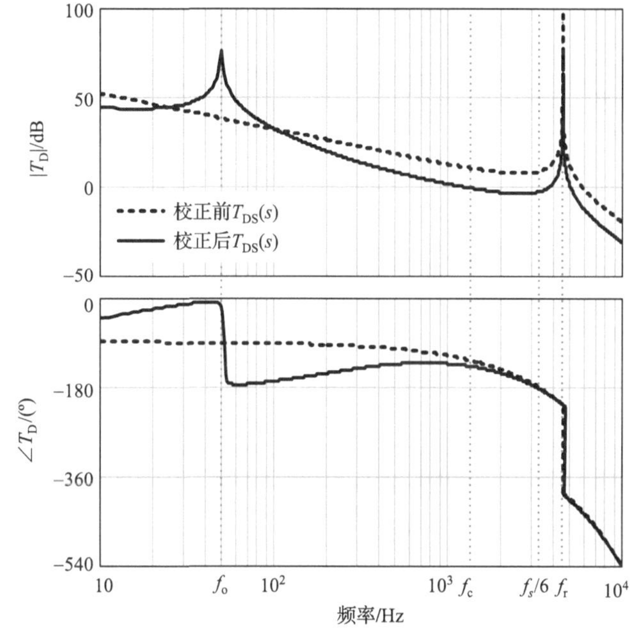

图 8.12　采用滤波器 III 的无阻尼并网电流环校正前后环路增益的波特图

8.7　实验验证

为验证上述理论分析的正确性及闭环参数设计的合理性，在实验室研制了一台 6kW 的单相 LCL 型并网逆变器原理样机，样机参数与表 8.1 一致，样机图片如图 5.15 所示。

8.7.1　有电容电流反馈有源阻尼的实验验证

图 8.13～图 8.15 分别给出了采用滤波器 I、II 和 III 的并网逆变器有电容电流有源阻尼时的实验波形，每个图的图(a)为满载时稳态实验波形，图(b)为并网电流给定值在满载和半载间切换的实验波形。表 8.2 给出了三种滤波器在满载时并

网电流功率因数、电流基波有效值和幅值误差，和从满载跳变至半载时的并网电流超调量和调节时间。从表中可以看出，针对三种滤波器所设计的闭环参数都保证了并网电流功率因数在 0.995 以上。由于满载时的并网电流指令值为 27.27A，所以三种情况的稳态误差都低于 1%，满足稳态设计要求。在指令跳变时，采用滤波器 II 的 LCL 型并网逆变器的超调量大于采用滤波器 I 和滤波器 III 的超调量，调节时间也比其他两种滤波器的长，这说明当 LCL 滤波器的谐振频率落在禁止区域内时，系统动态性能差，这与前面的分析是一致的。

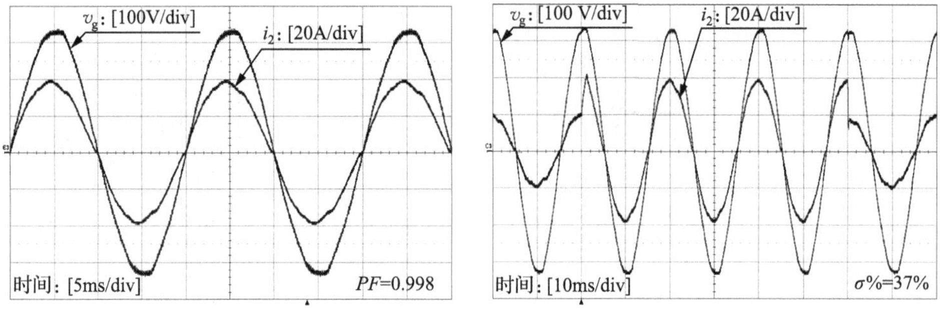

(a) 满载稳态　　　　(b) 给定值在满载与半载之间跳变

图 8.13　采用滤波器 I 的原理样机实验波形

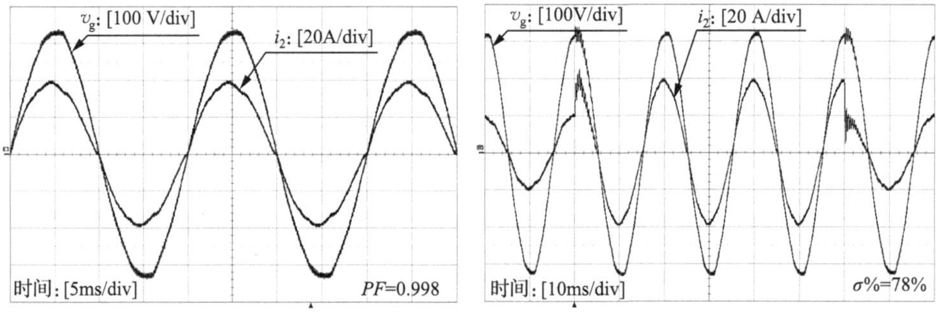

(a) 满载稳态　　　　(b) 给定值在满载半载之间跳变

图 8.14　采用滤波器 II 的原理样机实验波形

表 8.2　单相 LCL 型并网逆变器的样机参数

	并网功率因数	并网电流基波有效值/A	跳变过程中的超调量	调节时间/ms
滤波器Ⅰ	0.998	27.07	37%	1
滤波器Ⅱ	0.998	27.18	78%	5
滤波器Ⅲ	0.997	27.09	44%	1

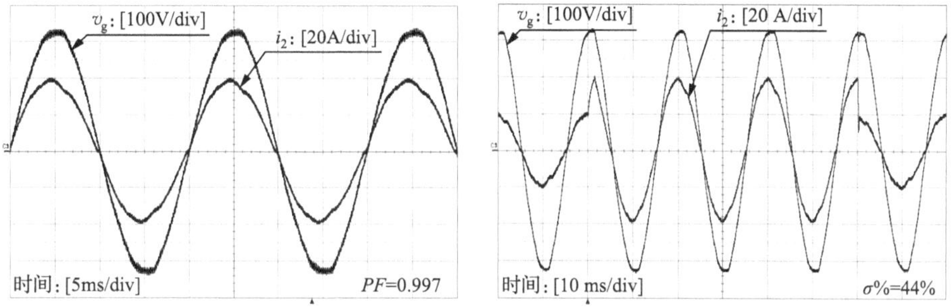

(a) 满载稳态　　(b) 给定值在满载与半载之间跳变

图 8.15　采用滤波器 III 的原理样机实验波形

图 8.16 为采用滤波器 I 和 III 的原理样机分别取图 8.9(a)和(c)中 B 点的实验波形。其中，图 8.9(a)中 B 点对应的参数为：$f_c=1.125\text{kHz}$ 和 $H_{i1}=0.062$，由式(8.25)计算得 $K_p=0.297$，实际取 $K_p=0.3$。由式(8.31)和式(8.33)分别可得 $K_{r\_Tfo}=59.2$ 和 $K_{r\_PM}=49.2$，实际取 $K_r=55$。根据式(8.23)可得 $GM_2=0$ dB；图 8.9(c)中 B 点对应的参数为：$f_c=1.25\text{kHz}$ 和 $H_{i1}=0.04$，由式(8.25)计算得 $K_p=0.333$，实际取 $K_p=0.33$。由式(8.31)和式(8.33)分别可得 $K_{r\_Tfo}=59.2$ 和 $K_{r\_PM}=55.5$，实际取 $K_r=55$。根据式(8.22)可得 $GM_1=0\text{dB}$。可以看出，上述两种情况下并网电流发生了严重的振荡。只是由于系统内存在一定的阻尼，并网电流并没有发散。

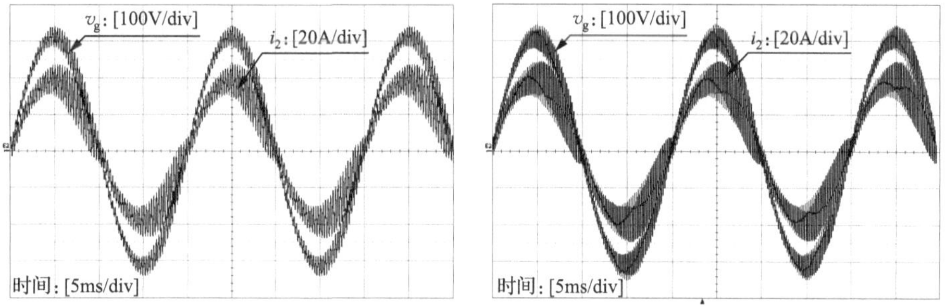

(a) 滤波器 I　　(b) 滤波器 III

图 8.16　两种原理样机临界稳定下的实验波形

图 8.13～图 8.15 的实验结果说明，f_r 和 $f_s/6$ 的比值 λ_{fr} 的禁止区域可以指导 LCL 滤波器的设计。当所设计的 LCL 滤波器的谐振频率 f_r 和 $f_s/6$ 的比值 λ_{fr} 位于禁止区域内时，可以适当调整滤波器参数(如调整滤波电容的容量)，使 λ_{fr} 位于禁止区域之外。进一步，图 8.13、图 8.15 和图 8.16 的实验结果说明，采用本章提出的电流调节器参数和电容电流反馈系数的设计方法，可以准确地得到满足样机性能指标要求的闭环参数可取区域，有利于选取合适的闭环参数，保证系统具有低的稳态误差、足够稳定裕度和良好的动态性能。

8.7.2　无阻尼时并网电流控制的实验验证

如图 8.17 给出了采用滤波器 III 的并网逆变器不加阻尼时的实验波形。图 8.17(a)为满载时稳态实验波形，测得并网电流功率因数为 0.998，电流基波有效值为 27.18A，幅值误差为 0.4%，符合设计要求。图 8.17(b)为并网电流给定值在半载和满载间跳变时的实验波形，测得并网电流超调约为 40%，调节时间约为 1ms。可见，系统的稳态和动态性能与图 8.15 所示采用电容电流反馈有源阻尼时系统的性能十分接近。

实验结果表明，当 $f_r > f_s/6$ 时，合理设计并网电流调节器参数，即使不加入电容电流反馈有源阻尼，LCL 型并网逆变器也可以稳定工作，并具有良好的稳态和动态性能。

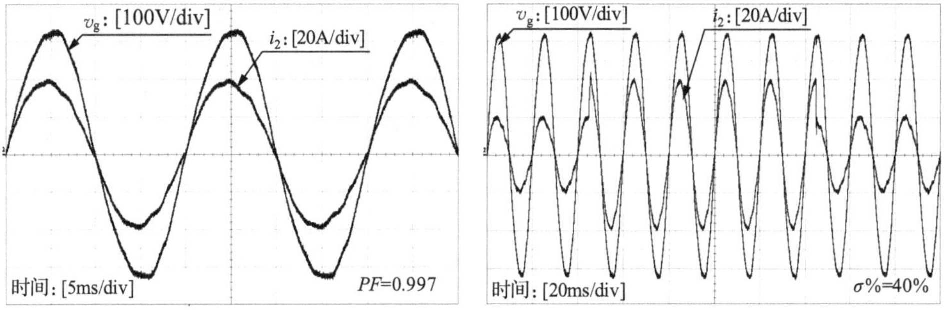

(a) 满载稳态　　(b) 给定值在满载与半载之间跳变

图 8.17　采用滤波器 III 的原理样机在无阻尼并网电流控制时的实验波形

8.8　三种控制方式下设计系统性能比较

第 5 章和第 8 章分别分析了模拟控制加电容电流反馈有源阻尼、数字控制加电容电流反馈有源阻尼时和数字控制不加阻尼时闭环控制参数的设计方法，这三种控制方式下针对滤波器 III 的设计结果如表 8.3 所示。

表 8.3　不同控制方式下针对滤波器 III 的闭环参数设计结果

	模拟控制加电容电流反馈有源阻尼	数字控制加电容电流反馈有源阻尼	数字控制无阻尼并网电流控制
截止频率 f_c/kHz	2.05	1.3	1.1
相位裕度 PM/(°)	48.1	45	46
幅值裕度 GM	4.29	−6.4(GM_1) 3.2(GM_2)	3.7
基波幅值增益 T_{fo}	88.4	73.7	75.2

从表 8.3 中可以得出以下结论。

(1) 与模拟控制相比，数字控制引入了 1.5 拍滞后环节，削弱了系统相位裕度，系统截止频率和基频幅值增益都低于模拟控制，因此其稳态和动态性能均比模拟控制略差。

(2) 数字控制时，无阻尼并网电流控制仅适用于 $f_r > f_s/6$ 时的 LCL 型并网逆变器。由于不加电容电流反馈有源阻尼，系统的相位裕度和基波增益有所提高，但系统截止频率有所降低。

8.9 本章小结

本章介绍了 LCL 型并网逆变器采用数字控制时控制延时产生的机理，指出控制延时包括 1 拍的计算延时和 0.5 拍的调制延时两部分。基于控制框图等效变换，分析了控制延时对电容电流反馈有源阻尼的影响，指出此时电容电流反馈有源阻尼不再等效为一个与滤波电容并联的纯电阻，而是一个与频率相关的虚拟阻抗。该虚拟阻抗的特性为：①虚拟电抗在频率低于 1/3 采样频率(f_s)时呈感性，使 LCL 滤波器的实际谐振频率升高；在频率高于 $f_s/3$ 时呈容性，使 LCL 滤波器的实际谐振频率降低；②虚拟电阻在频率低于 $f_s/6$ 时为正阻特性，在频率高于 $f_s/6$ 时为负阻特性。当虚拟电阻在系统谐振频率处为负时，系统环路增益含有两个右半平面极点。

本章提出了 LCL 滤波器谐振频率的禁止区域，可以指导 LCL 滤波器参数的设计；提出了通过校验系统相位裕度、$f_s/6$ 和 LCL 滤波器谐振频率处的幅值裕度来判断系统稳定性，并根据相角裕度、幅值裕度和并网电流稳态误差要求确定闭环参数的可取区域，从中选取合适的闭环控制参数。

分析发现，采用数字控制时，如果 LCL 滤波器的谐振频率高于 1/6 采样频率，那么即使不加入任何阻尼，并网电流控制的 LCL 型并网逆变器也可以稳定工作。与有电容电流反馈有源阻尼时的系统相比，无阻尼时系统的相位裕度相对更大，但需要降低系统截止频率才能获得相同的幅值裕度。LCL 滤波器的谐振频率与 1/6 采样频率越接近，则截止频率降低越多。同样的，根据相角裕度、幅值裕度和并网电流稳态误差要求，提出了不加入阻尼时闭环参数的可取区域，从中选取合适的闭环控制参数。最后通过一台 6kW 原理样机验证了本章理论分析的正确性。

第 9 章　减小计算延时以提高 LCL 型并网逆变器稳定性和控制性能的策略

第 8 章已经指出，在 LCL 型并网逆变器中，数字控制引入的控制延时（包括计算延时和 PWM 延时）会改变电容电流反馈有源阻尼的特性，使其不再等效于在滤波电容上并联一个电阻，而是并联一个与频率相关的阻抗，该阻抗会改变系统的谐振频率 f'_r，当 f'_r 高于 1/6 采样频率（$f_s/6$）时，该阻抗的负阻成分使得环路增益中有两个右半平面极点。这就要求在 LCL 谐振频率 f_r 和 $f_s/6$ 这两个频率处，环路增益必须具备一正和一负的幅值裕度，才能保证系统稳定。然而，当 f_r 接近 $f_s/6$ 时，幅值裕度要求难以满足，并网逆变器容易不稳定。尤其是当 f_r 等于 $f_s/6$ 时，幅值裕度要求无法满足，因而系统无法稳定。此外，控制延时还会引入相位滞后，导致控制环路的带宽受到限制。因此，为了提高并网逆变器的稳定性和控制性能，有必要减小控制延时。本章首先分析控制延时对 LCL 型并网逆变器的影响。在此基础上，分别提出即时采样方法[55]和双采样模式实时运算方法[154]，前者可以减小计算延时，后者则可以完全消除计算延时。最后以单相 LCL 型并网逆变器为例，对所提出的方法进行实验验证。

9.1　控制延时对 LCL 型并网逆变器的影响

9.1.1　数字控制 LCL 型并网逆变器的数学模型

图 9.1 给出了单相 LCL 型并网逆变器及其数字控制框图。其中，L_1 为逆变器侧电感，C 为滤波电容，L_2 为网侧电感，它们构成 LCL 滤波器。与前面章节不同的是，这里还考虑了电网阻抗的影响。通常，公共耦合点 PCC 的电网阻抗包括电感和电阻[14]。由于电网电阻会提供一定程度的阻尼，这里考虑电网阻抗为纯感性以描述稳定性最恶劣的情况，在图中用 L_g 表示。控制系统使用锁相环获得与 PCC 电压 v_{pcc} 同步的并网电流指令 i_2^*，H_{i2} 为并网电流 i_2 的采样系数，$G_i(z)$ 为电流调节器。通过反馈电容电流 i_C 实现对 LCL 滤波器谐振峰的有源阻尼，H_{i1} 为 i_C 的反馈系数。

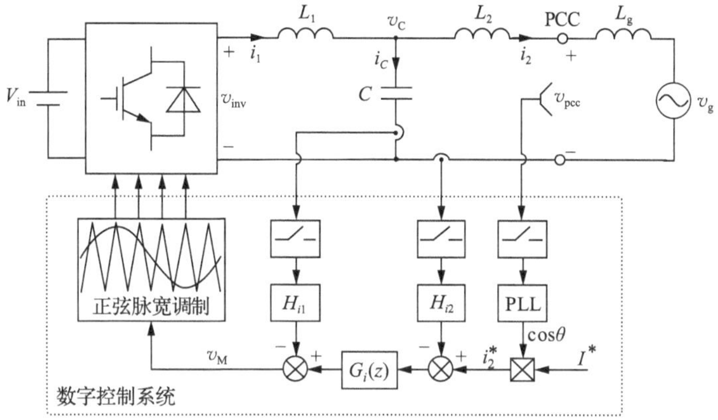

图 9.1　单相 LCL 型并网逆变器及其数字控制框图

数字控制会引入固有的控制延时，包括计算延时和 PWM 延时[50,150]，延时产生的机理如图 9.2 所示。其中，逆变器采用不对称规则采样正弦脉宽调制（sinusoidal pulse width modulation，SPWM），采样频率 f_s 为开关频率 f_{sw} 的两倍，T_s 为采样周期。通常，i_2 和 i_C 是在开关周期的开始和中间时刻（即三角载波的波谷和波峰处）进行采样的，采样得到的电流如图中虚线所示。这种采样模式称为同步采样[155]，其优点是能够在无需低通滤波的情况下得到每个开关周期的平均电流，即基波成分。在第 k 拍，采样得到的电流 $i_2(k)$ 和 $i_C(k)$ 用于计算调制信号 $v_M(k)$。由于需要一定的采样和计算时间，所以 $v_M(k)$ 无法在第 k 拍装载，而是在第 $k+1$ 拍才予以装载，以避免调制波与载波的多次交截[156]。因此，调制信号装载时刻相对于电流信号采样时刻存在一拍滞后，此一拍滞后即为计算延时，该一拍延时同时存在于并网电流环和电容电流反馈有源阻尼中。

实际上，一拍延时为最恶劣的情况。如果不采用同步采样，而是将采样时刻移向调制信号装载时刻，那么对应的计算延时就小于一拍。如图 9.2 所示，假设 i_C 和 i_2 的采样时刻与调制信号装载时刻的时间间隔分别为 T_{d1} 和 T_{d2}，采样得到的电流如图中点划线所示，那么电容电流反馈有源阻尼的计算延时为 T_{d1}，而并网电流控制的计算延时为 T_{d2}。为了便于阐述，定义 $T_{d1}=\lambda_1 T_s(0\leqslant\lambda_1\leqslant 1)$ 和 $T_{d2}=\lambda_2 T_s(0\leqslant\lambda_2\leqslant 1)$，则对应的计算延时可分别表示为 $e^{-s\lambda_1 T_s}$ 和 $e^{-s\lambda_2 T_s}$。显然，在同步采样模式下，$\lambda_1=\lambda_2=1$。

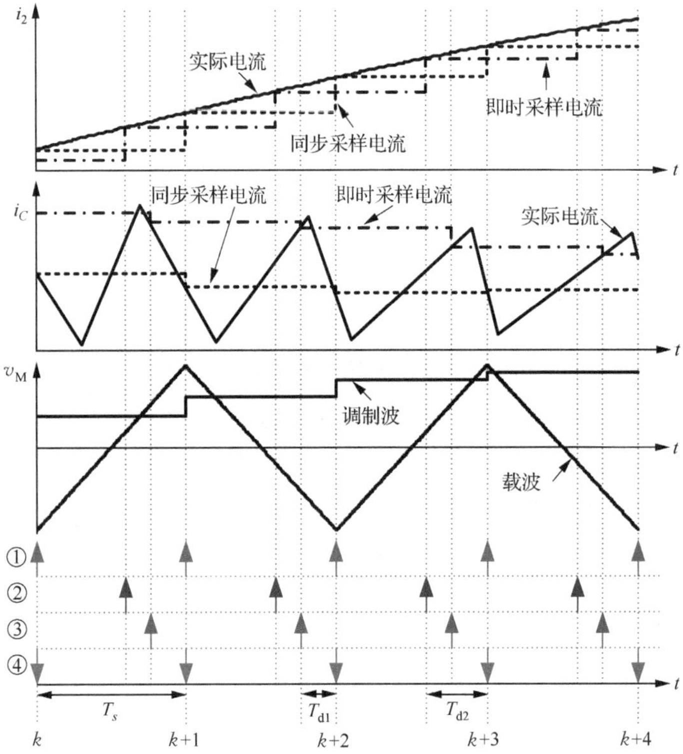

①i_2/i_C 同步采样时刻；②i_2 即时采样时刻；③i_C 即时采样时刻；④调制信号装载时刻

图 9.2　数字控制中的采样与装载过程

装载后的一个采样周期内，在零阶保持器(zero-order hold，ZOH)的作用下，调制信号保持不变并与三角载波比较得到占空比。ZOH 的传递函数为[151]

$$G_h(s)=\frac{1-e^{-sT_s}}{s}\approx T_s e^{-0.5sT_s} \tag{9.1}$$

可见，ZOH 引入的延时为半个采样周期，即为 PWM 延时。

考虑控制延时后，根据图 9.1，可以得到 LCL 型并网逆变器的数学模型，如图 9.3 所示。其中，$K_{PWM}=V_{in}/V_{tri}$ 为调制波 v_M 到逆变桥输出电压 v_{inv} 的传递函数，这里 V_{in} 为输入电压，V_{tri} 为三角载波的幅值；$1/T_s$ 为采样开关的传递函数[152]。

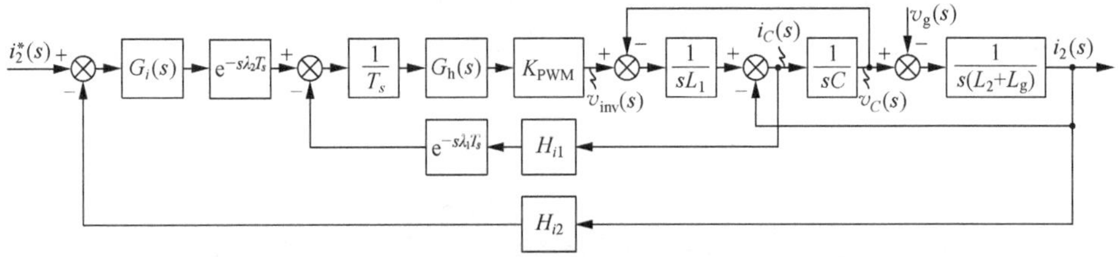

图 9.3　数字控制 LCL 型并网逆变器的数学模型

对图 9.3 的模型进行等效变换，变换过程如图 9.4 所示，图中的虚线表示模型原始形式，实线表示变换后的形式。首先，将图 9.3 的反馈量电容电压 $v_C(s)$ 调整为电容电流 $i_C(s)$，并将其反馈点移至 $1/T_s$ 的输入端，得到的等效模型如图 9.4(a)所示。然后，将 $i_C(s)$ 的两条反馈支路合并，并将反馈量 $i_2(s)$ 的反馈点由 $1/sL_1$ 的输出端移至 $1/T_s$ 的输入端，从而得到图 9.4(b)。进一步，将 $i_2(s)$ 位于 $1/T_s$ 输入端的反馈点移至 $1/sC$ 的输出端，并对从 $G_i(s)$ 到 $1/sC$ 之间的前向通道进行化简，可得到图 9.4(c)，其中，

$$G_{x1}(s)=\frac{K_{\mathrm{PWM}}G_i(s)G_{\mathrm{d2}}(s)}{s^2L_1C+sCH_{i1}K_{\mathrm{PWM}}G_{\mathrm{d1}}(s)+1} \tag{9.2a}$$

$$H_{x1}(s)=\frac{sL_1}{s^2L_1C+sCH_{i1}K_{\mathrm{PWM}}G_{\mathrm{d1}}(s)+1} \tag{9.2b}$$

其中，$G_{\mathrm{d1}}(s)$和 $G_{\mathrm{d2}}(s)$分别为有源阻尼和并网电流环的控制延时，其表达式为

$$G_{\mathrm{d}j}(s)=\mathrm{e}^{-s\lambda_j T_s}\frac{1}{T_s}G_{\mathrm{h}}(s)\approx \mathrm{e}^{-s(\lambda_j+0.5)T_s}\quad (0\leqslant\lambda_j\leqslant 1,\ j=1,2) \tag{9.3}$$

图 9.4(c)可以进一步简化为图 9.4(d)，其中 $G_{x2}(s)$为 LCL 型并网逆变器的开环输出导纳，其表达式为

$$G_{x2}(s)=\frac{s^2L_1C+sCH_{i1}K_{\mathrm{PWM}}G_{\mathrm{d1}}(s)+1}{s^3L_1(L_2+L_{\mathrm{g}})C+s^2(L_2+L_{\mathrm{g}})CH_{i1}K_{\mathrm{PWM}}G_{\mathrm{d1}}(s)+s(L_1+L_2+L_{\mathrm{g}})} \tag{9.4}$$

根据图 9.4(d)，可得到环路增益的表达式为

$$\begin{aligned}T_{\mathrm{D}}(s)&=G_{x1}(s)G_{x2}(s)H_{i2}\\&=\frac{H_{i2}K_{\mathrm{PWM}}G_i(s)G_{\mathrm{d2}}(s)}{s^3L_1(L_2+L_{\mathrm{g}})C+s^2(L_2+L_{\mathrm{g}})CH_{i1}K_{\mathrm{PWM}}G_{\mathrm{d1}}(s)+s(L_1+L_2+L_{\mathrm{g}})}\end{aligned} \tag{9.5}$$

并网电流 $i_2(s)$的表达式为

$$i_2(s)=\frac{1}{H_{i2}}\frac{T_{\mathrm{D}}(s)}{1+T_{\mathrm{D}}(s)}i_2^*(s)-\frac{G_{x2}(s)}{1+T_{\mathrm{D}}(s)}v_{\mathrm{g}}(s) \tag{9.6}$$

与第 5 章中的式(5.4)给出的模拟控制的环路增益 $T_{\mathrm{A}}(s)$ 相比，数字控制的环路增益 $T_{\mathrm{D}}(s)$ 有两处不同：一是分母中 s^2 项增加了延时环节 $G_{\mathrm{d1}}(s)$，这会改变电容电流反馈有源阻尼的特性，从而影响并网逆变器的稳定性；二是分子增加了延时环节 $G_{\mathrm{d2}}(s)$，这会引入相位滞后，限制控制环路的带宽。下面针对这两个方面分别进行讨论。

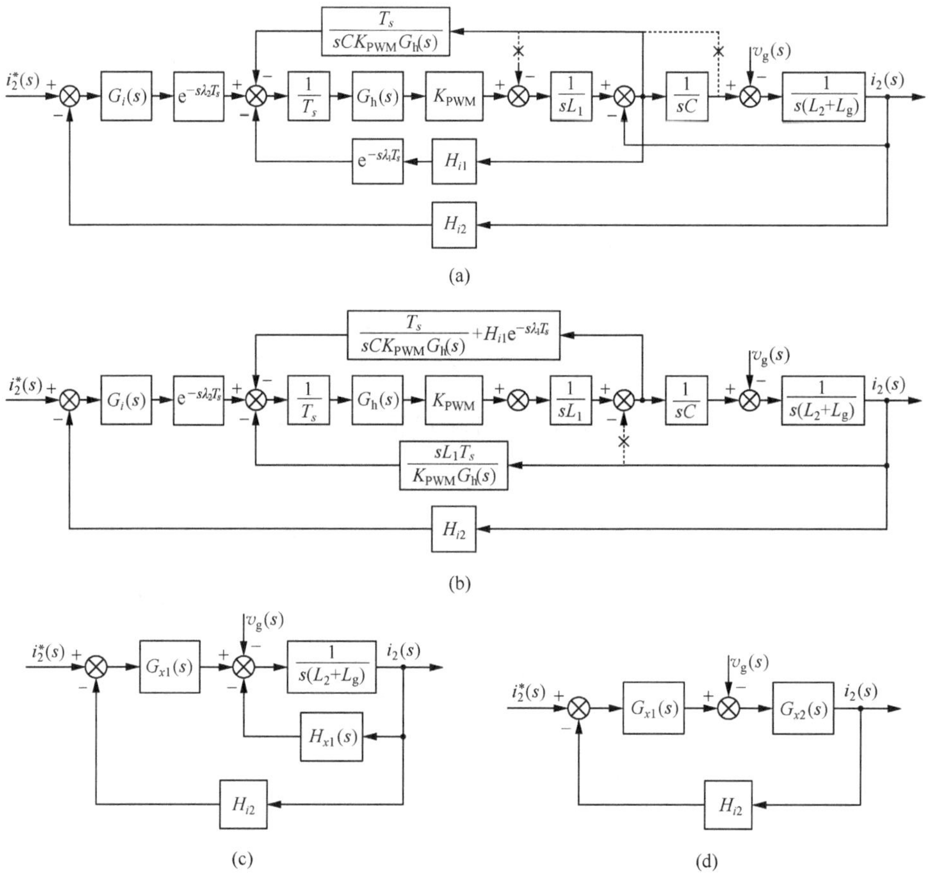

图 9.4　LCL 型并网逆变器数学模型的等效变换

9.1.2　减小计算延时对电容电流反馈有源阻尼特性的改善

对图 9.3 的模型进行等效变换，将反馈量电容电流 $i_C(s)$ 调整为电容电压 $v_C(s)$，并将其反馈点移至 $1/sL_1$ 的输出端，得到的等效模型如图 9.5 所示。从中可以看出，电容电流反馈有源阻尼的等效虚拟阻抗为

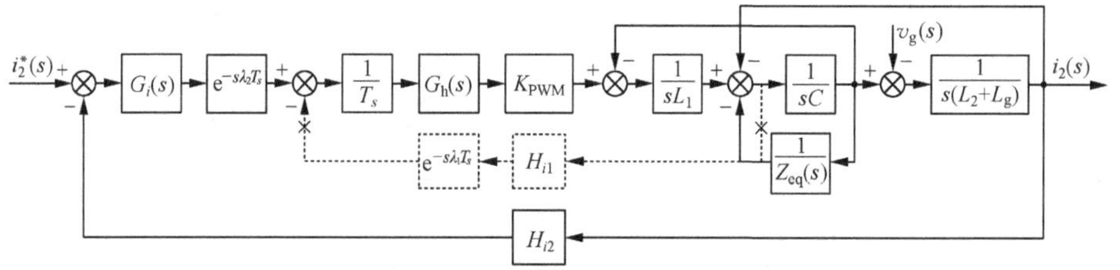

图 9.5　电容电流反馈有源阻尼的等效虚拟阻抗

$$Z_{eq}(s) = \frac{L_1}{H_{i1}K_{PWM}CG_{d1}(s)} = R_A e^{s(\lambda_1+0.5)T_s} \tag{9.7}$$

式中，$R_A = L_1/(H_{i1}K_{PWM}C)$，为模拟控制时电容电流反馈有源阻尼的等效虚拟电阻。

将 Z_{eq}表示为电阻 R_{eq}和电抗 X_{eq}相并联，则 R_{eq}和 X_{eq}的表达式分别为

$$R_{eq}(\omega) = \frac{R_A}{\cos[(\lambda_1+0.5)\omega T_s]} \tag{9.8a}$$

$$X_{eq}(\omega) = \frac{R_A}{\sin[(\lambda_1+0.5)\omega T_s]} \tag{9.8b}$$

用 f_{Rb}表示 R_{eq}为正阻与负阻的频率边界，用 f_{Xb}表示 X_{eq}为感性与容性的频率边界。由式(9.8)可知，f_{Rb}和 f_{Xb}的表达式分别为

$$f_{Rb} = \frac{f_s}{4(\lambda_1+0.5)} \tag{9.9a}$$

$$f_{Xb} = \frac{f_s}{2(\lambda_1+0.5)} \tag{9.9b}$$

显然，$f_{Xb}=2f_{Rb}$。在同步采样模式下，$\lambda_1=1$，则 $f_{Rb}=f_s/6$，$f_{Xb}=f_s/3$。根据式(9.8)，可以绘出 R_{eq}和 X_{eq}的频率特性，如图 9.6 所示。第 8 章已经指出，X_{eq}会改变系统的谐振频率 f'_r，当 f'_r 高于 $f_s/6$ 时，由于 R_{eq}在 f'_r 处呈负阻特性，使得环路增益中有两个右半平面极点。这就要求在 LCL 谐振频率 f_r 和 $f_s/6$ 这两个频率处，环路增益必须具备一正和一负的幅值裕度，才能保证系统稳定。然而，当 f_r 接近 $f_s/6$ 时，幅值裕度要求难以满足，并网逆变器容易不稳定。尤其是当 f_r 等于 $f_s/6$ 时，幅值裕度要求无法满足，因而系统无法稳定。

为了提高 f_r 与 $f_s/6$ 较为接近时系统的稳定性，需要消除环路增益的右半平面极点，而要实现这一目标，则要避免在低于 f_r 的频段出现负阻情况，即要求 $f_{Rb}>f_r$。由式(9.9)可知，f_{Rb}和 f_{Xb}都随着 λ_1的减小而升高。因此，如果 LCL 滤波器的谐振频率越高，则 λ_1应当越小。特别地，如图 9.6 所示，当 $\lambda_1=0$ 时，$f_{Rb}=f_s/2$，那么 R_{eq}在 Nyquist 频率(即 $f_s/2$)以内均为正阻，从而在 $f_r<f_s/2$ 的整个范围内都可以消除右半平面极点，这是最为理想的情况。在实际应用中，λ_1的值可以根据特定的 f_r 来选取。以第 9.2.2 节中表 9.1 给出的样机参数为例，其 $f_r=4.6\text{kHz}$，接近于 $f_s/4$ (即 5kHz)，因此最好选取 $f_{Rb}\geqslant f_s/4$，由式(9.9a)可知，$f_{Rb}\geqslant f_s/4$ 意味着 $\lambda_1\leqslant 0.5$。作为示例，这里对 $\lambda_1=0.5$ 的情况予以详细说明。

由式(9.7)和式(9.9)可知，当 $\lambda_1=0.5$ 时，$Z_{eq}=R_A e^{sT_s}$，且 $f_{Rb}=f_s/4$，$f_{Xb}=f_s/2$。R_{eq} 和 X_{eq} 的频率特性如图 9.6 中的虚线所示。与 $\lambda_1=1$ 且 $f_r<f_s/6$ 的情况类似，在 $\lambda_1=0.5$ 且 $f_r<f_s/4$ 时，X_{eq} 呈感性，它将使得 f'_r 升高，并且当 H_{i1} 足够大时，f'_r 还可能跨越 $f_s/4$。采用第 8.2 节中推导 H_{i1C}的方法，这里可推导出使得 $f'_r=f_s/4$ 的 H_{i1} 为

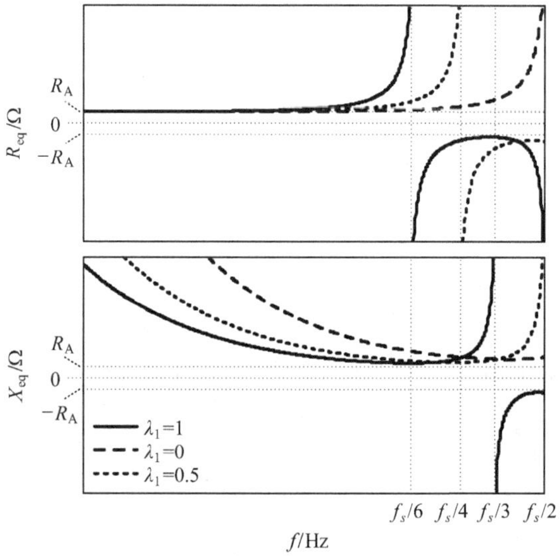

图 9.6　R_{eq}和 X_{eq}的频率特性

$$H_{i1m} = \frac{\omega_r L_1 \cos\omega_r T_s}{K_{PWM} \sin(0.5\omega_r T_s)} \tag{9.10}$$

如果 $0 < H_{i1} < H_{i1m}$，则 $f_r' < f_s/4$，R_{eq} 在 f_r' 处为正阻，此时环路增益中没有右半平面极点，且相频曲线只穿越－180°一次。根据 Nyquist 稳定判据[122]，只要在此－180°穿越频率处的幅值裕度大于 0dB，那么系统就是稳定的。可见，在消除环路增益的右半平面极点后，无需在 f_r和 $f_s/6$ 这两个频率处具备一正和一负的幅值裕度，幅值裕度的要求变得简单，从而并网逆变器更容易稳定。

9.1.3　减小计算延时对系统控制性能的改善

前面分析了减小电容电流反馈有源阻尼的计算延时（即减小 λ_1）对其阻尼特性的改善，下面介绍减小并网电流环的计算延时（即减小 λ_2）对电流控制性能的改善。为了便于分析，在以下讨论中假定电容电流反馈有源阻尼无计算延时，即 $\lambda_1=0$。

由式(9.5)可知，并网电流环的控制延时 $G_{d2}(s)$ 位于环路增益 $T_D(s)$ 表达式的分子上，会产生相位滞后。并且，由式(9.3)可知，滞后的角度与频率 f 成正比，即

$$\angle G_{d2}(j2\pi f) = -2\pi(\lambda_2 + 0.5)T_s f \tag{9.11}$$

由式(9.11)可知，$G_{d2}(s)$ 引入 90°相位滞后所对应的频率为

$$f_x = \frac{f_s}{4(\lambda_2 + 0.5)} \tag{9.12}$$

当 $f_r < f_x$ 时，$T_D(s)$ 的相频曲线在 f_r 处穿越 $-180°$，为了保证系统稳定，必须将 f_r 处的谐振尖峰阻尼到 0dB 以下；当 $f_r > f_x$ 时，控制延时产生的相位滞后使得 $T_D(s)$ 的相频曲线在 f_x 处就提前穿越 $-180°$，此时只需使得 f_x 处的幅值裕度大于 0dB，即使不阻尼 f_r 处的谐振尖峰，系统也可以稳定[153]。由式(9.12)可知，f_x 随着 λ_2 的减小而升高。因此，当 λ_2 取值不同时，相频曲线穿越 $-180°$ 的频率有可能不同，从而得到不同的幅值裕度表达式。

针对电流调节器采用 PR 调节器并且只要求并网逆变器输出有功功率的情况，下面根据稳态误差、相位裕度以及幅值裕度的要求，确定闭环参数 K_p、K_r 以及 H_{i1} 的可取区域。在以下分析中，不考虑电网阻抗的影响，即认为 $L_g = 0$。

根据第 5.5.2 节的分析，若只要求并网逆变器输出有功功率，则并网电流指令 i_2^* 与电网电压 v_g 同相位，即图 5.9(a)中 $\theta = 0°$，从图中可以看出，此时并网电流不存在相位误差。将 $\theta = 0°$ 代入式(5.33a)中的表达式，可得并网电流的幅值误差 E_A 为

$$E_A = \frac{H_{i2} I_{22}}{I_2^*} \tag{9.13}$$

PR 调节器在基波频率处为 $G_i(j2\pi f_o) = K_p + K_r$，将其代入式(5.11)，可得

$$I_{22} \approx \frac{V_g}{H_{i2} K_{PWM}(K_p + K_r)} \tag{9.14}$$

将式(9.14)代入式(9.13)，E_A 可进一步表示为

$$E_A \approx \frac{V_g}{I_2^* K_{PWM}(K_p + K_r)} \tag{9.15}$$

在第 5 章中，式(5.9)给出了 K_p 与截止频率 f_c 的关系式，这里将其重新给出：

$$K_p \approx \frac{2\pi f_c (L_1 + L_2)}{H_{i2} K_{PWM}} \tag{9.16}$$

将式(9.16)代入式(9.15)，可求得在稳态误差 E_A 约束下，K_r 关于 f_c 的边界值函数为

$$K_{r\_EA}(f_c) = \frac{V_g}{E_A I_2^* K_{PWM}} - \frac{2\pi f_c (L_1 + L_2)}{K_{PWM} H_{i2}} \tag{9.17}$$

将 $s = j2\pi f_c$ 代入式(9.5)，可求得相位裕度 PM 为

$$\begin{aligned} PM = {} & \frac{\pi}{2} - (2\lambda_2 + 1)\pi f_c T_s - \arctan \frac{K_r \omega_i}{\pi f_c K_p} \\ & - \arctan \frac{H_{i1} K_{PWM} f_c \cos(\pi f_c T_s)}{2\pi(f_r^2 - f_c^2)L_1 + H_{i1} K_{PWM} f_c \sin(\pi f_c T_s)} \end{aligned} \tag{9.18}$$

前面已指出，$T_D(s)$ 的相频曲线会在 f_x 和 f_r 这两者中较低的频率处穿越 $-180°$。因此，幅值裕度 GM 可以表示为

$$GM = \begin{cases} -20\lg |T_D(j2\pi f_r)| & (f_r \leqslant f_x) \\ -20\lg |T_D(j2\pi f_x)| & (f_r > f_x) \end{cases} \tag{9.19}$$

根据式(9.5),可计算求得

$$|T_D(j2\pi f_r)| \approx \frac{H_{i2}K_pL_1}{H_{i1}(L_1+L_2)} \tag{9.20a}$$

$$|T_D(j2\pi f_x)| \approx \frac{H_{i2}K_{PWM}K_p}{4\pi^2L_2C[H_{i1}K_{PWM}f_x^2+2\pi L_1f_x(f_r^2-f_x^2)]} \tag{9.20b}$$

将式(9.16)和式(9.20)一起代入式(9.19),整理后可求得在幅值裕度 GM 约束下,H_{i1}关于 f_c 的边界值函数为

$$H_{i1\_GM}(f_c) \approx \begin{cases} \dfrac{2\pi f_cL_1}{K_{PWM}}10^{\frac{GM}{20}} & (f_r \leqslant f_x) \\ \dfrac{2\pi L_1}{K_{PWM}}\left[10^{\frac{GM}{20}}\left(\dfrac{f_r}{f_x}\right)^2f_c+\dfrac{f_x^2-f_r^2}{f_x}\right] & (f_r > f_x) \end{cases} \tag{9.21}$$

若选取的 H_{i1}同时满足 PM 和 GM 的约束,则式(9.18)中 $H_{i1}=H_{i1\_GM}$。将式(9.16)和式(9.21)代入式(9.18),可求得在 PM 和 GM 共同约束下,K_r 关于 f_c 的边界值函数为

$$K_{r\_SM}(f_c)=\frac{2\pi^2f_c^2(L_1+L_2)}{\omega_iH_{i2}K_{PWM}}\cdot$$
$$\frac{2\pi L_1(f_r^2-f_c^2)\cos[PM+(2\lambda_2+1)\pi f_cT_s]-K_{PWM}H_{i1\_GM}(f_c)\sin(PM+2\lambda_2\pi f_cT_s)f_c}{2\pi L_1(f_r^2-f_c^2)\sin[PM+(2\lambda_2+1)\pi f_cT_s]+K_{PWM}H_{i1\_GM}(f_c)\cos(PM+2\lambda_2\pi f_cT_s)f_c} \tag{9.22}$$

将表 9.1 中的相关参数代入式(9.17)和式(9.22),可绘制出 λ_2取不同值时对应的K_r和 f_c 的可取区域,如图 9.7 所示。可见,随着λ_2的减小,K_r 和 f_c 的可取区域增大,从而允许选择更大的 K_r 和 f_c 以获得更好的稳态和动态性能。

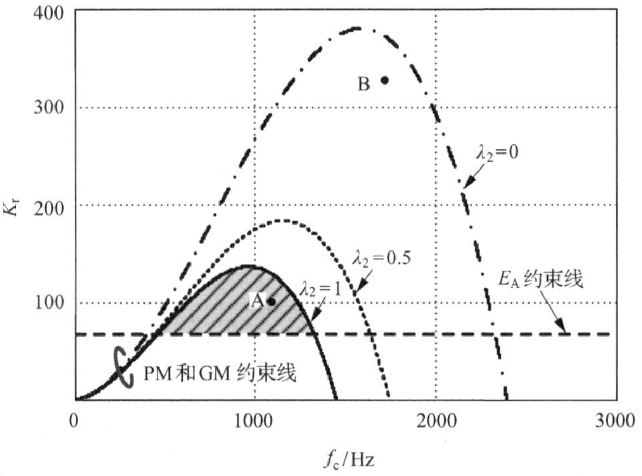

图 9.7 稳态误差和稳定裕度约束下 K_r 和 f_c 的可取区域

9.2　即时采样方法

从第 9.1 节的分析可知，为了提高 LCL 型并网逆变器的稳定性和控制性能，必须克服控制延时的影响。对此，通常的做法是采用超前相位补偿[13]或基于状态观测器的一拍预测[64]来补偿控制延时，然而，超前补偿器会放大高频噪声，状态观测器则需要对系统进行精确地建模。实际中，由于电路参数变化等因素引起的模型误差会导致预测偏差，从而影响系统的控制性能甚至稳定性[65]。

与补偿控制延时的思路不同，本节研究直接减小控制延时的方法。显然，提高采样频率可以减小控制延时。通常，采样频率等于开关频率（对称规则采样）或两倍的开关频率（不对称规则采样）。如果进一步提高采样频率，即多次采样，则会将开关纹波引入到控制环路中，并有可能导致调制波与载波的多次交截[156]。在不改变采样频率的情况下，PWM 延时为半个采样周期，无法减小，因此只能减小计算延时。计算延时是调制信号装载时刻相对于采样时刻的时间间隔，要减小其大小，直观的做法是将采样时刻移向调制信号的装载时刻。与同步采样相区别，将这种采样方法称为即时采样。

9.2.1　电容电流即时采样引入的混叠

如图 9.2 所示，在即时采样模式下，假设电容电流 i_C 和并网电流 i_2 的采样时刻与调制信号装载时刻的时间间隔分别为 T_{d1}（即 $\lambda_1 T_s$）和 T_{d2}（即 $\lambda_2 T_s$），采样得到的电流如图中点划线所示。与同步采样相比，由于采样时刻不同，即时采样的结果有所差别。其中，并网电流主要为基波成分，修改采样时刻对并网电流采样的准确性影响很小，可以忽略。而电容电流则含有丰富的开关纹波，采用即时采样有可能引起混叠现象。

图 9.8 给出了单相 LCL 型并网逆变器中电容电流采样的仿真结果，逆变器采用单极倍频 SPWM 策略，其中基波频率 $f_o=50$Hz，开关频率 $f_{sw}=10$kHz，采样频率 $f_s=20$kHz。在 $0\leqslant\lambda_1\leqslant1$ 的范围内，λ_1 以 0.1 为间隔进行取值，分别进行仿真分析。从图 9.8(a)可以看出，采样的时刻不同，电容电流采样值 i_{Cs} 差别很大。在同步采样模式下，即 $\lambda_1=1$ 时，由于采样发生在开关周期的开始和中间时刻（即开关管开通和关断的中间时刻），所以采样结果为每个开关周期内的平均值，即电容基波电流，其幅值约为 1A，这样就避免了混叠问题[150]。在即时采样模式下，即 $0<\lambda_1<1$ 时，i_{Cs} 不仅含有基波成分，而且存在低次谐波（主要为 3、5 和 7 次），这表明出现了混叠现象。对 i_{Cs} 进行傅里叶分析，并以实际基波幅值（即 1A）为基准，得到不同 λ_1 下 i_{Cs} 中的基波与谐波幅值的标幺值，如图 9.8(b)所示。从图中可以看

出，当 $\lambda_1=0.5$ 时，i_{Cs} 与电容基波电流十分接近，其谐波含量最少；而当 λ_1 在(0,1)范围内取 0.5 以外的其他值时，i_{Cs} 中的基波幅值大于实际值，即存在采样误差。当混叠引起的低次谐波随着电容电流反馈进入控制环路之后，会对并网电流产生扰动作用。从图 9.3 的控制框图可以看出，电容电流的反馈点位于电流调节器 $G_i(s)$ 之后。因此，通过提高电流调节器的低频增益，可以抑制电容电流反馈信号中的低次谐波对并网电流的影响。

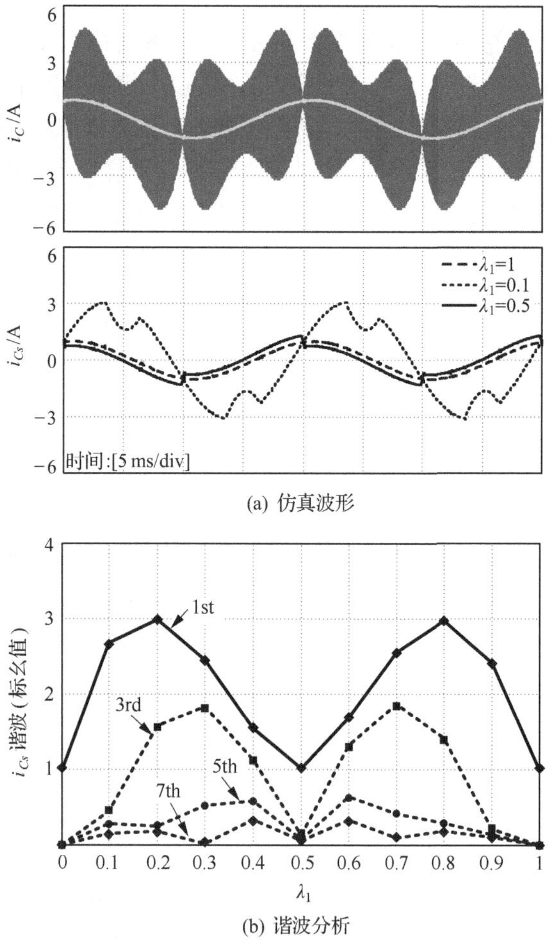

(a) 仿真波形

(b) 谐波分析

图 9.8　电容电流采样的仿真结果及分析

除了混叠之外，开关噪声是采样过程中需要注意的另一个问题。开关噪声产生于开关动作的时刻，并通过传导耦合到电流传感器中。在同步采样模式下，采样发生在开关管开通和关断的中间时刻，没有开关动作，因此采样结果受开关噪声影响应较小；而在即时采样模式下，采样点有可能被移向开关动作的时刻，使得采样结果受开关噪声干扰。为了克服这一问题，在进行即时采样时需要采取措施：首先，避免在开关动作的时刻进行采样，根据当前调制信号的值可以预测出下一拍的开关动作时刻；然后再适当调整下一拍的采样使其远离这一时刻；其次，在电流传感器和 A/D 转换器之间置入低通滤波器。由于开关噪声的频率一般高于 1MHz[157]，可选取截止频率为 100kHz 的低通滤波器。

9.2.2　设计实例

表 9.1 列出了单相 LCL 型并网逆变器的参数，根据表中参数给出即时采样方法的设计实例。为了直接反映减小电容电流反馈有源阻尼的计算延时对系统稳定性的改善，这里只对电容电流进行即时采样，而对并网电流仍然使用同步采样，即 $\lambda_2=1$。针对电流调节器采用 PR 调节器的情况，设计相应的控制参数，并考核 L_g 从 0 到 10％的基准阻抗(0.1p.u.，对应短路比为 10[14])变化时系统的稳定性。在本设计实例中，0.1p.u. 相当于 $L_g=2.6$mH。

表 9.1　单相 LCL 型并网逆变器的参数

参数	符号	数值	参数	符号	数值
输入电压	V_{in}	360V	逆变器侧电感	L_1	600μH
电网电压	V_g	220V	滤波电容	C	10μF
输出功率	P_o	6kW	网侧电感	L_2	150μH
基波频率	f_o	50Hz	谐振频率	f_r	4.6kHz
开关频率	f_{sw}	10kHz	采样频率	f_s	20kHz
三角载波幅值	V_{tri}	4.58V	电流采样系数	H_{i2}	0.15

当电容电流采用同步采样时($\lambda_1=1$)，根据第 8.5 节的设计方法，选取 $K_p=0.48$，$K_r=65$，$H_{i1}=0.025$。当电容电流采用即时采样时，根据第 9.1.2 节的分析，需要选取 $\lambda_1\leqslant 0.5$ 以消除环路增益的右半平面极点。在实际应用中，λ_1 的最小值是受电容电流采样和有源阻尼计算所需时间限制的，而这些时间与 A/D 转换器和数字信号处理器 DSP 的速度相关。以 TI 公司的型号为 TMS320F2812 的 DSP(32 位定点 150MHz)为例，其片内 A/D 转换器的单通道转换时间为 0.2μs。转换结果与电流调节器的输出作差，得到调制信号并将其装载到 DSP 的比较单元，所需要的时间为 0.6μs (实测值)。因此，采样和计算的总耗时为 0.8μs，这意味着在 $f_s=20$kHz 时 λ_1 的最小值约为 0.02。这里考虑 $0.1\leqslant\lambda_1\leqslant 0.5$，并以 0.1 为间隔，

对不同的 λ_1 进行分析。以 $\lambda_1=0.5$ 为例,保持 PR 调节器的参数不变,需要对 H_{i1} 的值进行重新校核。由式(9.10)可计算得 $H_{i1m}=0.042$,即为了消除右半平面极点,H_{i1} 需小于 0.042,故 $H_{i1}=0.025$ 是适用的。

图 9.9 给出了 λ_1 分别取 1 和 0.5 时补偿后环路增益的波特图。从图中可以看出,两者的幅频曲线基本重合,但相频曲线在高于 $f_s/6$ 的频段差别较大。当 $\lambda_1=1$ 时,相频曲线分别在 f_r 和 $f_s/6$ 处穿越 $-180°$,对应的幅值裕度分别为 $GM_1=-9.13$dB和 $GM_2=4.12$dB;而当 $\lambda_1=0.5$ 时,相频曲线只在接近 $f_s/6$ 处穿越 $-180°$,对应的幅值裕度为 4.28dB。可见,在不同的情况下,3dB 的幅值裕度要求都是满足的。

图 9.10 为 L_g 从 0 到 0.1p.u. 变化时闭环极点的轨迹图。为便于观察,PR 调节器引入的一对闭环极点在图中没有给出。如图 9.10(a)所示,对于 $\lambda_1=1$,当 $180\mu H<L_g<750\mu H$,即对应 $2.7kHz<f_r<3.5kHz$ 时,谐振极点移出了单位圆。这表明当 f_r 接近于 $f_s/6$ (即 3.3kHz)时,系统变得不稳定。如图 9.10(b)所示,对于 $\lambda_1=0.5$,谐振极点整体向单位圆内移动,并且即使在 $L_g=220\mu H$ (对应 $f_r=3.3kHz$)时也具有很好的稳定裕度。可见,减小电容电流反馈有源阻尼的计算延时后,系统的稳定性得到了提高。

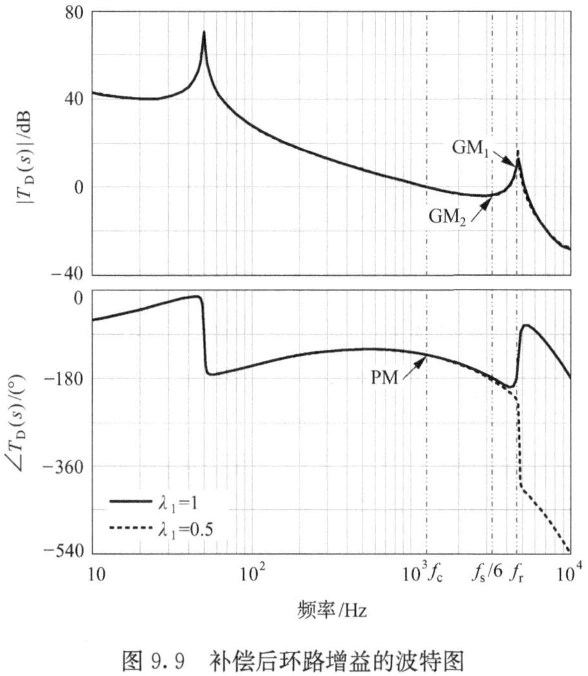

图 9.9　补偿后环路增益的波特图

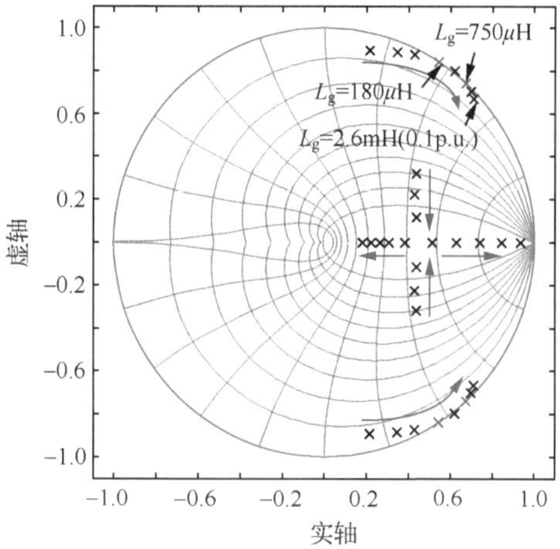

(a) $\lambda_1=1$

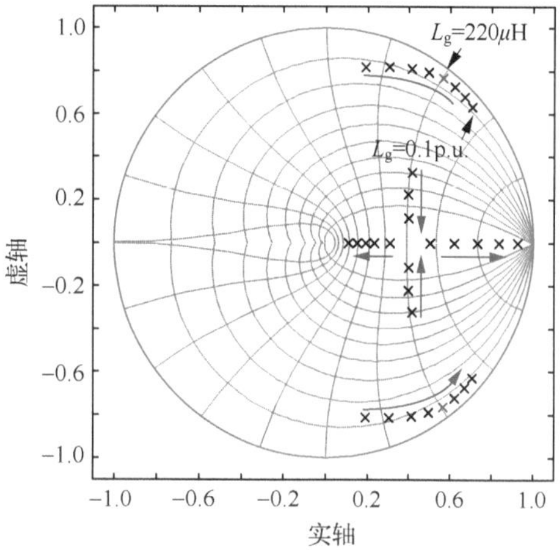

(b) $\lambda_1=0.5$

图 9.10　L_g从 0 到 0.1p.u. 变化时闭环极点的轨迹图

9.2.3　实验验证

根据表 9.1 的参数，在实验室研制了一台 6kW 的原理样机，对本节提出的电容电流即时反馈方法进行实验验证。实验中采用可编程交流电源(Chroma 6590)来模拟电网电压，并通过串入外部电感来模拟电网阻抗。

图 9.11 给出了电容电流的实验波形及其在 $\lambda_1=1$、$\lambda_1=0.5$ 和 $\lambda_1=0.1$ 时的采样结果。可见，实测结果与图 9.8(a)的仿真波形是一致的，并且，采样结果中几乎没有开关噪声。

当 $L_g=0$ 时，针对 $\lambda_1=1$ 和 $0.1\leqslant\lambda_1\leqslant0.5$ 的情况，这里分别从稳态和暂态两个方面进行对比实验，并给出了 $\lambda_1=1$ 和 $\lambda_1=0.5$ 的实验结果，如图 9.12 和图 9.13 所示。其中，图 9.12 为满载时的稳态实验结果，图 9.13 为并网电流指令值在半载和满载之间跳变时的实验结果。对于不同的 λ_1，从实验波形上很难看出并网电流的差别。为此，表 9.2 进一步给出了并网电流的测量结果，包括幅值误差、总谐波失真 THD 以及超调量。从中可以看出，不同 λ_1 所对应的并网电流幅值误差始终小于 0.4%，这是因为 PR 调节器有足够高的基波增益，可以保证并网电流的跟踪精度并抑制电容电流基波采样误差(见图 9.8)的影响。对于 THD，当 $\lambda_1=1$ 时，受死区影响，并网电流存在部分谐波；当 $0.1\leqslant\lambda_1\leqslant0.5$ 时，由于混叠引起的低次谐波随着电容电流反馈进入了控制环路，导致并网电流的 THD 有所增加。提高电流调节器的低频增益可以抑制这些低次谐波的扰动。从图 9.8(b)可以看出，在 $\lambda_1=0.5$ 和 $\lambda_1=0.1$ 时，电容电流采样值中低次谐波的含量较小。因此，如表 9.2 中所示，$\lambda_1=0.5$ 和 $\lambda_1=0.1$ 所对应的并网电流 THD 的增加量也很小。此外，由于在不同 λ_1 时系统都具有良好的稳定裕度，暂态过程中并网电流的超调量基本相同。

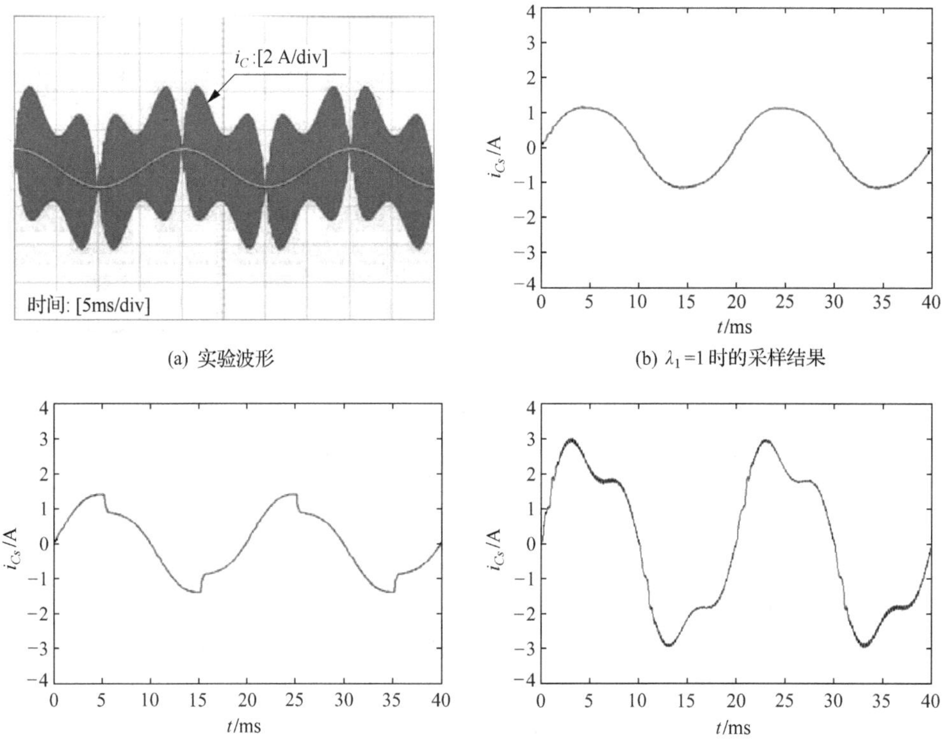

(a) 实验波形　(b) λ_1=1 时的采样结果

(c) λ_1=0.5 时的采样结果　(d) λ_1=0.1 时的采样结果

图 9.11　电容电流的实验波形及其在不同 λ_1 下的采样结果

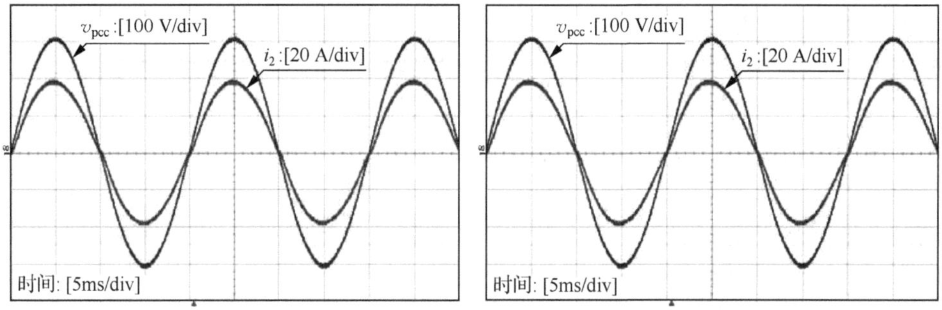

(a) λ_1=1　(b) λ_1=0.5

图 9.12　L_g=0 且满载时的稳态实验结果

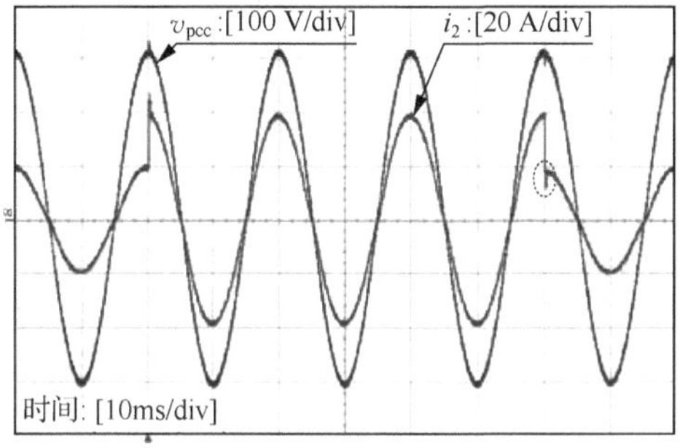

(a) λ_1=1

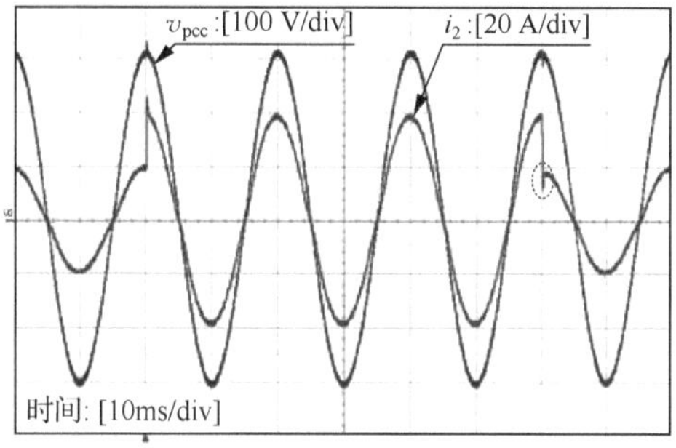

(b) λ_1=0.5

图 9.13　L_g=0 且并网电流指令值在半载和满载之间跳变时的实验结果

表 9.2　并网电流的测量结果

λ_1	1	0.5	0.4	0.3	0.2	0.1
幅值误差/%	0.4	0.4	0.3	0.22	0.18	0.25
总谐波失真/%	0.87	0.9	1.22	1.27	1.15	0.96
超调量/%	40	40	41	41	41	40

第 9.2.2 节已指出，对于 λ_1=1，当 180μH<L_g<750μH 时系统会不稳定。为了描述最恶劣的情况，这里以 L_g=220μH 为例进行测试，实验结果如图 9.14 所示。当 λ_1=1 时，如图 9.14(a)所示，并网电流出现了严重的振荡，这表明系统不稳定。当 λ_1=0.5 时，如图 9.14(b)所示，稳态振荡消失了，电流指令值跳变时的暂态振荡也得到了很快的衰减，并网电流恢复了稳定。实验结果表明，采用本节提出的电容电流即时反馈方法，不仅使 LCL 型并网逆变器保持了良好的稳态和暂态性能，还提高了系统的稳定性。

需要说明的是，如果对并网电流也采用即时采样，则可以减小并网电流环的计算延时，根据第 9.1.3 节的分析，这样有利于提高控制环路的带宽和低频增益，改善并网电流的控制性能。关于这一点，9.3 节将作进一步的分析和验证。

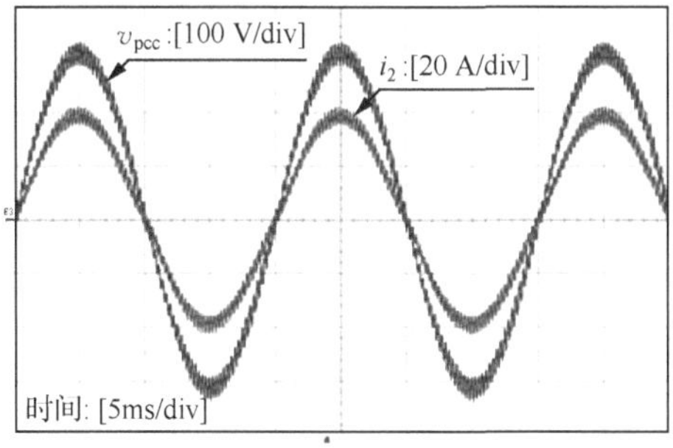

(a) λ_1=1

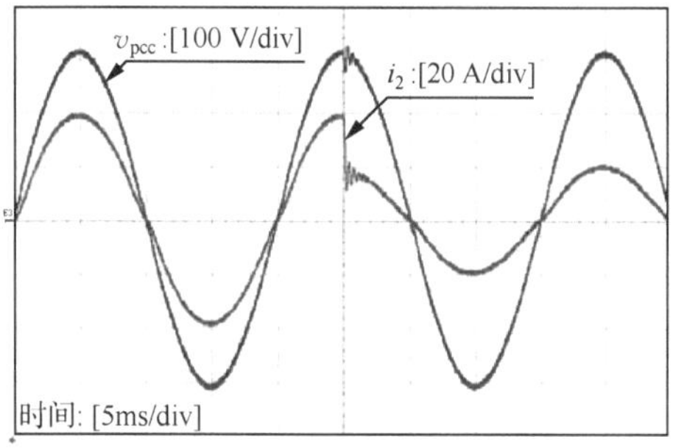

(b) λ_1=0.5

图 9.14　L_g=220μH 时的实验结果

9.3　双采样模式实时运算方法

从第 9.2 节的分析可知，受采样和运算速度的限制，采用即时采样方法只能减小而不能完全计算延时。并且，由于采样时刻不位于开关管开通和关断的中间时刻，即时采样还有可能引入混叠和开关噪声。为此，本节进一步提出双采样模式的实时运算方法，以完全消除计算延时，同时避免混叠和开关噪声，提高系统的抗噪性能。

9.3.1　双采样模式实时运算方法

为了尽可能减小计算延时，可以采用实时运算方法，其数字脉宽调制过程如图 9.15(a)所示。为了方便阐述，以基波的正半周期为例进行分析，负半周期的分析与此类似。与 9.2 节即时采样不同的是，这里的采样时刻选择在载波的波峰和波谷处，即进行同步采样以避免开关纹波和开关噪声。

采用单极倍频调制时，调制过程可等效为调制波与两个相位交错 180°的三角载波比较，从而调节占空比，以控制逆变器桥输出电压 v_{inv} 的脉宽。为了保证 PWM 环节的正逻辑，即占空比大小与调制波成正比，选择在调制波大于载波的时间段输出高电平。

理想情况下，假设运算速度无限快，采样和计算过程瞬时完成，则调制波 v_{M1} 在采样时刻即可立即更新。然而，考虑实际采样和计算速度的限制，实际的调制波 v_{M2} 总是要滞后于 v_{M1} 一段时间，滞后时间设为 t_{d}。由图 9.15(a)可知，如果能够在 v_{inv} 脉冲电压的前沿跳变之前完成运算，并立即更新调制波，即满足

$$t_{\mathrm{d}} < 0.5(1-d_{\mathrm{y}})T_s \tag{9.23}$$

则采用实际调制波 v_{M2} 和理想的调制波 v_{M1} 产生的逆变桥输出电压 v_{inv} 将完全相同，从而消除了计算延时 t_{d} 对控制系统的影响。但是，这种消除计算延时的方法是以限制最大占空比为代价的。

对单极倍频调制而言，除了载波的波峰和波谷以外，在波峰与波谷的中值处采样也可以避免开关纹波和开关噪声，并且也能实现实时运算，如图 9.15(b)所示。类似地，如果能够在 v_{inv} 脉冲电压的后沿跳变之前完成运算，并立即更新调制波，即满足

$$t_{\mathrm{d}} < 0.5d_{\mathrm{y}}T_s \tag{9.24}$$

则计算延时 t_{d} 也不会影响控制系统。同样，该方法消除计算延时是以限制最小占空比为代价的。

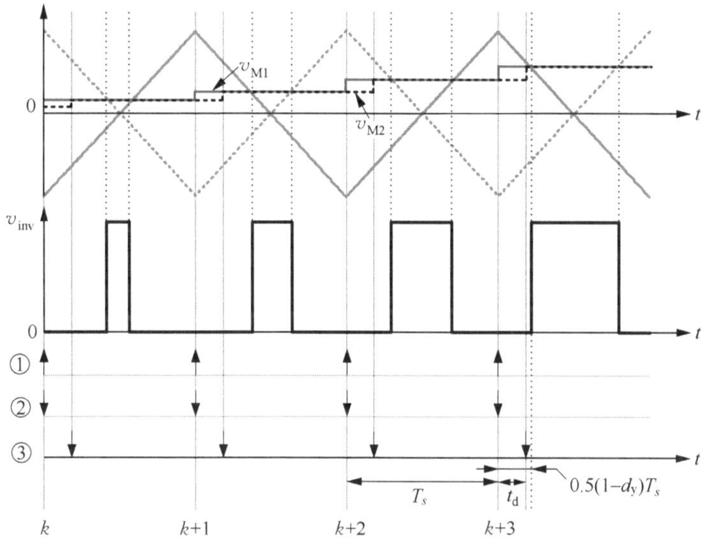

(a) 峰谷采样模式

①峰谷采样时刻；②v_{M1}更新时刻；③v_{M2}更新时刻

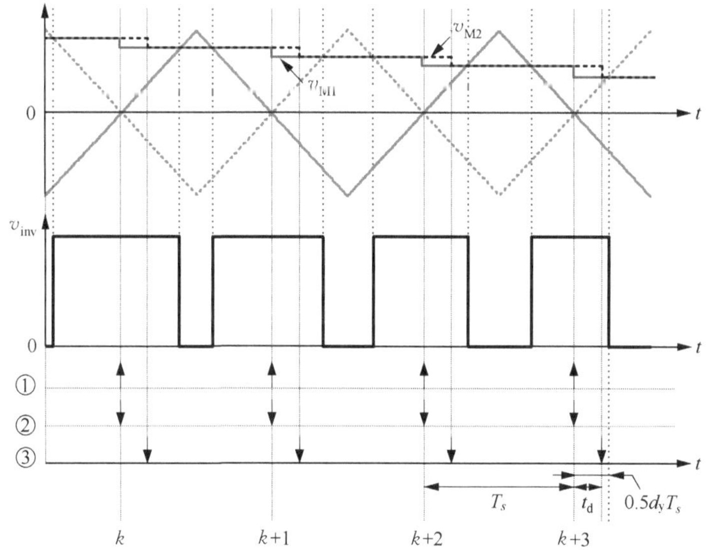

(b) 中值采样模式

①中值采样时刻；②v_{M1}更新时刻；③v_{M2}更新时刻

图 9.15　实时运算方法的数字脉宽调制

上述两种调制方式下在消除计算延时的同时，也限制了占空比的调节范围，并且所需的采样和计算时间越长，限制就严重。换句话说，若要求占空比的调节范围越宽，则所允许的采样计算时间就越短。根据式(9.23)和式(9.24)，可以绘制出峰谷采样和中值采样模式在不同占空比下所允许的最大采样计算时间曲线，分别如图 9.16 中虚线和点划线所示。由图 9.16 可知，对于峰谷采样模式，占空比越小，允许的采样计算时间越长；相反，对于中值采样模式，占空比越大则允许的时间越长。

结合上述两种采样方法提出双采样模式的实时运算方法，该方法根据占空比大小选择合适的采样方式，即占空比在 0～0.5 范围内变化时选择峰谷采样，占空比在 0.5～1 范围内变化时选择中值采样，其对应的允许延时的曲线如图 9.16 中的粗实线所示。由图 9.16 可知，采用双采样模式后，占空比从 0 到 1 全范围变化时，所允许的延时最小值为 $0.25T_s$，从而可以消除实时运算对占空比的限制。

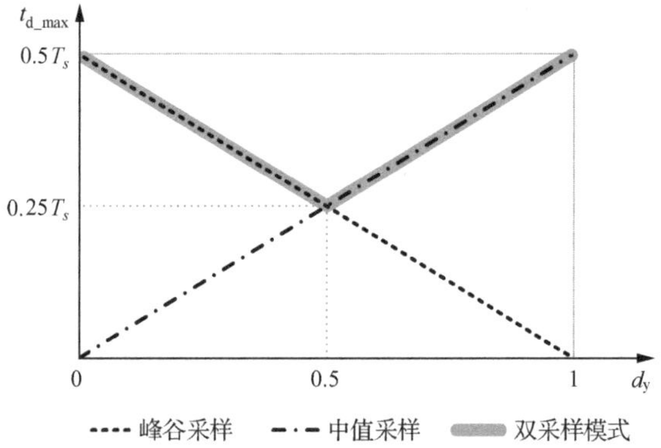

图 9.16　允许延时与占空比的关系曲线

双采样模式实时运算方法的数字 PWM 过程如图 9.17 所示。当 $0<d_y<0.5$，即 $0<v_{M2}<V_{tri}/2$ 时，采用峰谷采样模式；当 $d_y\geqslant 0.5$，即 $v_{M2}\geqslant V_{tri}/2$ 时，采用中值采样模式。可见采用双采样模式既能实现实时控制，又不会造成占空比限制。同时，采用双采样模式后，采样时刻与开关管开关时刻之间的时间间隔始终大于 $T_s/4$，与传统的峰谷采样模式相比，进一步提高了系统的抗噪性能。

需要说明的是，由于双采样模式实时运算方法是基于单极倍频调制策略的，该方法难以应用于三相并网逆变器；而即时采样方法则不受调制方式的限制，可以方便地推广到三相并网逆变器中。

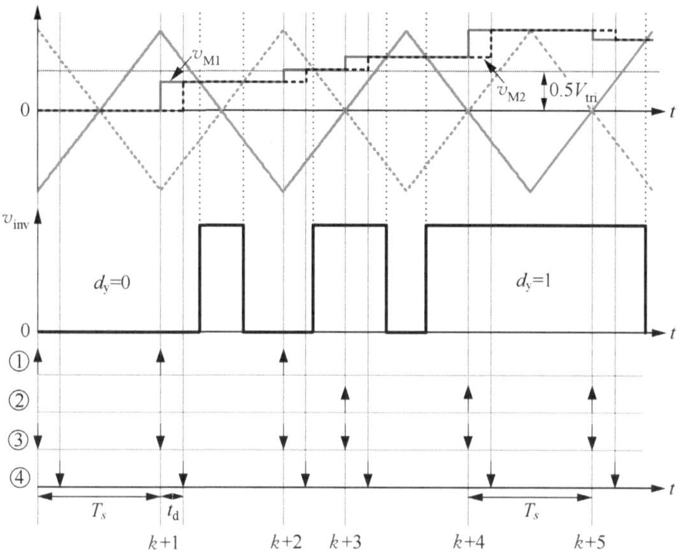

①峰谷采样时刻；②中值采样时刻；③v_{M1}更新时刻；④v_{M2}更新时刻

图 9.17　双采样模式实时运算方法的数字脉宽调制

9.3.2　设计实例

基于表 9.1 的样机参数，下面给出双采样模式实时运算方法的设计实例。通过实测，AD 采样、电流闭环和有源阻尼计算的总耗时接近 5μs，而采用双采样模式实时运算允许的采样计算时间大于 $0.25T_s$，即 10μs，因此可以实现实时运算。

为了保证足够的稳定裕度，要求相位裕度 PM＞45°，幅值裕度 GM＞3dB，同时要求并网电流的幅值误差 E_A＜1%。采用实时运算消除计算延时后，$\lambda_1=\lambda_2=0$，将 $\lambda_2=0$ 代入式(9.12)可得 $f_x=f_s/2$（即 10kHz）。由于 $f_r=4.6$kHz（见表 9.1），低于 f_x，故从第 9.1.3 节的分析可知，此时 $T_D(s)$ 的相频曲线会在 f_r 处穿越 −180°。根据图 9.7 中 $\lambda_2=0$ 确定的可取区域，选择其中的 B 点（$f_c=1.8$kHz，$K_r=340$）作为设计点。将 $f_c=1.8$kHz 分别代入式(9.16)和式(9.21)中上面的表达式，可计算出 $K_p=0.72$ 和 $H_{i1}=0.12$。补偿后环路增益的波特图如图 9.18 中虚线所示。其中，$f_c=1.9$kHz，$T_{fo}=84.6$dB，对应的幅值误差为 0.2%，PM=47.8°，f_r 处的幅值裕度 GM=3.7dB，满足设计要求。

采用同样的方法可对并网电流环存在一拍延时（$\lambda_1=0$，$\lambda_2=1$）的情况进行闭环设计。将 $\lambda_2=1$ 代入式(9.12)可得 $f_x=f_s/6$（即 3.3kHz），由于 $f_r>f_x$，故此时 $T_D(s)$ 的相频曲线会在 $f_x(f_s/6)$ 处穿越 −180°。选择图 9.7 中的 A 点作为设计

点，获得闭环参数为 $K_p=0.46$，$K_r=100$，$H_{i1}=0.01$。补偿后环路增益的波特图如图 9.18 中点划线所示。其中，$f_c=1.2\text{kHz}$，$T_{fo}=74\text{dB}$，对应的幅值误差为 0.7%，PM=46.4°，$f_s/6$ 处的幅值裕度 $GM_1=4.1\text{dB}$，也满足设计要求。

为了进行对比，这里还对 $\lambda_1=\lambda_2=1$ 的情况进行了闭环设计。根据第 8.5 节的方法选取闭环参数 $K_p=0.46$，$K_r=100$，$H_{i1}=0.01$。补偿后环路增益的波特图如图 9.18 中的实线所示。可见，环路增益的幅频特性与 $\lambda_1=0$ 且 $\lambda_2=1$ 时基本相同，但相频曲线在高于 $f_s/6$ 的频段差别较大。$\lambda_1=\lambda_2=1$ 时的相频曲线除了在 $f_s/6$ 处穿越 −180°，还在 f_r 处再次穿越 −180°。从第 8.3 节的分析可知，此时需要使得 f_r 处的幅值裕度 $GM_2<0\text{dB}$，以保证系统稳定。由图 9.18 可知，$GM_2=-11.8\text{dB}$，满足稳定要求。

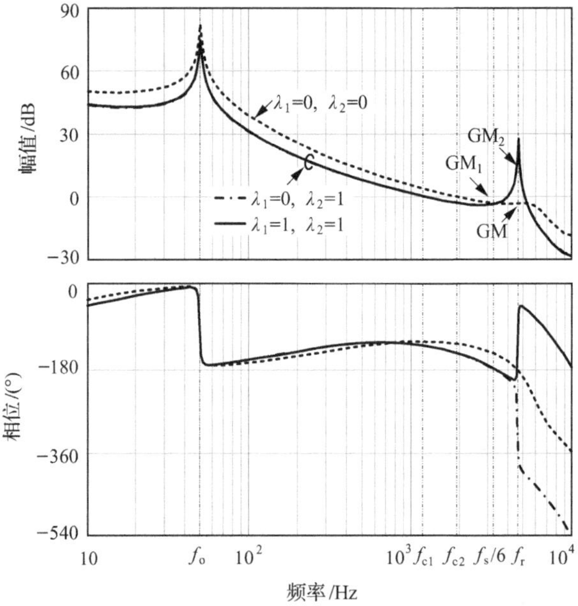

图 9.18　不同延时下补偿后环路增益的波特图

图 9.19 给出了这三种情况下在电网阻抗 L_g 从 0 增大到 2.6mH 时，闭环极点的变化规律。当 $\lambda_1=\lambda_2=1$ 时，随着 L_g 的增加，谐振极点将移出单位圆，系统不稳定；当 $\lambda_1=0$，$\lambda_2=1$ 时，随着 L_g 的增加，谐振极点均在单位圆内，系统始终稳定；当 $\lambda_1=\lambda_2=0$ 时，随着 L_g 的增加，谐振极点进一步向单位圆内移动，因此进一步提高了系统的稳定性。

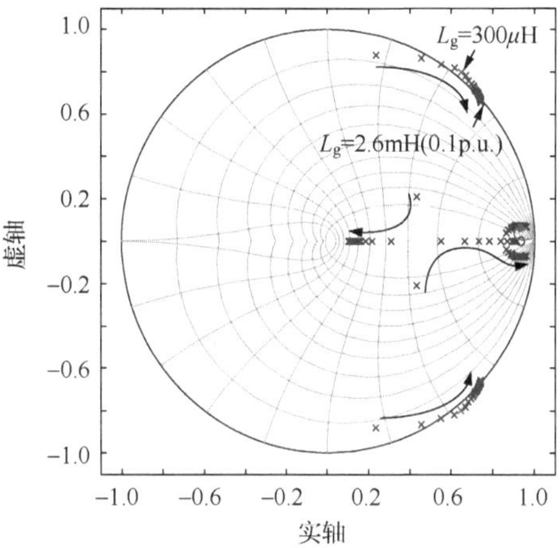

(a) $\lambda_1=1, \lambda_2=1$

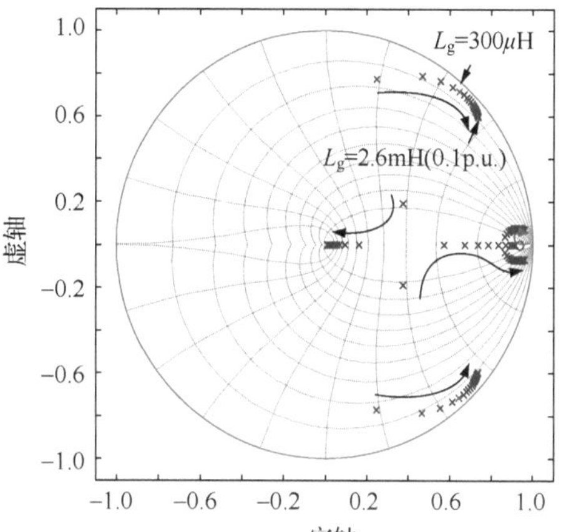

(b) $\lambda_1=0, \lambda_2=1$

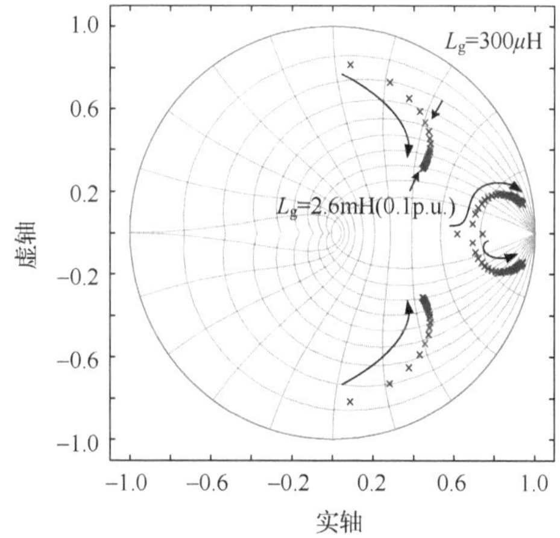

(c) $\lambda_1=0, \lambda_2=0$

图 9.19　不同延时下闭环极点的轨迹图

9.3.3　实验验证

图 9.20 给出了 λ_1 和 λ_2 不同时并网逆变器的满载稳态实验波形，对应的功率因数、幅值误差、总谐波失真的测量结果如表 9.3 所示。图 9.21 给出了并网逆变器满载到半载跳变的动态实验波形，对应的超调量和调节时间的测量结果也在表 9.3 中列出。

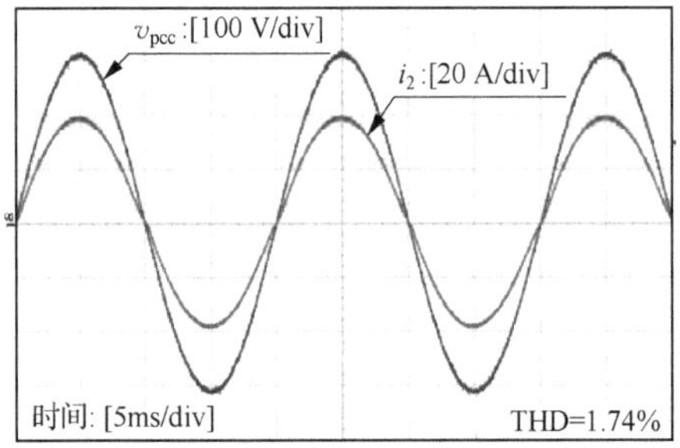

(a) λ_1=1, λ_2=1

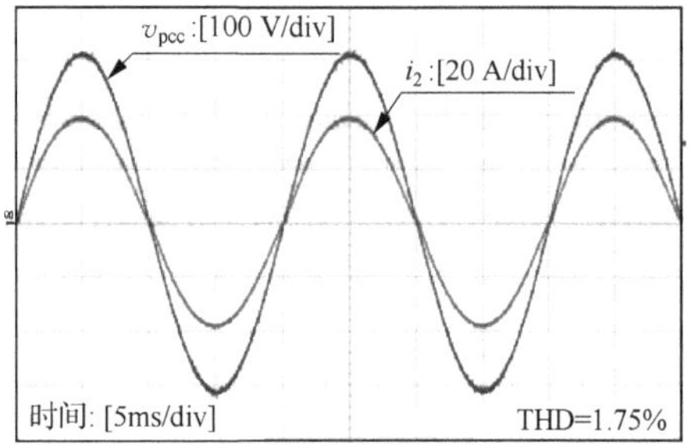

(b) λ_1=0, λ_2=1

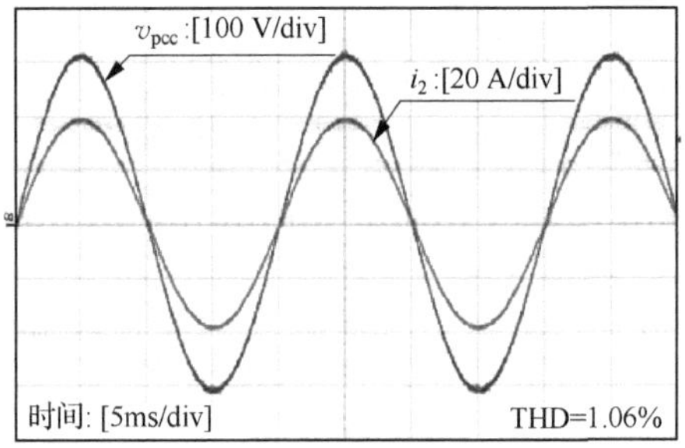

(c) λ_1=0, λ_2=0

图 9.20　满载稳态实验波形

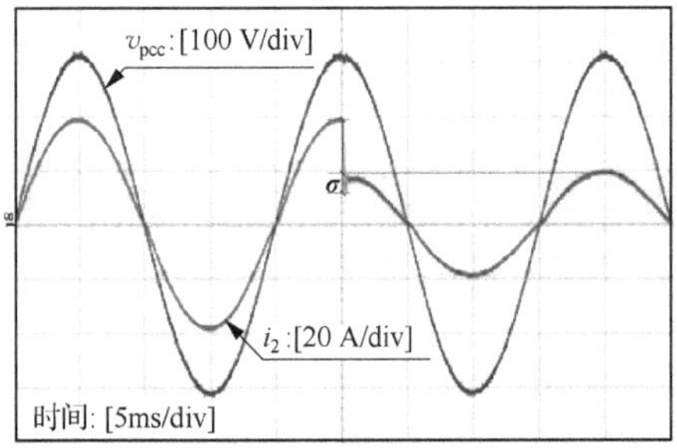

(a) λ_1=1, λ_2=1

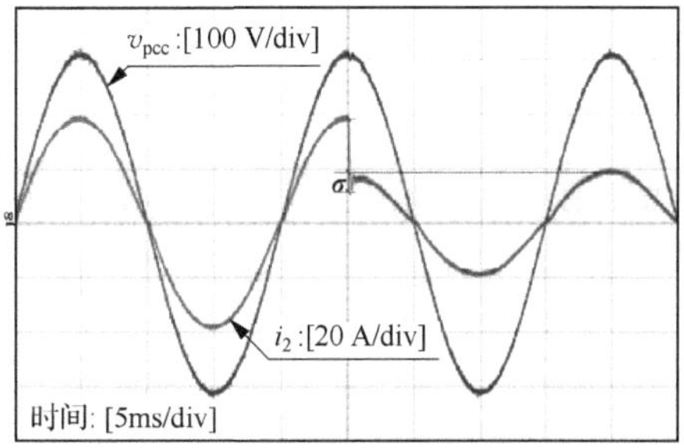

(b) λ_1=0, λ_2=1

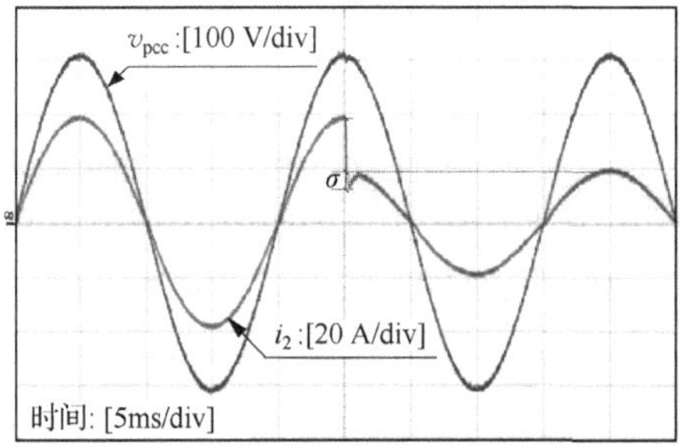

(c) λ_1=0, λ_2=0

图 9.21　并网电流给定值由满载跳变到半载的实验波形

表 9.3　并网电流的测量结果

计算延时	$\lambda_1=1,\lambda_2=1$	$\lambda_1=0,\lambda_2=1$	$\lambda_1=0,\lambda_2=0$
功率因数	0.998	0.998	0.999
幅值误差/%	0.6	0.6	0.22
总谐波失真/%	1.74	1.75	1.06
超调量/%	40	38	30
调节时间/ms	2.5	2.5	1.2

对比图 9.20 和图 9.21 的实验波形可知，消除电容电流反馈有源阻尼的计算延时(即 $\lambda_1 T_s$)，对系统的稳态和动态性能影响不大。这是因为该延时主要对谐振频率附近的并网电流闭环的环路增益产生影响，而两者在截止频率以内的频率响应基本相同，如图 9.18 中的实线和点划线所示。但消除并网电流环的计算延时(即 $\lambda_2 T_s$)，可以提高系统的低频增益和带宽，如图 9.18 中的虚线所示。因此，系统的跟踪性能和动态调节速度得到提高，功率因数、幅值误差、超调量以及调节时间都相应减小；同时，提高低频增益也能更好地抑制死区造成的并网电流畸变，总谐波失真也得到减小。

图 9.22 给出了电网阻抗 $L_g=300\mu H$ 时的实验波形。图 9.22(a)为 $\lambda_1=\lambda_2=1$ 时的实验结果，并网电流出现了明显的振荡，系统不稳定。图 9.22(b)为 $\lambda_1=0$，$\lambda_2=1$ 时的动态跳变实验波形，并网电流的稳态振荡消失，系统恢复了稳定，但在跳变瞬间仍存在短暂振荡的过程。可见，消除电容电流反馈有源阻尼的计算延时，可以提高系统对电网阻抗变化的鲁棒性。图 9.22(c)为 $\lambda_1=\lambda_2=0$ 时的动态跳变实验波形，并网电流即使在跳变时也未发生明显振荡。因此，采用双采样模式实时运算方法同时消除并网电流环和电容电流反馈有源阻尼的计算延时，进一步提高了系统的稳定性。

图 9.23 给出了采用不同采样和计算方法在实际电网下的实验波形。采用存在一拍滞后计算延时的方法，即 $\lambda_1=\lambda_2=1$ 时，实验波形如图 9.23(a)所示。并网电流受电网电压背景谐波影响，存在一定的畸变，其对应的 THD 为 5.17%。采用即时采样方法可以将计算延时减小为 5μs，对应 $\lambda_1=\lambda_2=0.1$。此时电流环的闭环参数可以得到优化，提高系统的低频增益和带宽，从而可以更好地抑制并网电流畸变，如图 9.23(b)所示，其对应的 THD 降为 3.34%。采用双采样模式的实时运算方法消除了计算延时，即 $\lambda_1=\lambda_2=0$，并且也避免了即时采样方法中电容电流的采样误差，从而进一步降低了并网电流畸变，如图 9.23(c)所示，对应的 THD 降为 2.89%。

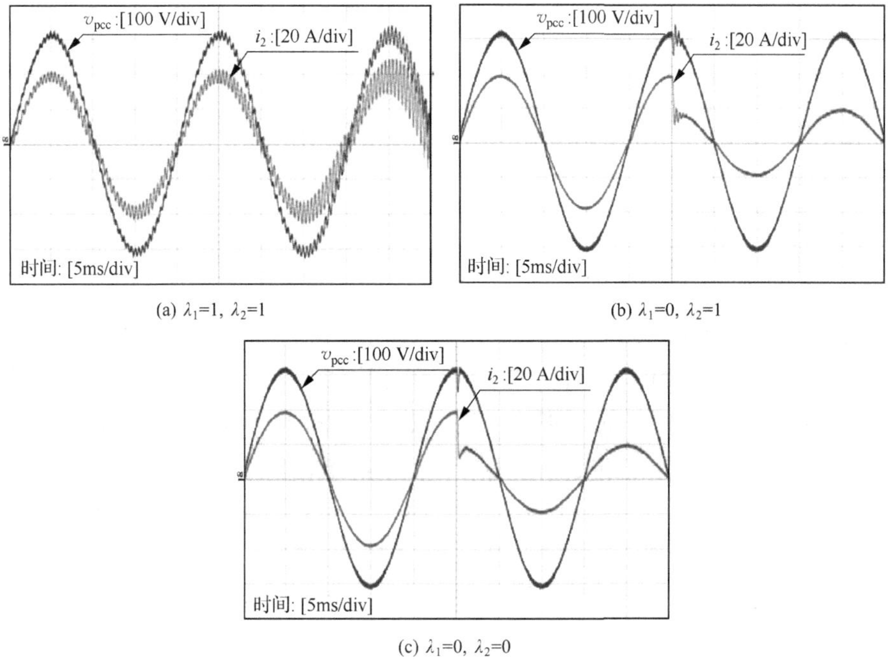

图 9.22　电网阻抗为 $L_g=300\mu H$ 时的实验波形

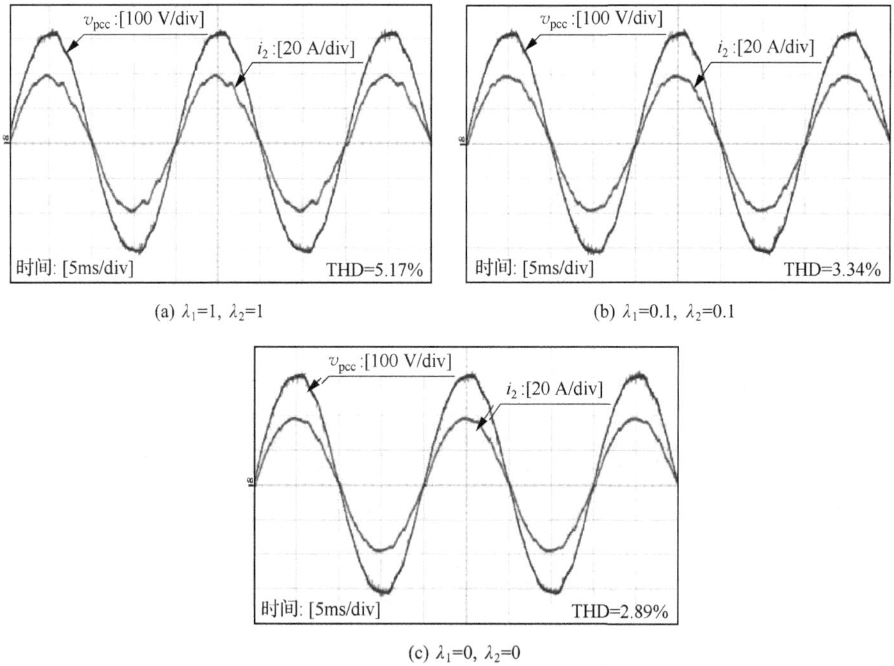

图 9.23　实际电网下的满载稳态实验波形

9.4 本章小结

本章建立了数字控制 LCL 型并网逆变器的数学模型，分析了减小计算延时对系统稳定性和控制性能的改善。一方面，减小电容电流反馈有源阻尼的计算延时可以改善其阻尼效果，使其在更宽的频率范围内呈正阻特性，从而消除环路增益的右半平面极点。这样，无需在 f_r 和 $f_s/6$ 这两个频率处具备一正和一负的幅值裕度，幅值裕度的要求变得简单，并网逆变器更容易稳定。另一方面，减小并网电流环的计算延时有利于提高控制环路的带宽和低频增益，改善并网电流的控制性能。为此，本章分别提出了即时采样方法和双采样模式实时运算方法：①即时采样方法可以减小计算延时，且不受调制方式的限制，能应用于单相和三相并网逆变器，但存在混叠和开关噪声问题；②双采样模式实时运算方法可以完全消除计算延时，并且避免了混叠和开关噪声，但该方法是基于单极倍频调制，难以应用于三相并网逆变器。本章针对单相 LCL 型并网逆变器，分别给出了上述两种方法的设计实例，并通过一台 6 kW 的原理样机进行了实验验证。实验结果表明，采用本章提出的减小计算延时的方法，不仅改善了系统的稳态和暂态性能，而且提高了 LCL 型并网逆变器的稳定性，使得 $f_r = f_s/6$ 时系统依然很稳定。

第 10 章　提高 LCL 型并网逆变器对弱电网适应能力的输出阻抗校正方法

随着分布式电源并网功率等级的增加以及接入位置的广泛分布，电网越来越表现出弱电网的特性，其电网线路阻抗较大，而且电网电压含有丰富的背景谐波。其中，电网阻抗会改变并网逆变器控制环路的增益，影响其控制性能，甚至可能导致并网电流不稳定；而电网电压背景谐波会引起并网电流的畸变，使其无法满足并网电流谐波标准。由于并网逆变器的输出阻抗能够同时反映控制系统对电网阻抗变化时的鲁棒性以及对电网电压引起的并网电流谐波的抑制能力，本章引入虚拟串联阻抗和并联阻抗对并网逆变器的输出阻抗特性进行校正，使得并网逆变器能够兼顾控制系统鲁棒性和并网电流谐波抑制能力[109]，从而大大提高并网逆变器对弱电网的适应能力。

10.1　基于阻抗的并网逆变器稳定性判据推导

通常在分析电网阻抗对并网逆变器稳定性影响时，将并网逆变器和电网阻抗作为整体建模，系统模型会相对复杂，并且得到的结论也不容易拓展至电网阻抗变化等其他情况。本节将给出基于阻抗的稳定性判据推导，采用该判据分析并网逆变器稳定性，在电网阻抗发生变化的情况下，无需对并网逆变器进行重新建模，并且可方便地拓展至多台逆变器并网情况[107]。

如图 10.1 给出单相 LCL 型并网逆变器接入弱电网情况的等效电路。图中，PCC 为并网逆变器的公共耦合点，并网逆变器采用 Norton 等效电路进行描述，$v_{pcc}(s)$ 为公共耦合点电压，$i_s(s)$ 为并网电流的指令值跟踪分量，$i_2(s)$ 为并网电流，$Z_o(s)$ 为并网逆变器的输出阻抗，$Z_g(s)$ 为电网阻抗。

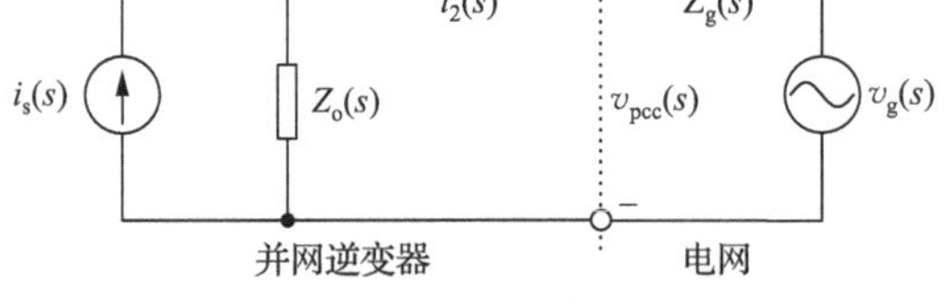

图 10.1　并网系统的等效电路

根据图 10.1,可以得到并网电流的表达式为

$$i_2(s)=\frac{Z_o(s)}{Z_o(s)+Z_g(s)}i_s(s)-\frac{1}{Z_o(s)+Z_g(s)}v_g(s) \tag{10.1}$$

上式可改写为

$$i_2(s)=\frac{1}{1+Z_g(s)/Z_o(s)}\left(i_s(s)-\frac{v_g(s)}{Z_o(s)}\right)=N(s)\left(i_s(s)-\frac{v_g(s)}{Z_o(s)}\right) \tag{10.2}$$

式中,

$$N(s)=\frac{1}{1+Z_g(s)/Z_o(s)} \tag{10.3}$$

由于不考虑电网阻抗情况下,即 $Z_g(s)=0$ 时,并网逆变器设计为稳定系统,式(10.2)中的 $(i_s(s)-v_g(s)/Z_o(s))$ 不含右半平面极点。那么,在考虑电网阻抗的情况下,并网逆变器的稳定性取决于 $N(s)$ 是否稳定。从式(10.3)可以看出,$N(s)$ 可等效为前向通路传递函数为 1,反馈通路传递函数为 $Z_g(s)/Z_o(s)$ 的负反馈闭环控制系统传递函数,$Z_g(s)/Z_o(s)$ 为该系统的等效环路增益。根据线性控制理论[158]可知,若 $Z_g(s)/Z_o(s)$ 满足 Nyquist 稳定性判据,则 $N(s)$ 稳定,因而并网系统也为稳定。

根据上述推导,基于阻抗的并网逆变器稳定性判据总结如下:

(1) 并网逆变器在强电网下能够稳定工作;

(2) 阻抗比 $Z_g(s)/Z_o(s)$ 满足 Nyquist 稳定性判据。

10.2　并网逆变器的输出阻抗模型

根据基于阻抗的并网逆变器稳定性判据可知,为了分析电网阻抗对并网逆变器稳定性的影响,需要建立并网逆变器的输出阻抗模型,本节以单相 LCL 型并网逆变器为例进行输出阻抗模型推导。

图 10.2 给出了采用数字控制时并网逆变器结构及其控制框图。其中,V_{in} 为直流输入电压,L_1、C 和 L_2 构成 LCL 滤波器;v_g 为电网电压,v_{pcc} 为公共耦合点 PCC 电压,L_g 为电网阻抗;H_{i1} 和 H_{i2} 分别为电容电流和并网电流反馈系数;G_i 为电流调节器。控制系统使用锁相环获得与 PCC 电压同步的并网电流指令 i_2^*,并通过反馈电容电流 i_C 对 LCL 滤波器谐振峰进行有源阻尼[45]。

采用数字控制时,通常需要一段时间进行 A/D 转换和计算,因此会造成采样时刻与占空比更新时刻之间存在一定的延时。若将基于本次采样的计算结果延迟到下个周期更新占空比,则会引入一个采样周期 T_s 的延时。通过修改采样时刻[62,159]或者修改 PWM 调制方式[160],可以减小甚至消除该延时。为了使分析具有一般性,采用 $e^{-s\lambda T_s}(0\leqslant\lambda\leqslant 1)$ 代表这个延时环节。同时,数字 PWM 过程具有

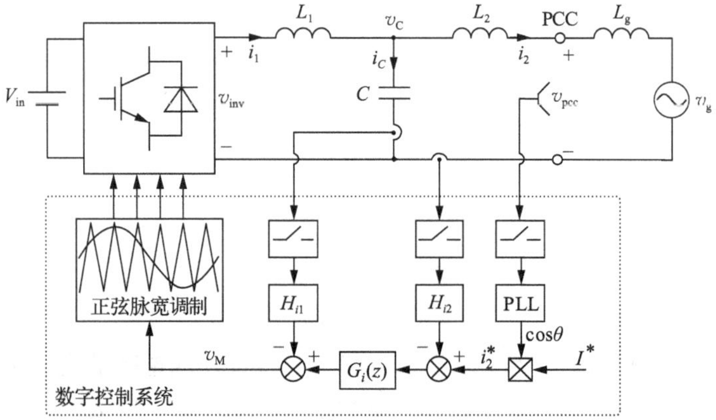

图 10.2　单相并网逆变器及其控制结构

零阶保持器(ZOH)的特性,在 Nyquist 频率范围内(1/2 采样频率以内),ZOH 的传递函数为

$$G_h(s)=\frac{1-e^{-sT_s}}{s}\approx T_s e^{-s0.5T_s} \tag{10.4}$$

另外,采样环节可等效为 $1/T_s$。基于上述分析,采用数字控制的 LCL 型并网逆变器的控制框图如图 10.3(a)所示。其中,K_{PWM}为调制信号 v_r 到逆变桥输出电压 v_{inv} 的传递函数,可近似为 V_{in}/V_{tri},其中 V_{tri} 为三角载波的幅值;$G_d(s)$ 为采样开关、一拍滞后延时以及零阶保持器形成的等效传递函数,其表达式为

$$G_d(s)=\frac{1}{T_s}e^{-s\lambda T_s}G_h(s)\approx e^{-s(\lambda+0.5)T_s} \tag{10.5}$$

通过控制框图变换,图 10.3(a)可以进一步简化为图 10.3(b)[78]。其中,

$$G_{x1}(s)=\frac{K_{PWM}G_d(s)}{s^2L_1C+sCH_{i1}K_{PWM}G_d(s)+1}G_i(s) \tag{10.6}$$

$$G_{x2}(s)=\frac{s^2L_1C+sCH_{i1}K_{PWM}G_d(s)+1}{s^3L_1L_2C+s^2L_2CH_{i1}K_{PWM}G_d(s)+s(L_1+L_2)} \tag{10.7}$$

因此,逆变器的环路增益为

$$T(s)=G_{x1}(s)G_{x2}(s)H_{i2}=\frac{H_{i2}K_{PWM}G_i(s)G_d(s)}{s^3L_1L_2C+s^2L_2CH_{i1}K_{PWM}G_d(s)+s(L_1+L_2)} \tag{10.8}$$

根据图 10.3(b),并网电流 i_2 可以表示为

$$i_2(s)=\frac{1}{H_{i2}}\frac{T(s)}{1+T(s)}i_2^*(s)-\frac{G_{x2}(s)}{1+T(s)}v_{pcc}(s)=i_s(s)-\frac{v_{pcc}(s)}{Z_o(s)} \tag{10.9}$$

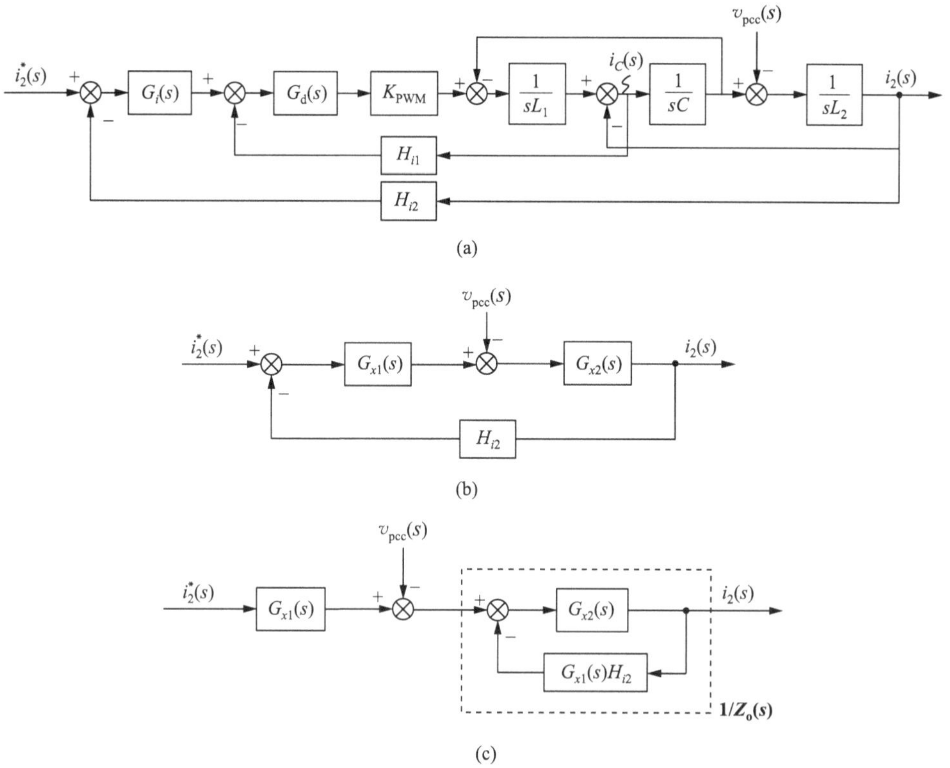

图 10.3　单相 LCL 型并网逆变器控制框图及其等效变换

式中，$i_s(s)$ 和 $Z_o(s)$ 分别为并网逆变器等效的理想电流源和输出阻抗，如图 10.1 所示，它们的表达式分别为

$$i_s(s)=\frac{1}{H_{i2}}\frac{T(s)}{1+T(s)}i_2^*(s) \tag{10.10}$$

$$Z_o(s)=\frac{1+T(s)}{G_{x2}(s)} \tag{10.11}$$

为了清楚地从控制框图中看出闭环输出阻抗 $Z_o(s)$，将并网电流的反馈点从 $G_{x1}(s)$ 的输入移到 $G_{x2}(s)$ 的输入，如图 10.3(c)所示，则闭环输出阻抗的导纳形式 $1/Z_o(s)$ 如图中的虚线框所示。

10.3　输出阻抗与谐波抑制能力和鲁棒性

由式(10.1)可知，要抑制电网电压 $v_g(s)$ 对并网电流的影响，需要提高 $Z_o(s)+Z_g(s)$ 的模值。当并网逆变器采用 PI 调节器时，其输出阻抗在控制带宽以内主要表现为阻容性[161]；同时由于网侧电感 L_2 的存在，输出阻抗在高频段主要表现为阻感性。而电网阻抗主要由输电线路阻抗、配电变压器的漏抗引起的，故主要表现为阻感性[14]，即 $Z_g(s) \approx R_g + sL_g$。因此逆变器输出阻抗、电网阻抗以及两者之和的典型频率特性如图 10.4 所示。

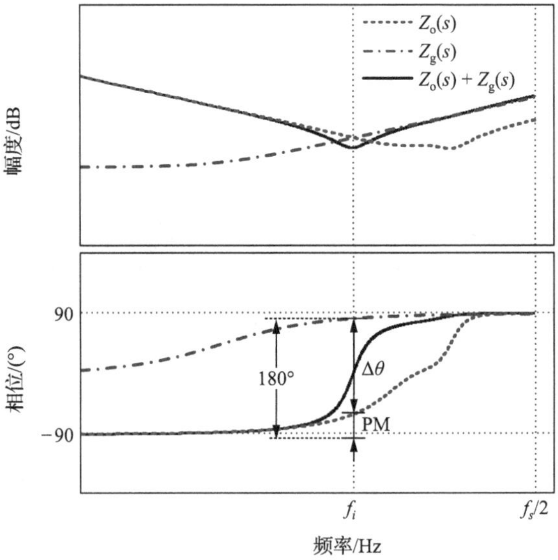

图 10.4　逆变器输出阻抗和电网阻抗的频率特性

根据逆变器输出阻抗与电网阻抗模值的大小关系，存在以下三种情况。

(1) 当 $|Z_o(s)| \gg |Z_g(s)|$ 时，$|Z_o(s)+Z_g(s)| \approx |Z_o(s)|$。此时提高 $Z_o(s)$ 的模值可以提高逆变器并网电流的谐波抑制能力；

(2) 当 $|Z_o(s)| \ll |Z_g(s)|$ 时，$|Z_o(s)+Z_g(s)| \approx |Z_g(s)|$。此时并网电流谐波抑制能力主要取决于 $Z_g(s)$ 的模值，难以改变；

(3) 当 $|Z_o(s)| \approx |Z_g(s)|$，$|Z_o(s)+Z_g(s)|$ 主要由阻抗 $Z_o(s)$ 和 $Z_g(s)$ 在交截频率 f_i 处的相位差 $\Delta\theta$ 决定。$\Delta\theta$ 越接近于 180°，$|Z_o(s)+Z_g(s)|$ 也就越小。此时要提高逆变器并网电流的谐波抑制能力，必须提高 $Z_o(s)$ 的相位以减小 $\Delta\theta$。

综上所述，为了提高并网逆变器抑制并网电流谐波的能力，需要提高输出阻抗的模值并增大其在交截频率处的相位。

为了使并网逆变器对电网阻抗具有鲁棒性，根据 10.1 节的推导，需要满足两个条件：①并网逆变器在强电网下能够稳定工作；②阻抗比 $Z_g(s)/Z_o(s)$ 满足 Nyquist 稳定性判据。其中，前者很容易通过校正环路增益 $T(s)$ 来满足，而后者可以根据图 10.4 来阐述，即若 $Z_o(s)$ 和 $Z_g(s)$ 的幅频曲线存在交截，并且交截频率为 f_i，则在 f_i 处需要满足相位裕度 PM>0°。图 10.4 中系统稳定的相位裕度 PM 为

$$\mathrm{PM} = 180° - [\angle Z_g(f_i) - \angle Z_o(f_i)] \tag{10.12}$$

可见,要提高并网逆变器对电网阻抗的鲁棒性,需要提高相位裕度,也意味着需要在交截频率处提高 $Z_o(s)$ 的相位。

10.4　基于虚拟阻抗的输出阻抗校正方法

由式(10.11)可知,输出阻抗可以通过改变环路增益 $T(s)$ 来改变,但是环路增益 $T(s)$ 通常根据并网逆变器的稳态和动态性能指标进行校正。因此,本节提出基于虚拟阻抗的方法对输出阻抗进行校正。

10.4.1　并联阻抗校正

并网逆变器的输出阻抗可以采用并联阻抗 $Z_{op}(s)$ 进行校正,如图 10.5 所示,此时逆变器的等效输出阻抗为

$$Z'_o(s)=\frac{Z_o(s)Z_{op}(s)}{Z_o(s)+Z_{op}(s)} \tag{10.13}$$

当 $Z_{op}(s)=-Z_o(s)$ 时,则逆变器的等效输出阻抗 $Z'_o(s)$ 无穷大,可以消除电网电压对并网电流的影响,而且 $Z'_o(s)$ 不会与电网阻抗发生交截,鲁棒性的要求也自然满足。

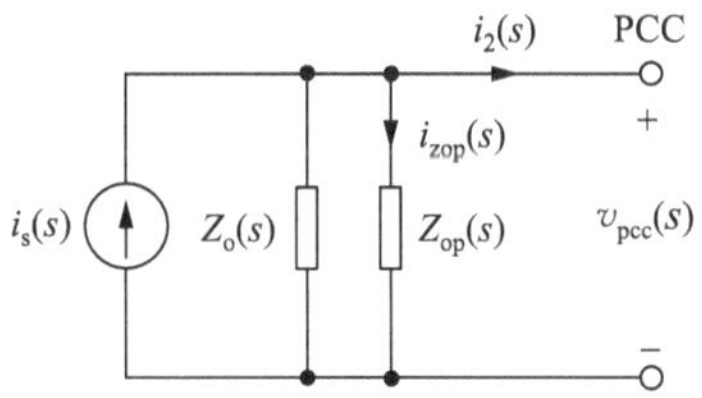

图 10.5　并联阻抗校正方法

并联阻抗 $Z_{op}(s)$ 的实现方法如图 10.6(a)所示,即从公共耦合点电压 v_{pcc} 到并网电流 i_2 之间引入一条传递函数为 $1/Z_{op}(s)$ 的支路,则相当于给并网逆变器输出端并联一个大小为 $1/Z_{op}(s)$ 的导纳。该方法与第 6 章中介绍的电网电压全前馈策略是等价的。

理想情况下,并联阻抗 $Z_{op}(s)=-Z_o(s)$,因此可将电压 $v_{pcc}(s)$ 的前馈量 $i_{zop}(s)$ 前移到 $G_{x2}(s)$ 的输入,相应的前馈函数调整为−1,等效变换的控制框图如图 10.6(b)所示。将图 10.6(b)中的 $G_{x1}(s)$ 拆分为 $G_i(s)$ 和 $G_{x1}(s)/G_i(s)$ 两项,如图 10.6(c)所示,则 $G_i(s)$ 的输出为调制波。在此基础上,将图 $v_{pcc}(s)$ 的前馈量进一步前移至 $G_i(s)$ 的输出端,并调整前馈函数。与此同时,将并网电流的反馈点前移至 $G_i(s)$ 的输入端。这样,就最终得到图 10.6(c)的等效控制框图。

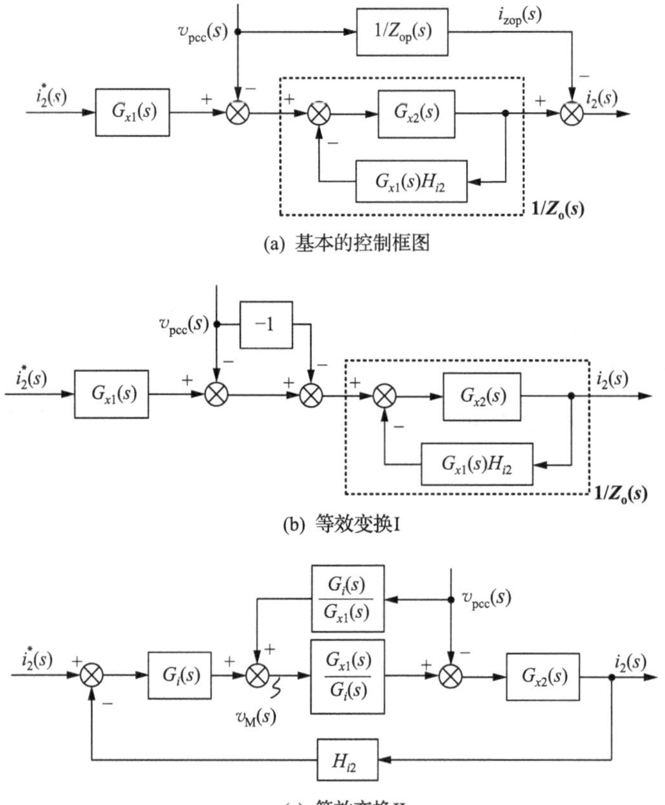

(a) 基本的控制框图

(b) 等效变换I

(c) 等效变换II

图 10.6　虚拟并联阻抗的实现

从图 10.6(c)可以看出，为了实现大小为 $-Z_{\mathrm{o}}(s)$ 的并联阻抗 $Z_{\mathrm{op}}(s)$，$v_{\mathrm{pcc}}(s)$ 的前馈函数为 $G_i(s)/G_{x1}(s)$。根据式(10.6)可得

$$G_{\mathrm{Z}}(s)=\frac{G_i(s)}{G_{x1}(s)}=\frac{s^2L_1C+sCH_{i1}K_{\mathrm{PWM}}G_{\mathrm{d}}(s)+1}{K_{\mathrm{PWM}}}\frac{1}{G_{\mathrm{d}}(s)} \tag{10.14}$$

显然，式(10.14)中包含超前环节 $1/G_{\mathrm{d}}(s)$，即

$$\frac{1}{G_{\mathrm{d}}(s)}=\mathrm{e}^{s(\lambda+0.5)T_s}\quad(0\leqslant\lambda\leqslant1) \tag{10.15}$$

该超前环节无法物理实现，并且对低频影响很小，这里将其忽略，那么可近似实现的前馈函数为

$$G'_{\mathrm{Z}}(s)=\frac{s^2L_1C+sCH_{i1}K_{\mathrm{PWM}}G_{\mathrm{d}}(s)+1}{K_{\mathrm{PWM}}} \tag{10.16}$$

相应地，实际可近似实现的虚拟并联阻抗为

$$Z'_{\mathrm{op}}(s)=-Z_{\mathrm{o}}(s)\frac{G_{\mathrm{Z}}(s)}{G'_{\mathrm{Z}}(s)}=-Z_{\mathrm{o}}(s)G_{\mathrm{d}}(s) \tag{10.17}$$

故并网逆变器的等效输出阻抗为

$$Z'_{\mathrm{o}}(s)=\frac{Z_{\mathrm{o}}(s)Z'_{\mathrm{op}}(s)}{Z_{\mathrm{o}}(s)+Z'_{\mathrm{op}}(s)}=Z_{\mathrm{o}}(s)\frac{1}{1-G_{\mathrm{d}}(s)} \tag{10.18}$$

从式(10.18)可以看出,引入实际可实现的并联阻抗后,并网逆变器的等效输出阻抗与原始输出阻抗之比为

$$K_{\mathrm{Zp}}(s)=\frac{Z'_{\mathrm{o}}(s)}{Z_{\mathrm{o}}(s)}=\frac{1}{1-G_{\mathrm{d}}(s)}=\frac{1}{1-\mathrm{e}^{-s(\lambda+0.5)T_s}} \tag{10.19}$$

根据式(10.19),可以画出 $K_{\mathrm{Zp}}(s)$ 的频率特性,如图 10.7 所示。图中,$K_{\mathrm{Zp}}(s)$ 的幅值为 1 时所对应的频率为 f_{u}。通过求解方程 $|K_{\mathrm{Zp}}(j2\pi f_{\mathrm{u}})|=1$,可得

$$f_{\mathrm{u}}=\frac{1}{6(\lambda+0.5)T_s}=\frac{1}{6(\lambda+0.5)}f_s \quad (0\leqslant\lambda\leqslant 1) \tag{10.20}$$

式中,$f_s=1/T_s$,为采样频率。

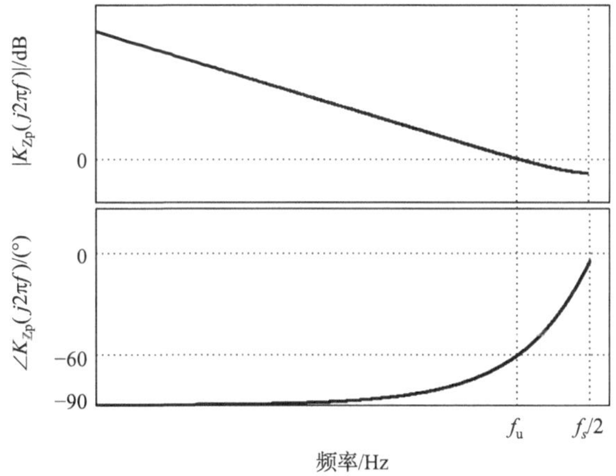

图 10.7 阻抗比 $K_{\mathrm{Zp}}(s)$ 的频率特性

从图 10.7 可以看出:在低于 f_{u} 的频率段,$K_{\mathrm{Zp}}(s)>1$,意味着等效输出阻抗 $Z'_{\mathrm{o}}(s)$ 的模值比原始输出阻抗 $Z_{\mathrm{o}}(s)$ 的大;但在高于 f_{u} 的频率段,$K_{\mathrm{Zp}}(s)<1$,意味着 $Z'_{\mathrm{o}}(s)$ 的模值比 $Z_{\mathrm{o}}(s)$ 的小,而且 $K_{\mathrm{Zp}}(s)$ 的相位为负,这将导致 $Z'_{\mathrm{o}}(s)$ 的相位变小,恶化了控制系统的鲁棒性。

由式(10.18)可知,等效输出阻抗 $Z'_{\mathrm{o}}(s)$ 的特性还可以通过改变 $Z_{\mathrm{o}}(s)$ 来进行校正。下面将分析如何采用串联和并联阻抗对输出阻抗进行综合校正,从而同时满足谐波抑制能力和鲁棒性的要求。

10.4.2 串并联阻抗综合校正

为解决并联阻抗引入的鲁棒性变差的问题,可以采用串联阻抗先提高 $Z_{\mathrm{o}}(s)$ 高频段的相位,再通过并联阻抗提高等效输出阻抗的模值,如图 10.8(a)所示。对

图 10.8(a)进行 Norton 等效变换，如图 10.8(b)所示。

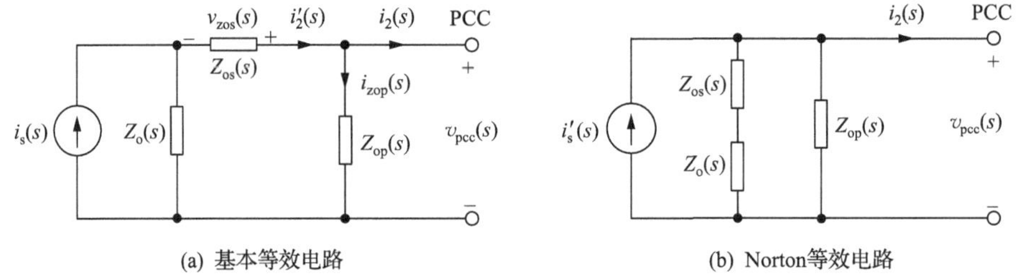

图 10.8　串并联阻抗校正方法

由图 10.8(b)可知，采用串联阻抗后，并网逆变器等效的电流源和输出阻抗分别为

$$i_s'(s) = \frac{1}{1 + Z_{os}(s)/Z_o(s)} i_s(s) \tag{10.21}$$

$$Z_{eq}(s) = Z_o(s) + Z_{os}(s) \tag{10.22}$$

将 $Z_o(s) = Z_{eq}(s)$ 代入式(10.18)，采用串并联阻抗综合校正后的等效输出阻抗为

$$Z_o''(s) = [Z_o(s) + Z_{os}(s)] \frac{1}{1 - G_d(s)} \tag{10.23}$$

由式(10.22)和式(10.23)可知，为了增大等效输出阻抗 $Z_{eq}(s)$ 的相位，以提高 $Z_o''(s)$ 的相位，串联阻抗 $Z_{os}(s)$ 必须选择合适的阻抗形式。图 10.9 采用相量图描述 $Z_{os}(s)$ 与 $Z_o(s)$ 合成 $Z_{eq}(s)$ 的过程。考虑到 $Z_o(s)$ 在大部分频段表现为阻容性，因此图中 $Z_o(s)$ 的相位小于 0°。

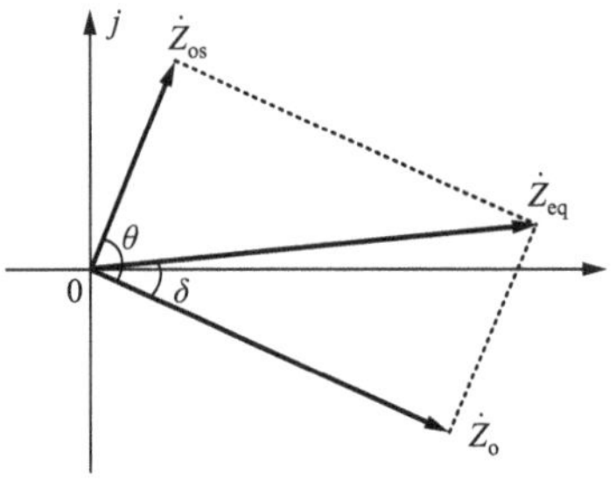

图 10.9　阻抗合成相量图

由图 10.9 可知，要提高 $Z_{o\_eq}(s)$ 的相位，串联阻抗 $Z_{os}(s)$ 的相位必须超前于 $Z_o(s)$，并且超前的相位 θ 越大，$Z_{o\_eq}(s)$ 相对于 $Z_o(s)$ 的相位 δ 提高得越显著。由于电感的相位为 90°，串联阻抗为纯感性最有利于提高 $Z_{o\_eq}(s)$ 在高频段的相位，即

$$Z_{os}(s) = sL_{os} \tag{10.24}$$

式中，L_{os} 为虚拟串联电感的感值，其取值过程将在下一节详细分析。

图 10.10(a)给出了采用串并联综合校正的实现方法。其中，实现串联阻抗时，将电流 $i_2'(s)$ 乘以阻抗函数 $Z_{os}(s)$ 获得电压 $v_{Zos}(s)$，并将该电压反向叠加到输出阻抗 $Z_o(s)$ 上；并联阻抗的实现方法不变。类似地，对图 10.10(a)进行等效变换，将虚拟阻抗的作用点前移至占空比信号 $v_M(s)$ 处，如图 10.10(b)所示。

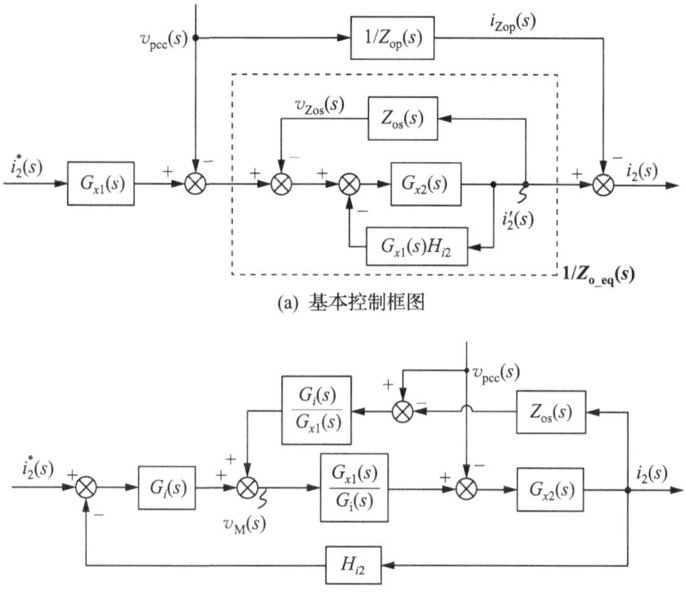

(a) 基本控制框图

(b) 等效变换

图 10.10　虚拟阻抗的实现

同样，由于超前环节无法物理实现，虚拟阻抗函数 $G_i(s)/G_{x1}(s)$ 采用式(10.14)的近似表示式实现，由此得到的实际虚拟串联阻抗为

$$Z'_{os}(s) = Z_{os}(s)\frac{G'_Z(s)}{G_Z(s)} = sL_{os}G_d(s) = sL_{os}e^{-s(\lambda+0.5)T_s} \tag{10.25}$$

图 10.11 给出了该虚拟串联阻抗的频率特性。由图可知，其幅频特性与纯电

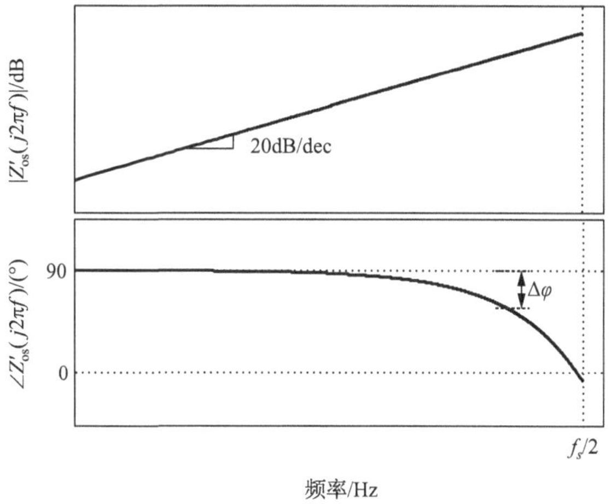

图 10.11　虚拟串联阻抗的频率特性

感一致，而相位由于延时的作用不再恒为 90°，而是存在一定的滞后，滞后的角度 $\Delta\varphi$ 与频率成正比，其表达式为

$$\Delta\varphi(f)=\angle G_{\mathrm{d}}(j2\pi f)=-360°(\lambda+0.5)T_{s}f \tag{10.26}$$

为了减小相位滞后 $\Delta\varphi$，以保证 $Z'_{\mathrm{os}}(s)$ 对输出阻抗的校正能力，可以采用第 9 章中介绍的方法减小计算延时。

10.4.3 参数设计和敏感性分析

由式(10.21)可知，串联阻抗会影响等效电流源的稳态误差和稳定性，因此需要对 L_{os} 的取值范围进行约束。同时，由式(10.16)可知，虚拟阻抗的实现函数与滤波器中的 L_1 和 C 有关。若考虑参数容差，L_1 和 C 存在一定的变化范围，此时虚拟阻抗的准确性可能受到影响。下面就对此进行详细分析。

1. 虚拟串联阻抗的参数设计

定义 $Z_{\mathrm{os}}(s)$ 引入的电流源稳态误差为 E_{A}，其表达式为

$$E_{\mathrm{A}}=\left|\frac{i'_{\mathrm{s}}(j\omega_{\mathrm{o}})-i_{\mathrm{s}}(j\omega_{\mathrm{o}})}{i_{\mathrm{s}}(j\omega_{\mathrm{o}})}\right|=\left|\frac{Z'_{\mathrm{os}}(j\omega_{\mathrm{o}})}{Z'_{\mathrm{os}}(j\omega_{\mathrm{o}})+Z_{\mathrm{o}}(j\omega_{\mathrm{o}})}\right| \tag{10.27}$$

式中，ω_{o} 为电网基波角频率。

在 ω_{o} 处串联电感的感抗远小于输出阻抗 $Z_{\mathrm{o}}(s)$，故式(10.27)可简化为

$$E_{\mathrm{A}}\approx\left|\frac{Z'_{\mathrm{os}}(j\omega_{\mathrm{o}})}{Z_{\mathrm{o}}(j\omega_{\mathrm{o}})}\right|=\frac{\omega_{\mathrm{o}}L_{\mathrm{os}}}{|Z_{\mathrm{o}}(j\omega_{\mathrm{o}})|} \tag{10.28}$$

因此，在给定允许最大误差 $E_{\mathrm{A\_max}}$ 时，串联电感 L_{os} 的最大值为

$$L_{\mathrm{os\_max1}}=\frac{E_{\mathrm{A\_max}}|Z_{\mathrm{o}}(j\omega_{\mathrm{o}})|}{\omega_{\mathrm{o}}} \tag{10.29}$$

串联阻抗对等效电流源的稳定性的影响可以利用第 10.1 节的稳定性判据来分析。参见图 10.4 可知，随着串联电感的增大，$Z'_{\mathrm{os}}(s)$ 与 $Z_{\mathrm{o}}(s)$ 的交截频率 f_i 降低，相位裕度 PM 减小。因此，通过图解确定满足给定 $\mathrm{PM_{min}}$ 要求时的最低交截频率 f_{i_min}，即可求得 L_{os} 的最大值，其表达式为

$$L_{\mathrm{os\_max2}}=\frac{|Z_{\mathrm{o}}(j2\pi f_{\mathrm{i\_min}})|}{2\pi f_{\mathrm{i\_min}}} \tag{10.30}$$

综上所述，为了同时满足电流源稳态误差 $E_{\mathrm{A\_max}}$ 和稳定裕度 $\mathrm{PM_{min}}$ 的要求，L_{os} 的最大值为

$$L_{\mathrm{os\_max}}=\min(L_{\mathrm{os\_max1}},L_{\mathrm{os\_max2}}) \tag{10.31}$$

2. 滤波器参数变化对虚拟阻抗的影响

当 LCL 滤波器参数发生变化时，实际合成的虚拟串联阻抗和并联阻抗会发生变化，即在原来的基础上乘以一个额外的增益。由图 10.10(b)可以推导出该增益

的表达式为

$$K_{\mathrm{Zps}}(s)=\frac{s^2L_1C+sCH_{i1}K_{\mathrm{PWM}}G_{\mathrm{d}}(s)+1}{s^2L_1'C'+sC'H_{i1}K_{\mathrm{PWM}}G_{\mathrm{d}}(s)+1} \tag{10.32}$$

式中，L_1' 和 C' 分别为实际的滤波电容的容值和逆变器侧电感的感值。

若考虑到 L_1' 和 C' 存在±10%的变化范围，通过数值计算可知，当 $L_1'=0.9L_1$，$C'=0.9C$ 和 $L_1'=1.1L_1$，$C'=1.1C$ 时，虚拟阻抗的准确性最差，其对应的 $K_{\mathrm{Zps}}(\mathrm{s})$ 的频率特性如图 10.12 所示。其中的主电路参数如表 10.1 所示。由图 10.12 可知，在给定的滤波器参数变化范围内，该虚拟阻抗方法在低频段仍然具有很高的准确性，而在高频段准确性有所降低：模值最大偏差小于 3dB (30%)，相位最大偏差为 20°。

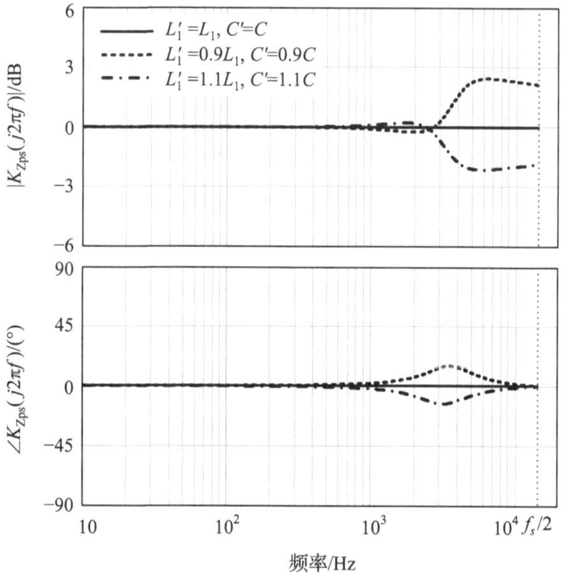

图 10.12　滤波器参数变化对虚拟阻抗准确性的影响

表 10.1　6kW 单相 LCL 型并网逆变器原理样机参数

参数	符号	数值	参数	符号	数值
输入电压	V_{in}	360V	逆变器侧电感	L_1	330μH
电网电压	V_{g}	220V	滤波电容	C	10μF
额定功率	P_{o}	6kW	网侧电感	L_2	330μH
电网频率	f_{o}	50Hz	载波幅值	V_{tri}	3V
采样频率	f_{s}	30kHz	并网电流反馈系数	H_{i2}	0.15

10.5　实验验证

10.5.1　原理样机设计

为了验证上述理论分析的正确性，在实验室搭建了一台 6kW 的单相 LCL 型并网逆变器原理样机，样机具体参数已经在表 10.1 中列出。开关管选用 2 个二单元 IGBT 模块 CM100DY-24NF，开关管驱动芯片选用 M58962L；采样信号通过 14 位的 AD 芯片(MAX1324-ECM)转换为数字信号送入数字处理器。数字处理器采用 TI 公司的 TMS320F2812。为了提高控制性能，数字控制延时减小为 $0.5T_s$。

为了提高逆变器并网电流的谐波抑制能力和对电网阻抗的鲁棒性，原理样机采用串、并联阻抗校正的等效输出阻抗。考虑控制系统的鲁棒性，要求采用串并联阻抗综合校正后的等效输出阻抗 $Z'_o(s)$ 与电网阻抗在交截频率处的相位裕度最小为 $PM_{\_min}=45°$。通过逐渐增加 L_{os}，可求出满足鲁棒性要求时串联电感 L_{os} 的最小值为 850μH。

为减小串联阻抗对电流源的影响，要求引入的电流源稳态误差最大为 $E_{A\_max}=0.5\%$，并且串联阻抗与输出阻抗 $Z_o(s)$ 在交截频率处的相位裕度最小为 $PM_{\_min}=60°$。根据式(10.29)和式(10.30)，可求得 $L_{os\_max1}=1.34\text{mH}$，$L_{os\_max2}=865\mu\text{H}$。因此，根据式(10.31)可求得串联电感 L_{os} 的最大值为 865μH，实验中，L_{os} 取值为 860μH。

图 10.13 给出了并网逆变器的输出阻抗和电网阻抗的频率特性。其中，

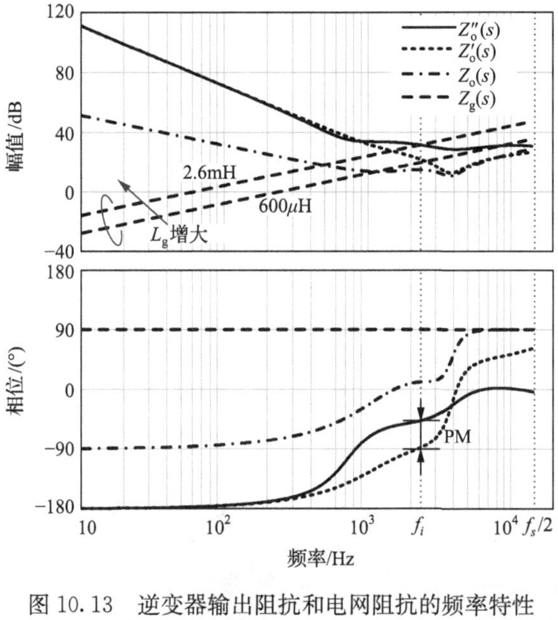

图 10.13　逆变器输出阻抗和电网阻抗的频率特性

$Z_g(s)$ 为电网阻抗，对应短路比为 10 时，电网电感为 2.6mH[14]。$Z_o(s)$ 为校正前的原始闭环输出阻抗；$Z_o'(s)$ 为采用并联阻抗校正的等效输出阻抗；$Z_o''(s)$ 为采用串并联阻抗综合校正后的等效输出阻抗。通过对比可知，只有采用串并联阻抗综合校正后，才能既提高输出阻抗的模值，又在可能的交截频率范围内保证相位裕度 PM≥45°，即同时满足谐波抑制能力和鲁棒性的要求。

考虑到 L_1' 和 C' 存在±10%的变化范围，$Z_o''(s)$ 的频率特性如图 10.14 所示。由图 10.14 可以看出，在参数变化范围内逆变器仍然满足谐波抑制能力和鲁棒性的要求。通过测量并网电流对特定次谐波的响应，可测量 $Z_o''(s)$ 的实际频率响应，与理论计算曲线基本吻合。

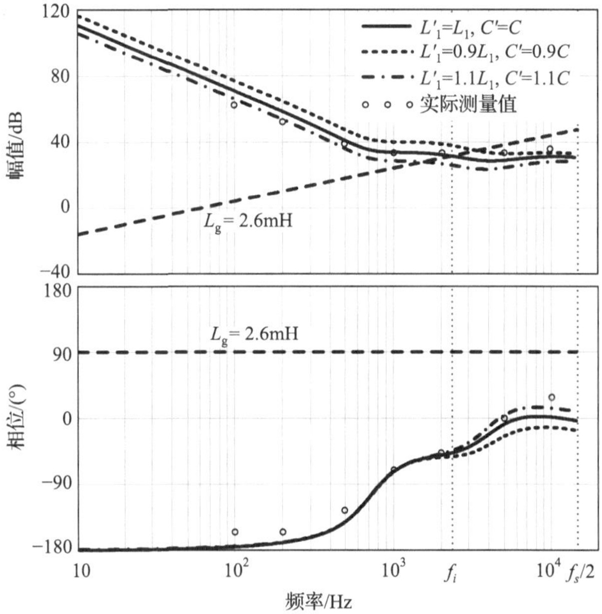

图 10.14　参数变化时输出阻抗的频率特性

10.5.2　实验结果

采用可编程交流电源(Chroma 6590)模拟电网电压，注入各次谐波相对于基波的幅值和相位如表 10.2 所示。

表 10.2　并网电流的测量结果

谐波次数	3	5	6	9	11	13	21	33	40
幅值	10%	5%	3%	3%	2%	2%	1%	1%	0.25%
相位	0°	210°	0°	0°	0°	0°	0°	0°	0°

图 10.15 为采用阻抗校正方法之前，即仅采用电流闭环时在不同电网阻抗下的实验波形。由于仅采用电流闭环时，输出阻抗的模值较低，在三种电网阻抗情况下，并网电流的 THD 均大于 5%，无法满足并网电流谐波标准。

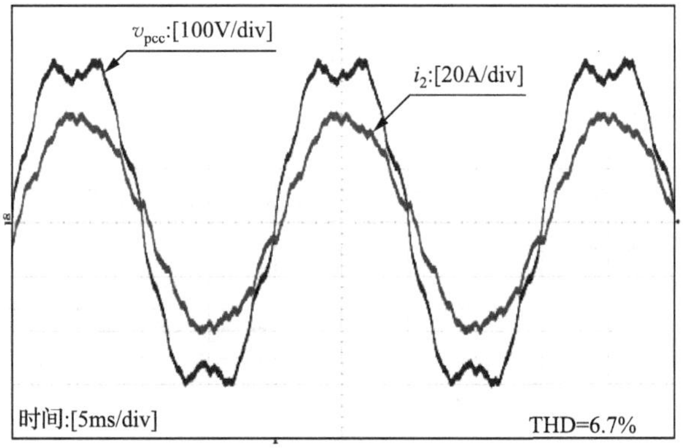

(a) $L_g=0$

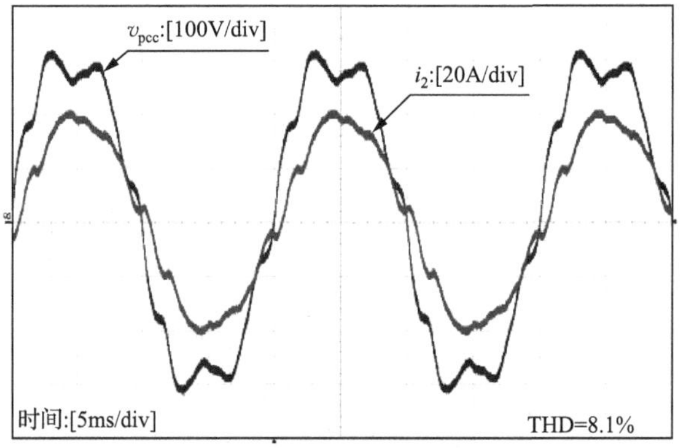

(b) $L_g=1.3\text{mH}$

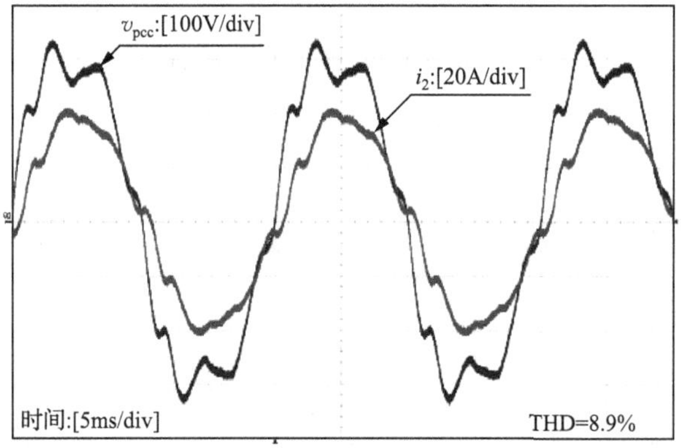

(c) $L_g=2.6\text{mH}$

图 10.15　仅采用电流闭环时不同电网阻抗的实验波形

图 10.16 为采用并联阻抗校正时不同电网阻抗下的实验波形。采用并联阻抗可以大大提高逆变器的谐波抑制能力，因此并网电流的 THD 大大减小，仅为 1.3%，如图 10.16(a)所示。然而由于延时的作用，该方法在提高并网电流谐波抑

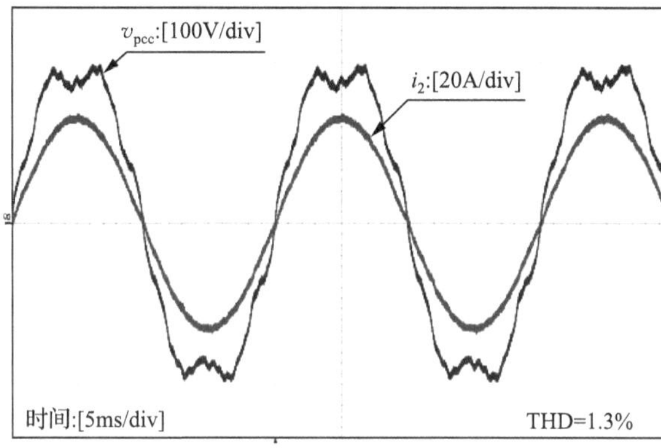

(a) $L_g=0$

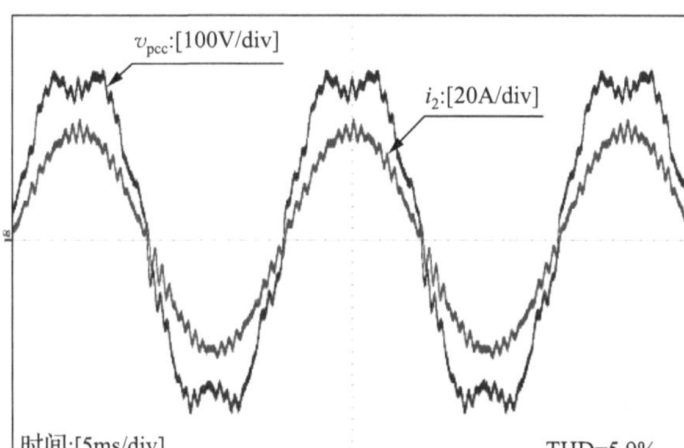

(b) $L_g=300\mu H$

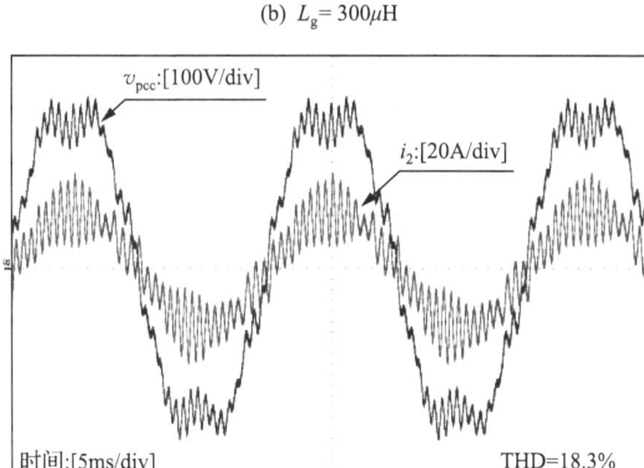

(c) $L_g=600\mu H$

图 10.16　采用并联阻抗校正时不同电网阻抗的实验波形

制能力的同时，也降低了逆变器对电网阻抗的鲁棒性。当电网阻抗增大到 300μH 时，并网逆变器的输出阻抗与电网阻抗在交截频率的相位裕度较低，并网电流发生严重畸变，其 THD 增大至 5.9%，如图 10.16(b)所示。当电网阻抗增大到 600μH 时，交截频率处的相位裕度接近零，控制系统接近临界稳定，并网电流发生剧烈振荡，如图 10.16(c)所示。为避免触发过流保护，这里只给出了半载的实验波形。

图 10.17 为采用串并联阻抗综合校正时在不同电网阻抗下的实验波形。从图中可以看出，当电网阻抗在 0～2.6mH 全范围内变化时，逆变器都能稳定工作，同时并网电流的 THD 始终小于 2%，验证了该方法的有效性。

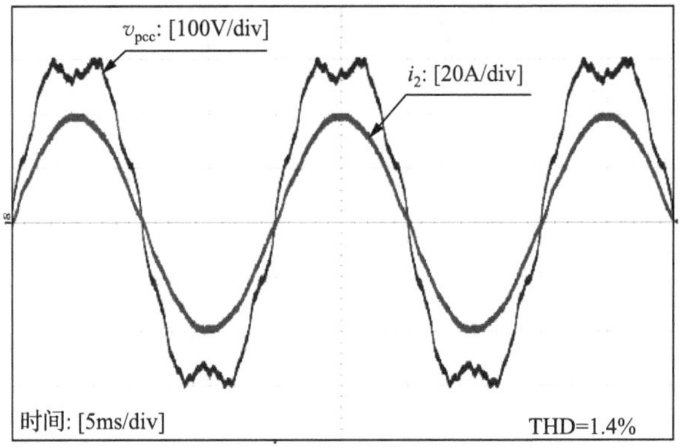

(a) $L_g=0$

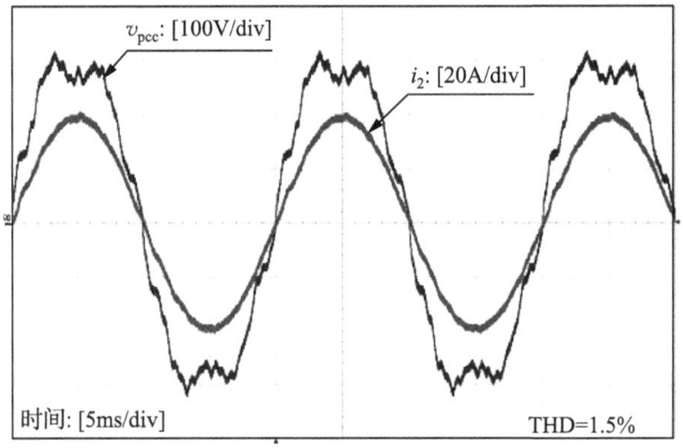

(b) $L_g=1.3\text{mH}$

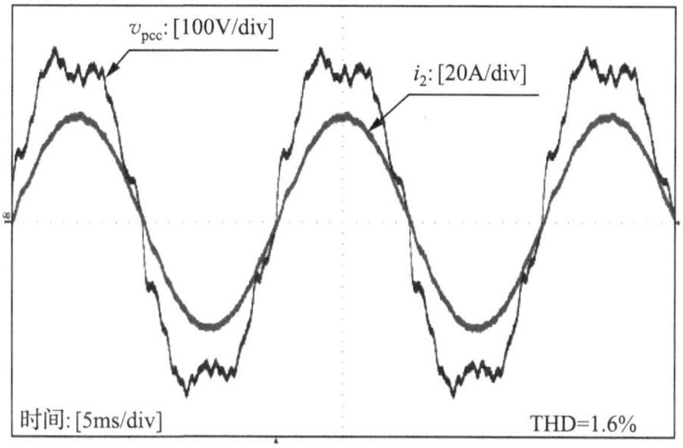

(c) L_g= 2.6mH

图 10.17　采用串并联阻抗综合校正时不同电网阻抗的实验波形

10.6　本章小结

本章揭示了 LCL 型并网逆变器的输出阻抗与其适应弱电网能力之间的联系，即输出阻抗的模值反映了并网逆变器对电网电压引起的并网电流谐波的抑制能力，而输出阻抗在它与电网阻抗交截频率处的相位反映了并网逆变器对电网阻抗变化时的鲁棒性。然而，仅通过并网电流环的设计，难以使得输出阻抗同时满足这两方面的要求。为此，本章通过虚拟阻抗增加输出阻抗的校正自由度，一方面使得并网电流环的环路增益可以按照强电网条件独立设计，另一方面通过采用虚拟的并联阻抗和串联阻抗分别对逆变器输出阻抗的模值和相位进行校正，可以同时兼顾鲁棒性和谐波抑制能力的要求。因此，采用本章提出的阻抗校正方法可使得并网逆变器在电网存在宽范围变化的电网阻抗和严重的背景谐波时，仍然能够稳定工作，并且保证并网电流满足谐波标准，从而大大提高了并网逆变器对弱电网的适应能力。

第 11 章　弱电网下三相 LCL 型并网逆变器的电网电压加权前馈策略

第 7 章针对三相并网逆变器提出了电网电压全前馈策略，该策略能够有效地抑制电网电压引起的并网电流谐波和不平衡分量。但是，电网电压全前馈策略是针对强电网情况而推导出来的，忽略了接入电网的线路阻抗。对于弱电网情况，电网阻抗相对较大，采用电网电压全前馈策略可能导致并网逆变器无法稳定工作。本章以静止 $\alpha\beta$ 坐标系下控制的三相 LCL 型并网逆变器为例，对弱电网情况下采用电网电压全前馈策略的并网逆变器的稳定性进行分析，并提出电网电压加权前馈策略，实现了并网逆变器在弱电网下的稳定性与并网电流谐波抑制能力之间的有效权衡[162]。

11.1　基于阻抗的三相并网逆变器稳定性判据推导

三相并网逆变器的稳定性判据与第 10 章所述单相并网逆变器类似。这里为了完整性，仍然给出其推导过程。图 11.1 给出了静止 $\alpha\beta$ 坐标系下的三相 LCL 型并网逆变器接入弱电网情况的等效模型，PCC 为逆变器并网的公共耦合点，并网逆变器采用 Norton 等效电路进行描述，$Z_o(s)$ 为并网逆变器的输出阻抗，$[i_{\text{track}\_\alpha\beta}(s)]$ 为并网电流的指令值跟踪分量，$[i_{\text{dis}\_\alpha\beta}(s)]$ 为 PCC 点电网电压引起的并网电流扰动分量，$Z_g(s)$ 为电网内阻抗。

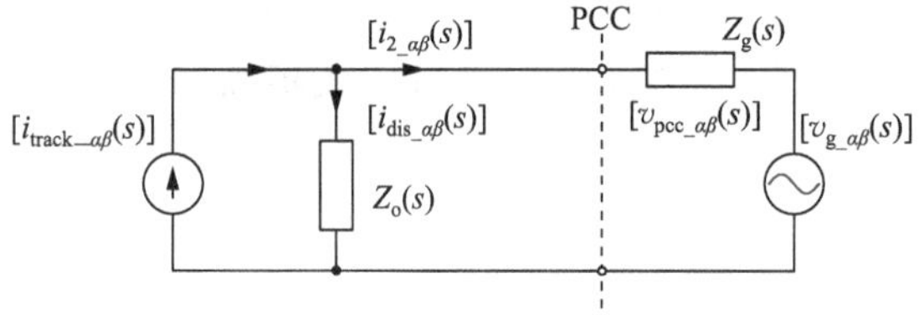

图 11.1　接入弱电网的三相 LCL 型并网逆变器系统等效模型

根据图 11.1，采用电路理论叠加定理，可以得到并网电流的表达式为

$$[i_{2\_\alpha\beta}(s)]=\frac{Z_o(s)}{Z_o(s)+Z_g(s)}[i_{\text{track}\_\alpha\beta}(s)]-\frac{1}{Z_o(s)+Z_g(s)}[v_{g\_\alpha\beta}(s)] \quad (11.1)$$

式(11.1)可改写为

$$[i_{2\_\alpha\beta}(s)]=\frac{1}{1+Z_{\mathrm{g}}(s)/Z_{\mathrm{o}}(s)}\left([i_{\mathrm{track}\_\alpha\beta}(s)]-\frac{[v_{\mathrm{g}\_\alpha\beta}(s)]}{Z_{\mathrm{o}}(s)}\right)$$
$$=N(s)\left([i_{\mathrm{track}\_\alpha\beta}(s)]-\frac{[v_{\mathrm{g}\_\alpha\beta}(s)]}{Z_{\mathrm{o}}(s)}\right)\tag{11.2}$$

式中

$$N(s)=\frac{1}{1+Z_{\mathrm{g}}(s)/Z_{\mathrm{o}}(s)}\tag{11.3}$$

在强电网（$Z_{\mathrm{g}}(s)=0$）情况下，并网逆变器设计为稳定系统，因此式(11.2)中的（$[i_{\mathrm{track}\_\alpha\beta}(s)]-[v_{\mathrm{g}\_\alpha\beta}(s)]/Z_{\mathrm{o}}(s)$）不含右半平面极点。这样，弱电网下并网逆变器的稳定性取决于 $N(s)$ 是否稳定。

从式(11.3)可以看出，$N(s)$ 可等效为前向通路传递函数为 1，反馈通路传递函数为 $Z_{\mathrm{g}}(s)/Z_{\mathrm{o}}(s)$ 的闭环负反馈控制系统传递函数，$Z_{\mathrm{g}}(s)/Z_{\mathrm{o}}(s)$ 为该系统的等效环路增益。因此，若 $Z_{\mathrm{g}}(s)/Z_{\mathrm{o}}(s)$ 满足 Nyquist 稳定判据，则 $N(s)$ 稳定，从而接入弱电网的并网逆变器也为稳定系统。

可见，三相并网逆变器稳定性判据为：①并网逆变器在强电网下能够稳定工作；②阻抗比 $Z_{\mathrm{g}}(s)/Z_{\mathrm{o}}(s)$ 满足 Nyquist 稳定判据。

11.2　弱电网下并网逆变器稳定性分析

11.2.1　并网逆变器输出阻抗推导

采用基于阻抗的稳定性判据对弱电网下并网逆变器的稳定性进行分析时，需要对逆变器的输出阻抗进行推导。本节推导静止 $\alpha\beta$ 坐标系下，采用电网电压全前馈控制的三相 LCL 型并网逆变器输出阻抗。$\alpha\beta$ 静止坐标系下控制的三相 LCL 型并网逆变系统如图 11.2 所示。其中，V_{in} 为直流输入电压；开关管 $Q_1\sim Q_6$ 构成三相逆变桥；L_1 为逆变器侧电感，C 为输出滤波电容，L_2 为网侧电感；v_{ga}、v_{gb} 和 v_{gc} 为三相电网电压。

由 7.1.1 节可知，三相 LCL 型并网逆变器 α 轴和 β 轴的数学模型相同，为简化叙述，下面以并网逆变器的 α 轴模型为例进行分析。将采用第 7 章中电网电压全前馈控制的并网逆变器 α 轴模型重画于图 11.3(a)，其中 v_{pcc_α} 为并网逆变器的接入点电网电压。将电网电压全前馈函数 $G_{\mathrm{ff}}(s)$ 的前馈点调整至并网电流调节器 $G_i^s(s)$ 的输入端，并将模型进行等效化简，得到图 11.3(b)所示等效框图。其中，$G_{x1}(s)$和 $G_{x2}(s)$分别为

$$G_{x1}(s)=\frac{G_i^s(s)G_{\mathrm{inv}}(s)Z_C(s)}{Z_{L1}(s)+Z_C(s)+H_{i1}G_{\mathrm{inv}}(s)}\tag{11.4}$$

$$G_{x2}(s)=\frac{Z_{L1}(s)+Z_C(s)+H_{i1}G_{\mathrm{inv}}(s)}{Z_{L1}(s)Z_{L2}(s)+(Z_{L1}(s)+Z_{L2}(s))Z_C(s)+H_{i1}G_{\mathrm{inv}}(s)Z_{L2}(s)}\tag{11.5}$$

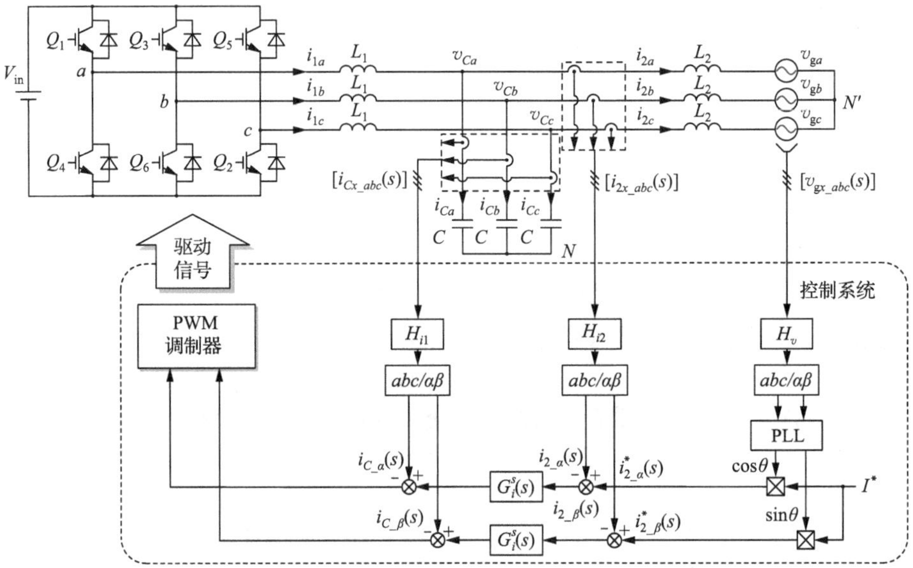

图 11.2　$\alpha\beta$ 静止坐标系下控制的三相 LCL 型并网逆变器系统原理图

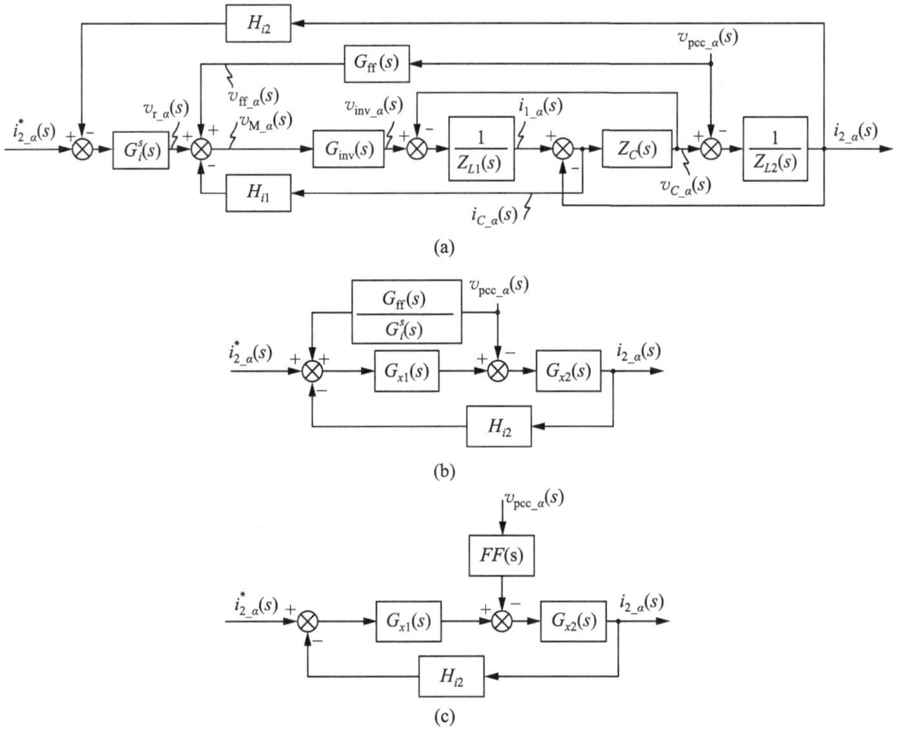

图 11.3　静止 $\alpha\beta$ 坐标系下电网电压全前馈控制三相 LCL 型并网逆变器 α 轴输出阻抗推导

进一步将前馈点由 $G_{x1}(s)$ 的输入端调整至其输出端，可得图 11.3(c)所示的等效框图。其中，

$$FF(s)=1-\frac{G_{ff}(s)}{G_i^s(s)}G_{x1}(s) \tag{11.6}$$

FF(s)反映了电网电压全前馈策略的影响。当采用无前馈控制策略时，$G_{ff}(s)=0$，根据式(11.6)，FF(s)=1。

根据图 11.3(c)可得并网电流表达式为

$$\begin{aligned} i_{2\_\alpha}(s) &= \frac{T(s)}{1+T(s)}\,\frac{1}{H_{i2}}i_{2\_\alpha}^*(s)-\frac{G_{x2}(s)}{1+T(s)}FF(s)v_{pcc\_\alpha}(s) \\ &= \frac{T(s)}{1+T(s)}\,\frac{1}{H_{i2}}i_{2\_\alpha}^*(s)-\frac{1}{Z_o(s)}v_{pcc\_\alpha}(s) \end{aligned} \tag{11.7}$$

式中，$T(s)=G_{x1}(s)G_{x2}(s)H_{i2}$，为并网电流闭环控制环路增益；$Z_o(s)$ 为并网逆变器输出阻抗，其表达式为

$$Z_o(s)=\frac{1+T(s)}{G_{x2}(s)FF(s)} \tag{11.8}$$

将式(11.4)～式(11.6)代入式(11.8)，可得

$$Z_o(s)=\frac{s^3L_1L_2C+s^2L_2CH_{i1}G_{inv}(s)+s(L_1+L_2)+G_i^s(s)H_{i2}G_{inv}(s)}{s^2L_1C+sCH_{i1}G_{inv}(s)+1-G_{ff}(s)H_vG_{inv}(s)} \tag{11.9}$$

令式中的 $G_{ff}(s)=0$，即可得到无电网电压前馈时的并网逆变器输出阻抗。

值得注意的是，第 7 章在推导三相 LCL 型并网逆变器电网电压全前馈函数时，将逆变桥传递函数 $G_{inv}(s)$ 近似为一个比例环节，即 $G_{inv}(s)=V_{in}/(2V_{tri})$。采用这一近似得到的电网电压前馈函数，既具有简洁、因果可实现的特点，又可对电网电压引起的并网电流谐波和不平衡分量实现有效的抑制[78]。但是，在弱电网情况下，数字控制引入的滞后对逆变器的稳定性影响显著，若仍将 $G_{inv}(s)$ 近似为比例环节，可能导致逆变器稳定性的判断出错。因此，本章考虑数字控制引入的一拍计算延时和零阶保持器引入的半拍滞后[150,155]，此时逆变桥的传递函数[109]为

$$G_{inv}(s)=\frac{V_{in}}{2V_{tri}}e^{-1.5sT_s} \tag{11.10}$$

式中，T_s 为数字控制系统的采样周期。

11.2.2　弱电网下并网逆变器稳定性判断

表 11.1 给出了三相 LCL 型并网逆变器原理样机的主要参数。考虑到并网逆变器采用数字控制，需要将并网电流调节器 $G_i^s(s)$ 和电网电压全前馈函数 $G_{ff}(s)$ 进行离散化，得到其 z 域表达式 $G_i^s(z)$ 和 $G_{ff}(z)$。由于控制器的离散化会引入误

差，为保证模型的精确性，将 $G_i^s(z)$ 和 $G_{ff}(z)$ 反变换至 s 域，即令 $z=e^{sT_s}$，得到其考虑离散化误差后的 s 域传递函数，并将表 11.1 的参数代入式(11.9)进行计算，可绘制三相 LCL 型并网逆变器输出阻抗的波特图，如图 11.4 所示。

表 11.1　20kW 三相 LCL 型并网逆变器原理样机参数

参数	符号	数值	参数	符号	数值
输入电压	V_{in}	800V	网侧电感	L_2	110μH
电网相电压	V_g	220V	载波幅值	V_{tri}	4.6V
额定功率	P_o	20kW	电容电路反馈系数	H_{i1}	0.12
电网频率	f_o	50Hz	并网电流反馈系数	H_{i2}	0.14
开关频率	f_{sw}	10kHz	电网电压采样系数	H_v	0.018
逆变器侧电感	L_1	800μH	PR 调节器比例系数	K_p	0.6
滤波电容	C	15μF	PR 调节器谐振系数	K_r	65

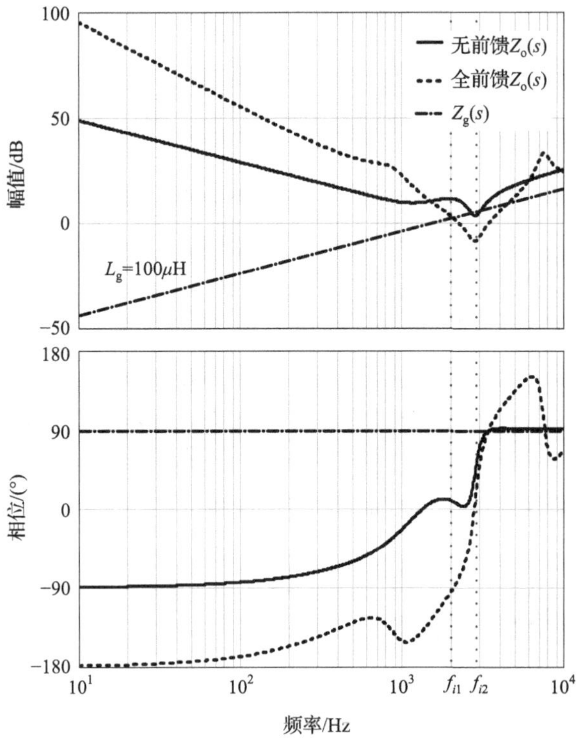

图 11.4　并网逆变器输出阻抗及电网内阻抗波特图

令式(11.9)中的 $G_{ff}(s)$ 分别为 0 和式(7.12)给出的电网电压全前馈函数，可以得到采用电网电压全前馈控制前后的并网逆变器的输出阻抗，分别如图 11.4 中的实线和虚线所示。由于电网内阻抗中的电阻通常有利于阻尼系统振荡[109]，本章以纯电感电网阻抗为例进行分析，其分析方法可推广至电网阻抗为其他形式的并网逆变器稳定性问题分析。图 11.4 的点划线为电网含有 100μH 电感的阻抗曲线，当电感感值增加时，电网阻抗幅频响应曲线将向上移动。

根据基于阻抗的并网逆变器稳定性判据，为保证弱电网下并网逆变器的稳定工作，阻抗比 $Z_g(s)/Z_o(s)$ 需满足 Nyquist 稳定判据。采用波特图进行分析时，这要求 $Z_g(s)$ 与 $Z_o(s)$ 幅频曲线交截点的相位差应在 ±180°之间[107,109]。$Z_g(s)$ 与 $Z_o(s)$ 在幅频曲线交截点的相位差为 $\Delta\varphi$，其表达式为

$$\Delta\varphi = \angle Z_g(f_i) - \angle Z_o(f_i) \tag{11.11}$$

式中，f_i 为 $Z_g(s)$ 与 $Z_o(s)$ 幅频曲线交截频率。

从图 11.4 可以看出，L_g 为 100μH 时，加入电网电压全前馈的并网逆变器的 $Z_o(s)$ 与 $Z_g(s)$ 的幅频曲线约在 2kHz 处交截，$\Delta\varphi$ 约为 180°，并网逆变器处于临界稳定。当 L_g 增大时，$Z_g(s)$ 幅频曲线上移，加入电网电压全前馈的并网逆变器的 $Z_o(s)$ 与 $Z_g(s)$ 在幅频曲线交截点处的相位差将超过 180°，并网逆变器出现不稳定。而无电网电压前馈控制的并网逆变器的 $Z_o(s)$ 相位在全频段高于−90°，L_g 发生变化时，$\Delta\varphi<180°$，并网逆变器具有良好的稳定性。因此，在弱电网情况下，电网电压全前馈控制策略可能导致并网逆变器无法稳定工作。

11.3　并网逆变器输出阻抗特性分析

为分析电网电压全前馈策略对于并网逆变器输出阻抗的影响，并寻求改进措施，本节对并网逆变器的输出阻抗特性进行分析。

11.3.1　无电网电压前馈控制的逆变器输出阻抗特性

令 $G_{ff}(s)=0$，根据式(11.9)，可得到无电网电压前馈的并网逆变器输出阻抗表达式为

$$Z_{o\_nff}(s) = \frac{s^3L_1L_2C + s^2L_2CH_{i1}G_{inv}(s) + s(L_1+L_2) + G_i^s(s)H_{i2}G_{inv}(s)}{s^2L_1C + sCH_{i1}G_{inv}(s) + 1} \tag{11.12}$$

进一步整理，可得到

$$Z_{\mathrm{o\_nff}}(s)=sL_2+\frac{sL_1}{s^2L_1C+sCH_{i1}G_{\mathrm{inv}}(s)+1}+\frac{G_i^s(s)H_{i2}G_{\mathrm{inv}}(s)}{s^2L_1C+sCH_{i1}G_{\mathrm{inv}}(s)+1} \tag{11.13}$$

为了方便阐述，将三相 LCL 型并网逆变器示意图重新给出，如图 11.5 所示，其中 $Z_{\mathrm{damp}}(s)$ 为考虑控制延时后电容电流反馈的等效虚拟阻抗，其表达式为[55]

$$Z_{\mathrm{damp}}(s)=\frac{L_1}{H_{i1}CG_{\mathrm{inv}}(s)} \tag{11.14}$$

根据式(11.14)，可将式(11.13)进一步等效变换为

$$Z_{\mathrm{o\_nff}}(s)=sL_2+\frac{sL_1}{s^2L_1C+sL_1/Z_{\mathrm{damp}}(s)+1}+\frac{G_i^s(s)H_{i2}(s)G_{\mathrm{inv}}(s)}{s^2L_1C+sCH_{i1}G_{\mathrm{inv}}(s)+1} \tag{11.15}$$

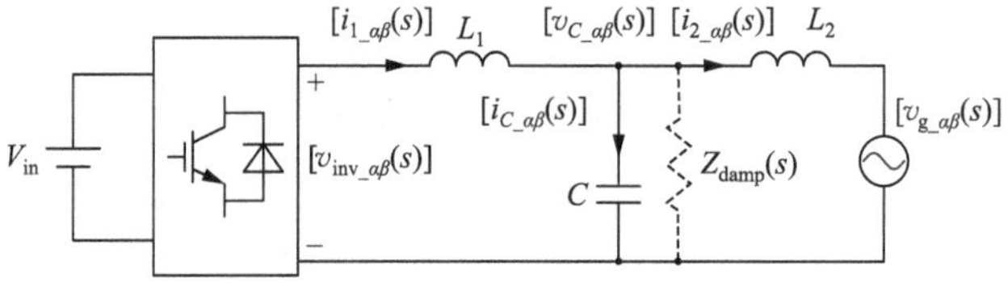

图 11.5　三相 LCL 型并网逆变器电网电压全前馈策略电路等效示意图

观察式(11.15)和图 11.5 可以看出，式(11.15)等号右边的第一项为电感 L_2 的阻抗 $Z_{L2}(s)$，第二项为电感 L_1、滤波电容 C 和虚拟电阻 $Z_{\mathrm{damp}}(s)$ 的并联阻抗 $Z_{L1}(s)//Z_C(s)//Z_{\mathrm{damp}}(s)$，第三项为并网电流调节器 $G_i^s(s)$ 引入的阻抗 $Z_{\mathrm{reg}}(s)$。因此，无电网电压前馈控制的三相 LCL 型并网逆变器输出阻抗为 $Z_{L2}(s)$、$Z_{L1}(s)//Z_C(s)//Z_{\mathrm{damp}}(s)$ 和 $Z_{\mathrm{reg}}(s)$ 的串联阻抗。

在低频段，电感 L_1 和 L_2 可以近似视为短路，逆变器输出阻抗特性主要由并网电流调节器 $G_i^s(s)$ 决定；在高频段，逆变器输出阻抗特性主要由 Z_{L2} 决定。图 11.6 给出采用 PI 和 PR 调节器（$K_{\mathrm{p}}=0.6$，$K_{\mathrm{r}}=65$，$\omega_{\mathrm{i}}=\pi$ rad/s）的并网逆变器输出阻抗。从图中可以看出，采用 PR 调节器作为并网电流调节器，并网逆变器能够获得更高的基波环路增益（采用 PI 调节器为 42.6dB，采用 PR 调节器为 65.3dB）；同时，由于 PR 调节器引入的负相移小于 PI 调节器，并且逆变器输出阻抗在低频段特性主要取决于并网电流调节器，并网逆变器的输出阻抗在低频段的负相移更小。由于采用 PR 调节器有利于并网逆变器基波指令值的跟踪，并使 $Z_{\mathrm{g}}(s)$ 与 $Z_{\mathrm{o}}(s)$ 的相角差减小，能够改善弱电网下并网逆变器的稳定性。本章的后续分析将采用 PR 调节器作为弱电网条件下逆变器的并网电流调节器。

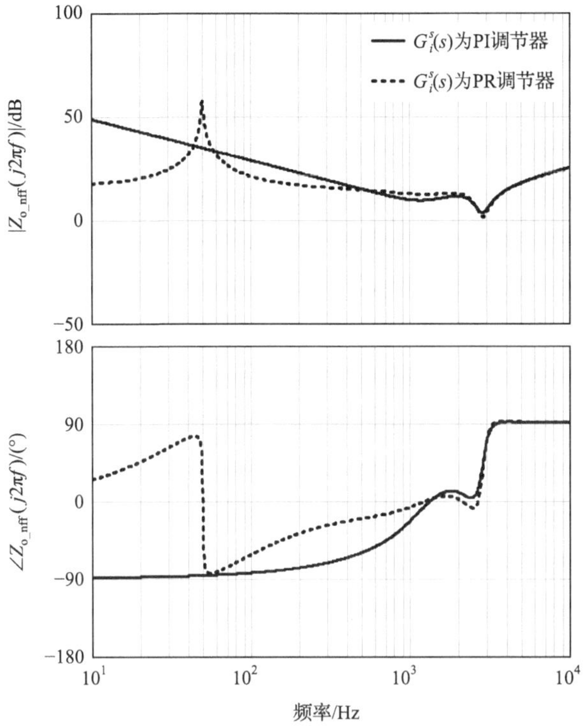

图 11.6　无电网电压前馈控制并网逆变器输出阻抗波特图

11.3.2　电网电压全前馈控制对逆变器输出阻抗影响分析

从图 11.4 可以看出，采用电网电压全前馈控制的并网逆变器在获得较好的并网电流谐波及不平衡分量抑制效果的同时，其输出阻抗的负相移增大，使其对弱电网的适应能力变差。下面将分析电网电压全前馈控制如何对逆变器输出阻抗产生影响。

从图 11.3(c)可以看出，电网电压全前馈控制在电网电压对并网电流产生影响的通路中额外引入了 FF(s)。根据式(11.8)，可以得到采用电网电压全前馈控制逆变器的输出阻抗 $Z_{o\_ff}(s)$ 与无前馈控制逆变器输出阻抗 $Z_{o\_nff}(s)$ 之间的关系为

$$Z_{o\_ff}(s)=\frac{Z_{o\_nff}(s)}{\mathrm{FF}(s)} \tag{11.16}$$

显然，FF(s)幅值越小，$Z_{o\_ff}(s)$ 的幅值越大；FF(s)的正相移越大，则 $Z_{o\_ff}(s)$ 的负相移越大。

根据式(11.6)，将 FF(s)传递函数重写为

$$\mathrm{FF}(s)=1-\frac{G_{\mathrm{ff}}(s)}{G_i^s(s)}G_{x1}(s)=1-\mathrm{FV}(s) \tag{11.17}$$

式中，$\mathrm{FV}(s)=G_{\mathrm{ff}}(s)/G_i^s(s)$。

式(11.17)中等号右边的第一项“1”代表无前馈控制时，电网电压对于电网电流的影响；第二项表示采用电网电压全前馈控制引入的对消项 FV(s)。当 FV(s)与“1”越接近，FF(s)幅值将越小，前馈效果将越明显。但由于数字控制中引入的滞后，FV(s)≠1，电网电压全前馈策略无法完全消除电网电压的影响。图 11.7 给出 FV(s)的频率响应曲线，从中可以看出，在低频段，FV(s)幅值约为 1 且始终存在较小的负相移。随着频率升高，数字控制引入的滞后影响越来越明显，FV(s)与 1 的差距逐渐增大，电网电压全前馈效果逐渐消弱。

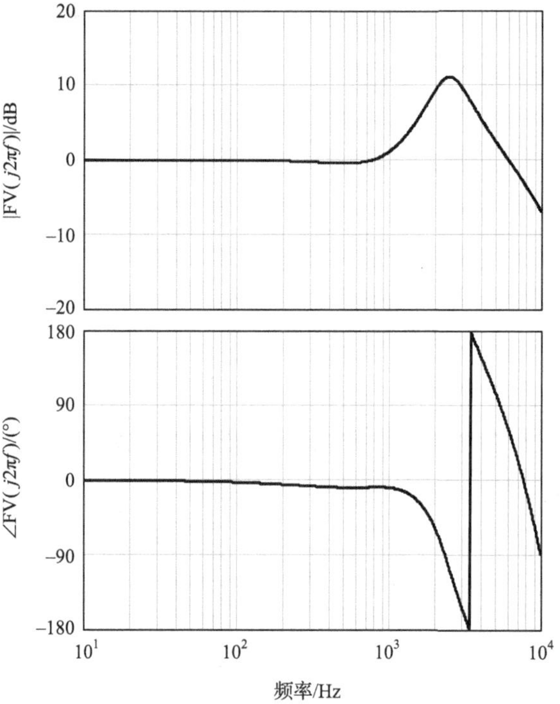

图 11.7　电网电压全前馈引入对消项 FV(s)频率响应曲线

为分析电网电压全前馈控制对并网逆变器输出阻抗的影响，根据式(11.17)绘制电网电压全前馈作用矢量示意图，如图 11.8 所示。从图中可以看出，考虑低频段情况，对于角频率为 ω_k 的电网电压矢量，FV($j\omega_k$) 幅值接近 1 且始终以较小的角度滞后于单位矢量。因此，单位矢量与前馈引入的对消矢量 FV($j\omega_k$) 作差后，电网电压剩余矢量 FF($j\omega_k$) 超前于单位矢量。对于极限情况，FV($j\omega_k$) 与单位矢量幅值相同且相位滞后极小，电网电压的剩余矢量 FF($j\omega_k$) 将超前单位矢量 90°。

这种情况下，根据式(11.16)可知，$Z_{o\_ff}(j\omega_k)$ 的相位将滞后 $Z_{o\_nff}(j\omega_k)$ 90°，这一结论与图 11.4 中的低频段是吻合的。对于采用电网电压全前馈控制的并网逆变器，其输出阻抗的其他频段特性也可通过绘制矢量图进行分析，这里不再赘述。

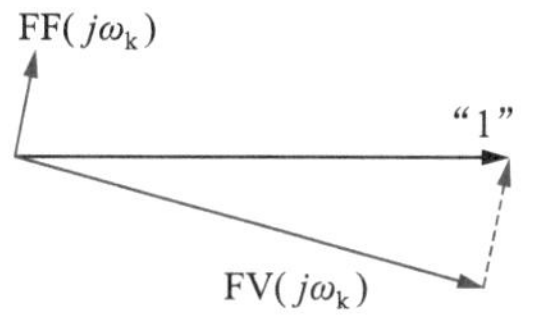

图 11.8 电网电压全前馈作用矢量示意图

根据上述分析可知，电网电压全前馈控制对逆变器输出阻抗的影响，主要取决于电网电压剩余矢量 FF($j\omega_k$) 的幅值和方向。

11.4 电网电压加权前馈策略

11.4.1 电网电压加权前馈策略的提出

根据上述输出阻抗特性分析，无电网电压前馈的并网逆变器在弱电网情况下稳定性较好，但对于并网电流谐波及不平衡分量的抑制能力较差；加入电网电压全前馈的并网逆变器可以有效抑制并网电流谐波及不平衡分量，但对于弱电网适应能力较差。因此，可以考虑在电网电压全前馈函数 $G_{ff}(s)$ 中引入权值 K_f 以使前馈引入的对消项 FV(s) 比例缩小，尝试在无电网电压前馈和电网电压全前馈两种控制策略之间折中，以保证弱电网逆变器稳定工作前提下仍可实现一定的并网电流谐波及不平衡分量抑制。

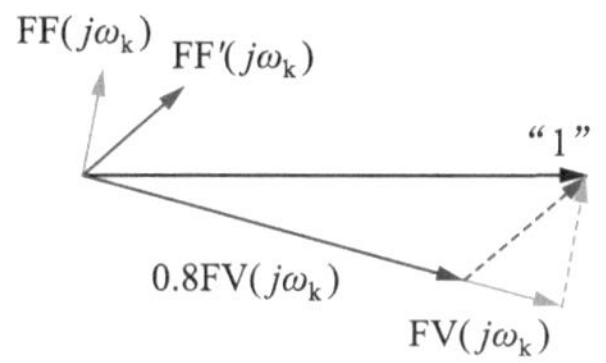

图 11.9 电网电压前馈作用矢量示意图

图 11.9 给出了权值 $K_f=0.8$ 时电网电压前馈作用矢量示意图。从图中可以看出，当权值 $K_f=0.8$，电网电压前馈引入的对消项缩小为 0.8FV($j\omega_k$)，相应电网电压剩余矢量 FF′($j\omega_k$) 的幅值大于 FF($j\omega_k$)，且 FF′($j\omega_k$) 滞后于 FF($j\omega_k$)，并网逆变器输出阻抗幅值及负相移均减少。

图 11.10 给出了引入权值 K_f 后并网逆变器输出阻抗和电网内阻抗波特图。其中，实线表示 $K_f=0$ 时(即无电网电压前馈控制)的并网逆变器输出阻抗，点划线表示 $K_f=0.5$ 时并网逆变器输出阻抗，虚线表示 $K_f=1$ 时(即采用电网电压全前馈控制)的逆变器输出阻抗，双点划线为电网含有 2.6mH 电感(相当于弱电网系统短路比为 10[14])的内阻抗曲线。从图 11.10 可以看出，虽然 $K_f=0.5$ 时并网逆变器输出阻抗的相位在全频段高于 −90°，可以保证并网逆变器在 L_g 为 0～2.6mH 情况下均能稳定工作，但是逆变器输出阻抗幅值明显降低，其对并网电流谐波的抑制能力显著削弱。因此，对所有谐波分量采用相同的权值 K_f，无法实现

逆变器弱电网下稳定性与并网电流谐波抑制能力之间的有效权衡。

进一步观察图 11.10 可以看出，当 L_g 在 0～2.6mH 范围内变化时，电网阻抗 $Z_g(s)$ 与逆变器输出阻抗 $Z_o(s)$ 并非在所有频率段都会交截。因此，在改善采用电网电压前馈的并网逆变器对弱电网适应能力的同时，为保持对并网电流的谐波抑制能力，需要针对不同谐波分量引入不同的权值，其思路为：根据并网电流中需要抑制的主要谐波分量对电网电压谐波分量进行提取，若需要抑制的并网电流第 n 次谐波分布于阻抗可能出现交截的频率段内，则在提取得到的电网电压第 n 次谐波中引入权值 K_f^n 以保证 $Z_g(j2\pi f_n)$ 与 $Z_o(j2\pi f_n)$ 相位差维持于 $\pm180°$ 之间；若需要抑制的并网电流第 n 次谐波分布于阻抗交截频率段之外，则取权值 $K_f^n=1$ 以保持电网电压全前馈控制良好的谐波抑制效果。

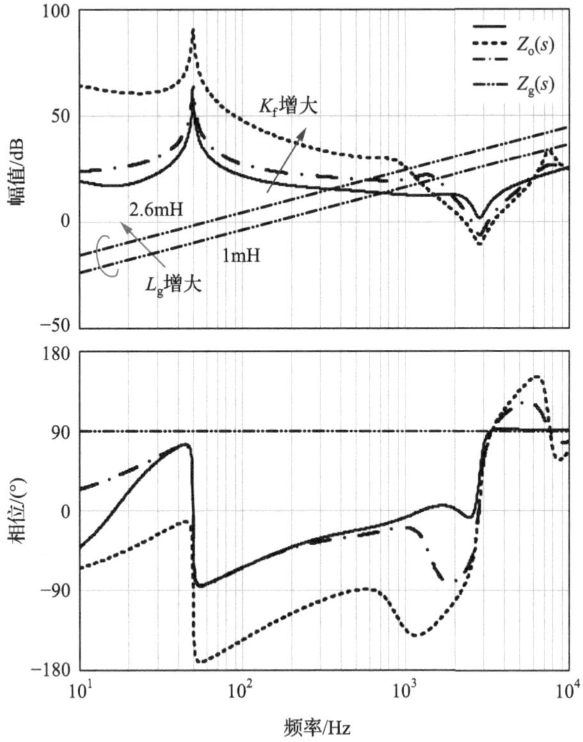

图 11.10　引入权值 K_f 后并网逆变器输出阻抗及电网内阻抗波特图

11.4.2　电网电压加权前馈策略的实现方式

图 11.11 给出三相并网逆变器的电网电压加权前馈策略示意图，图中虚线部分为电网电压谐波分量提取滤波器。根据并网电流中需要抑制的主要谐波分量，该滤波器对电网电压谐波分量进行提取，得到电网电压的谐波分量、基波正序和基

波负序分量。

图 11.11 中，为实现电网电压谐波分量提取，在电网电压相应分量处放置谐振单元，其表达式为

$$R_{+n}(s)=\frac{\omega_c}{s-jn\omega_o},\quad R_{-n}(s)=\frac{\omega_c}{s+jn\omega_o} \tag{11.18}$$

式中，n 为正实数，代表谐振频率与电网电压基波频率之比。

根据图 11.11 可以得到电网电压谐波分量提取滤波器的输入输出关系为

$$\boldsymbol{v}_{\alpha\beta}^{\pm i}(s)=\boldsymbol{e}(s)R_{\pm i}(s)=\frac{R_{\pm i}(s)}{1+\sum\limits_{k=1}^{n}(R_{+k}(s)+R_{-k}(s))}\boldsymbol{v}_{\mathrm{pcc\_}\alpha\beta}(s)\quad(i\in R^{+}) \tag{11.19}$$

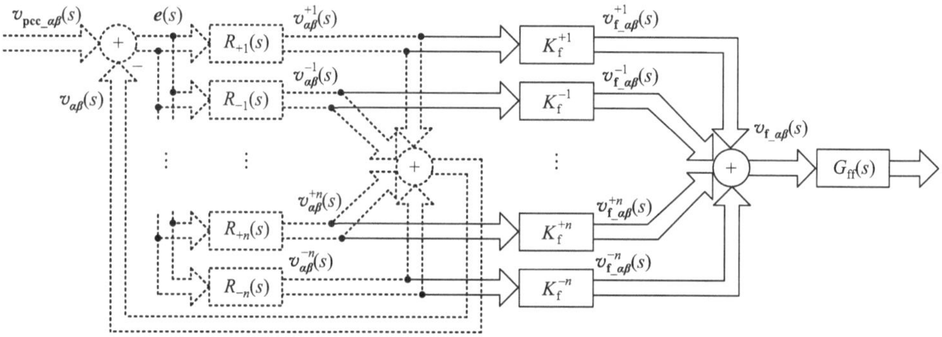

图 11.11　电网电压加权前馈策略示意图

为同时保证逆变器的并网电流抑制能力和对电网阻抗的鲁棒性，在电网电压谐波分量提取的基础上，引入权值 K_f^n，其主要原则有两条。

(1) 若需要抑制的并网电流第 n 次谐波分布于逆变器输出阻抗与电网阻抗可能出现交截的频率段之外，该谐波频率处的逆变器输出阻抗相位不影响系统对电网阻抗的鲁棒性，因此令图 11.11 中的权值 $K_f^n=1$，此时采用电网电压加权前馈策略的并网逆变器输出阻抗与采用电网电压全前馈策略的输出阻抗在该谐波频率处相同，并网逆变器对该次谐波具有较好的抑制能力。

(2) 若需要抑制的并网电流第 n 次谐波分布于阻抗交截频率段内，则需合理选取 K_f^n 以保证系统对电网阻抗的鲁棒性。K_f^n 越小，并网逆变器输出阻抗在该谐波频率处的相位越高，逆变器对电网阻抗的鲁棒性越强。

将图 11.11 中电网电压各次分量 $\boldsymbol{v}_{\alpha\beta}^{+1}(s)$、$\boldsymbol{v}_{\alpha\beta}^{-1}(s)$、$\boldsymbol{v}_{\alpha\beta}^{+n}(s)$ 和 $\boldsymbol{v}_{\alpha\beta}^{-n}(s)$ 等乘以权值并求和，可以得到 $\boldsymbol{v}_{\mathrm{f\_}\alpha\beta}(s)$ 的表达式为

$$\boldsymbol{v}_{\mathrm{f\_}\boldsymbol{\alpha\beta}}(s)=\frac{\sum_{k=1}^{n}\left(K_{\mathrm{f}}^{+k}R_{+k}(s)+K_{\mathrm{f}}^{-k}R_{-k}(s)\right)}{1+\sum_{k=1}^{n}\left(R_{+k}(s)+R_{-k}(s)\right)}\boldsymbol{v}_{\mathrm{pcc\_}\boldsymbol{\alpha\beta}}(s) \tag{11.20}$$

将 $\boldsymbol{v}_{\mathrm{f\_}\boldsymbol{\alpha\beta}}(s)$ 送入电网电压全前馈函数 $G_{\mathrm{ff}}(s)$，即可实现电网电压加权前馈策略。因此，电网电压加权前馈相当于在电网电压全前馈的基础上，引入滤波器 $H_{\mathrm{f}}(s)$，其表达式为

$$H_{\mathrm{f}}(s)=\frac{\sum_{k=1}^{n}\left(K_{\mathrm{f}}^{+k}R_{+k}(s)+K_{\mathrm{f}}^{-k}R_{-k}(s)\right)}{1+\sum_{k=1}^{n}\left(R_{+k}(s)+R_{-k}(s)\right)} \tag{11.21}$$

则电网电压加权前馈策略的前馈传递函数为

$$G_{\mathrm{wgt\_ff}}(s)=H_{\mathrm{f}}(s)G_{\mathrm{ff}}(s) \tag{11.22}$$

11.4.3 电网电压加权前馈的权值设计

根据上述分析，电网电压加权前馈策略的权值 K_{f}^{n} 的选取，对弱电网下逆变器并网电流的谐波和不平衡分量抑制效果以及稳定性影响显著。本节将根据表 11.1 给出的 20kW 并网逆变器原理样机主要参数，给出 K_{f}^{n} 的设计实例。

根据式(11.9)，可得采用电网电压加权前馈控制的并网逆变器输出阻抗表达式为

$$Z_{\mathrm{o\_wgt\_ff}}(s)=\frac{s^{3}L_{1}L_{2}C+s^{2}L_{2}CH_{i1}G_{\mathrm{inv}}(s)+s(L_{1}+L_{2})+G_{\mathrm{i}}^{s}(s)H_{i2}G_{\mathrm{inv}}(s)}{s^{2}L_{1}C+sCH_{i1}G_{\mathrm{inv}}(s)+1-G_{\mathrm{wgt\_ff}}(s)H_{v}G_{\mathrm{inv}}(s)} \tag{11.23}$$

令 $G_{\mathrm{wgt\_ff}}(s)$ 中的 K_{f}^{n} 均为 1，根据式(11.23)，绘制采用电网电压加权前馈控制的并网逆变器输出阻抗，如图 11.12 所示。其中，实线和虚线分别表示采用电网电压加权前馈和采用电网电压全前馈的并网逆变器输出阻抗，点划线表示电网内阻抗曲线。从图 11.12 可以看出，电网电压加权前馈策略采用谐波分量提取滤波器，对电网电压中常见的 5、7、11、13 和 23 次谐波进行提取。由于 K_{f}^{n} 为 1，在这些谐波频率处，采用电网电压加权前馈控制的并网逆变器与采用电网电压全前馈控制的并网逆变器输出阻抗的幅值和相位均相同。

从图 11.12 还可看出，对于采用电网电压加权前馈控制的并网逆变器，当 L_{g} 在 0～2.6mH 范围内变化时，其输出阻抗与电网内阻抗幅频曲线的交截频率不会出现在电网电压基波、5、7、11 和 13 次谐波频率处，因此，$K_{\mathrm{f}}^{\pm1}$，$K_{\mathrm{f}}^{\pm5}$，$K_{\mathrm{f}}^{\pm7}$，$K_{\mathrm{f}}^{\pm11}$ 和 $K_{\mathrm{f}}^{\pm13}$ 可取为 1，以保持电网电压全前馈控制良好的谐波抑制效果。但是，在电网电压 23 次谐波频率处，并网逆变器输出阻抗的相位低于－90°，并且电网内阻抗相位为 90°。当 L_{g} 在 0～2.6mH 内变化，阻抗交截频率出现在 23 次谐波频率附近时，

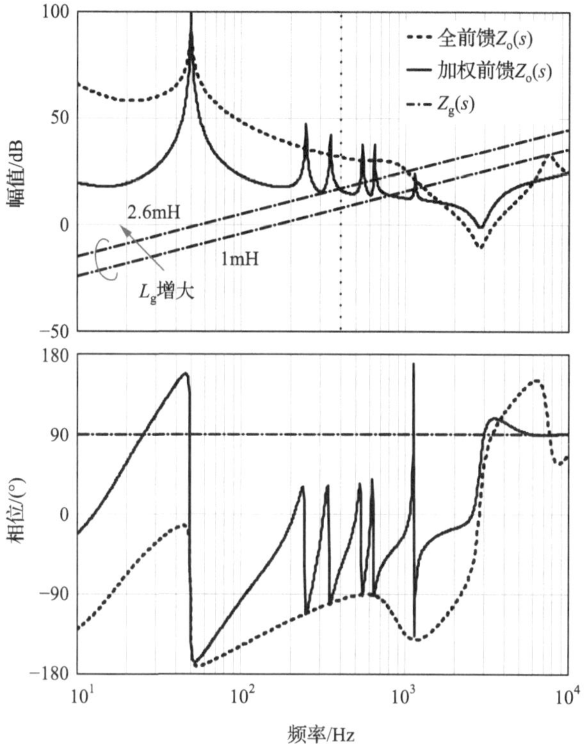

图 11.12　并网逆变器输出阻抗及电网内阻抗波特图

$Z_g(s)$ 与 $Z_o(s)$ 相位差会超过 180°，系统可能不稳定。因此，需对 $K_f^{\pm 23}$ 进行设计，以保证弱电网下并网逆变器的稳定工作。

从图 11.12 可知，23 次谐波频率处，采用加权前馈控制并网逆变器的输出阻抗相位为−141°，$Z_g(s)$ 与 $Z_o(s)$ 在该谐波频率处的相位差为 231°，并网逆变器无法稳定工作。图 11.13 给出了电网电压 23 次谐波分量的前馈作用矢量示意图。图中 $\mathrm{FV}(j\omega_{23})$ 为 $K_f^{\pm 23}=1$，即采用电网电压全前馈控制时的电网电压对消项，$\mathrm{FF}(j\omega_{23})$ 为相应电网电压剩余矢量；$K_f^{\pm 23}\mathrm{FV}(j\omega_{23})$ 为 $K_f^{\pm 23}<1$ 的电网电压对消项，$\mathrm{FF}'(j\omega_{23})$ 为相应电网电压剩余矢量。从图中可以看出，经过 $K_f^{\pm 23}$ 加权缩小后，电网电压剩余矢量 $\mathrm{FF}'(j\omega_{23})$ 滞后 $\mathrm{FF}(j\omega_{23})$ 相角 φ。根据式(11.16)，这表明经过 $K_f^{\pm 23}$ 加权缩小后，并网逆变器的输出阻抗在 23 次谐波频率处，将超前 $K_f^{\pm 23}=1$ 的逆变器输出阻抗相位 φ。考虑一定裕度，将并网逆变器输出阻抗在 23 次谐波频率处的相位设计为−70°，因此取 φ 为 71°。

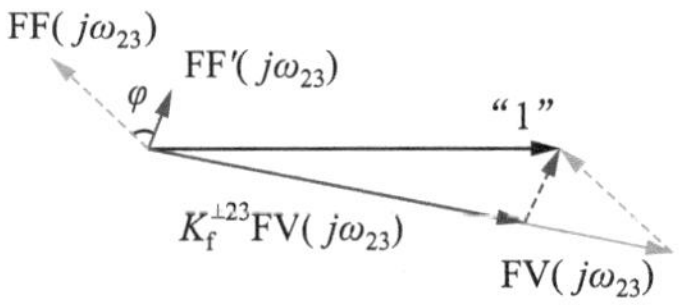

图 11.13　电网电压 23 次谐波分量前馈作用矢量示意图

将 $s=j\omega_{23}$ 代入式(11.17),并根据原理样机参数计算可得

$$\mathrm{FF}(j\omega_{23})=1-\frac{G_{\mathrm{ff}}(j\omega_{23})}{G_i^s(j\omega_{23})}G_{x1}(j\omega_{23})=0.363\angle 137.7^\circ \tag{11.24}$$

根据图 11.13,可得

$$\mathrm{FF}'(j\omega_{23})=1-\frac{K_{\mathrm{f}}^{\pm 23}G_{\mathrm{ff}}(j\omega_{23})}{G_i^s(j\omega_{23})}G_{x1}(j\omega_{23})=A\angle(137.7^\circ-\varphi) \tag{11.25}$$

根据式(11.24),可得

$$\frac{G_{\mathrm{ff}}(j\omega_{23})}{G_i^s(j\omega_{23})}G_{x1}(j\omega_{23})=1.292\angle -10.9^\circ \tag{11.26}$$

将 $\varphi=71^\circ$ 和式(11.26)代入式(11.25),可得

$$\begin{aligned}K_{\mathrm{f}}^{\pm 23}&=0.73\\ A&=0.193\end{aligned} \tag{11.27}$$

取 $K_{\mathrm{f}}^{\pm 23}=0.73$,重新绘制采用电网电压加权前馈控制的并网逆变器输出阻抗,如图 11.14(a)所示,可以看出,采用电网电压加权前馈控制的并网逆变器输出阻抗在 23 次谐波频率处相位约为 -70°,与设计初衷相符,并网逆变器能够稳定工作。

由于并网逆变器采用数字控制,谐波分量提取滤波器需要进行离散化。本章采用三阶积分器离散法,对式(11.18)中的谐振单元 $R_{+n}(s)$ 和 $R_{-n}(s)$ 离散化,得到其 z 域表达式:

$$\begin{aligned}R_{+n}(z)&=\frac{\omega_{\mathrm{c}}}{\dfrac{12}{T_s}\dfrac{1-z^{-1}}{23z^{-1}-16z^{-2}+5z^{-3}}-jn\omega_{\mathrm{o}}}\\ R_{-n}(z)&=\frac{\omega_{\mathrm{c}}}{\dfrac{12}{T_s}\dfrac{1-z^{-1}}{23z^{-1}-16z^{-2}+5z^{-3}}+jn\omega_{\mathrm{o}}}\end{aligned} \tag{11.28}$$

令 K_{f}^n 均为 1,采用 $z=\mathrm{e}^{sT_s}$ 将式(11.28)反变换至 s 域,并将其代入式(11.21),可计算得到考虑离散化误差后,谐波分量提取滤波器在 23 次谐波频率处的增益为 $H_{\mathrm{f}}(j\omega_{23})=0.66$。为补偿离散化后引入的误差,使并网逆变器输出阻抗在 23 次谐波频率处仍与图 11.14(a)所示保持一致,可将权值调整为

$$K_{\mathrm{f}}^{\pm 23}=0.73/H_{\mathrm{f}}(j\omega_{23})\approx 1.11 \tag{11.29}$$

考虑离散化影响，并将权值 $K_f^{\pm23}$ 调整为 1.11 后，绘制采用电网电压加权前馈控制的并网逆变器输出阻抗如图 11.14(b)所示。从图 11.14(b)可以看出，考虑离散化影响对权值 $K_f^{\pm23}$ 调整后，其输出阻抗相位约为$-70°$，与理论计算结果一致。

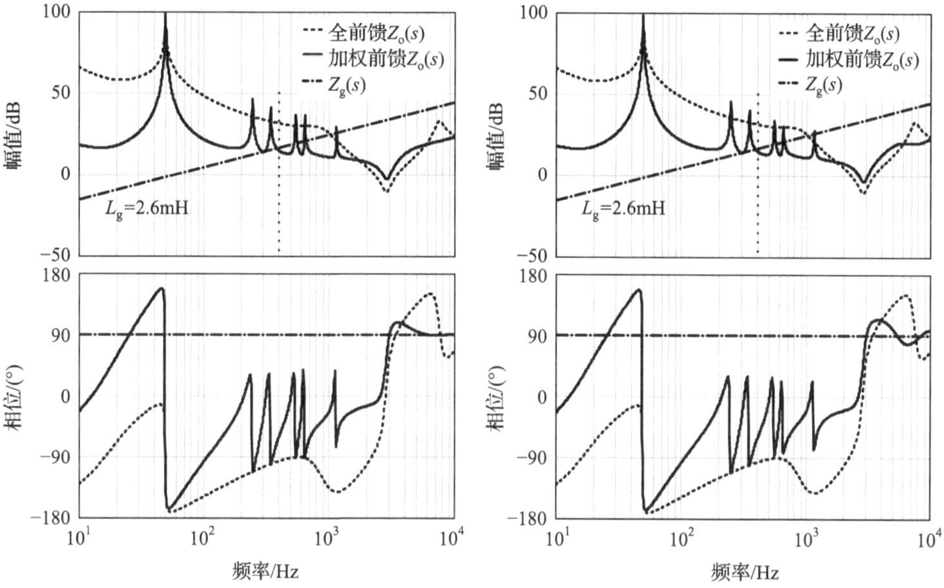

(a) 不考虑离散化误差$K_f^{\pm23}$=0.73　　(b) 考虑离散化误差$K_f^{\pm23}$=1.11

图 11.14　电网电压前馈控制并网逆变器输出阻抗及电网内阻抗波特图

综上所述，电网电压加权前馈策略的权值 K_f^n 设计方法总结如下：首先，根据并网电流中需要抑制的主要谐波分量对电网电压谐波分量进行提取，若并网电流第 n 次谐波分布于阻抗交截频率段之外，则取权值 $K_f^n=1$ 以保持电网电压全前馈控制良好的谐波抑制效果。若并网电流第 n 次谐波分布于阻抗可能出现交截的频率段内，且 $|\angle Z_g(j2\pi f_n)-\angle Z_o(j2\pi f_n)|>180°$，则可通过改变 K_f^n 使 $\angle Z_o(j2\pi f_n)$ 负相移减小，以保证并网逆变器的稳定工作。根据式(11.17)，绘制电网电压前馈作用矢量示意图并进行矢量计算，可得到 K_f^n 的初步取值。最后，考虑电网电压谐波分量提取中的前置滤波器离散化引入的误差，对 K_f^n 进行修正，得到 K_f^n 的最终取值。

11.5　实 验 验 证

本节采用第 7 章研制的三相 LCL 型并网逆变器实验平台，通过实验验证本章关于弱电网下并网逆变器稳定性分析的正确性，以及所提出的电网电压加权前馈策略的有效性，样机主要参数如表 11.1 所示。在实验中，并网电流调节器采用 PR

调节器，电网电压前馈策略分别采用无前馈、全前馈以及加权前馈。

11.5.1　稳定性测试

为验证弱电网下并网逆变器的稳定性，将并网逆变器接入实际电网，并额外串入电感 L_g，以模拟线路电感及变压器漏感造成的弱电网情况。图 11.15 给出了三

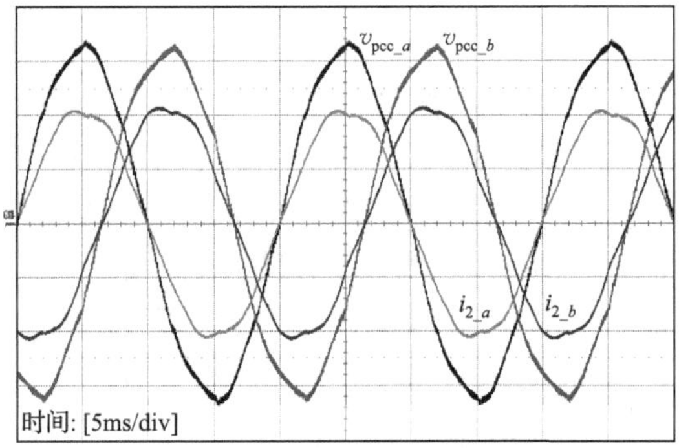

(a) 无前馈(L_g= 2.6mH)

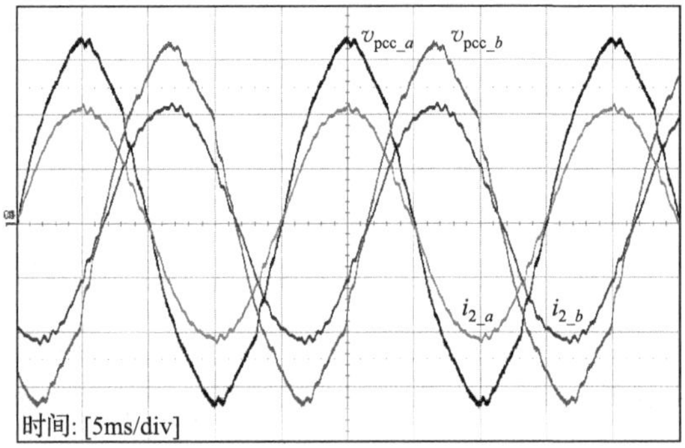

(b) 全前馈(L_g= 0.3mH)

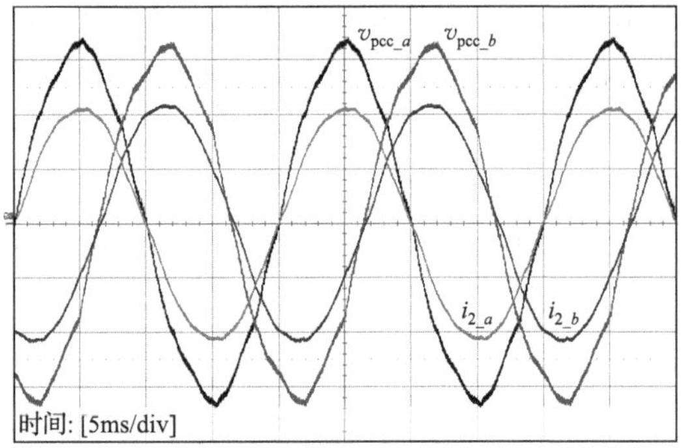

(c) 加权前馈(L_g= 2.6mH)

图 11.15　并网逆变器采用不同电网电压前馈控制的弱电网实验波形

PCC 电压：100V/div，并网电流：20A/div

相 LCL 型并网逆变器在弱电网情况下采用不同控制策略的满载实验波形。其中，图 11.15(a)给出 L_g =2.6mH 时采用电网电压无前馈控制的并网逆变器实验波形，并网电流 THD 为 3.44%。当 L_g 在 0～2.6mH 之间变化时，采用电网电压无前馈控制的并网逆变器始终保持稳定工作，逆变器对弱电网下具有良好的适应能力。图 11.15(b)给出 L_g =0.3mH 时采用电网电压全前馈控制的并网逆变器实验波形，可以看到并网电流出现明显振荡，随着 L_g 逐渐增大，采用电网电压全前馈控制的并网逆变器无法稳定工作。这表明，采用电网电压全前馈控制的并网逆变器对弱电网的适应能力较差，与 11.2 节给出的理论分析相符。图 11.15(c)给出 L_g = 2.6mH 时采用电网电压加权前馈控制的并网逆变器实验波形，并网电流 THD 为 2.04%。当 L_g 在 0～2.6mH 变化时，采用电网电压加权前馈控制的并网逆变器始终保持稳定工作，对于弱电网下具有良好的适应能力。

11.5.2　谐波抑制能力测试

为验证采用电网电压加权前馈控制的并网逆变器对并网电流谐波的抑制能力，通过可编程交流电源对电网电压进行模拟，分别注入 5 次、8 次、11 次、13 次和 23 次谐波，相对于基波幅值分别为 5%、3%、2%、2%和 1%，相角分别为 180°、0°、0°、0°和 0°。同时，为模拟电网阻抗，在可编程交流电源输出端串入电感 L_g。该部分实验在 6kW 负载条件下测得。

图 11.16 给出了三相 LCL 型并网逆变器接入可编程交流电源情况下，采用不同控制策略的实验波形。其中，图 11.16(a)和(b)分别给出 L_g 为 0 和 2.6mH 时，不加入电网电压前馈时并网逆变器的实验波形，其并网电流 THD 分别为 25.65%和 21.14%。图 11.16(c)和(d)分别给出了 L_g =0 时采用电网电压全前馈和电网电压加权前馈的并网逆变器实验波形，其并网电流 THD 分别为 5.22%和 5.16%。图 11.16(e)给出 L_g =2.6mH 时，采用电网电压加权前馈控制的并网逆变器实验波形，并网电流 THD 为 5.03%。图 11.16 中的并网电流谐波频谱如图 11.17 所示。

从图 11.16 和图 11.17 可以看出，不加入电网电压前馈时，并网电流谐波抑制能力较差，但对于弱电网具有良好的适应能力；采用电网电压全前馈时，电网电压引起的并网电流谐波得到了有效抑制，但在弱电网时，并网逆变器可能无法稳定工作；采用电网电压加权前馈策略在有效抑制并网电流谐波的同时，可保证弱电网情况下逆变器的稳定工作。实验结果验证了本章前述理论分析的正确性和电网电压加权前馈策略的有效性。

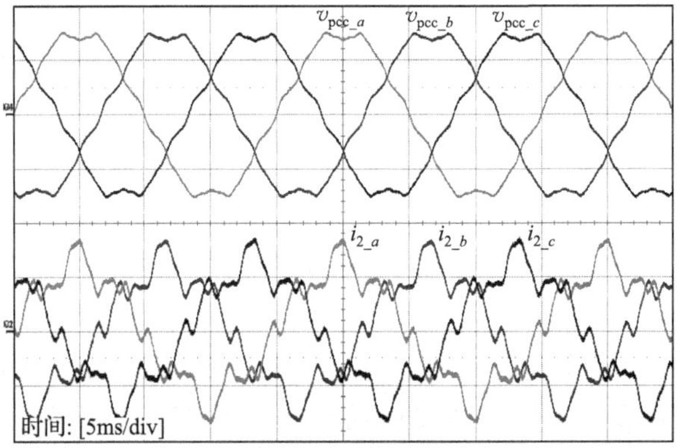

(a) 无前馈(L_g= 0)

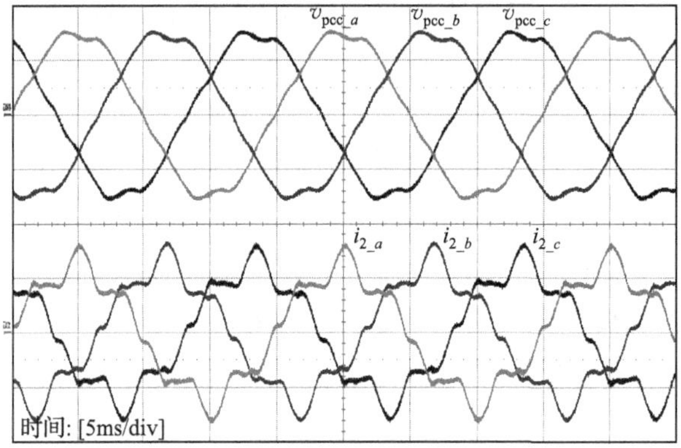

(b) 无前馈(L_g= 2.6mH)

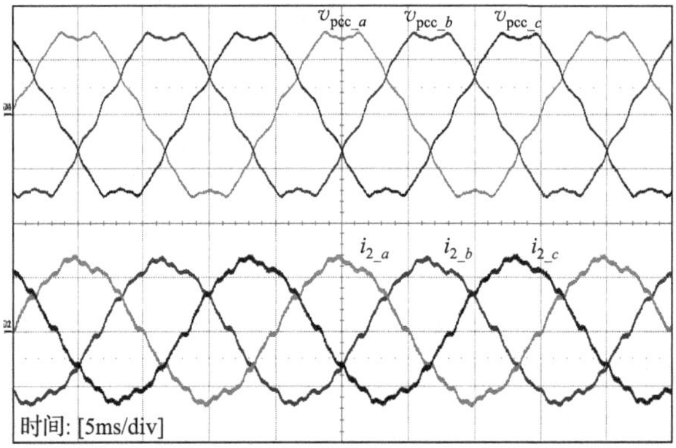

(c) 全前馈(L_g= 0)

图 11.16　采用不同电网电压前馈控制并网逆变器实验结果

PCC 电压:200V/div,并网电流:10A/div

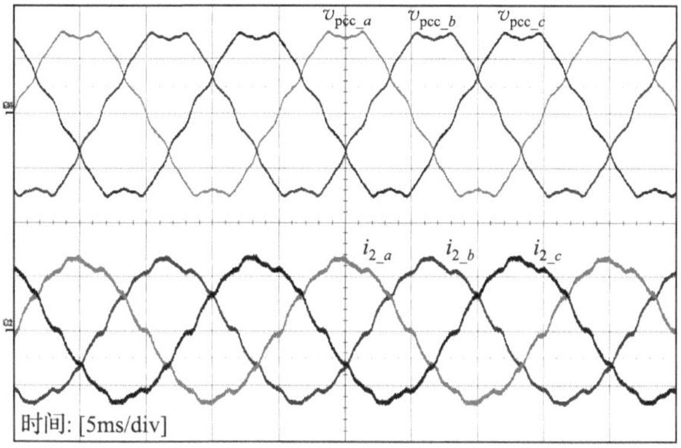

(d) 加权前馈(L_g= 0)

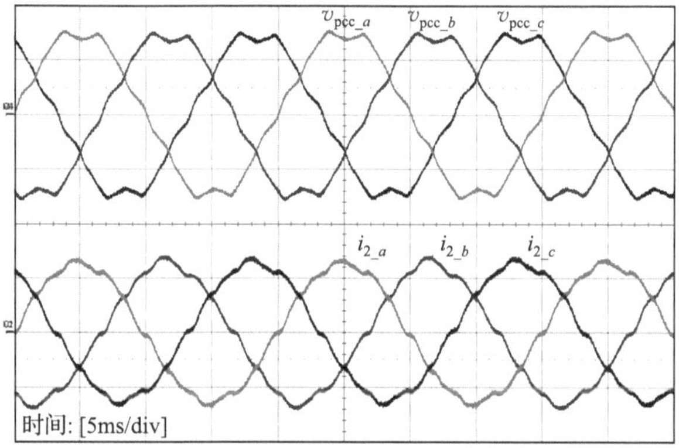

(e) 加权前馈(L_g= 2.6mH)

图 11.16(续)

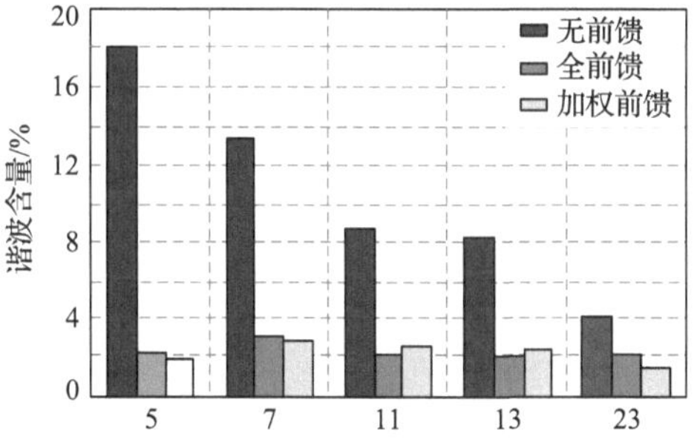

(a) L_g= 0

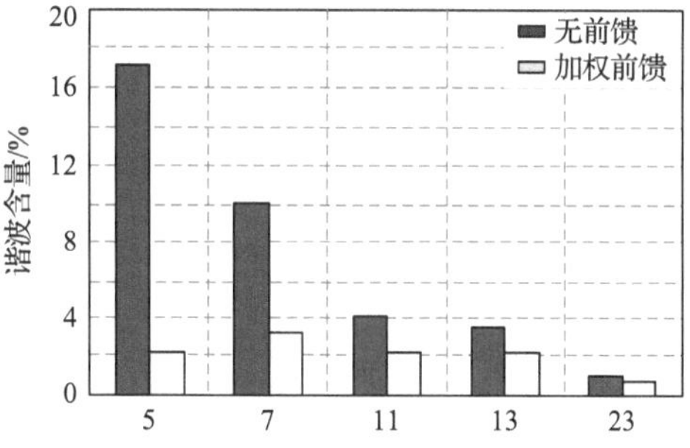

(b) L_g= 2.6mH

图 11.17　接入可编程交流电源的逆变器并网电流谐波频谱

11.6　本章小结

本章针对三相 LCL 型并网逆变器，推导了逆变器的输出阻抗表达式，并阐释了电网电压全前馈控制对并网逆变器输出阻抗的影响。在此基础上，根据基于阻抗的稳定性判据，对弱电网下的并网逆变器稳定性进行分析，指出加入电网电压全前馈的并网逆变器，由于输出阻抗的负相移增大，在弱电网条件下可能无法稳定工作。本章基于前置滤波器中的谐波分量提取滤波器，提出电网电压加权前馈策略，以改善弱电网下采用电网电压前馈策略的并网逆变器稳定性。该策略通过对电网电压谐波分量进行提取并对其进行加权，实现了并网逆变器输出阻抗负相移的减小，在有效抑制并网电流谐波和不平衡分量的同时，仍可保证弱电网下逆变器的稳定工作。最后，通过实验验证了本章关于弱电网下并网逆变器稳定性分析的正确性和电网电压加权前馈策略的有效性。

第 12 章　基于前置滤波器的同步旋转坐标系锁相技术

12.1 引　　言

为了保证并网逆变器能够向电网输送高质量的电能，并且根据调度需求灵活地控制送入电网的有功功率和无功功率，IEEE Std. 1547—2003 和国家电网公司企业标准 Q/GDW 480—2010《分布式电源接入电网技术规定》等国内外相关标准[17,18,66-68]均规定，并网逆变器的并网电流必须与接入的电网电压同步。在前面的章节中，均假定并网电流指令为与电网电压同步的正弦值。但是，由于电网不可避免地会发生波动，实际中需要采用锁相环 PLL 通过闭环的方法获取电网电压的幅值、频率和相位信息，并根据上述信息确定并网电流指令，以实现并网电流与电网电压的同步。所以，并网逆变器 PLL 的性能与并网电流的闭环控制效果密切相关。

对于并网逆变器而言，其 PLL 的特性通常从动态性能和谐波抑制能力两方面来衡量。这是因为 PLL 的动态性能会影响并网逆变器在电网电压突变情况下的响应，而其谐波抑制能力则主要影响电网电压畸变情况下并网电流指令的 THD。常用的锁相环主要有过零锁相环（zero-crossing PLL，ZC-PLL）[163]和同步旋转坐标系锁相环（synchronous reference frame PLL，SRF-PLL）[81,82]等。ZC-PLL 通过电网电压过零检测电路，把正弦电压转换为方波信号，根据方波跳变沿发生的时刻，提取电网电压相位和频率信息。ZC-PLL 实现方式简单，但易受电网电压谐波影响。SRF-PLL 则是基于电网电压瞬时值采样，对电网电压谐波的抑制能力相对较强，在单相和三相并网逆变器中得到了广泛应用。然而，SRF-PLL 对电网电压的基波不平衡分量抑制能力相对较弱。在电网电压不平衡情况下，通常在 SRF-PLL 中引入前置滤波器，滤除电网电压的不平衡分量，从而抑制电网电压不平衡分量对并网逆变器并网电流的影响[84]。由于前置滤波器需要同时处理电网电压的 α 轴和 β 轴分量，并且两坐标轴之间可能存在耦合，采用标量分析的方法相对复杂；而采用复矢量滤波器的方法来描述前置滤波器，不仅形式简洁，滤波器的传递函数的运算和分析也更加方便。本章将简单介绍基于前置滤波器的 SRF-PLL 的工作原理，并采用复矢量滤波器的方法对多种前置滤波器进行推导，指出其相互关系。在此基础上，将提出具有更快动态性能的通用二阶复矢量前置滤波器和具有更好谐波抑制能力的三阶复矢量前置滤波器，实现了并网逆变器 PLL 的动态性能和谐波抑制能力的提高[164]。

12.2　SRF-PLL 工作原理简介

如图 12.1 给出了 PLL 的基本原理示意图，它包含鉴相器（phase detector，PD）、环路滤波器（loop filter，LF）、压控振荡器（voltage controlled oscillator，VCO）等 3 个基本单元。从图中可以看出，PD 对输入信号 $u_i(t)$ 和输出信号 $u_o(t)$ 进行相位比较，得到的误差信号 $u_e(t)$ 送入 LF 进行处理，得到的信号为 $u_c(t)$，VCO 根据 $u_c(t)$ 调整其输出信号 $u_o(t)$ 的频率，从而实现 PLL 输出信号对输入信号的闭环跟踪。

图 12.2(a)给出了 SRF-PLL 的原理示意图。其中，虚线框内部分为 PD，浅色阴影部分为 VCO，LF 通常采用 PI 调节器。

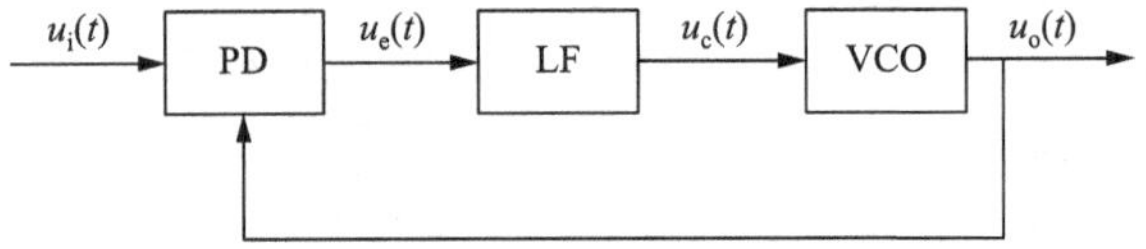

图 12.1　PLL 原理示意图

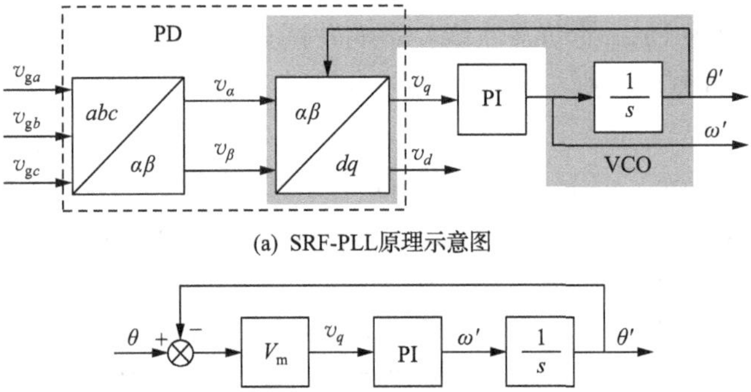

(a) SRF-PLL原理示意图

(b) SRF-PLL模型框图

图 12.2　SRF-PLL 原理图及模型

定义三相电网电压为

$$\begin{cases} v_{ga} = V_m\cos\theta \\ v_{gb} = V_m\cos(\theta - 2\pi/3) \\ v_{gc} = V_m\cos(\theta + 2\pi/3) \end{cases} \tag{12.1}$$

式中，V_m 和 θ 分别为电网电压幅值和相位。

根据图 12.2(a)可知，将三相电网电压由 abc 静止坐标系先变换为 $\alpha\beta$ 静止坐标系，然后再变换至 dq 同步旋转坐标系，其变换公式分别为[148]

$$\begin{bmatrix} v_\alpha \\ v_\beta \end{bmatrix} = \frac{2}{3}\begin{bmatrix} 1 & -1/2 & -1/2 \\ 0 & \sqrt{3}/2 & -\sqrt{3}/2 \end{bmatrix}\begin{bmatrix} v_{ga} \\ v_{gb} \\ v_{gc} \end{bmatrix} \tag{12.2}$$

$$\begin{bmatrix} v_d \\ v_q \end{bmatrix} = \begin{bmatrix} \cos\theta' & \sin\theta' \\ -\sin\theta' & \cos\theta' \end{bmatrix}\begin{bmatrix} v_\alpha \\ v_\beta \end{bmatrix} \tag{12.3}$$

利用式(12.2)和式(12.3)对式(12.1)进行坐标变换，可得电网电压 d 轴和 q 轴分量为

$$\begin{cases} v_d = V_\mathrm{m}\cos(\theta-\theta') \\ v_q = V_\mathrm{m}\sin(\theta-\theta') \end{cases} \tag{12.4}$$

式中，θ' 为 SRF-PLL 提取得到的电网电压相位。

当 θ 与 θ' 较接近时，式(12.4)可近似为

$$\begin{cases} v_d = V_\mathrm{m} \\ v_q = V_\mathrm{m}(\theta-\theta') \end{cases} \tag{12.5}$$

从式(12.5)可以看出，v_d 为 SRF-PLL 提取的电网电压幅值信息，v_q 反映了电网电压实际相位与 SRF-PLL 提取相位的误差。将 v_q 送入 PI 调节器进行闭环控制，并将 PI 调节器的输出(电网电压角频率 ω')进行积分得到 θ'，θ' 用于坐标变换计算。根据式(12.5)和图 12.2(a)，可得到 SRF-PLL 的线性化模型，如图 12.2(b)所示。由图 12.2(b)可以看出，电网电压相位 θ 为指令值，SRF-PLL 通过闭环控制使输出的相位 θ' 跟踪 θ，从而实现对电网电压相位的提取。

对于单相并网逆变器来说，为了实现 SRF-PLL，通常需要通过正交系统产生单元(orthogonal system generation，OSG)得到一对电网电压正交分量[165]，如图 12.3 所示。

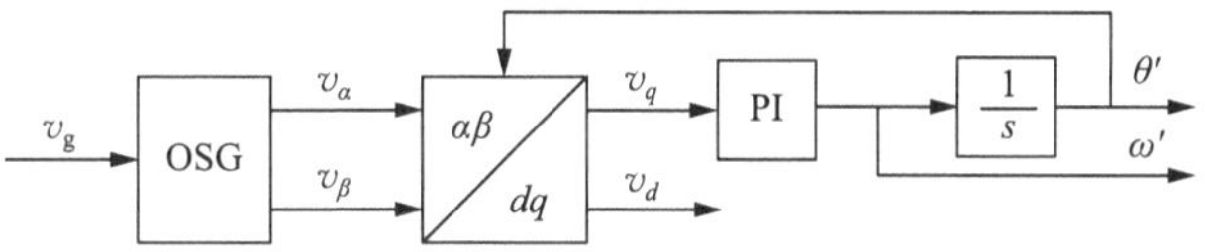

图 12.3 单相并网逆变器 SRF-PLL 实现示意图

12.3 基于前置滤波器的 SRF-PLL

当电网电压存在较大谐波或不平衡分量时，图 12.2 所示的 SRF-PLL 输出的电网电压幅值、频率和相位均会发生畸变。通过调整 PI 调节器参数以降低 PLL 环路增益[81]或引入额外的环路滤波器，如自适应陷波器[86]、二阶超前补偿器[87]、滑动 Goertzel 变换(sliding Goertzel transform，SGT)[88]和滑动平均滤波器

(moving average filter,MAF)[89]等,SRF-PLL 能够在电网电压含有大量背景谐波和不平衡分量情况下实现电网电压频率和相位的快速准确检测。由于提取得到的幅值 v_d 未经环路滤波器处理,即使 θ' 与电网电压基波正序分量相位完全相同,v_d 仍会受到谐波及不平衡分量的影响,需要对 v_d 进行再滤波。

随着基于可再生能源的分布式发电系统越来越多地接入电网,其对电网的影响也越来越显著。为了保障电网的安全、稳定和经济运行,国内外相关标准对分布式发电系统输送的电能质量、安全运行和故障穿越等方面提出了严格的要求[18,66]。除了电网电压的频率和相位信息外,电网电压的基波正序和负序分量幅值也需要进行实时快速准确检测,以确保电网故障情况下分布式发电系统对电网动态电压支撑和功率振荡消除等策略的实现[89,92,93]。为了同时实现电网电压幅值、频率和相位的快速准确提取,可在电网电压送入 SRF-PLL 之前加入滤波器。对于三线三相制系统,通常将前置滤波器放置于 $\alpha\beta$ 静止坐标系下,如图 12.4 所示,以简化前置滤波器的结构。该类方法称为基于前置滤波器的 SRF-PLL。

近年来,基于前置滤波器的 SRF-PLL 得到了广泛的研究,其中具有代表性的前置滤波器主要有基于通用积分器的基波正序滤波器(positive-sequence filter,PSF)[90]、改进型 PLL (enhanced-PLL,E-PLL)[94]和正交 PLL (quadrature PLL,Q-PLL)[95]中的非线性自适应滤波器、基于二阶通用积分器(second-order generalized integrator,SOGI)的自适应滤波器[83,96,97]、解耦的双 SRF-PLL 前置滤波器[98]、复系数前置滤波器[99]和基于信号延迟对消(delayed signal cancellation,DSC)的前置滤波器[100-105]等。

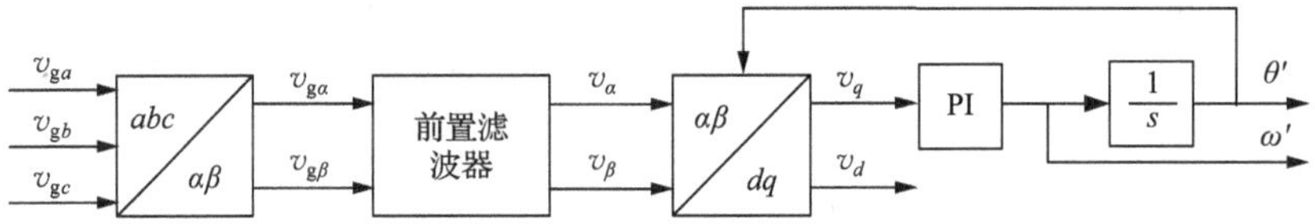

图 12.4　基于前置滤波器的 SRF-PLL 原理图

12.3.1　复矢量滤波器分析法

从图 12.4 看到,前置滤波器对电网电压 α 轴分量 $v_{g\alpha}$ 和 β 轴分量 $v_{g\beta}$ 进行滤波,得到 v_α 和 v_β,该滤波器为双输入双输出系统。前置滤波器对 $v_{g\alpha}$ 和 $v_{g\beta}$ 的滤波相互独立时,可以采用标量滤波器方法,对前置滤波器的 α 轴和 β 轴滤波器分别进行分析。但是,当前置滤波器的 α 轴和 β 轴存在耦合时,采用标量滤波器的方法需要四个标量滤波器传递函数 $H_{\alpha\alpha}(s)$、$H_{\beta\beta}(s)$、$H_{\alpha\beta}(s)$ 和 $H_{\beta\alpha}(s)$,才能够完整地描述前置滤波器的输入输出关系,其形式较为复杂。考虑到 α 轴与 β 轴的对称和正交特点,可以将前置滤波器的输入和输出分别作为复矢量处理。这样,前置滤波器可看成一个单输入单输出的复矢量滤波器[164]。

在$\alpha\beta$静止坐标系下，电网电压复矢量$\boldsymbol{v}_{\mathbf{g\alpha\beta}}(s)$可以写为

$$\boldsymbol{v}_{\mathbf{g\alpha\beta}}(s)=v_{\mathrm{g}\alpha}(s)+jv_{\mathrm{g}\beta}(s) \tag{12.6}$$

式中，$v_{\mathrm{g}\alpha}(s)$和$v_{\mathrm{g}\beta}(s)$为α轴和β轴的标量。

复矢量滤波器如图12.5所示[166]，其中$\boldsymbol{H}(s)$为复矢量滤波器的传递函数，其表达式为

$$\boldsymbol{H}(s)=R(s)+jQ(s) \tag{12.7}$$

根据图12.5(a)、式(12.6)和式(12.7)，可以得到复矢量滤波器的输出$\boldsymbol{v}_{\boldsymbol{\alpha\beta}}(s)$为

$$\begin{aligned}\boldsymbol{v}_{\boldsymbol{\alpha\beta}}(s)&=\boldsymbol{H}(s)\boldsymbol{v}_{\mathbf{g\alpha\beta}}(s)\\&=[R(s)v_{\mathrm{g}\alpha}(s)-Q(s)v_{\mathrm{g}\beta}(s)]+j[Q(s)v_{\mathrm{g}\alpha}(s)+R(s)v_{\mathrm{g}\beta}(s)]\\&=v_{\alpha}(s)+jv_{\beta}(s)\end{aligned} \tag{12.8}$$

式中，

$$v_{\alpha}(s)=R(s)v_{\mathrm{g}\alpha}(s)-Q(s)v_{\mathrm{g}\beta}(s) \tag{12.9a}$$

$$v_{\beta}(s)=Q(s)v_{\mathrm{g}\alpha}(s)+R(s)v_{\mathrm{g}\beta}(s) \tag{12.9b}$$

根据式(12.9)，可以得到复矢量滤波器基于标量传递函数的实现方法，如图12.5(b)所示。

通过上述推导看出，采用复矢量滤波器的方法，只需一个复矢量传递函数$\boldsymbol{H}(s)$即可完整地描述前置滤波器的输入输出关系，其形式较为简洁。其中，$\boldsymbol{H}(s)$的虚部$Q(s)$反映了前置滤波器的α轴和β轴之间的耦合。同时，由于将前置滤波器的输入和输出作为复矢量处理，当$\omega>0$时，复矢量传递函数的频域响应$\boldsymbol{H}(j\omega)$反映正序旋转矢量的输入输出关系，即前置滤波器对于电网电压正序分量的响应；当$\omega<0$时，$\boldsymbol{H}(j\omega)$反映负序旋转矢量的输入输出关系，即前置滤波器对于电网电压负序分量的响应。因此，采用复矢量滤波器的方法，能够十分直观地分析基于前置滤波器的SRF-PLL的电网电压不平衡分量抑制能力。

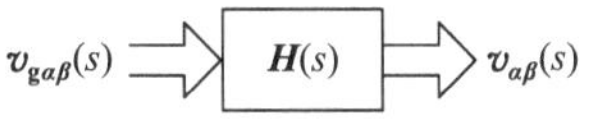

(a) 复矢量滤波器

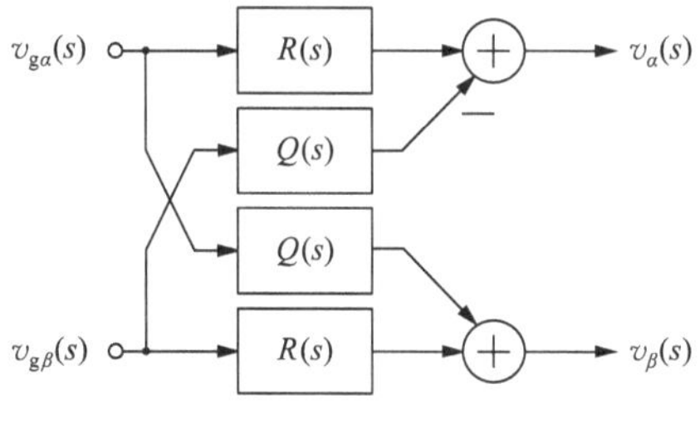

(b) 基于标量传递函数的实现方式

图12.5 复矢量滤波器示意图

12.3.2 基于复矢量滤波器的前置滤波器推导

根据上面介绍的复矢量滤波器方法，前置滤波器可以采用复矢量传递函数进行描述。本节将采用复矢量滤波器的方法，对各种前置滤波器进行推导和分析，以理解其特点和相互关系，便于前置滤波器的设计和改进。

1. 一阶复矢量滤波器

典型的一阶低通标量滤波器传递函数[167]可表示为

$$H'(s)=\frac{\omega_c}{s+\omega_c} \tag{12.10}$$

式中，ω_c 为截止角频率，令其等于 0.707 ω_o。$\omega_o=2\pi f_o$，为电网电压的基波正序角频率，这里的 f_o 选为 50Hz。

图 12.6 给出了该滤波器的幅频和相频响应曲线，可以看出，该滤波器在直流（即 $f=0$）处的幅值增益为 1，相移为 0°；但是在电网电压基波正序 f_o 处的增益不为 1，而且存在较大相移。这就意味着电网电压基波正序分量通过该滤波器时会出现失真，因此该滤波器不能作为 SRF-PLL 的前置滤波器。

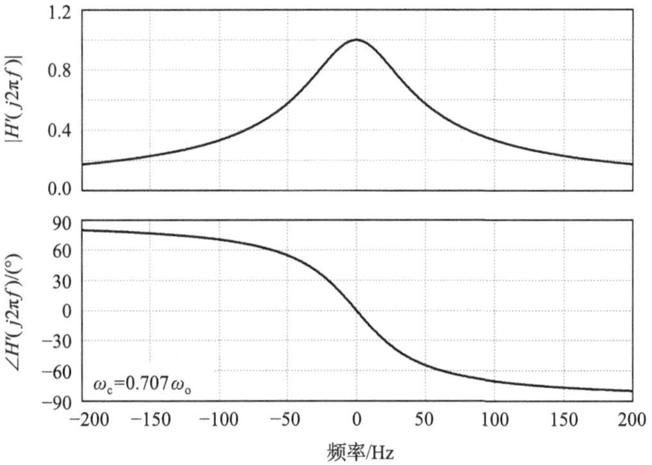

图 12.6 一阶低通标量滤波器频率响应

为了实现滤波器在 f_o 处增益为 1 且无相移，可以将图 12.6 所示的频率响应右移 f_o，此时一阶低通复矢量滤波器传递函数为

$$\boldsymbol{H}(s)=\boldsymbol{H}'(s-j\omega_o)=\frac{\omega_c}{s-j\omega_o+\omega_c} \tag{12.11}$$

根据式(12.11)，图 12.7 给出了该滤波器的频率响应曲线，可以看到，该滤波器在 f_o 处增益为 1 且无相移。为分析其动态性能，对式(12.11)进行拉氏反变换，

得到该滤波器的冲击响应为

$$h(t)=\omega_c e^{j\omega_o t-\omega_c t}=\omega_c e^{-\omega_c t}(\cos\omega_o t+j\sin\omega_o t) \tag{12.12}$$

式中，实部和虚部分别代表 α 轴和 β 轴的冲击响应，它们随着时间的变化以指数 ω_c 衰减。ω_c 越大，该滤波器的动态性能越好。但是，从图 12.7 可以看到，ω_c 越大，该滤波器对于电网电压基波负序及谐波分量的抑制效果越差。因此，ω_c 的选择需折中考虑滤波器的动态性能和谐波抑制能力。

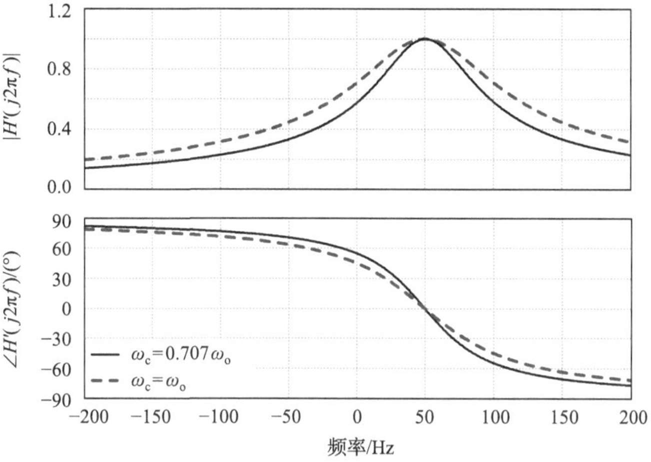

图 12.7　一阶低通复矢量滤波器频率响应

图 12.8(a)给出了一阶低通复矢量滤波器示意图，它可以等效变换为单位负反馈结构，如图 12.8(b)所示，其前向通路中含有传递函数 $\dfrac{1}{s-j\omega_o}$。该传递函数可以改写为

$$\frac{1}{s-j\omega_o}=\frac{s+j\omega_o}{s^2+\omega_o^2}=\frac{s}{s^2+\omega_o^2}+j\frac{\omega_o}{s^2+\omega_o^2} \tag{12.13}$$

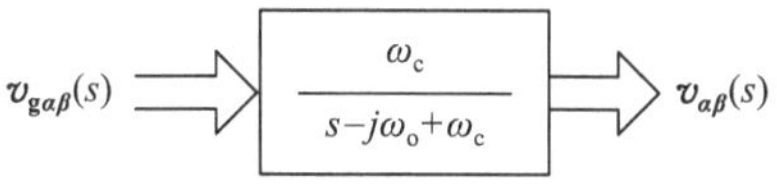

(a) 一阶低通复矢量滤波器示意图

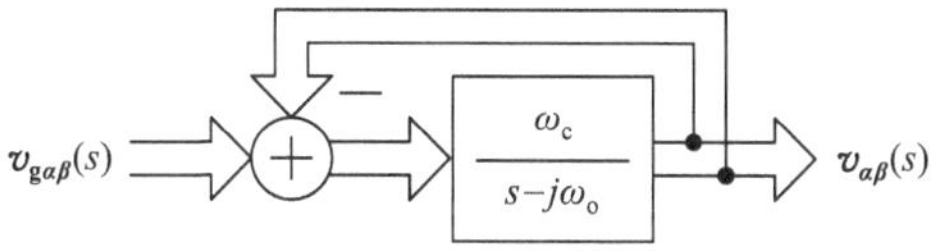

(b) 单位负反馈结构

图 12.8　一阶低通复矢量滤波器示意图及其等效变换

根据式(12.13),图 12.8(b)所示框图可以变换为标量传函实现形式,如图 12.9(a)所示,其中阴影部分即为式(12.13)的标量传函实现形式。图 12.9(a)与文献[90]提出的电网电压正序分量滤波器完全相同,这表明电网电压正序分量滤波器本质上属于一阶低通复矢量滤波器。

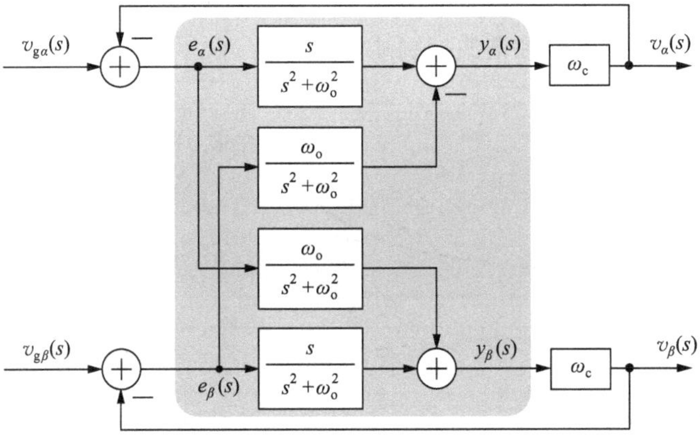

(a) 标量传函实现形式

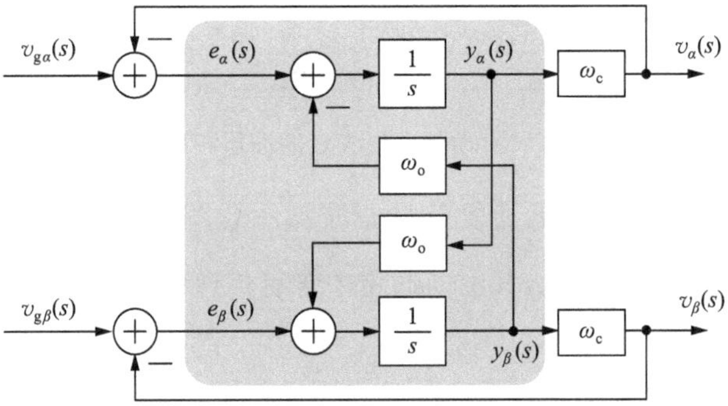

(b) 等效化简后的实现形式

图 12.9　一阶低通复矢量滤波器标量传函实现形式

根据图 12.9(a),可以得到

$$y_\alpha(s)+jy_\beta(s)=\frac{e_\alpha(s)+je_\beta(s)}{s-j\omega_o} \tag{12.14}$$

整理,可得

$$sy_\alpha(s)+\omega_o y_\beta(s)+j(sy_\beta(s)-\omega_o y_\alpha(s))=e_\alpha(s)+je_\beta(s) \tag{12.15}$$

令式(12.15)两边的实部和虚部分别相等,可以得到

$$\begin{cases} sy_\alpha(s)+\omega_o y_\beta(s)=e_\alpha(s) \\ sy_\beta(s)-\omega_o y_\alpha(s)=e_\beta(s) \end{cases} \tag{12.16}$$

从而有

$$\begin{cases} y_\alpha(s) = (e_\alpha(s) - \omega_o y_\beta(s))\dfrac{1}{s} \\ y_\beta(s) = (e_\beta(s) + \omega_o y_\alpha(s))\dfrac{1}{s} \end{cases} \tag{12.17}$$

根据式(12.17)，可以将图 12.9(a)中的阴影部分进行改写，从而得到图 12.9(b)。显然，图 12.9(b)的实现形式更为简单，便于复矢量滤波器在数字控制器中实现。

2. 二阶复矢量滤波器

根据图 12.7 可以看出，一阶复矢量滤波器(first-order complex vector filter，FO-CVF)在 $f=-50\text{Hz}$ 处增益虽然小于 1，但并不为零，这表明一阶复矢量滤波器能够抑制但无法消除电网电压中的基波负序分量。在电网电压严重不平衡情况下，电网电压中负序分量较大，为了消除电网电压的基波负序分量的影响，可以考虑在式(12.11)中直接加入零点 $s_z=-j\omega_o$，从而得到

$$\boldsymbol{H}(s) = \frac{\omega_c(s + j\omega_o)}{s - j\omega_o + \omega_c} \tag{12.18}$$

该滤波器在基波负序处增益为零，但是式(12.18)的分子分母阶数相同，这会导致滤波器的高频谐波的抑制能力大大降低。

我们知道，二阶标量滤波器具有抑制高频谐波的能力，其典型表达式[167]为

$$H'(s) = \frac{\omega_g}{s^2 + 2\zeta\omega_n s + \omega_n^2} \tag{12.19}$$

式中，ζ 为阻尼比；ω_n 为无阻尼的自然角频率；ω_g 为可调增益。

为了保证滤波器既有强的高频谐波抑制能力，又能够消除电网电压的基波负序分量，可以考虑在二阶标量滤波器传递函数中加入零点 $s_z=-j\omega_o$，得到

$$\boldsymbol{H}(s) = \frac{\omega_g(s + j\omega_o)}{s^2 + 2\zeta\omega_n s + \omega_n^2} \tag{12.20}$$

为实现电网电压基波正序分量的无失真提取，令式(12.20)在 f_o 处的增益为 1 且无相移，即有

$$\boldsymbol{H}(j\omega_o) = \frac{\omega_g(j\omega_o + j\omega_o)}{(j\omega_o)^2 + 2\zeta\omega_n j\omega_o + \omega_n^2} = 1 \tag{12.21}$$

整理可得

$$j2\omega_g\omega_o = \omega_n^2 - \omega_o^2 + j2\zeta\omega_n\omega_o \tag{12.22}$$

令上式等号两边的实部和虚部分别相等，可得

$$\omega_n = \omega_o, \quad \omega_g = \zeta\omega_o \tag{12.23}$$

将式(12.23)代入式(12.20)，可得

$$\boldsymbol{H}(s) = \frac{\zeta\omega_o(s + j\omega_o)}{s^2 + 2\zeta\omega_o s + \omega_o^2} \tag{12.24}$$

根据式(12.24)，可以绘出二阶复矢量滤波器(second-order complex-vector filter，SO-CVF)的频率响应，如图 12.10 所示。从图中可以看出，二阶复矢量滤波器在基波负序分量处($f=-50$Hz)增益为零，在基波正序分量(f_o)处增益为 1 并且无相移，因此可以实现电网电压基波正序分量的无失真提取和负序分量的完全消除。同时，从图 12.10 还可以看出，阻尼比 ζ 越小，二阶复矢量滤波器的谐波抑制能力越强。考虑到滤波器的动态性能，通常取 $\zeta=0.707$ 以实现二阶复矢量滤波器动态性能的优化[83]。

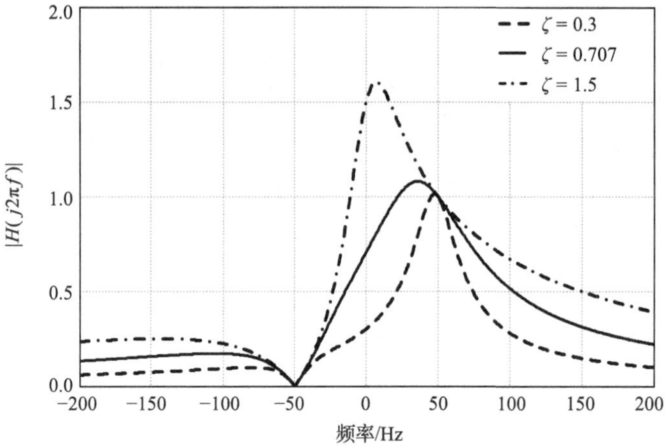

图 12.10　二阶复矢量滤波器频率响应

二阶复矢量滤波器的实现方法比较灵活，主要有基于双二阶通用积分器(dual second-order generalized integrator，DSOGI)的前置滤波器[83]、基于两模块复系数滤波器(two-module complex-coefficient filter，TMCCF)的前置滤波器[99]和解耦的双同步旋转坐标系锁相环(decoupled double synchronous-reference-frame phase-locked loop，DDSRF-PLL)中的前置滤波器[100]等。图 12.11 给出了 TMCCF 实现方式，可以看出，通过对一阶基波正序提取复矢量滤波器和一阶基波负序提取复矢量滤波器进行交叉反馈，分别得到了二阶基波正序和负序提取复矢量滤波器的实现方式。

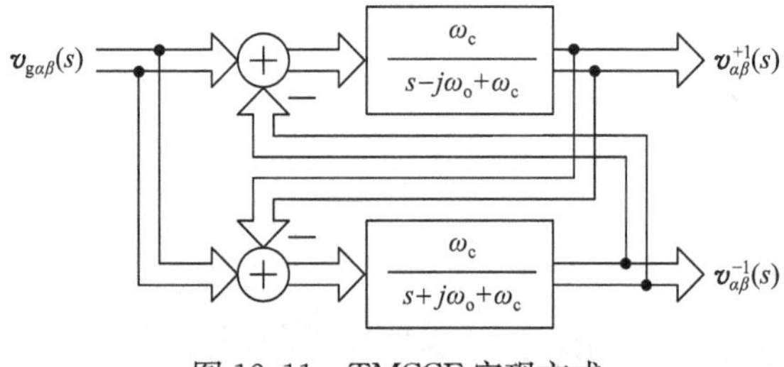

图 12.11　TMCCF 实现方式

3. 多模块高阶复矢量滤波器

根据上述分析，二阶复矢量滤波器能够无失真地提取电网电压基波正序分量和消除负序分量的影响。但是，二阶复矢量滤波器仅能抑制电网电压谐波分量，却无法消除其影响。在电网电压特定次谐波含量较大情况下，为了消除该次谐波的影响，可以采用多模块高阶复矢量滤波器。同时，多模块高阶前置滤波器可以选择性地提取电网电压的谐波分量，这一特点在特定次谐波补偿的有源滤波器(active power filter，APF)及其他场合也具有较高的应用价值。

多模块高阶复矢量滤波器(Multiblock High-Order Complex Vector Filter，MHO-CVF)可以看成是基本复矢量滤波器的延拓。图 12.12(a)重新给出一阶复矢量低通滤波器的单位负反馈结构，可以看出，一阶复矢量低通滤波器采用了复矢量谐振补偿器 $R(s)=\omega_c/(s-j\omega_o)$。类似地，如图 12.12(b)所示，多模块高阶复矢量滤波器加入不同谐振频率的复矢量谐振补偿器，以消除电网电压基波负序和谐波分量的影响，这些谐振补偿器的表达式为

$$
\begin{cases}
R_{+n}(s)=\dfrac{\omega_c}{s-jn\omega_o} \\
R_{-n}(s)=\dfrac{\omega_c}{s+jn\omega_o}
\end{cases}
\tag{12.25}
$$

式中，n 为正实数，代表谐振频率与电网电压基波正序分量频率之比。

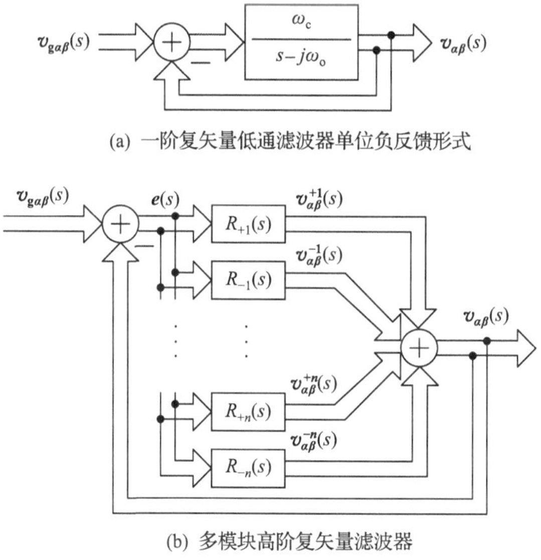

图 12.12　复矢量滤波器示意图

根据图 12.12(b)，可以得到高阶复矢量滤波器输出表达式为

$$\boldsymbol{v}_{\alpha\beta}^{\pm i}(s)=\boldsymbol{e}(s)\boldsymbol{R}_{\pm i}(s)=\frac{R_{\pm i}(s)}{1+\sum_{k=1}^{n}(R_{+k}(s)+R_{-k}(s))}\boldsymbol{v}_{g\alpha\beta}(s)\triangleq H_{\pm i}(s)\boldsymbol{v}_{g\alpha\beta}(s)\quad(i\in R^{+})\tag{12.26}$$

式中，$H_{\pm i}(s)$ 为第 i 次正序/负序分量提取复矢量滤波器的传递函数，其表达式为

$$\boldsymbol{H}_{\pm i}(s)=\frac{R_{\pm i}(s)}{1+\sum_{k=1}^{n}(R_{+k}(s)+R_{-k}(s))}\tag{12.27}$$

特别地，当高阶复矢量滤波器仅采用两个谐振补偿器 $R_{+1}(s)$ 和 $R_{-1}(s)$ 时，则电网电压基波正序分量提取复矢量滤波器传递函数为

$$\boldsymbol{H}_{+1}(s)=\frac{R_{+1}(s)}{1+R_{+1}(s)+R_{-1}(s)}=\frac{\omega_c(s+j\omega_o)}{s^2+2\omega_c s+\omega_o^2}\tag{12.28}$$

若令 $\omega_c=\zeta\omega_o$，可以发现式(12.28)与式(12.24)完全相同。因此，可以认为二阶复矢量滤波器为多模块高阶复矢量滤波器的一个特例。类似地，对于多模块高阶复矢量滤波器，仍选取阻尼比 $\zeta=0.707$。

根据式(12.27)可知，多模块高阶复矢量滤波器引入的谐振补偿器越多，其传递函数的阶数越高。为了便于分析多模块高阶复矢量滤波器性能，可以绘制复矢量滤波器零极点图(pole-zero map，PZM)，如图 12.13 所示。

图 12.13 中给出了四种电网电压基波正序分量提取的多模块高阶复矢量滤波器的 PZM，其中，图 12.13(a)为包含 $R_{+1}(s)$ 和 $R_{-1}(s)$ 的二阶复矢量滤波器的 PZM，该滤波器已在上节给出详细分析。图 12.13(b)为包含 $R_{+1}(s)$、$R_{-1}(s)$ 和 $R_{-5}(s)$ 的三模块复矢量滤波器的 PZM，该滤波器在二阶复矢量滤波器中加入 $R_{-5}(s)$，以抑制电网电压中的 5 次谐波。图 12.13(c)为包含 $R_{+1}(s)$、$R_{-1}(s)$ 和 $R_{+2}(s)$ 的三模块复矢量滤波器的 PZM，该滤波器在二阶复矢量滤波器中加入 $R_{+2}(s)$，以抑制电网电压中的 2 次谐波，其中 $R_{+2}(s)$ 与 $R_{+1}(s)$ 的谐振频率十分接近，仅相差 ω_o。图 12.13(d)为包含 $R_{+1}(s)$、$R_{-1}(s)$、$R_{-5}(s)$、$R_{+7}(s)$、$R_{-11}(s)$ 和 $R_{+13}(s)$ 的六模块复矢量滤波器的 PZM，该滤波器能够有效抑制电网电压中的大部分低次谐波。上述四种多模块高阶复矢量滤波器的传递函数可以由式(12.27)得到。

从图 12.13(a)可以看出，二阶复矢量滤波器有两个极点和一个零点。其中，极点为 $p_{1,2}=-222\pm j222$；零点在虚轴的 $-\omega_o$ 处，保证了电网电压基波负序分量的消除。图 12.13(b)和(c)中的复矢量滤波器均含有三个极点和两个零点，图 12.13(d)中的复矢量滤波器含有六个极点和五个零点。其中，图 12.13(a)、(b)和(d)中的复矢量滤波器传递函数的极点实部相对接近，这意味着三个复矢量滤波器的动态性能相似。对比图 12.13(b)和(c)可以看到，尽管两个复矢量滤波器均包含三个谐振补偿器，含有三个极点和两个极点，但在图 12.13(c)中出现了一个

离虚轴较近的极点，该极点将造成多模块复矢量滤波器的动态性能恶化。这是由于图 12.13(c)中复矢量滤波器的谐振补偿器 $R_{+1}(s)$ 和 $R_{+2}(s)$ 的谐振频率分别为 50Hz 和 100Hz，频率过近导致两个谐振补偿器之间存在相互影响，从而造成复矢量滤波器动态性能恶化[97]。观察图 12.13 还可发现，由于复矢量滤波器传递函数的输入和输出均为复矢量而非标量，复矢量滤波器传函的 PZM 关于实轴并不对称。

为了更直观地观察多模块高阶复矢量滤波器的谐波抑制能力，绘制图 12.13(d)所示的六模块复矢量滤波器的幅频响应曲线，如图 12.14 所示，可以看出，该复矢量滤波器能够消除电网电压基波负序分量和多次谐波分量的影响，对于电网电压高频谐波也具有较好的抑制能力。

除了本节所介绍的多模块高阶复矢量滤波器实现形式，还有其他的多模块滤波器实现方法[97,99,168]。根据本节采用复矢量滤波器方法对多模块高阶复矢量滤波器的分析，可以得到以下通用结论：多模块高阶复矢量滤波器通过引入零点消除电网电压谐波和不平衡分量，其极点和零点共同决定了滤波器的动态性能和对高频谐波的抑制能力。

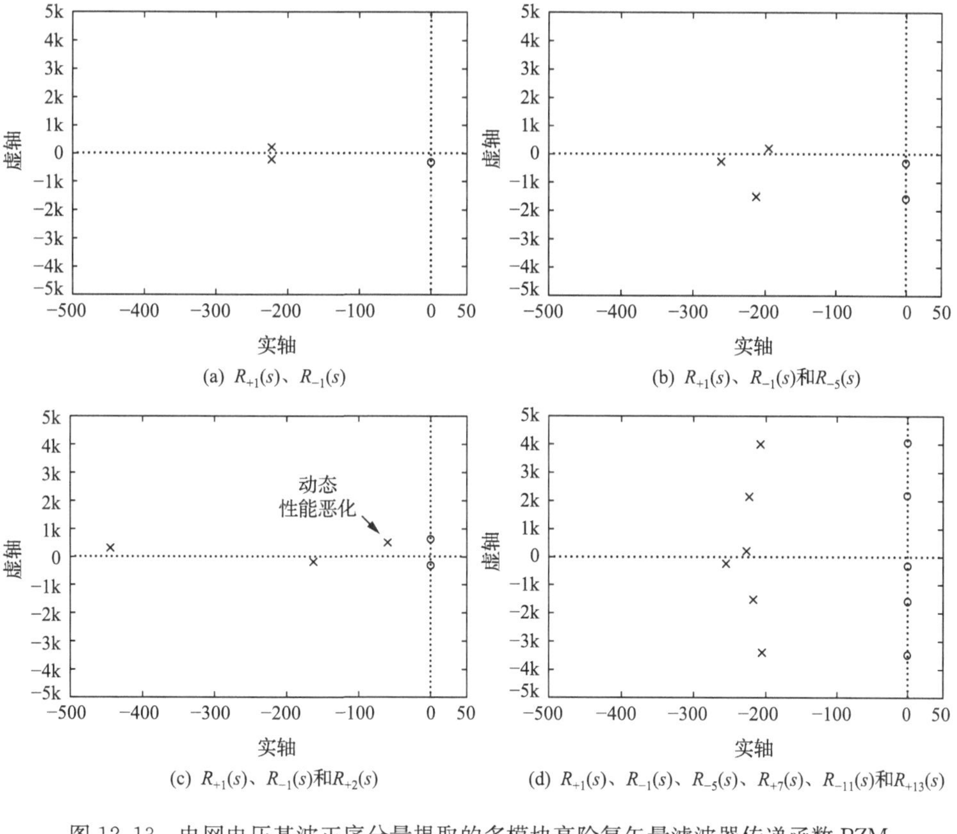

(a) $R_{+1}(s)$、$R_{-1}(s)$　(b) $R_{+1}(s)$、$R_{-1}(s)$和$R_{-5}(s)$

(c) $R_{+1}(s)$、$R_{-1}(s)$和$R_{+2}(s)$　(d) $R_{+1}(s)$、$R_{-1}(s)$、$R_{-5}(s)$、$R_{+7}(s)$、$R_{-11}(s)$和$R_{+13}(s)$

图 12.13　电网电压基波正序分量提取的多模块高阶复矢量滤波器传递函数 PZM

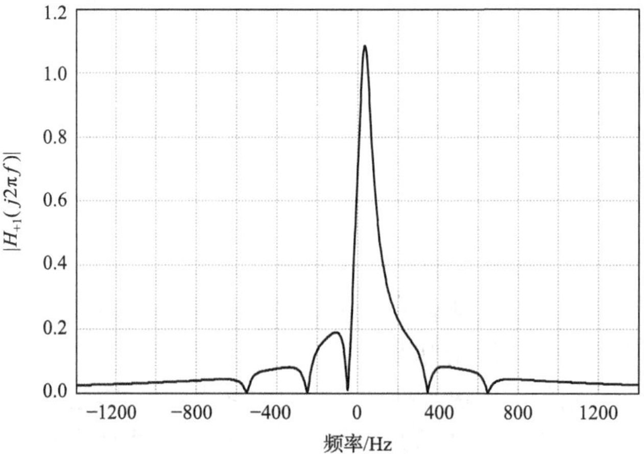

图 12.14　六模块复矢量滤波器幅频响应曲线

12.4　通用二阶复矢量滤波器

对于通用的二阶系统，如果阻尼比 ζ 恒定，ω_{n} 越大，则系统的动态性能越好。但是，根据 12.3.2 节推导可知，为实现二阶复矢量滤波器在电网电压基波正序分量处增益为 1 且无相移，ω_{n} 必须为 ω_{o}。因此，为实现二阶复矢量滤波器动态性能的优化，ζ 通常取 0.707。为了使前置滤波器获得更好的动态性能，本章提出通用二阶复矢量滤波器(generalized second-order complex-vector filter，SO-CVF)，其表达式为[164]

$$\boldsymbol{H}(s)=\frac{\zeta\omega_{\mathrm{n}}(s+j\omega_{\mathrm{o}})}{s^2+2\zeta\omega_{\mathrm{n}}s+\omega_{\mathrm{n}}^2}\boldsymbol{C}(s) \tag{12.29}$$

从式(12.29)可以看出，通用二阶复矢量滤波器实际上是在二阶复矢量滤波器传递函数中加入 $\boldsymbol{C}(s)$，以补偿 $\omega_{\mathrm{n}}\neq\omega_{\mathrm{o}}$ 时滤波器在电网电压基波正序分量处的增益和相位偏移。令 $\omega_{\mathrm{n}}=\delta\omega_{\mathrm{o}}$ (δ 为实数)，并将 $s=j\omega_{\mathrm{o}}$ 代入式(12.29)，可得

$$H(j\omega_{\mathrm{o}})=\frac{\zeta\delta\omega_{\mathrm{o}}(j\omega_{\mathrm{o}}+j\omega_{\mathrm{o}})}{(j\omega_{\mathrm{o}})^2+j2\zeta\delta\omega_{\mathrm{o}}^2+(\delta\omega_{\mathrm{o}})^2}C(j\omega_{\mathrm{o}})=1 \tag{12.30}$$

由式(12.30)可得

$$C(j\omega_{\mathrm{o}})=1+j\,\frac{1-\delta^2}{2\delta\zeta} \tag{12.31}$$

可以看出，$\boldsymbol{C}(j\omega_{\mathrm{o}})$ 与频率无关，因此补偿器 $\boldsymbol{C}(s)$ 为一复常数。将式(12.31)代入式(12.29)，得到通用二阶复矢量滤波器表达式，为

$$\boldsymbol{H}(s)=\frac{\zeta\delta\omega_{\mathrm{o}}(s+j\omega_{\mathrm{o}})}{s^2+2\zeta\delta\omega_{\mathrm{o}}s+\delta^2\omega_{\mathrm{o}}^2}\left(1+j\,\frac{1-\delta^2}{2\delta\zeta}\right) \tag{12.32}$$

值得注意的是，当 $\delta=1$ 时，式(12.32)与式(12.24)相同。因此二阶复矢量滤波器可以看成通用二阶复矢量滤波器的一种特殊形式。

根据式(12.32)绘制通用二阶复矢量滤波器的幅频响应(ζ 取 0.707)，如图12.15所示，可以看出，通用二阶复矢量滤波器在电网电压基波正序分量处增益为1，并且无相移；在电网电压基波负序分量处增益为0。因此，通用二阶复矢量滤波器能够实现电网电压基波正序分量的无失真提取和基波负序分量的消除。观察图12.15还可发现，δ 取值越大，通用二阶复矢量滤波器的高频谐波抑制效果越差，但同时滤波器的动态性能也越好。因此，本节提出的通用二阶复矢量滤波器有两个自由度 ζ 和 δ 可供优化设计。以牺牲高频谐波抑制能力为代价，该滤波器可在保证电网电压基波正序分量无失真提取和负序分量消除的前提下，获得更好的动态性能。基于上述特性，通用二阶复矢量滤波器适合于突发的电网电压不对称故障中电网电压基波正负序分量的快速准确检测，有利于 RE-DPGS 中并网逆变器低电压穿越策略的实现[169]。

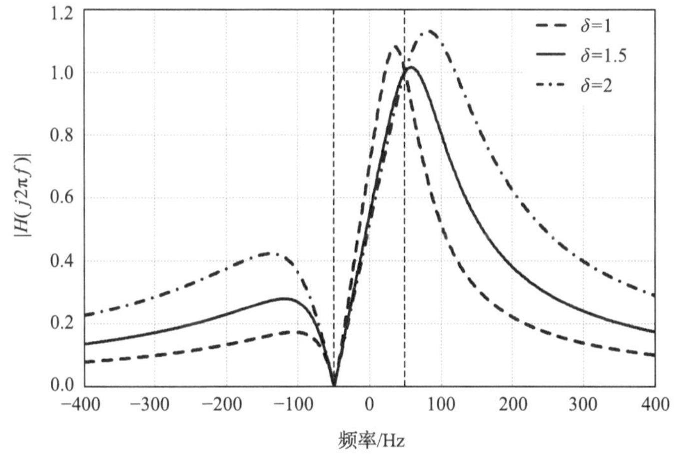

图 12.15 通用二阶复矢量滤波器幅频响应曲线

通用二阶复矢量滤波器的标量传函实现方式如图 12.16(a)所示，其中 SOF-α 和 SOF-β 分别为 α 轴和 β 轴的标量二阶滤波器(second-order filter，SOF)，它们结构相同，其实现方式如图 12.16(b)所示。图 12.16(a)中，虚线框内部分为瞬时对称分量(instantaneous symmetrical component，ISC)计算单元[170,171]。阴影部分为补偿器 $C(s)$ 的实现形式，根据式(12.31)，可以得到阴影部分的增益 c 为

$$c=\frac{1-\delta^2}{2\delta\zeta} \tag{12.33}$$

电网电压基波负序分量提取的通用二阶复矢量滤波器可以采用与本节给出的类似方法得到，其表达式可以通过对式(12.32)取共轭得到，该滤波器的具体实现

形式与电网电压基波正序分量提取的通用二阶复矢量滤波器类似，在图 12.16 中给出。

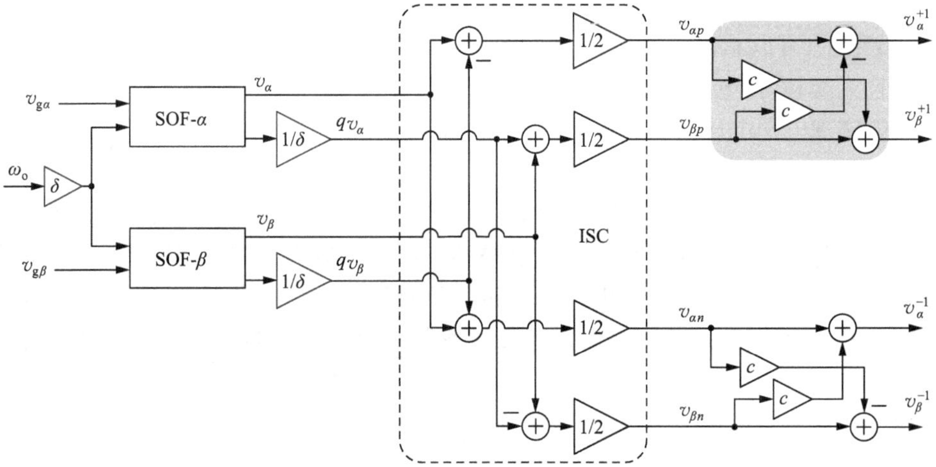

(a) 通用二阶复矢量滤波器实现框图

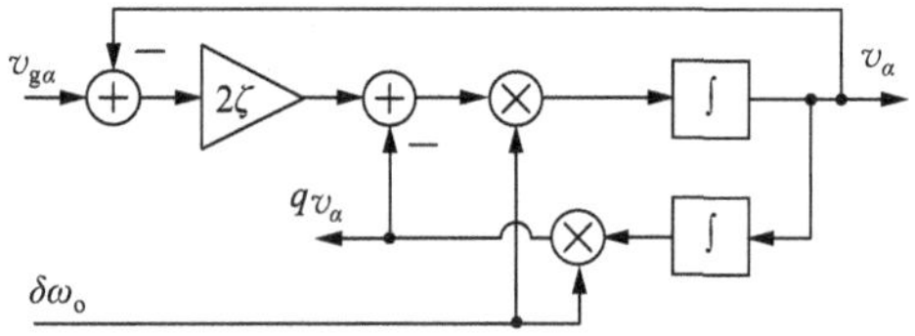

(b) 标量滤波器SOF-α实现框图

图 12.16　通用二阶复矢量滤波器的标量传函实现方式

12.5　三阶复矢量滤波器

当零点相同时，由于三阶复矢量滤波器（third-order complex-vector filter，TO-CVF）的分母阶数比分子高两阶，其对高频谐波的抑制能力要优于二阶复矢量滤波器，本章提出三阶复矢量滤波器，其传递函数为[164]

$$\boldsymbol{H}(s)=\frac{k_1\omega_o^2(s+j\omega_o)}{s^3+k_2\omega_o s^2+k_3\omega_o^2 s+k_4\omega_o^3} \tag{12.34}$$

为保证电网电压基波正序分量的无失真提取，令 $H(j\omega_o)=1$，由式(12.34)可得

$$\boldsymbol{H}(j\omega_o)=\frac{k_1\omega_o^2(j\omega_o+j\omega_o)}{(j\omega_o)^3+k_2\omega_o(j\omega_o)^2+k_3\omega_o^2 j\omega_o+k_4\omega_o^3}=1 \tag{12.35}$$

整理得到

$$j2k_1\omega_o^3 = (k_4 - k_2)\omega_o^3 + j(k_3 - 1)\omega_o^3 \tag{12.36}$$

令式(12.36)等号两边实部和虚部分别相等,得到

$$k_4 = k_2, \quad k_3 = 2k_1 + 1 \tag{12.37}$$

将式(12.37)代入式(12.34),得到三阶复矢量滤波器的传递函数,为

$$\boldsymbol{H}(s) = \frac{k_1\omega_o^2(s + j\omega_o)}{s^3 + k_2\omega_o s^2 + (2k_1 + 1)\omega_o^2 s + k_2\omega_o^3} \tag{12.38}$$

为了使三阶复矢量滤波器的极点与二阶复矢量滤波器的极点($\zeta=0.707$ 时,$p_{1,2}=-222\pm j222$)实部相对接近,从而获得类似的动态性能,可以采用零极点配置的方法[158]选取一组三阶复矢量滤波器极点,即 $p_1=-274, p_{2,3}=-363\pm j478$,此时 $k_1=2.33, k_2=3.18$。

绘制二阶和三阶复矢量滤波器幅频响应曲线,如图 12.17 所示。可以看出,三阶复矢量滤波器不仅能够实现电网电压基波正序分量的无失真提取和基波负序分量的消除,而且还具有更好的高频谐波抑制能力。

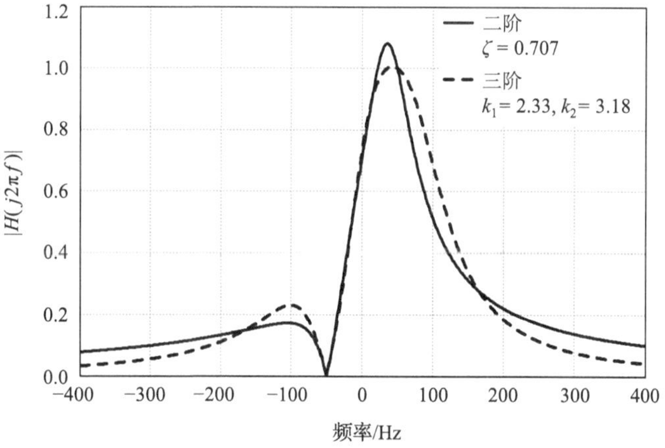

图 12.17　二阶和三阶复矢量滤波器幅频响应曲线

图 12.18(a)给出了三阶复矢量滤波器的标量传函实现形式,该实现方式是基

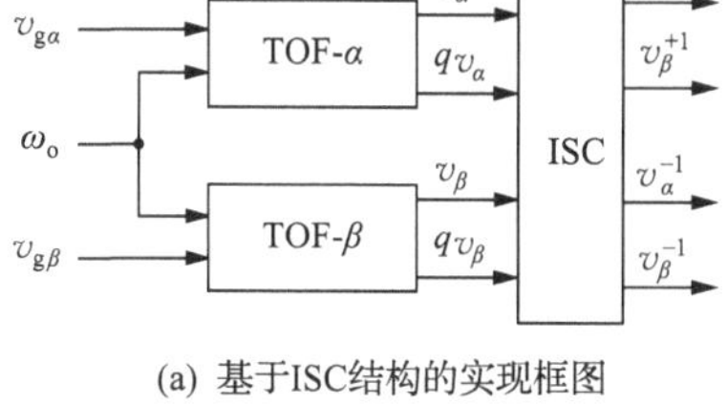

(a) 基于ISC结构的实现框图

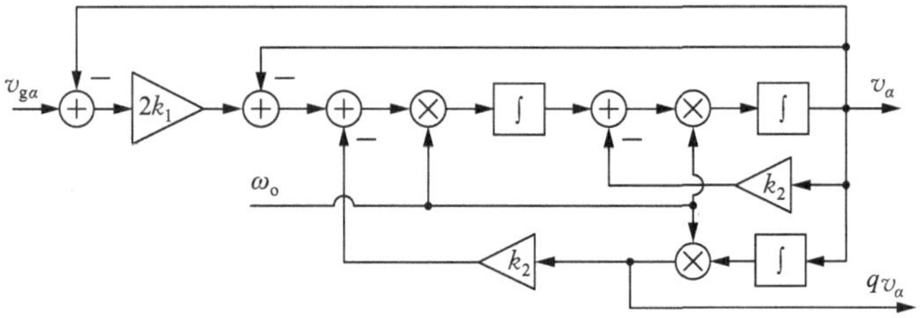

(b) 三阶标量滤波器TOF-α实现框图

图 12.18　三阶复矢量滤波器实现示意图

于 ISC 结构。图 12.18(a)中的三阶标量滤波器(third-order filter,TOF)的实现方式如图 12.18(b)所示,该方式与图 12.16(b)所示基于积分器的实现结构类似。

12.6　仿真及实验验证

12.6.1　仿真验证

为验证关于多模块高阶复矢量滤波器理论分析的正确性,图 12.19 给出了多模块高阶复矢量滤波器在不平衡电网故障情况下的响应。其中,图 12.19(a)为不平衡电网故障的电网电压波形,其额定相电压有效值为 220V,基波正序分量为额定电压的 60%,相位为 0°,基波负序分量为额定电压的 40%,相位也为 0°。电网电压不平衡故障在 0.2s 发生并在 0.28s 恢复正常。图 12.19(b)给出了分别包含 $R_{+1}(s)$、$R_{-1}(s)$、$R_{+2}(s)$ 和 $R_{+1}(s)$、$R_{-1}(s)$、$R_{-5}(s)$ 的三模块复矢量滤波器的响应情况,FPC 和 FNC 分别表示电网电压的基波正序分量(fundamental positive-sequence component)和基波负序分量(fundamental negative-sequence component),MCVF1 代表包含 $R_{+1}(s)$、$R_{-1}(s)$ 和 $R_{+2}(s)$ 的三模块复矢量滤波器,MCVF2 代表包含 $R_{+1}(s)$、$R_{-1}(s)$ 和 $R_{-5}(s)$ 的三模块复矢量滤波器。FPC 和 FNC 的幅值分别通过复矢量滤波器输出信号的均方根 $\sqrt{(v_\alpha^{+1})^2+(v_\beta^{+1})^2}$ 和 $\sqrt{(v_\alpha^{-1})^2+(v_\beta^{-1})^2}$ 得到。从图 12.19(b)可以看出,包含 $R_{+1}(s)$、$R_{-1}(s)$ 和 $R_{+2}(s)$ 三模块复矢量滤波器动态性能明显恶化,与第 12.3.2 节给出的理论分析一致。

12.6.2　实验验证

本节通过实验对采用复矢量滤波器方法的分析结果的准确性和所提出改进型复矢量滤波器的有效性进行验证。二阶复矢量滤波器 SO-CVF,通用二阶复矢量滤波器 GSO-CVF 和三阶复矢量滤波器 TO-CVF 采用 32-bit,150-MHz 的定点 DSP TMS320F2812 编程实现。同时,为了避免在数字系统实现过程中出现代数

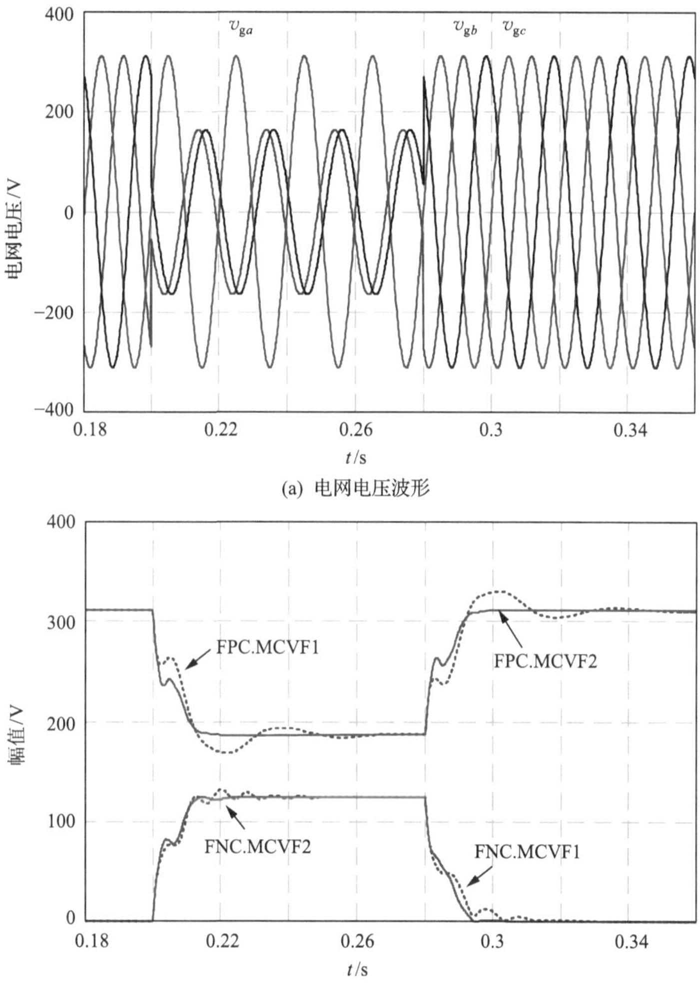

(a) 电网电压波形

(b) 提取的电网电压FPC和FNC幅值

图 12.19　多模块复矢量滤波器不平衡电网故障情况下仿真波形

环，同时保证离散化精度，上述复矢量滤波器标量传函实现形式中的积分环节采用如下离散近似[172]：

$$\frac{1}{s} \approx \frac{T_s}{12} \frac{23z^{-1} - 16z^{-2} + 5z^{-3}}{1 - z^{-1}} \tag{12.39}$$

为了实现 DSP 中复矢量滤波器的各环节变量的实时观察，实验中采用采样频率为 20kHz 的 16 位数模转换器 DAC7664 对复矢量滤波器的各个变量进行实时输出。电网电压采用可编程交流电源 Chroma 6590 进行模拟。实验中 SOF-CVF 和 GSOF-CVF 的阻尼比 ζ 均取为 0.707；通用二阶复矢量滤波器的 δ 取 2 以实现更好的滤波器动态响应。

1. 三相电网短路情况测试

首先模拟三相电网短路故障，以检验复矢量滤波器的动态性能。图 12.20 给出了三相电网短路情况下的实验结果。从图 12.20(a)可以看出，三相电网短路故障持续 45ms，电网电压在 220V 和 40V(额定值的 20%)之间跳变。图 12.20(b)和(c)分别为复矢量滤波器 SO-CVF、GSO-CVF、TO-CVF 提取的电网电压 FPC

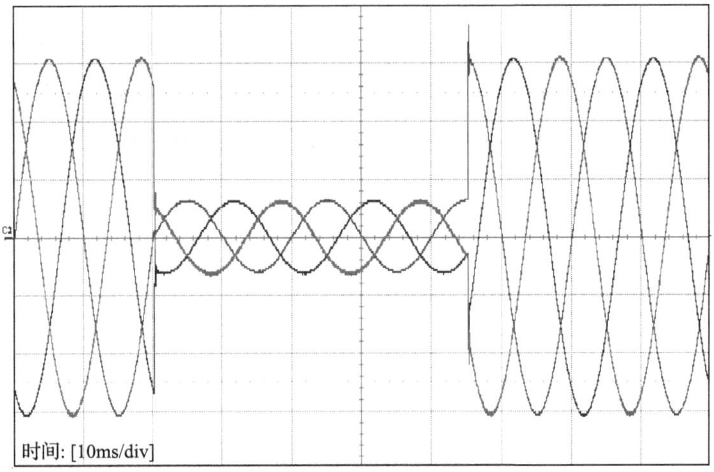

(a) 电网电压波形(100V/div)

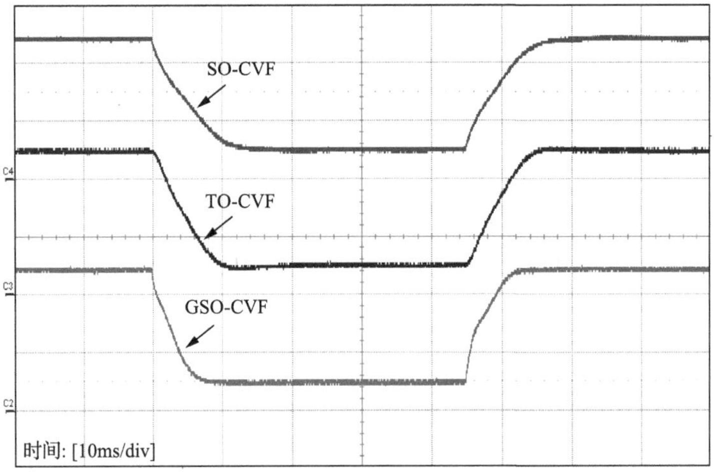

(b) 提取的电网电压 FPC 幅值(0.5V/div)

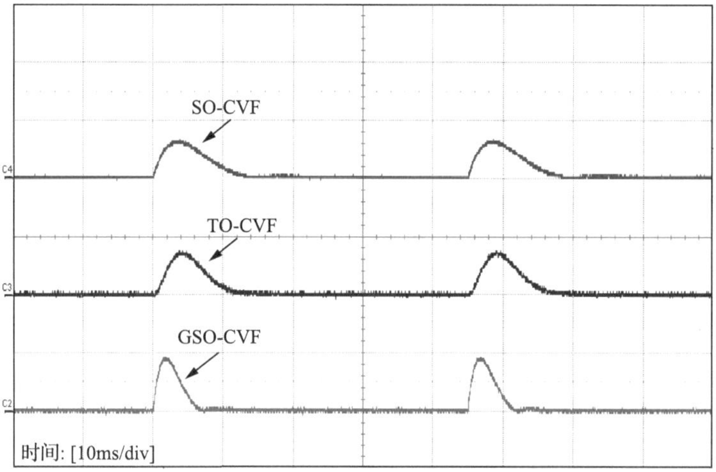

(c) 提取的电网电压 FNC 幅值(0.5V/div)

图 12.20　复矢量滤波器在三相电网短路故障下的实验波形

和 FNC 的幅值，该波形通过 DAC 输出，其显示值与电网电压实际值相比缩小了 250 倍。从图 12.20(b)和(c)可以看出，GSO-CVF 的动态性能最好，其响应时间约为 SO-CVF 的一半；TO-CVF 与 SO-CVF 动态性能类似，实验结果与理论分析和仿真结果一致。

2. 电网电压不平衡情况测试

如图 12.21 给出电网电压严重不平衡情况下的复矢量滤波器实验波形。其中，图 12.21(a)为电网电压波形，电网电压 FPC 为额定值的 60%，相位为 0°，FNC 为额定值的 40%，相位也为 0°；同时，电网电压还存在轻微畸变，含有 1.5%的负序 5 次谐波、1.5%的正序 7 次谐波、1%的负序 11 次谐波和 0.5%的正序 13 次谐波。图 12.21(b)和(c)分别给出了复矢量滤波器提取的电网电压 FPC 和 FNC α 轴分量。由于 DAC 工作于单极性输出模式，为了观察正弦信号，DAC 的输出叠加了 1V 的直流偏置。图 12.21(d)和(e)分别给出了复矢量滤波器提取的电网电压 FPC 和 FNC 幅值，可以看出，SO-CVF、GSO-CVF 和 TO-CVF 均可在电网电压严重不平衡情况下正常工作，实现电网电压 FPC 和 FNC 的无失真提取。

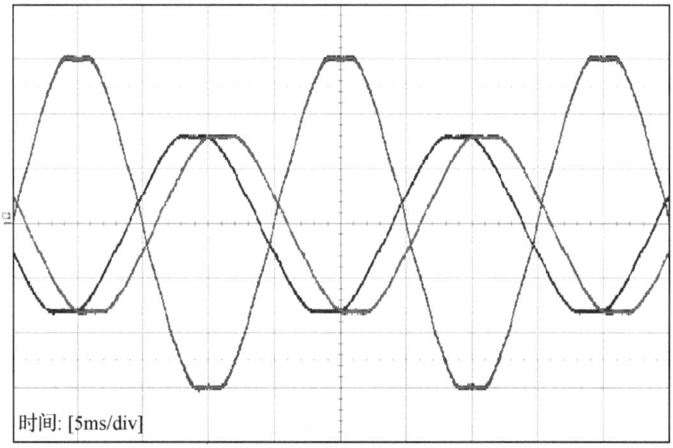

(a) 电网电压波形(100V/div)

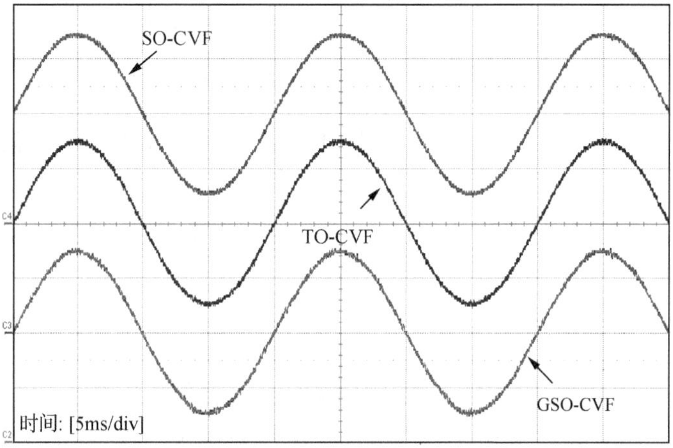

(b) 提取的电网电压FPC α轴分量(0.5V/div)

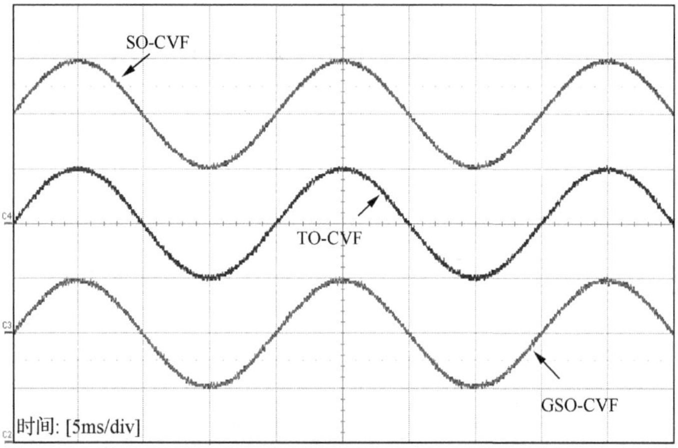

(c) 提取的电网电压FNC α轴分量(0.5V/div)

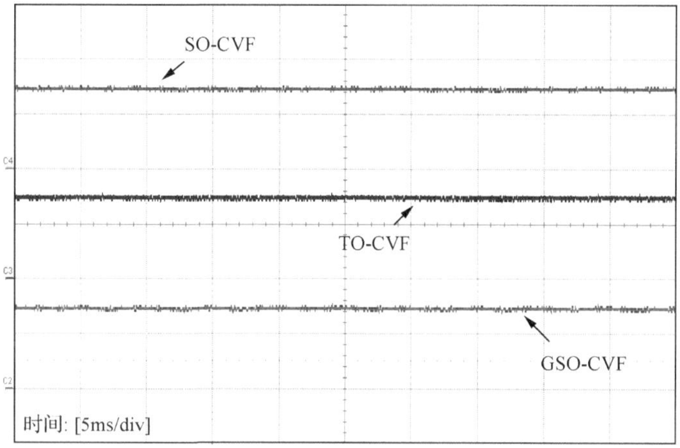

(d) 提取的电网电压FPC幅值(0.5V/div)

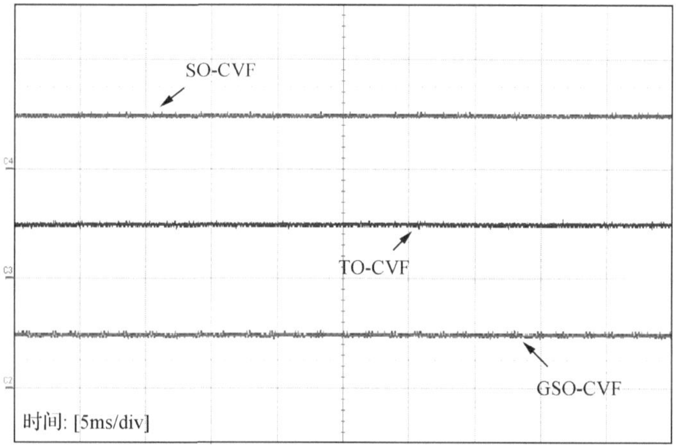

(e) 提取的电网电压FNC幅值(0.5V/div)

图 12.21　复矢量滤波器在电网电压不对称情况下的实验波形

3. 电网电压严重畸变情况测试

图 12.22 给出电网电压严重畸变情况下的复矢量滤波器实验波形。其中，图 12.22(a)为电网电压波形，电网电压 FPC 为 100％额定值，不含 FNC；同时，电网电压还含有 20％的负序 5 次谐波、15％的正序 7 次谐波、10％的负序 11 次谐波、8％的正序 13 次谐波和 5％的负序 17 次谐波。图 12.22(b)和(c)分别给出复矢量

滤波器提取的电网电压 FPC 和 FNC α 轴分量。由于 DAC 工作于单极性输出模式，为了观察正弦信号，DAC 的输出中叠加了 1.25V 的直流偏置。图 12.22(d)和(e)分别给出复矢量滤波器提取的电网电压 FPC 和 FNC 幅值，可以看出，与 SO-CVF 相比，TO-CVF 具有更好的高频谐波抑制能力，在电网电压严重畸变情况下，TO-CVF 提取的电网电压 FPC 波形 THD 更小，实验结果与理论分析和仿真结果一致。

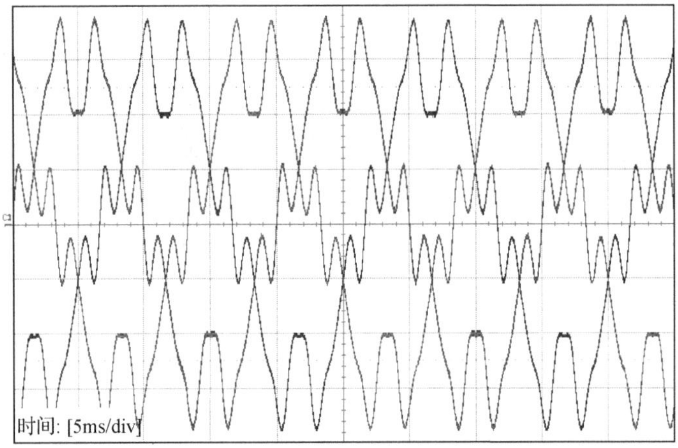

(a) 电网电压波形(100V/div)

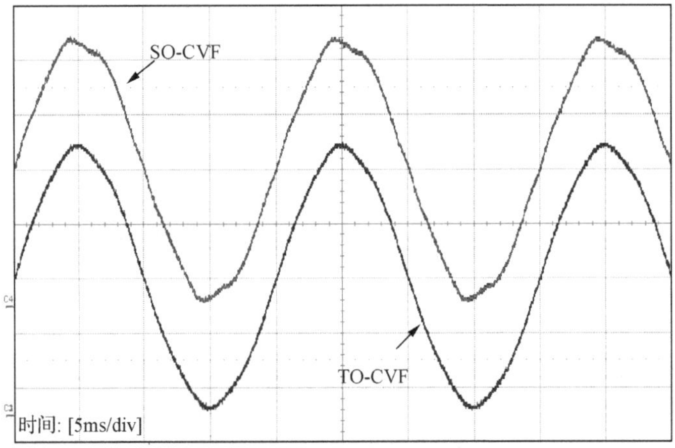

(b) 提取的电网电压FPC α 轴分量(0.5V/div)

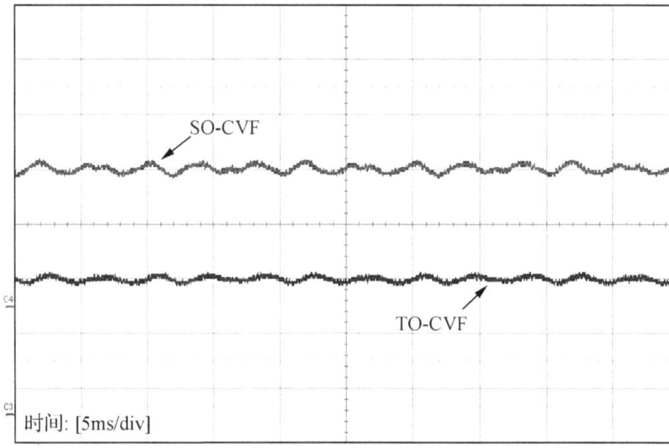

(c) 提取的电网电压FNC α 轴分量(0.5V/div)

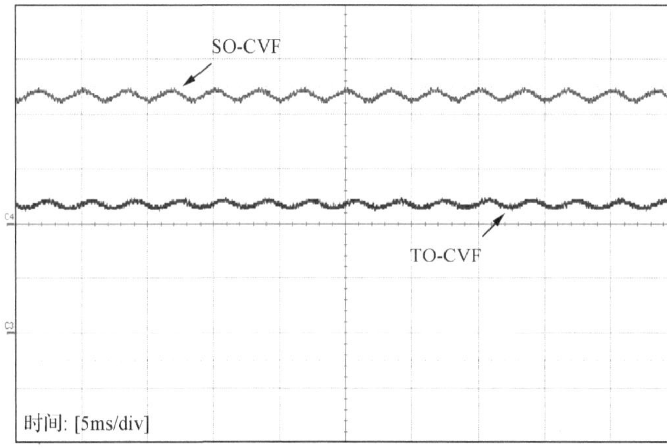

(d) 提取的电网电压FPC幅值(0.5V/div)

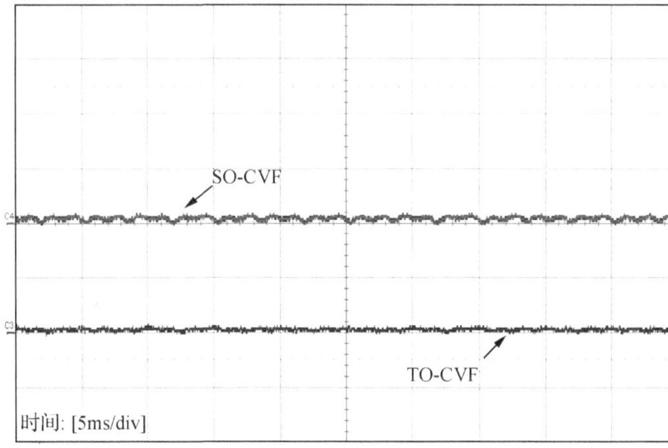

(e) 提取的电网电压FNC幅值(0.5V/div)

图 12.22　复矢量滤波器在电网电压严重畸变情况下的实验波形

4. 不同前置滤波器对比

本章采用复矢量滤波器的方法对多种前置滤波器进行了推导分析，并介绍了改进型的复矢量前置滤波器。尽管上述前置滤波器各有特点，且实现方法不同，但通过复矢量滤波器的方法，推导其复矢量传递函数，可以将上述前置滤波器归纳为以下五种：FO-CVF、SO-CVF、GSO-CVF、TO-CVF 和 MHO-CVF。表 12.1 给出这五种前置滤波器的对比，可以看出，FO-CVF 结构最简单，能够抑制但无法消除电网电压基波负序分量的影响；SO-CVF 可以看成通用二阶复矢量滤波器的特殊形式，该滤波器以较简单的结构在动态性能和高频谐波抑制能力之间实现了折中；GSO-CVF 以牺牲高频谐波抑制能力为代价，提高了滤波器的动态性能；TO-CVF 在保持滤波器动态性能的前提下，提高了其高频谐波的抑制能力；MHO-CVF 能够消除电网电压基波负序和多次谐波分量的影响。

表 12.1　不同前置滤波器对比

前置滤波器特性	前置滤波器种类				
	FO-CVF	SO-CVF	GSO-CVF	TO-CVF	MHO-CVF
基波负序分量消除	无	有	有	有	有
动态性能	好	好	较好	好	好
高频谐波抑制	好	好	一般	较好	好
多次谐波消除	无	无	无	无	有
结构复杂程度	较简单	简单	一般	一般	复杂

12.7　本章小结

并网逆变器的锁相技术与逆变器送入电网的电能质量密切相关，本章介绍了传统的 SRF-PLL，并考虑电网电压含有谐波和不平衡情况，重点分析了基于前置滤波器的 SRF-PLL。由于采用复矢量滤波器的方法描述前置滤波器，不仅形式简洁，而且滤波器的传递函数的运算和分析更加方便，有利于前置滤波器的统一分析和比较。本章采用复矢量滤波器的方法对基于前置滤波器的 SRF-PLL 进行了推导分析，并提出了具有更好动态性能的通用二阶复矢量前置滤波器和具有更好谐波抑制能力的三阶复矢量滤波器。通过仿真和实验验证了理论分析的正确性和所提出的两种复矢量前置滤波器的有效性。

参 考 文 献

[1] BP 2013 年世界能源统计年鉴，2013.

[2] 中华人民共和国能源发展“十二五”规划. http://www.gov.cn/zwgk/2013-01/23/content_2318554.htm.

[3] Lopes J, Moreira C, Madureira A. Defining control strategies for micro grids islanded operation. IEEE Transactions on Power Systems, 2006, 21(2): 916-924.

[4] Mitra J, Vallem M. Determination of storage required to meet reliability guarantees on island-capable micro-grids with intermittent sources. IEEE Transactions on Power Systems, 2012, 27(4): 2360-2367.

[5] Lamont A. Assessing the economic value and optimal structure of large-scale electricity storage. IEEE Transactions on Power Systems, 2013, 28(2): 911-921.

[6] Ghofrani M, Arabali A, Amoli M, et al. Energy storage application for performance enhancement of wind integration. IEEE Transactions on Power Systems, 2013, 28(4): 4803-4811.

[7] Eid A. Control of hybrid energy systems micro-grid. Proc. IEEE International Conference on Smart Energy Grid Engineering Conference (SEGE), 2013: 1-6.

[8] Majumder R. A hybrid mircrogrid with dc connection at back-to-back converters. IEEE Transactions on Smart Grid. 2014. 5(1): 251-259.

[9] Li Y, Vilathgamuwa D, Loh P. Design, analysis, and real-time testing of a controller for multi-bus micro-grid system. IEEE Transactions on Power Electronics, 2004, 19(5): 1195-1204.

[10] Katiraei F, Iravani M, Lehn P. Micro-grid autonomous operation during and subsequent to islanding process. IEEE Transactions on Power Delivery, 2005, 20(1): 248-257.

[11] Shen G, Zhu X, Zhang J, et al. A new feedback method for PR current control of LCL-filter-based grid-connected inverter. IEEE Transactions on Industrial Electronics, 2010, 57(6): 2033-2041.

[12] Mariéthoz S, Morari M. Explicit model-predictive control of a PWM inverter with an LCL filter. IEEE Transactions on Industrial Electronics, 2009, 56(2): 389-399.

[13] Jalili K, Bernet S. Design of LCL filters of active-front-end two-level voltage-source converters. IEEE Transactions on Industrial Electronics, 2009, 56(5): 1674-1689.

[14] Liserre M, Teodorescu R, Blaabjerg F. Stability of photovoltaic and wind turbine grid-connected inverters for a large set of grid impedance values. IEEE Transactions on Power Electronics, 2006, 21(1): 263-272.

[15] Liserre M, Dell'Aquila A, Blaabjerg F. Stability improvements of an LCL-filter based three-phase active rectifier. Proc. IEEE Power Electronics Specialists Conference (PESC), 2002: 1195-1201.

[16] Abeyasekera T, Johnson C M, Atkinson D J, et al. Suppression of line voltage related distortion in current controlled grid connected inverters. IEEE Transactions on Power Electronics, 2005, 20(6): 1393-1401.

[17] IEEE Recommended Practice for Utility Interface of Photovoltaic (PV) Systems. IEEE Standard 929-2000.

[18] IEEE Standard for Interconnecting Distributed Resources with Electric Power Systems. IEEE Standard 1547-2003.

[19] Zumel P, Garcia O, Cobos J, et al. Magnetic integration for interleaved converters. Proc. IEEE Applied Power Electronics Conference and Exposition (APEC), 2003: 1143-1149.

[20] 陈乾宏，阮新波，严仰光. 开关电源中磁集成技术及其应用. 电工技术学报，2004，19(3)：1-8.

[21] Chen W, Lee F, Zhou X, et al. Integrated planar inductor scheme for multi-module interleaved quasi-square-wave (QSW) dc/dc converter. Proc. IEEE Power Electronics Specialists Conference (PESC), 1999: 759-762.

[22] 刘福鑫，熊小玲，阮新波. 软开关 PWM 组合式三电平变换器的磁集成策略. 中国电机工程学报，2010，30(30)：38-46.

[23] Yang B, Chen R, Lee F C. Integrated magnetic for LLC resonant converter. Proc. IEEE Applied Power Electronics Conference and Exposition (APEC), 2002: 346-351.

[24] Wong P, Xu P, Yang B, et al. Performance improvements of interleaving VRMs with coupling inductors. IEEE Transactions on Power Electronics, 2001, 16(4): 499-507.

[25] Zhu G, McDonald B, Wang K. Modeling and analysis of coupled inductors in power converters. IEEE Transactions on Power Electronics, 2011, 26(5): 1355-1363.

[26] Yang F, Ruan X, Yang Y, et al. Interleaved critical current mode boost PFC converter with coupled inductor. IEEE Transactions on Power Electronics, 2011, 26(9): 2404-2413.

[27] Cuk S. Coupled inductor and integrated magnetics techniques in power electronics. Proc. International Telecommunications Energy Conference (INTELEC), 1983: 269-275.

[28] 陈乾宏，阮新波，严仰光. 多路输出电源中耦合电感的模型及分析. 电工技术学报，2001，16(5)：40-45.

[29] 刘尚伟. 单相 LCL 逆变器并网技术研究. 硕士学位论文. 华中科技大学，2011.

[30] Wang T, Ye Z, Sinha G, et al. Output filter design for a grid-interconnected three-phase inverter. Proc. IEEE Power Electronics Specialists Conference (PESC), 2003: 779-784.

[31] Dannehl J, Liserre M, Fuchs F. Filter-based active damping of voltage source converters with LCL-filter. IEEE Transactions on Industrial Electronics, 2011, 58(8): 3623-3633.

[32] Blasko V, Kaura V. A novel control to actively damp resonance in input LC filter of a three-phase voltage source converter. IEEE Transactions on Industry Applications, 1997, 33(2): 542-550.

[33] Dahono P, Bahar Y, Sato Y, et al. Damping of transient oscillations on the output LC filter of PWM inverters by using a virtual resistor. Proc. IEEE International Conference on Power Electronics and Drive Systems (PEDS), 2001: 403-407.

[34] Dannehl J, Fuchs F, Thøgersen P. PI state space current control of grid-connected PWM converters with LCL filters. IEEE Transactions on Power Electronics, 2010, 25(9): 2320-2330.

[35] Gabe I, Montagner V, Pinheiro H. Design and implementation of a robust current controller for VSI connected to the grid through an LCL filter. IEEE Transactions on Power Electronics, 2009, 24(6): 1444-1452.

[36] Espí J, Castelló J, García-Gil R, et al. An adaptive robust predictive current control for three-phase grid-connected inverters. IEEE Transactions on Industrial Electronics, 2011, 58(8): 3537-3546.

[37] Ahmed K H, Massoud A M, Finney S J, et al. A modified stationary reference frame-based predictive current control with zero steady-state error for LCL coupled inverter-based distributed generation systems. IEEE Transactions on Industrial Electronics, 2011, 58(4): 1359-1370.

[38] Doyle J, Glover K, Khargonekar P. State-space solutions to standard H2 and H∞ control problems. IEEE Transactions on Automatic Control, 1989, 34(8): 831-847.

[39] Willmann G, Coutinho D F, Pereira L F A, et al. Multiple-loop h-infinity control design for uninterruptible power supplies. IEEE Transactions on Industrial Electronics, 2007, 54(3): 1591-1602.

[40] Hornik T, Zhong Q. A current-control strategy for voltage-source inverters in microgrids based on H∞ and repetitive control. IEEE Transactions on Power Electronics, 2011, 26(3): 943-952.

[41] Yang S, Lei Q, Peng F, et al. A robust control scheme for grid-connected voltage-source inverters. IEEE Transactions on Industrial Electronics, 2011, 58(1): 202-212.

[42] Wu R, Dewan S, Slemon G. Analysis of an ac-dc voltage source converter using PWM with phase and amplitude control. IEEE Transactions on Industry Applications, 1991, 27(2): 355-364.

[43] 张纯江，郭忠南，王芹，等. 基于新型相位幅值控制的三相PWM整流器双向工作状态分析. 中国电机工程学报，2006，26(11)：167-171.

[44] 沈国桥. 燃料电池并网技术研究. 博士学位论文. 杭州：浙江大学，2008.

[45] Twining E, Holmes D. Grid current regulation of a three-phase voltage source inverter with an LCL input filter. IEEE Transactions on Power Electronics, 2003, 18(3): 888-895.

[46] Dannehl J, Fuchs F, Hansen S, et al. Investigation of active damping approaches for PI-based current control of grid-connected pulse width modulation converters with LCL filters. IEEE Transactions on Industry Applications, 2010, 46(4): 1509-1517.

[47] Tang Y, Loh P, Wang P. Exploring inherent damping characteristic of LCL-filters for three-phase grid-connected voltage source inverters. IEEE Transactions on Power Electronics, 2012, 27(3): 1433-1443.

[48] Figueres E, Garcera G, Sandia J, et al. Sensitivity study of the dynamics of three-phase photovoltaic inverters with an LCL grid filter. IEEE Transactions on Industrial Electronics, 2009, 56(3): 706-717.

[49] Blaabjerg F, Teodorescu R, Liserre M, et al. Overview of control and grid synchronization for distributed power generation systems. IEEE Transactions on Industrial Electronics, 2006, 53(5): 1398-1409.

[50] Holmes D, Lipo T, McGrath B, et al. Optimized design of stationary frame three phase ac current regulator. IEEE Transactions on Power Electronics, 2009, 24(11): 2417-2426.

[51] 鲍陈磊，阮新波，王学华，等. 基于PI调节器和电容电流反馈有源阻尼的LCL型并网逆变器闭环参数设计. 中国电机工程学报，2012，32(25)：133-142.

[52] Erickson W, Maksimovic D. Fundamentals of Power Electronics, 2nd ed. Norwell, MA: Kluwer, 2001.

[53] Liu F, Zhou Y, Duan S, et al. Parameter design of a two-current-loop controller used in a grid-connected inverter system with LCL filter. IEEE Transactions on Industrial Electronics, 2009, 56(11): 4483-4491.

[54] Zmood D, Holmes D. Stationary frame current regulation of PWM inverters with zero steady-state error. IEEE Transactions on Power Electronics, 2003, 18(3): 814-822.

[55] Pan D, Ruan X, Bao C, et al. Capacitor-current-feedback active damping with reduced computation delay for improving robustness of LCL-type grid-connected inverter. IEEE Transactions on Power Electronics, 2014, 29(7): 3414-3427.

[56] Khajehoddin S, Ghartemani M, Jain P, et al. A frequency adaptive resonant controller for fixed point digital implementation at high sampling frequency. Proc. IEEE Energy Conversion Congress and Exposition (ECCE), 2011: 2557-2561.

[57] Timbus A, Ciobotaru M, Teodorescu R, et al. Adaptive resonant controller for grid-connected converters in distributed power generation systems. Proc. IEEE Applied Power Electronics Conference and Exposition (APEC), 2006: 1601-1606.

[58] Mattavelli P. A closed-loop selective harmonic compensation for active filters. IEEE Transactions on Industry Applications, 2001, 37(1): 81-89.

[59] Liserre M, Teodorescu R, Blaabjerg F. Multiple harmonics control for three-phase grid converter systems with the use of PI-RES current controller in a rotating frame. IEEE Transactions on Power Electronics, 2006, 21(3): 836-841.

[60] Teodorescu R, Liserre M, Rodríguez P. Grid converters for photovoltaic and wind power systems. West Sussex, UK: IEEE & Wiley, 2011: 381-384.

[61] Zhang X, Spencer J W, Guerrero J M. Small-signal modeling of digitally controlled grid-connected inverters with LCL filters. IEEE Transactions on Industrial Electronics, 2013, 60(9): 3752-3765.

[62] 潘冬华，阮新波，王学华，等. 提高 LCL 型并网逆变器鲁棒性的电容电流即时反馈有源阻尼方法. 中国电机工程学报，2013，33(0)：1-10.

[63] Jalili K, Bernet S. Design of LCL filters of active-front-end two-level voltage-source converters. IEEE Transactions on Industrial Electronics, 2009, 56(5): 1674-1689.

[64] Lee K, Jahns T M, Lipo T A, et al. New control method including state observer of voltage unbalance for grid voltage-source converters. IEEE Transactions on Industrial Electronics, 2010, 57(6): 2054-2065.

[65] Mastromauro R A, Liserre M, Aquila A D. Study of the effects of inductor nonlinear behavior on the performance of current controllers for single-phase PV grid converters. IEEE Transactions on Industrial Electronics, 2008, 55(5): 2043-2052.

[66] Generating Plants Connected the Medium-Voltage Network. BDEW Technical Guideline, 2008.

[67] 分布式电源接入电网技术规定. 国家电网公司企业标准 Q/GDW 480，2010.

[68] 光伏电站接入电网技术规定. 国家电网公司企业标准 Q/GDW 617，2011.

[69] Hara S, Yamamoto Y, Omata T, et al. Repetitive control system: A new type servo system for periodic exogenous signals. IEEE Transactions on Automatic Control, 1988, 33(7): 659-668.

[70] Tzou Y, Ou R, Jung S, et al. High-performance programmable ac power source with low harmonic distortion using DSP-based repetitive control technique. IEEE Transactions on Power Electronics, 1997, 12(4): 715-725.

[71] Zhang K, Kang Y, Xiong J, et al. Direct repetitive control of SPWM inverter for UPS purpose. IEEE Transactions on Power Electronics, 2003, 18(3): 784-792.

[72] Mattavelli P, Marafão F. Repetitive-based control for selective harmonic compensation in active power filters. IEEE Transactions on Industrial Electronics, 2004, 51(5): 1018-1024.

[73] Hornik T, Zhong Q. A current-control strategy for voltage-source inverters in microgrids based H∞ and repetitive control. IEEE Transactions on Power Electronics, 2011, 26(3): 943-952.

[74] 裴雪军，段善旭，康勇，等. 基于重复控制与瞬时值反馈控制的逆变电源研究. 电力电子技术，2002，36(1)：12-14.

[75] Timbus A, Liserre M, Teodorescu R, et al. Evaluation of current controllers for distributed power generation systems. IEEE Transactions on Power Electronics, 2009, 24(3): 654-664.

[76] Kim J, Sul S. New control scheme for ac-dc-ac converter without dc link electrolytic capacitor. Proc. IEEE Power Electronics Specialists Conference (PESC), 1993: 300-306.

[77] Zeng Q, Chang L. An advanced SVPWM-based predictive current controller for three-phase inverters in distributed generation systems. IEEE Transactions on Industrial Electronics, 2008, 55(3): 1235-1246.

[78] Wang X, Ruan X, Liu S, et al. Full feed-forward of grid voltage for grid-connected inverter with LCL filter to suppress current distortion due to grid voltage harmonics. IEEE Transactions on Power Electronics, 2010, 25(12): 3119-3127.

[79] Park S, Chen C, Lai J, et al. Admittance compensation in current loop control for a grid-tie LCL fuel cell inverter. IEEE Transactions on Power Electronics, 2008, 23(4): 1716-1723.

[80] Magueed F, Svensson J. Control of VSC connected to the grid through LCL-filter to achieve balanced currents. Proc. IEEE Industry Applications Conference, 2005: 572-578.

[81] Kaura V, Blasko V. Operation of a phase locked loop system under distorted utility conditions. IEEE Transactions on Industry Applications, 1997, 33(1): 58-63.

[82] Chung S. A phase tracking system for three phase utility interface inverters. IEEE Transactions on Power Electronics, 2000, 15(3): 431-438.

[83] Rodríguez P, Luna A, Muñoz-Aguilar R, et al. A stationary reference frame grid synchronization system for three-phase grid-connected power converters under adverse grid conditions. IEEE Transactions on Power Electronics, 2012, 27(1): 99-112.

[84] Hoffmann N, Lohde R, Fischer M, et al. A review on fundamental grid-voltage detection methods under highly distorted conditions in distributed power-generation networks. Proc. IEEE Energy Conversion Congress and Exposition (ECCE), 2011: 3045-3052.

[85] Liccardo F, Marino P, Raimondo G. Robust and fast three-phase PLL tracking system. IEEE Transactions on Industrial Electronics, 2011, 58(1): 221-231.

[86] Eren S, Karimi-Ghartemani M, Bakhshai A. Enhancing the three-phase synchronous reference frame PLL to remove unbalance and harmonic errors. Proc. IEEE International Conference on Industrial Electronics, Control, and Instrumentation (IECON), 2009: 437-441.

[87] Freijedo F, Yepes A, López Ó, et al. Three-phase PLLs with fast postfault retracking and steady-state rejection of voltage unbalance and harmonics by means of lead compensation. IEEE Transactions on Power Electronics, 2011, 26(1): 85-97.

[88] Carugati I, Maestri S, Donato P, et al. Variable sampling period filter PLL for distorted three-phase systems. IEEE Transactions on Power Electronics, 2012, 27(1): 321-330.

[89] Freijedo F, Doval-Gandoy J, López Ó, et al. Tuning of phase-locked loops for power converters under distorted utility conditions. IEEE Transactions on Industry Applications, 2009, 45(6): 2039-2047.

[90] Yuan X, Merk W, Stemmler H, et al. Stationary-frame generalized integrators for current control of active power filters with zero steady-state error for current harmonics of concern under unbalanced and distorted operating conditions. IEEE Transactions on Industry Applications, 2002, 38(2): 523-532.

[91] Rodríguez P, Timbus A, Teodorescu R, et al. Flexible active power control of distributed power generation systems during grid faults. IEEE Transactions on Industrial Electronics, 2007, 54(5): 2583-2592.

[92] Castilla M, Miret J, Sosa J, et al. Grid-faults control scheme for three-phase photovoltaic inverters

with adjustable power quality characteristics. IEEE Transactions on Power Electronics, 2010, 25(12): 2930-2940.

[93] Rodríguez P, Timbus A, Teodorescu R, et al. Reactive power control for improving wind turbine system behavior under grid faults. IEEE Transactions on Power Electronics, 2009, 24(7): 1798-1801.

[94] Karimi-Ghartemani M, Iravani M. A method for synchronization of power electronic converters in polluted and variable-frequency environments. IEEE Transactions on Power Systems, 2004, 19(3): 1263-1270.

[95] Karimi-Ghartemani M, Karimi H, Iravani M. A magnitude/phase-locked loop system based on estimation of frequency and in-phase/quadrature-phase amplitudes. IEEE Transactions on Industrial Electronics, 2004, 51(2): 511-517.

[96] Rodríguez P, Teodorescu R, Candela I, et al. New positive-sequence voltage detector for grid synchronization of power converters under faulty grid conditions. Proc. IEEE Power Electronics Specialists Conference (PESC), 2006: 1-7.

[97] Rodríguez P, Luna A, Candela I, et al. Multiresonant frequency-locked loop for grid synchronization of power converters under distorted grid conditions. IEEE Transactions on Industrial Electronics, 2011, 58(1): 127-138.

[98] Rodríguez P, Pou J, Bergas J, et al. Decoupled double synchronous reference frame PLL for power converters control. IEEE Transactions on Power Electronics, 2007, 22(2): 584-592.

[99] Guo X, Wu W, Chen Z. Multiple-complex coefficient-filter-based phase-locked loop and synchronization technique for three-phase grid-interfaced converters in distributed utility networks. IEEE Transactions on Industrial Electronics, 2011, 58(4): 1194-1204.

[100] Svensson J, Bongiorno M, Sannino A. Practical implementation of delayed signal cancellation method for phase-sequence separation. IEEE Transactions on Power Delivery, 2007, 22(1): 18-26.

[101] Souza H, Bradaschia F, Neves F, et al. A method for extracting the fundamental-frequency positive-sequence voltage vector based on simple mathematical transformations. IEEE Transactions on Industrial Electronics, 2009, 56(5): 1539-1547.

[102] Neves F, Cavalcanti M, Souza H, et al. A generalized delayed signal cancellation method for detecting fundamental-frequency positive - sequence three-phase signals. IEEE Transactions on Power Delivery, 2010, 25(3): 1816-1825.

[103] Neves F, Souza H, Cavalcanti M, et al. Digital filters for fast harmonic sequence component separation of unbalanced and distorted three-phase signals. IEEE Transactions on Industrial Electronics, 2012, 59(10): 3847-3859.

[104] Wang Y, Li Y. Grid synchronization PLL based on cascaded delayed signal cancellation. IEEE Transactions on Power Electronics, 2011, 26(7): 1987-1997.

[105] Wang Y, Li Y. Analysis and digital implementation of cascaded delayed-signal-cancellation PLL. IEEE Transactions on Power Electronics, 2011, 26(4): 1067-1080.

[106] Xu J, Xie S, Tang T. Evaluations of current control in weak grid case for grid-connected LCL-filtered inverter. IET Power Electronics, 2013, 6(2): 227-234.

[107] Sun J. Impedance-based stability criterion for grid-connected inverters. IEEE Transactions on Power Electronics, 2011, 26(11): 3075-3078.

[108] Céspedes M, Sun J. Impedance modeling and analysis of grid-connected voltage- source converters. IEEE Transactions on Power Electronics, 2014, 29(3): 1254-1261.

[109] Yang D, Ruan X, Wu H. Impedance shaping of the grid-connected inverter with LCL filter to improve its adaptability to the weak grid condition. IEEE Transactions on Power Electronics, 2014, 29(11): 5795-5805.

[110] Holmes D G, Lipo T A. Pulse Width Modulation for Power Converters: Principles and Practice. New York: Wiley, 2003.

[111] 孙金海. 数学物理方程与特殊函数. 北京：高等教育出版社，2001.

[112] Wang T C, Ye Z, Sinha G, et al. Output filter design for a grid-interconnected three-phase inverter. Proc. IEEE Power Electronics Specialists Conference (PESC), 2003: 779-784.

[113] Liserre M, Blaabjerg F, Hansen S. Design and control of an LCL-filter-based three-phase active rectifier. IEEE Transactions on Industry Applications, 2005, 41(5): 1281-1291.

[114] Pan D, Ruan X, Bao C, et al. Magnetic integration of the LCL filter in grid-connected inverters. IEEE Transactions on Power Electronics, 2014, 29(4): 1573-1578.

[115] Wei L, Lukaszewski R A. Optimization of the main inductor in a LCL filter for three phase active rectifier. Proc. IEEE Industry Applications Conference (IAS), 2007: 1816-1822.

[116] Bueno E J, Cóbreces S, Rodríguez F J, et al. Design of a back-to-back NPC converter interface for wind turbines with squirrel-cage induction generator. IEEE Transactions on Energy Conversion, 2008, 23(3): 932-945.

[117] Wei L, Patel Y, Murthy C. Evaluation of LCL filter inductor and active front end rectifier losses under different PWM method. Proc. IEEE Energy Conversion Congress and Exposition (ECCE), 2013: 3019-3026.

[118] 赵修科. 实用电源技术手册磁性元器件分册. 沈阳：辽宁科学技术出版社，2002.

[119] EE Ferrite Cores. Nanjing New Conda Magnetic Industrial Co. Ltd. 2013. http://ncd.com.cn/category/eecores-2599-e179/1.

[120] Dixon L H. Magnetics design for switching power supplies. Texas Instruments. 2011. http://focus.ti.com/docs/training/catalog/events.jhtml? sku=SEM401014

[121] 王全保，等. 电子变压器手册. 沈阳：辽宁科学技术出版社，2007.

[122] Goodwin G C, Graebe S F, Salgado M E. Control System Design. Upper Saddle River, NJ: Prentice-Hall, 2000.

[123] Liserre M, Aquila A, Blaabjerg F. Stability improvements of an LCL-filter based three-phase active rectifier. Proc. IEEE Power Electronics Specialists Conference (PESC), 2002: 1195-1201.

[124] Rockhill A A, Liserre M, Teodorescu R, et al. Grid filter design for a multi-megawatt medium-voltage voltage source inverter. IEEE Transactions on Industrial Electronics, 2011, 58(4): 1205-1217.

[125] Alzola R, Liserre M, Blaabjerg F, et al. Analysis of the passive damping losses in LCL-filter-based grid converter. IEEE Transactions on Power Electronics, 2013, 28(6): 2642-2646.

[126] Mühlethaler J, Schweizer M, Blattmann R, et al. Optimal design of LCL harmonic filters for three-phase PFC rectifiers. IEEE Transactions on Power Electronics, 2013, 28(7): 3114-3125.

[127] Tang Y, Loh P C, Wang P, et al. Generalized design of high performance shunt active power filter with output LCL filter. IEEE Transactions on Industrial Electronics, 2012, 59(3): 1443-1452.

[128] He J，Li Y W. Generalized closed-loop control schemes with embedded virtual impedances for voltage source converters with LC or LCL filters. IEEE Transactions on Power Electronics，2012，27(4)：1850-1861.

[129] Jia Y，Zhao J，Fu X. Direct grid current control of LCL-filtered grid-connected inverter mitigating grid voltage disturbance. IEEE Transactions on Power Electronics，2014，29(3)：1532-1541.

[130] Zou Z，Wang Z，Cheng M. Modeling，analysis，and design of multifunction grid-interfaced inverters with output LCL filter. IEEE Transactions on Power Electronics，2014，29(7)：3830-3839.

[131] Xiao H，Qu X，Xie S，et al. Synthesis of active damping for grid-connected inverters with an LCL filter. Proc. IEEE Energy Conversion Congress and Exposition (ECCE)，2012：550-556.

[132] Hanif M，Khadkikar V，Xiao W，et al. Two degrees of freedom active damping technique for LCL filter-based grid connected PV systems. IEEE Transactions on Industrial Electronics，2014，61(6)：2795-2803.

[133] Xu J，Xie S，Tang T. Active damping-based control for grid-connected LCL-filtered inverter with injected grid current feedback only. IEEE Transactions on Industrial Electronics，2014，61(9)：4746-4758.

[134] Dannehl J，Liserre M，Fuchs F W. Filter-based active damping of voltage source converters with LCL filter. IEEE Transactions on Industrial Electronics，2011，58(8)：3623-3633.

[135] Zhang S，Jiang S，Lu X，et al. Resonance issues and damping techniques for grid-connected inverters with long transmission cable. IEEE Transactions on Power Electronics，2014，29(1)：110-120.

[136] Liserre M，Blaabjerg F，Teodorescu R. Grid impedance estimation via excitation of LCL-filter resonance. IEEE Transactions on Industry Applications，2007，43(5)：1401-1407.

[137] Zhou X，Fan J，Huang A Q. High-frequency resonance mitigation for plug-in hybrid electric vehicles' integration with a wide range of grid conditions. IEEE Transactions on Power Electronics，2012，27(11)：4459-4471.

[138] 鲍陈磊. LCL 型并网逆变器的并网电流调节器和电容电流反馈有源阻尼设计. 硕士学位论文. 武汉：华中科技大学，2013.

[139] Bao C，Ruan X，Wang X，et al. Step-by-step controller design for LCL-type grid-connected inverter with capacitor-current-feedback active-damping. IEEE Transactions on Power Electronics，2014，29(3)：1239-1253.

[140] Zargari N R，Joós G. Performance investigation of a current-controlled voltage-regulated PWM rectifier in rotating and stationary frames. IEEE Transactions on Industrial Electronics，1995，42(4)：396-401.

[141] Kazmierkowski M P，Malesani L. Current control techniques for three-phase voltage-source PWM converters：A survey. IEEE Transactions on Industrial Electronics，1998，45(5)：691-703.

[142] Martinz F O，Miranda R D，Komatsu W，et al. Gain limits for current loop controllers of single and three-phase PWM converters. Proc. IEEE International Power Electronics Conference (IPEC)，2010：201-208.

[143] Prodanović M，Green T. High-quality power generation through distributed control of a power park microgrid. IEEE Transactions on Industrial Electronics，2006，53(5)：1471-1482.

[144] Bojoi R I，Limongi L R，Roiu D，et al. Enhanced power quality control strategy for single-phase inverters in distributed generation systems. IEEE Transactions on Power Electronics，2011，26(3)：

798-806.

[145] Zhong Q C, Hornik T. Cascaded current-voltage control to improve the power quality for a grid-connected inverter with a local load. IEEE Transactions on Industrial Electronics, 2013, 60(4): 1344-1355.

[146] 王学华. LCL 型并网逆变器控制策略研究. 博士后出站研究报告. 武汉：华中科技大学，2011.

[147] Li W, Ruan X, Pan D, et al. Full-feedforward schemes of grid voltages for a three-phase LCL-type grid-connected inverter. IEEE Transactions on Industrial Electronics, 2013, 60(6): 2237-2250.

[148] 熊健. 三相电压型高频 PWM 整流器研究. 博士学位论文. 武汉：华中科技大学，1999.

[149] Bollen M H J. Characterisation of voltage sags experienced by three-phase adjustable- speed drives. IEEE Transactions on Power Delivery, 1997, 12(4): 1666-1671.

[150] Buso S, Mattavelli P. Digital Control in Power Electronics. USA: Morgan & Claypool, 2006.

[151] 席爱民. 计算机控制系统. 北京：高等教育出版社，2004.

[152] Agorreta J L, Borrega M, López J, et al. Modeling and control of N-paralleled grid-connected inverters with LCL filter coupled due to grid impedance in PV plants. IEEE Transactions on Power Electronics, 2011, 26(3): 770-785.

[153] Parker S G, McGrath B P, Holmes D G. Regions of active damping control for LCL filters. IEEE Transactions on Industry Applications, 2014, 50(1): 424-432.

[154] Yang D, Ruan X, Wu H. A real-time computation method with dual sampling modes to improve the current control performance of the LCL-type grid-connected inverter. IEEE Transactions on Industrial Electronics, Accepted.

[155] McGrath B P, Parker S G, Holmes D G. High-performance current regulation for low-pulse-ratio inverters. IEEE Transactions on Industry Applications, 2013, 49(1): 149-158.

[156] Corradini L, Stefanutti W, Mattavelli P. Analysis of multisampled current control for active filters. IEEE Transactions on Industry Applications, 2008, 44(6): 1785-1794.

[157] Fujita H. A single-phase active filter using an H-bridge PWM converter with a sampling frequency quadruple of the switching frequency. IEEE Transactions on Power Electronics, 2009, 24(4): 934-941.

[158] Driels M. 线性控制系统工程. 北京：清华大学出版社，2000.

[159] Mattavelli P, Polo F, Lago F, et al. Analysis of control-delay reduction for the improvement of UPS voltage-loop bandwidth. IEEE Transactions on Industrial Electronics, 2008, 55(8): 2903-2911.

[160] Deng H, Oruganti R, Srinivasan D. PWM methods to handle time delay in digital control of a UPS inverter. IEEE Transactions on Power Electronics, 2005, 3(1): 1-6.

[161] Chen X, Gong C, Wang H, et al. Stability analysis of LCL-type grid- connected inverter in weak grid systems. Proc. International Conference on Renewable Energy Research and Applications (ICRERA), 2012: 1-6.

[162] 李巍巍. 三相 LCL 型并网逆变器中电网电压引起的谐波和不平衡电流抑制研究. 博士学位论文. 武汉：华中科技大学，2014.

[163] 杨荫福，段善旭，朝泽云，电力电子装置及系统. 北京：清华大学出版社，2006.

[164] Li W, Ruan X, Bao C, et al. Grid synchronization systems of three-phase grid-connected power converters: A complex-vector-filter perspective. IEEE Transactions on Industrial Electronics, 2014,

61(4)：1855-1870.

[165] Silva S, Lopes B, Filho B, et al. Performance evaluation of PLL algorithms for single-phase grid-connected systems. Proc. IEEE Industry Application Conference, 2004：2259-2263.

[166] Martin K. Complex signal processing is not complex. IEEE Transactions on Circuits and Systems I, 2004, 51(9)：1823-1836.

[167] 康华光，陈大钦，张林. 电子技术基础—模拟部分. 5 版. 北京：高等教育出版社，2006.

[168] Yazdani D, Mojiri M, Bakhshai A, et al. A fast and accurate synchronization technique for extraction of symmetrical components. IEEE Transactions on Power Electronics, 2009, 24(3)：674-684.

[169] Network and System Rules of the German Transmission System Operators, VDN Transmission Code, 2007.

[170] Fortescue C. Method of symmetrical coordinates applied to the solution of polyphase networks. Proc. 34th Annual Convention of AIEE, 1918：1027-1140.

[171] Lyon W. Application of the Method of Symmetrical Components. New York：McGraw-Hill, 1937.

[172] Ciobotaru M, Teodorescu R, Blaabjerg F. A new single-phase PLL structure based on second order generalized integrator. Proc. IEEE Power Electronics Specialists Conference (PESC), 2006：1-6.